中国轻工业"十四五"规划立项教材

人工智能导论

INTRODUCTION TO ARTIFICIAL INTELLIGENCE

梁琨　张翼英　编著

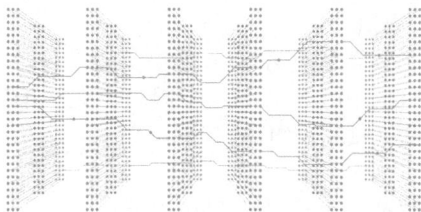

化学工业出版社

·北京·

内容简介

本书通过深入浅出的方式，系统介绍了人工智能的基本概念、发展历程、主要流派和关键技术，使读者能够快速了解人工智能的全貌，为后续深入学习打下基础。全书共十二章，内容涵盖人工智能的基本理论和核心技术，以及人工智能在各领域的应用。具体包括概述、表示与理解、机器学习、深度学习、计算机视觉、自然语言处理、大语言模型、知识图谱、智能语音、无人驾驶与无人机、智能穿戴和人工智能安全与伦理。

本书是人工智能学科的"零基础"入门级教材，可以作为高等院校人工智能专业、计算机科学与技术专业、大数据专业、软件工程专业等相关专业的教材和参考书，也可以作为人工智能爱好者及相关研究人员、企事业单位相关专业人员进行人工智能开发研究工作的参考资料。

图书在版编目（CIP）数据

人工智能导论／梁琨，张翼英编著. -- 北京：化
学工业出版社，2025.5（2025.10重印）. --（中国轻工业"十四五"规
划立项教材）. -- ISBN 978-7-122-47470-4

Ⅰ. TP18

中国国家版本馆 CIP 数据核字第 20255JZ619 号

责任编辑：周　红　　　　　　　装帧设计：王晓宇
责任校对：宋　玮

出版发行：化学工业出版社
　　　　　（北京市东城区青年湖南街 13 号　邮政编码 100011）
印　　装：北京天宇星印刷厂
787mm×1092mm　1/16　印张 15¾　字数 375 千字
2025 年 10 月北京第 1 版第 2 次印刷

购书咨询：010-64518888　　　　售后服务：010-64518899
网　　址：http://www.cip.com.cn
凡购买本书，如有缺损质量问题，本社销售中心负责调换。

定　　价：59.00 元　　　　　　　版权所有　违者必究

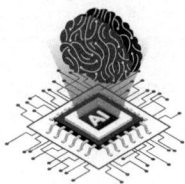

在 21 世纪的科技舞台上，人工智能（Artificial Intelligence，AI）无疑是最为耀眼的明星之一。从最初的简单计算到如今复杂的自主决策，人工智能的每一次进步都深刻地影响着我们的生活、工作和社会结构。我国高度重视人工智能的发展，出台了一系列战略规划和支持政策，为人工智能的快速发展提供了强有力的保障。特别是在党的二十大报告中，明确指出了加快实现高水平科技自立自强，加快建设科技强国的宏伟目标，这要求我们不仅要追求科技创新，更要弘扬科学精神，培养科技人才。在这一背景下，我们编写的《人工智能导论》一书，正是响应党的号召，致力于打造一门适合各类人才培养的通识课程的教材。

人工智能作为新兴技术，其概念和原理对于非专业人士来说可能相对陌生。本书通过深入浅出的方式，系统介绍了人工智能的基本概念、发展历程、主要流派和关键技术，使读者能够快速了解人工智能的全貌，为后续深入学习打下基础。本书共十二章，内容涵盖人工智能的基本理论和关键技术，以及人工智能在各领域的应用。各章节内容安排如下。

第 1 章主要介绍人工智能的基本概念、发展历程、主要流派，探讨了人工智能对社会的影响和未来发展趋势，为读者提供宏观的视角和思考。

第 2 章深入探讨人工智能中的知识表示和理解问题，介绍常见的知识表示方法、语义分析和推理技术，使读者了解人工智能如何理解和处理人类知识，为后续学习打下基础。

第 3 章详细介绍机器学习的基本原理、常用算法和应用场景，使读者掌握机器学习的基本方法和技能，为后续深入学习深度学习等高级技术奠定基础。

第 4 章详细介绍深度学习的基本原理、常用模型和训练方法，通过丰富的案例和实验，使读者掌握深度学习的基本技术和应用。

第 5 章详细介绍计算机视觉的基本原理、关键技术和应用场景，包括图像识别、目标检测、图像分割等，使读者了解计算机视觉的基本原理和技术。

第 6 章介绍自然语言处理的基本原理、关键技术和应用场景，包括文本分类、情感分析、机器翻译等，使读者掌握自然语言处理的基本方法和技能。

第 7 章介绍大语言模型的基本原理、训练方法和应用场景，包括 GPT、BERT 等著名模型，使读者了解大语言模型的最新进展和应用前景。

第 8 章介绍知识图谱的基本概念、构建方法和应用场景，包括知识抽取、知识融合、知识推理等，使读者了解知识图谱的基本原理和技术。

第 9 章介绍智能语音的基本原理、关键技术和应用场景，包括语音识别、语音合成、语音交互等，使读者掌握智能语音的基本技术和应用。

第 10 章介绍无人驾驶和无人机的基本原理、关键技术和发展趋势，包括自动驾驶技术、无人机控制技术、导航定位技术等，使读者了解无人驾驶和无人机的最新进展和应用前景。

第 11 章介绍智能穿戴的基本原理、关键技术和应用场景，包括健康监测、运动跟踪、智能提醒等，使读者了解智能穿戴的基本原理和技术。

第 12 章深入探讨人工智能的安全风险和伦理挑战，包括数据隐私保护、算法偏见、责任归属等，为读者提供解决这些问题的思路和方法。

在本书的编写过程中，我们得到了许多专家、学者和同行的支持和帮助。他们不仅提供了宝贵的意见和建议，还分享了丰富的案例资源。具体编写情况如下：梁琨博士编写第 1、6、7 章，侯琳、梁琨编写第 2 章，赵宇博士、梁琨编写第 3、4 章，陈亚瑞博士编写第 5 章，张国强、梁琨编写第 8 章，韩龙哲博士编写第 9 章，张翼英博士、赵嘉博士编写第 10 章，翟俊武、梁琨编写第 11 章，张翼英、何业慎博士编写第 12 章。同时，参与编写的还有黄越洋、王朝、王浩宇、徐戈飞、刘可杰、韩梦婷、丁慧、赵丛丛、陈李、包放、李晴、刘浩天、邵建林、宋新雨、常禧龙等同学。在此，向他们表示衷心的感谢！

由于水平有限，书中内容难免有疏漏之处，敬请广大读者批评指正。衷心希望本书能够为读者提供有价值的帮助和指导，也期待在未来的日子里，与读者一起共同见证人工智能的辉煌未来！

编者

目录
CONTENTS

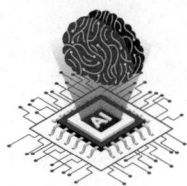

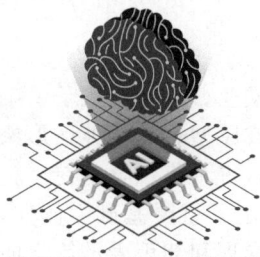

## 第1章

人工智能概述

人工智能，作为21世纪最具革命性的科技力量，正以前所未有的速度推动着全球经济的转型和社会的变革，更是国家科技实力和综合国力的重要体现。其定义涵盖了模拟、延伸和扩展人类智能的理论、方法和技术，展现了巨大的应用潜力和发展前景。

从起源到复兴，人工智能经历了曲折的发展历程。尽管在早期遭遇了所谓的"寒冬"，但随着技术的不断突破和应用的深入，人工智能正迎来前所未有的发展机遇。与此同时，各国政府也纷纷出台了一系列支持政策，以推动人工智能技术的研发和应用。在全球科技竞争的大背景下，我国政府高度重视人工智能发展，将其作为推动经济高质量发展、提升国家综合实力的重要战略抓手。本章将深入探讨人工智能的定义、历史、研究领域以及应用场景，并重点关注其在技术、行业、终端产品和伦理规范等方面的发展趋势。

本章将学习以下内容：
- 人工智能的定义与范畴
- 人工智能历史与发展
- 人工智能发展趋势

1.1 人工智能的定义与范畴

人工智能作为一个融合计算机科学、控制论、神经心理学、信息论等多学科的交叉领域，正以前沿科技姿态迅猛发展，与原子能技术、空间技术并列为 20 世纪三大科技成就。其广泛的影响力与深远潜力，预示着未来科技与社会变革的无限可能。人工智能涉及的范围极为广泛，从基础的机器学习、深度学习算法，到复杂的自然语言处理、计算机视觉、智能机器人技术，再到应用层面的智能制造、智慧城市、医疗健康、金融风控等多个领域，都闪耀着人工智能的光芒。这种广泛的涉及面，不仅推动了科技进步，也深刻改变了人们的生活方式和社会形态。

1.1.1 人工智能的定义

人工智能的概念最早可以追溯到古希腊时期。在古希腊的神话和哲学思想中，蕴涵着对机器模仿人类智能的初步设想。首先，在古希腊神话中，存在着一些与人工智能相关的元素和形象。例如，希腊神话中的机械人塔洛斯和皮格马利翁创造的伽拉忒亚，它们被赋予了某种形式的"智能"或"自动"特性，可以被视为人工智能概念的先驱或原型。这些神话形象和故事反映了古代人类对机器模拟人类智能的初步想象和探索。其次，古希腊哲学家在逻辑推理和演绎推理方面做出了重要贡献，这些理论为人工智能的发展奠定了重要基础。例如，亚里士多德提出的三段论和演绎推理的概念，对于人工智能中的逻辑推理和知识表示等方面具有重要意义。尽管当时的技术条件无法实现这些设想，但古希腊人的智慧和对知识的追求，为人工智能这一领域的诞生和发展提供了重要的启示和借鉴。但需要注意的是，当时的人工智能概念与现代的人工智能技术存在很大的差异。

真正从科学角度给出定义的是艾伦·图灵在 1950 年发表的论文《计算机器和智能》。他提出了"机器能思考吗？"的问题，并设计了图灵测试来判断计算机是否具有与人类相同的智能。1956 年 Dartmouth（达特茅斯）会议上，约翰·麦卡锡等科学家讨论了"如何用机器模拟人的智能"，并正式提出了"人工智能（Artificial Intelligence，AI）"这一概念，标志着人工智能领域的诞生，使其成为计算机科学的一个重要分支。

人工智能（AI）的定义可以拆解为两部分来理解："人工"和"智能"。"人工"部分指的是这种智能是由人类制造或生产的，而非自然存在或演化的。它强调了智能的来源和创造者是人类，通过编程、算法设计、机器学习、神经网络等技术手段，人类能够创造出具备智能特性的系统或机器。这种"人工"属性使得人工智能能够按照人类的意愿和目的进行工作，解决各种复杂的问题。而"智能"部分则指的是这些系统或机器所展现出的类似于人类的智能行为或能力。这包括但不限于感知、学习、推理、决策、理解、自我优化、适应环境以及处理复杂信息等方面。智能的核心在于能够处理不确定性和复杂性，通过分析和学习数据来改进自身的性能和行为。在人工智能的语境中，"智能"并不要求完全等同于人类的智能，而是指能够在特定任务或领域中表现出高度智能特性的能力。

时至今日，人工智能并没有一个绝对统一、无争议的定义，因为这是一个广泛而复杂的领域，涉及多个学科和研究方向。不过，我们可以从多个角度和维度来尝试概括人工智能的定义。

① 从技术角度：人工智能是指通过计算机程序或机器来模拟、实现人类智能的技术和方法。它可以让计算机具有感知、理解、判断、推理、学习、识别、生成、交互等类人智能的能力，从而能够执行各种任务，甚至在某些方面超越人类的智能表现。

② 从任务角度：人工智能是用机器去实现所有目前必须借助人类智慧才能实现的任务。它本质上是基于学习能力和推理能力的不断进步，去模仿人类思考、认知、决策和行动的过程。

③ 从实现方式角度：人工智能是通过计算机程序和系统来模拟人类的智能行为，包括自然语言处理、计算机视觉、机器学习、智能决策等。这些技术和方法使得计算机系统能够处理复杂的信息，进行高效的数据分析，并做出合理的决策和行动。

人工智能可分为强人工智能和弱人工智能，其主要区别在于是否具备自主意识和通用智能。弱人工智能（Weak AI）是指不具备独立意识，只能在设计的程序范围内决策并采取行动的人工智能。弱人工智能属于专用型人工智能，即只能在某一领域行动，专注于一件事情。对于超出其预设的程序范围的事情，弱人工智能是无法应对的。严格来说，现在世界上所有的人工智能技术都处在弱人工智能阶段。强人工智能（Strong AI）是指具有独立意识，能在设计的程序范围外自主决策并采取行动的人工智能。强人工智能属于通用型人工智能，它的活动已经不再局限于某一领域。强人工智能在各方面都和人类相似，可以胜任人类所有工作。人类所能做的体力和脑力劳动，强人工智能也能完成得很好，甚至因为自身特点的原因，在某些方面，强人工智能比人类更具优势。

此外，在斯图尔特·罗素（Stuart Russell）和彼得·诺维格（Peter Norvig）合著的《人工智能，一种现代的方法》一书中提到：人工智能是使机器能够像人一样思考、像人一样行动，或者进行理性的思考、理性的行动的科学。这一定义强调了人工智能在模拟人类智能方面的多样性和复杂性。

1.1.2　人工智能的三大流派

在研究人工智能的过程中，由于不同的研究方法具有不同的学术观点，因此形成了不同的学术流派。目前，人工智能主要分为三大流派：符号主义、连接主义和行为主义。三大流派对智能有不同的理解，延伸出了不同的发展轨迹。

（1）符号主义

符号主义（Symbolicism），又称为逻辑主义（Logicism）、心理学派（Psychologism）或计算机学派（Computerism），其原理主要为物理符号系统（即符号操作系统）假设和有限合理性原理，这一学派认为实现人工智能必须用逻辑和符号系统。

西蒙（Simon）和纽厄尔（Newell）在1976年的美国计算机学会的图灵奖演说中，对物理符号系统假设进行了总结，他们指出："展现一般智能行为的物理系统的充要条件就是其必须是一个物理符号系统。充分性表明智能可以通过任意合理组织的物理符号系统来得到，必要性表明一个有一般智能的主体必须是物理符号系统的一个实例。"符号主义认为人工智能源于数理逻辑。数理逻辑从19世纪末起得以迅速发展，到20世纪30年代开始用于描述智能行为。计算机出现后，又在计算机上实现了逻辑演绎系统。从符号主义的观点看，知识表示是人工智能的核心，推理是利用启发式知识和启发式搜索对问题进行求解的过程，符号主义主张用逻辑的方法建立人工智能的统一理论体系，但是也会存在"常识"问题和不确定事物的表示及处理问题。符号主义曾长期一枝独秀，为人工智能的发展做出重要贡献，尤其是专家系统的成功开发与应用，为人工智能走向工程应用和实现理论联系实际具有特别重要的意义。

（2）连接主义

连接主义（Connectionism），又称为仿生学派（Bionicsism）或生理学派（Physiologism），这一学派认为人工智能源于仿生学，特别是对人脑模型的研究。这种学派的主要观点是，大脑是一切智能活动的基础，因此要从大脑神经元及其连接机制出发进行研究，搞清楚大脑的结构以及它处理信息的过程和原理，就可揭示人类智能的奥秘，从而真正实现用机器来模拟人类智能。

1943年，神经生理学家麦卡洛克（McCulloch）和数理逻辑学家皮茨（Pitts）创立脑模型，即M-P模型，开创了用电子装置模仿人脑结构和功能的新途径。它从神经元开始，进而研究神经网络模型和脑模型，开辟了人工智能的又一发展道路。20世纪60—70年代，以感知机（Perceptron）为代表的脑模型的研究出现过热潮，由于受到当时的理论模型、生物原型和技术条件的限制，脑模型研究在20世纪70年代后期至80年代初期落入低潮。直到霍普菲尔德（Hopfield）教授在1982年和1984年发表两篇重要论文，提出用硬件模拟神经网络以后，连接主义才又重新抬头。1986年，鲁梅尔哈特（Rumelhart）等人提出多层网络中的反向传播（Back Propagation，BP）算法。此后，连接主义势头大振，从模型到算法，从理论分析到工程实现，为神经网络计算机走向市场打下基础。现在，对人工神经网络（Artificial Neural Network，ANN）的研究与应用已经深入到各个领域，成为推动人工智能发展的重要力量。

（3）行为主义

行为主义（Actionism），又称为进化主义（Evolutionism）或控制论学派（Cyberneticsism），

其原理为控制论及"感知-动作"型控制系统。这一学派认为人工智能源于控制论，基于智能控制系统的理论、方法和技术，研究模拟人的智能控制行为。控制论思想早在 20 世纪 40—50 年代就成为时代思潮的重要部分，影响了早期的人工智能工作者。

维纳（Wiener）和麦卡洛克（McCulloch）等人提出的控制论和自组织系统以及钱学森等人提出的工程控制论和生物控制论，影响了许多领域。控制论把神经系统的工作原理与信息理论、控制理论、逻辑以及计算机联系起来。早期的研究工作重点是模拟人在控制过程中的智能行为和作用，如对自寻优、自适应、自镇定、自组织和自学习等控制论系统的研究，并进行"控制论动物"的研制。到 20 世纪 60—70 年代，上述这些控制论系统的研究取得一定进展，播下智能控制和智能机器人的种子，并在 20 世纪 80 年代诞生了智能控制和智能机器人系统。行为主义是 20 世纪末才以人工智能新学派的面孔出现的，引起许多人的兴趣。这一学派的代表首推布鲁克斯（Brooks）的六足行走机器人，它被看作新一代的"控制论动物"，是一个基于"感知-动作"模式模拟昆虫行为的控制系统。

行为主义思想的提出引起了人们的广泛关注，有人认为布鲁克斯的机器人在行为上的成功并不能产生高级的控制行为，指望让机器进化到人类智能是痴人说梦。尽管如此，行为主义学派的兴起，表明了控制论和系统工程的思想将进一步影响人工智能的发展。

1.1.3　人工智能的研究领域

人工智能是计算机科学、心理学、哲学等多个学科的交叉融合，研究领域非常广泛，我们可根据研究重点的不同，将其划分为核心子领域、感知与交互领域、智能系统与机器人领域、知识与推理领域及其他研究领域，如图 1.1 所示。

图 1.1　人工智能所涉及的研究领域

（1）核心子领域

机器学习：机器学习是人工智能的核心子领域之一，它使计算机系统能够基于数据自动改进性能。这包括监督学习、无监督学习、半监督学习和强化学习等多种类型。

深度学习：深度学习是机器学习的一个特定类型，通过模拟人脑的神经网络结构来学习数据特征。它在图像识别、语音识别、自然语言处理等领域取得了显著的成果。

（2）感知与交互领域

计算机视觉：计算机视觉让机器能够"看"并理解视觉信息，包括图像识别、物体检测、场景理解等。它使机器能够实现对客观世界的三维场景的感知、识别和理解。

语音识别与自然语言处理：语音识别主要研究各种语音信号的分类，使机器能够从声音中识别出有用的信息。自然语言处理（NLP）则使机器能够理解和生成人类语言，包括文本分类、情感分析、机器翻译等。

人机交互：人机交互研究如何设计人机交互界面，使人与机器之间的交互更加自然和高效。这包括语音交互、图形用户界面设计等多个方面。

（3）智能系统与机器人领域

机器人学：机器人学是与机器人设计、制造和应用相关的科学，主要研究机器人的控制与被处理物体之间的相互关系。它涵盖了机器人的运动规划、控制、感知等多个方面。

智能代理：智能代理是指能够感知环境并采取行动以实现目标的实体。它们在智能系统中扮演着重要角色，可以自主决策、学习和适应环境。

多智能体系统：多智能体系统研究多个智能体之间的协作、竞争和交互。它涉及智能体的通信、协调、冲突解决等多个方面，是人工智能领域的一个重要研究方向。

（4）知识与推理领域

知识工程：知识工程是获取、表达和推理专家知识的重要技术问题，用于设计基于知识的系统。它涉及知识的表示、存储、检索和推理等多个方面。

专家系统：专家系统是一种模拟人类专家决策能力的计算机程序，通常用于解决复杂问题。它们通过集成领域专家的知识和经验，为特定领域的问题提供解决方案。

自动推理：自动推理是基于知识的推理过程，通过简单推理如"规则演绎"，复杂推理如基于概率的不确定性推理"主观贝叶斯"，可以得到新知识，或者直接利用旧知识解决问题。

（5）其他研究领域

此外，人工智能的研究领域还包括规划能力、记忆能力、认知能力等方面的研究。这些研究领域相互关联，共同推动人工智能的发展。

随着技术的进步，人工智能的应用领域也在不断扩大。从自动驾驶汽车、智能家居系统到医疗诊断、金融服务等，人工智能正在改变着我们的生活和工作方式。未来，人工智能将继续在各个领域发挥重要作用，为人类社会的发展做出更大的贡献。

1.2 人工智能的历史与发展

1.2.1 人工智能的起源与早期发展

人工智能的起源可以追溯到 20 世纪 40—50 年代，当时计算机科学、心理学、数学和哲学等领域的专家学者开始探索如何让计算机具备人类智能。

（1）第一个神经元模型

人工智能的起源可以追溯到第一个神经元模型的提出。1943 年，神经生理学家 Warren McCulloch 和数学家 Walter Pitts（见图 1.2）合作，首次提出了人工神经元的数学模型——M-P 模型，如图 1.3 所示。该模型模仿了生物神经系统中的神经元行为，通过输入、权重、偏置、激活函数和输出等结构，实现了对神经元信号传递和处理的模拟。这一模型的提出，为后续的神经网络研究和人工智能技术的发展提供了理论支撑和启示。这标志着神经网络研

图 1.2 神经生理学家 Warren McCulloch（左）和数学家 Walter Pitts（右）

究的正式启航，也为人工智能的发展奠定了重要基础。

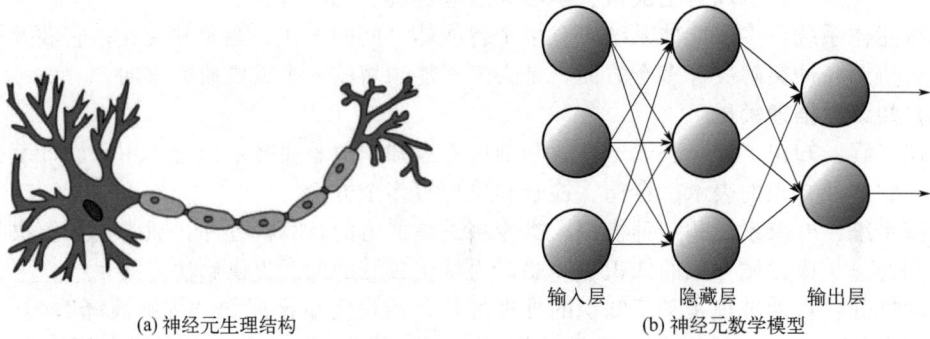

(a) 神经元生理结构   (b) 神经元数学模型

图 1.3   受神经元的生理结构启发构建神经元数学模型

（2）图灵与"图灵测试"

阿兰·图灵被誉为人工智能之父，他在第二次世界大战期间对盟军破译德军密码做出了巨大贡献，并研制了破译专用的电子管计算机"巨工"。1950 年，图灵提出了著名的图灵测试，这一测试成为衡量人工智能是否能够达到人类智能水平的标准。图灵测试通过"问"与"答"模式进行，观察者通过打字机与两个试验对象通话，其中一个是人，另一个是机器，以此来判断机器是否具备智能，如图 1.4 所示。如果机器能够在多次测试中让平均每个测试者做出超过 30％ 的误判（即无法准确区分对话对象是人类还是机器），那么这台机器就被认为通过了图灵测试，具有人类智能。"图灵测试"作为判断机器是否具有智能的标准，被认为是首次提出人工智能概念的研究，为人工智能领域的发展奠定了重要基础。

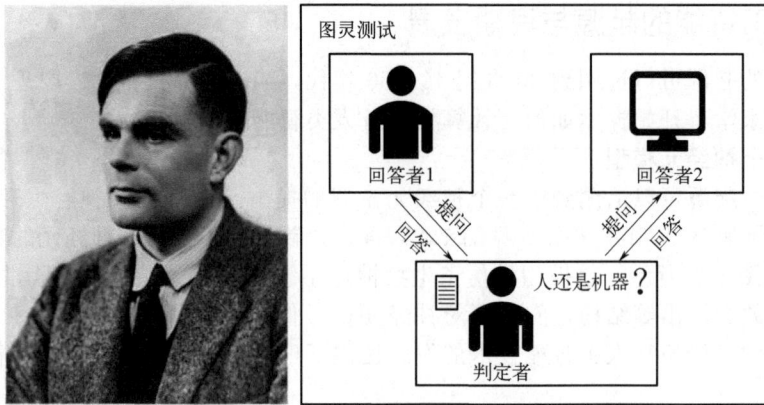

图 1.4   阿兰·图灵和图灵测试示意图

（3）约翰·麦卡锡与达特茅斯会议

1956 年夏天，一群怀揣梦想的科学家聚集在美国新罕布什尔州汉诺斯小镇上的达特茅斯学院，他们之中有计算机科学的先驱约翰·麦卡锡，还有马文·明斯基、克劳德·香农等，共同讨论了如何让机器模仿人类的智能，包括机器学习、自然语言处理和计算机视觉等研究方向。图 1.5 为会议期间 7 位科学家的合影，被称为"达特茅斯会议七侠"，其中约翰·麦卡锡后被称为"人工智能之父"。尽管会议结束时，他们并没有立刻找到通往人工智能乌托邦的钥匙，但这次聚会却像一颗种子，深深埋在了科技史的土壤里。它标志着人工智能作为一门学科正式诞生，激发了全球范围内对智能机器研究的热情，开启了第一波高速发展的浪潮。

图1.5 达特茅斯会议七侠合影

1.2.2 人工智能的"寒冬"与复兴

人工智能的发展并非一帆风顺，它曾经历过一段被称为"寒冬"的低谷期。这一低谷期的出现和随后的复兴，是多种因素共同作用的结果。从最初的神经元模型到如今的深度学习大模型，人工智能经历了无数次尝试与失败，也见证了无数次突破与飞跃，如图1.6所示。

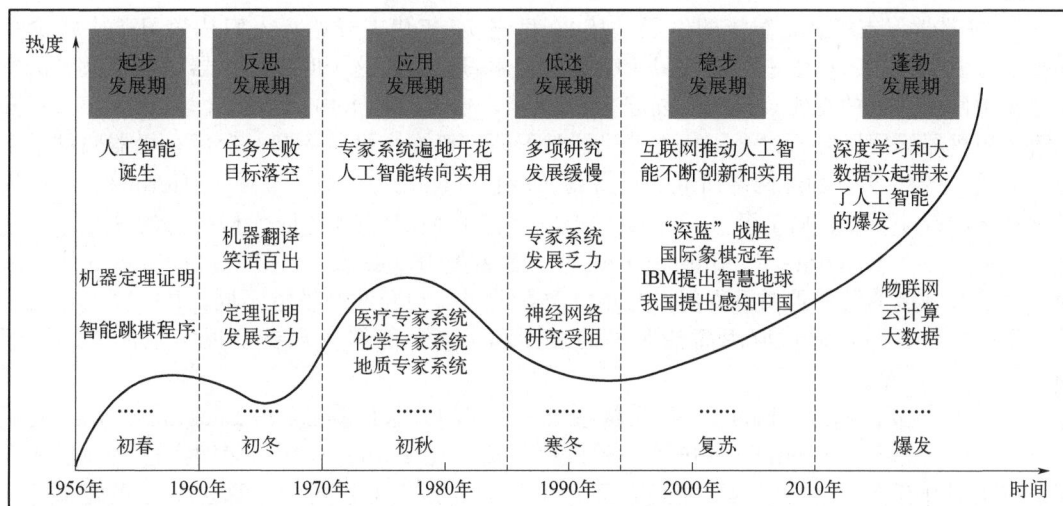

图1.6 人工智能发展曲线

从20世纪60年代中到70年代末，机器学习的发展步伐几乎处于停滞状态。虽然这个时期温斯顿（Winston）的结构学习系统和海斯·罗思（Hayes Roth）等提出的基于逻辑的归纳学习系统取得较大的进展，但只能学习单一概念，而且未能投入实际应用。此外，神经网络学习机因理论缺陷未能达到预期效果而转入低潮。

这个时期的研究目标是模拟人类的概念学习过程，并采用逻辑结构或图结构作为机器内部描述。机器能够采用符号来描述概念（符号概念获取），并提出关于学习概念的各种假设。在那个时期，整个 AI 领域实际上遭遇了显著的瓶颈。受限于当时计算机的内存和处理速度，解决任何实质性的 AI 问题都变得不切实际。研究者们很快意识到，期望程序具备儿童级别的世界认知能力是一个过高的要求。在 20 世纪 70 年代，构建这样一个庞大的数据库对于任何人来说都是不可能的，同时，如何设计一个程序来学习如此广泛的信息也无人知晓。

（1）人工智能遭遇寒冬的原因

① 核心技术限制：在人工智能发展的早期阶段，作为其核心技术的知识表示与认知机制表现不佳，这严重限制了人工智能在实际应用中的能力。这些技术瓶颈使得人工智能系统难以处理复杂的问题，从而影响了其在实际场景中的应用效果。

② 性能有限：当时的人工智能技术尚未达到足够的成熟度，其性能无法满足人们对人工智能的期望。这导致人工智能系统在解决实际问题时表现不佳，进一步削弱了人们对人工智能技术的信心。

③ 缺乏"常识"：人工智能系统缺乏像人类一样的常识推理能力，这使得它们在处理需要常识判断的任务时显得力不从心。常识推理能力的缺失是人工智能技术实用性和可靠性受到质疑的重要原因之一。

④ 资金短缺与投资减少：由于上述问题的存在，投资者对人工智能技术的信心逐渐下降，导致对人工智能项目的投资减少或中止。资金短缺使得许多国家和研究机构不得不停止或减缓人工智能研究的步伐，进一步加剧了人工智能研究的寒冬。

（2）人工智能的复兴之路

在人工智能陷入低谷期后，科学家们并未放弃对智能技术的探索。他们开始反思以往的研究方法，并尝试从新的角度寻找突破口。这一时期，机器学习和专家系统成为人工智能复兴的重要推手。

① 机器学习支撑人工智能的发展。从 20 世纪 70 年代末开始，人们从学习单个概念扩展到学习多个概念，探索不同的学习策略和各种学习方法。这个时期，机器学习在大量的实践应用中回到人们的视线，又慢慢复苏。1980 年，在美国的卡内基梅隆大学（CMU）召开了第一届机器学习国际研讨会，标志着机器学习研究已在全世界兴起。此后，机器归纳学习进入应用。1985 年，神经网络研究人员鲁梅尔哈特（Rumelhart）、辛顿（Hinton）、威廉姆斯（Herb Williams）、尼尔森（Nielsen）先后提出了 MLP 与 BP 训练相结合的理念。1986 年，乔治·昆兰（George A. Quinlan）提出了著名的 ID3 算法，该算法以决策树的形式成为机器学习领域的又一重要里程碑。与难以解释的黑盒神经网络模型不同，ID3 算法作为一个实用的软件工具，通过应用简洁明了的规则和参考，能够发现更多现实生活中的应用场景。

1990 年，夏派尔（Schapire）最先构造出一种多项式级的算法——Boosting 算法。随后一年中，弗洛恩德（Freund）提出了一种效率更高的 Boosting 算法。然而，这两种算法在实践应用中都存在一个共同的局限性，即它们都需要预先了解弱学习算法学习正确率的下限，如图 1.7 所示。

1995 年，Freund 和 Schapire 改进了 Boosting 算法，提出了 AdaBoost（Adaptive Boosting）算法，该算法的效率和 Freund 于 1991 年提出的 Boosting 算法几乎相同，但不需要任何关于弱学习器的先验知识，因而更容易应用到实际问题中。

同年，机器学习领域中一个最重要的突破——支持向量机（Support Vector Machines，SVM），由弗拉基米尔·万普尼克（Vladimir Naumovich Vapnik）和科尔特斯（Cortez）在大量理论和实证的条件下提出。从此将机器学习社区分为神经网络社区和支持向量机

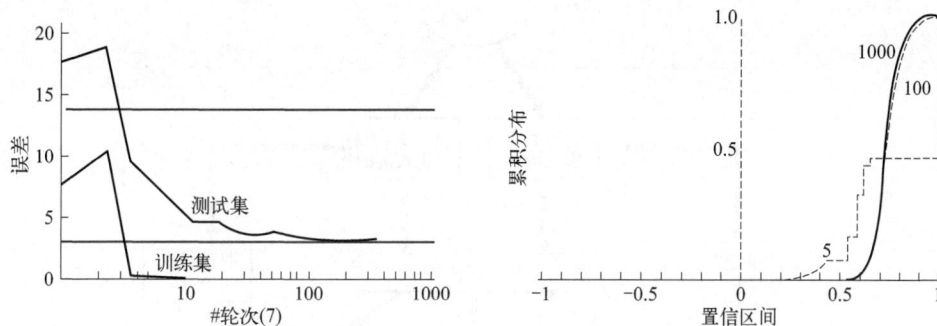

图 1.7　错误率上界下降的特性图（左）和泛化误差图（右）

社区。

　　2001 年，布雷曼（Leo Breiman）和阿黛尔·卡特勒（Adele Cutler）提出一个集成多个决策树的分类器，被称为随机森林（Random Forest，RF），它是由一个随机子集的实例组成，并且每个节点都是从一系列随机子集中选择。随机森林也在理论和经验上证明了对过拟合的抵抗性。从整体上看，机器学习发展分为两个部分：浅层学习（Shallow Learning）和深度学习（Deep Learning）。浅层学习起源于 20 世纪 20 年代人工神经网络的反向传播算法（Back-propagation）的发明，使得基于统计的机器学习算法大行其道，虽然这时候的人工神经网络算法也被称为多层感知机（Multiple layer Perception），但由于多层网络训练困难，通常都是只有一层隐含层的浅层模型。

　　神经网络研究领域领军者 Hinton 在 2006 年提出了神经网络深度学习算法，使神经网络的能力大大提高，向支持向量机发出挑战。随后，Hinton 和他的学生 Salakhutdinov 在顶尖学术刊物 Science 上发表了一篇文章，开启了深度学习在学术界和工业界的研究浪潮。Hinton 的学生杨乐昆（Yann LeCun）提出的 LeNets 深度学习网络可以被广泛应用在全球的 ATM 机和银行之中。同时，LeCun 和吴恩达等人认为卷积神经网络允许人工神经网络能够快速训练，因为其所占用的内存非常小，无须在图像上的每一个位置都单独存储滤镜，因此非常适合构建可扩展的深度网络，卷积神经网络因此非常适合识别模型。2015年，为纪念人工智能概念提出 60 周年，深度学习的三巨头 Hinton、LeCun 和 Bengio 在 Nature 期刊上发表了深度学习的联合综述，为深度学习这一核心技术提供了权威性的理论支持和实践指导，推动了人工智能技术的进一步发展和完善，对人工智能的发展产生了深远影响。

　　② 专家系统助力人工智能的发展。1965 年，斯坦福大学在美国国家航空航天局的要求下，成功研制了世界上第一个专家系统 Dendral。该系统拥有丰富的化学知识，能够根据质谱数据帮助化学家推断分子结构。这一创举标志着专家系统的诞生，并为其后续发展奠定了基础。

　　专家系统的发展历程大致可以分为三个阶段：初创期、成熟期和发展期。在初创期，专家系统主要依赖于领域专家的感官和专业经验，只能做简单的数据处理。这些系统具有高度的专业化水平，对专门问题的求解能力强，但结构、功能不完整，移植性差，缺乏解释功能。到了成熟期，专家系统逐渐成熟，观点逐渐被人们接受，并先后出现了一批卓有成效的专家系统。1972 年，著名的用于诊断血源性传染病的专家系统 MYCIN（见图 1.8）和用于内科诊断的临床专家系统 INTERNIST-I 开始开发和发布；1976 年，地质领域的用于勘探矿产资源的专家系统 PROSPECTOR 开始开发。这些系统以单学科专业型为主，结构完整，功能较全面，移植性好，具有一定的推理解释功能。在发展期，专家系统开始大量投入商业

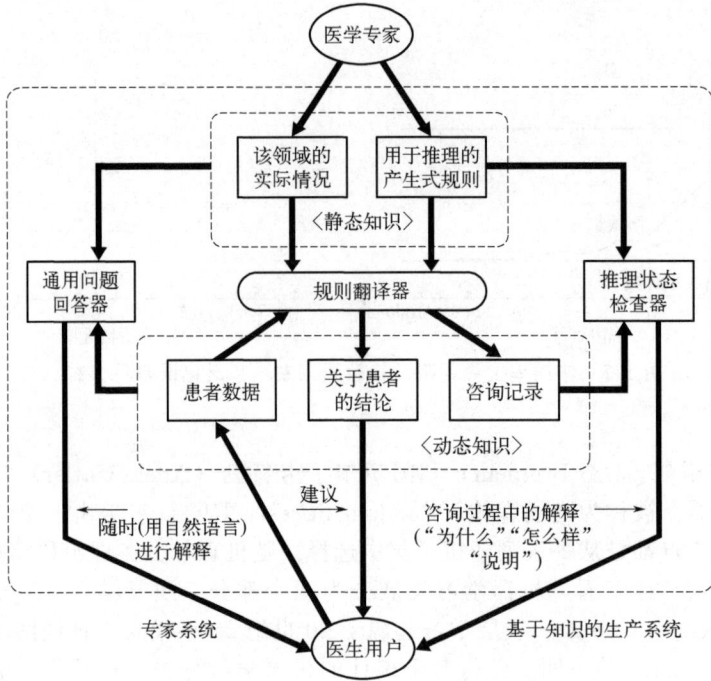

图 1.8　MYCIN 专家系统

化运行，并为各行业产生了显著的经济效益。

　　人工智能旨在广泛模仿人类智能，包括机器学习和问题解决，而专家系统则专注于特定领域的复杂问题解决。专家系统是模拟人类专家的思维过程来解决特定领域复杂决策问题的计算机程序。专家系统的核心是知识库。1980 年，麦卡锡将哲学中的"本体"引入人工智能学科，用于表示存在的事物，即现实中的对象、属性、事件、过程和关系的种类和结构等。自此，专家系统往往会"列出所有存在的事物，并构建一个本体描述我们的世界"，即知识库，其典型代表有 CYC、WordNet、DBpedia、Freebase、YAGO、Schema.org、WikiData 等。2012 年，Google 将知识从本体库中分离出来，提出了知识图谱概念，并逐渐发展出一整套完整的体系，如图 1.9 所示。知识图谱以图的形式表示实体及其之间的关系，

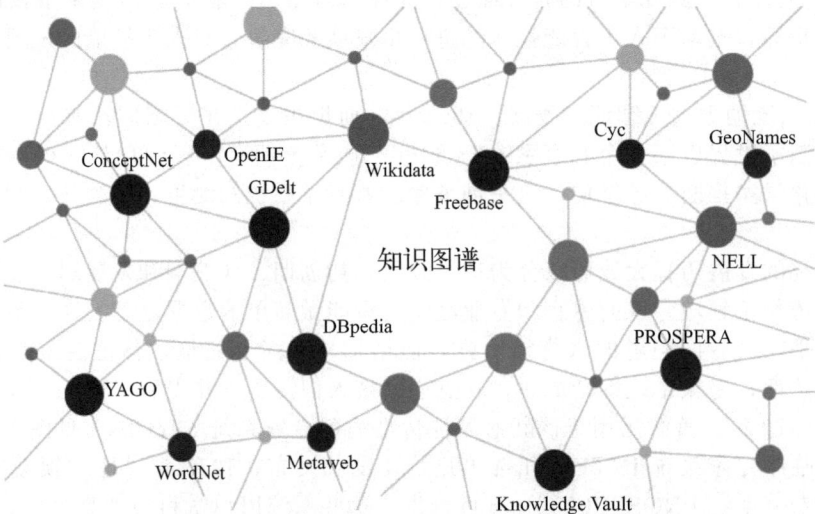

图 1.9　谷歌提出的知识图谱链接了众多知识库（图片来自：Medium）

使得机器能够更好地理解和处理信息。这种结构化的知识表示方法有助于人工智能系统更有效地存储、检索和利用知识。通过知识图谱，人工智能系统能够理解复杂的语义关系和上下文含义，这对于自然语言处理等任务至关重要。因此，知识图谱的出现，极大地推动了人工智能在自然语言理解、智能问答、推荐系统等领域的应用。

与此同时，大语言模型逐渐崭露头角。通过预训练＋微调的训练模式，大语言模型能够在大规模数据上进行训练后，快速适应一系列下游任务，显著提升了这些任务的性能。它们在自然语言处理、计算机视觉、语音识别等领域取得了广泛应用（图 1.10），推动了人工智能技术的整体进步，标志着人工智能进入一个新的发展阶段。

图 1.10　以 DeepSeek 为代表的大语言模型已经应用到各个领域

1.2.3　人工智能的挑战与机遇

在科技日新月异的今天，人工智能已经成为推动社会进步的重要力量。随着技术的不断突破和应用领域的不断拓展，人工智能正以其独特的魅力改变着我们的生活和工作方式。然而，正如任何新兴技术一样，其发展也伴随着一系列挑战和机遇。

人工智能的挑战不仅体现在技术层面，如算法优化、数据安全、隐私保护等，还涉及伦理、法律和社会影响等多个方面。

在技术层面上，尽管它在某些领域取得了显著成果，但在某些方面仍存在技术瓶颈，如算法优化、模型训练、算力提升等。现有的人工智能算法在复杂和不确定的情境下可能失效或出现错误，需要不断优化和改进。人工智能系统需要大量的高质量数据来训练和优化模型，但现实中又往往存在数据不足或数据质量不高的问题。数据标注和预处理需要耗费大量的人力、物力和时间。数据的收集、存储和使用可能涉及隐私和安全问题，需要严格遵守相关法律法规和伦理规范，防止数据泄露和滥用是我们必须面对的重要挑战。

在伦理与法律层面上，人工智能算法的决策过程可能存在偏见和歧视，这可能源于数据本身的偏见或算法的设计和实现，需要建立公平、透明和可解释的算法决策机制，以减少算法歧视和社会不公的可能性。同样需要建立完善的人工智能伦理规范，明确人工智能技术的责任和权利，规范人工智能技术的发展和应用，通过法律法规和技术标准来加以规范和引导，确保人工智能技术的健康发展。

在社会影响层面上，人工智能技术的发展可能导致部分传统职业的消失和新兴职业的出现，对劳动力市场产生深远影响，如何平衡人工智能技术的社会影响，确保不同群体都能从人工智能技术中受益，是人工智能技术发展中需要关注的重要问题。

然而，尽管面临诸多挑战，AI的发展也带来了前所未有的机遇。AI技术可以推动传统产业的创新与升级，提高生产效率和质量，降低成本和能耗。它还可以催生新的产业和商业模式，为经济增长注入新的动力。在医疗、教育、交通、环保等领域，人工智能技术的应用也极大地提高了公共服务水平和民生福祉。在不久的将来，人工智能将在更多领域实现深度融合与创新应用。在医疗健康领域，AI将助力精准医疗的发展，通过大数据分析提高疾病诊断的准确性和效率，推动个性化治疗方案的制定。在教育领域，AI将实现教育资源的优化配置，提供个性化学习路径，促进教育公平与质量的双重提升。同时，随着物联网、5G等技术的融合，AI将在智慧城市、智能交通等领域发挥重要作用，提升城市管理效率，改善居民生活质量。人工智能技术还可以推动科学研究的发展，加速新知识的发现和技术的创新。此外，它已成为国家竞争力的重要组成部分。掌握人工智能技术的国家和地区将在全球竞争中占据优势地位，加强人工智能技术的研发和应用，对于提升国家竞争力具有重要意义。

因此，面对人工智能的挑战与机遇，我们需要保持清醒的头脑和积极的态度，既要看到人工智能技术带来的巨大潜力和价值，也要正视其发展过程中可能遇到的问题和风险。通过加强技术研发和创新、完善法律法规和伦理规范、加强职业培训和教育等方面的工作，我们可以充分利用人工智能技术的发展机遇，有效应对其挑战，推动人工智能技术的健康、可持续发展。

1.3　人工智能发展趋势

人工智能发展趋势呈现多元化和深入化的特点，以下是对其发展趋势的详细分析。

1.3.1　技术发展趋势

（1）更大规模的数据与模型

随着技术的不断进步，人工智能系统所需的数据规模和质量将持续提升。更大规模的数据集意味着模型能够学习到更多、更丰富的特征，从而提高模型的准确性和泛化能力。同时，高质量的数据能够减少噪声和偏差，使模型更加可靠和稳定。例如，在自动驾驶领域，为了训练出更加精准的驾驶模型，需要收集海量的道路数据，包括各种路况、天气条件、交通标志等。这些数据将被用于训练深度学习模型，使其能够识别并应对各种复杂的驾驶场景。随着数据规模的增加，模型的准确性将不断提高，自动驾驶的安全性也将得到进一步提升。

更大的模型能够容纳更多的参数和更复杂的结构，从而具备更强的学习能力和表达能力，这有助于模型在处理复杂任务时表现出更高的性能。以自然语言处理为例，近年来出现的超大规模语言模型（如GPT系列）在文本生成、对话系统、机器翻译等领域取得了显著成果。这些模型通过在大规模文本数据集上进行训练，学会了丰富的语言知识和上下文理解能力（见图1.11）。随着模型规模的进一步扩大，它们将能够处理更加复杂和多样的自然语言任务，如情感分析、文本摘要、问答系统等。

（2）跨模态学习与融合

更大规模的数据与模型将推动人工智能向跨模态学习与融合的方向发展。跨模态学习是指模型能够同时处理多种类型的数据（如文本、图像、音频等），并实现跨模态的信息理解和生成，如图1.12所示。这有助于模型在更广泛的场景下应用，提高信息的处理效率和准

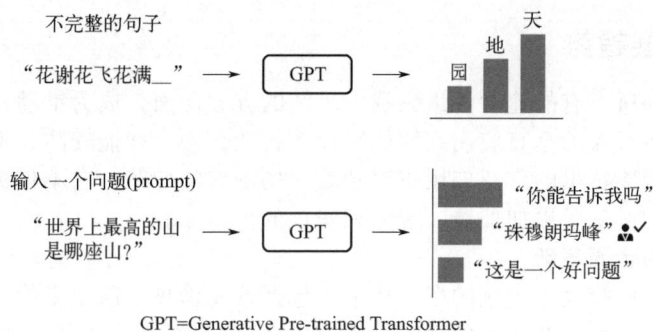

图 1.11　GPT 原理

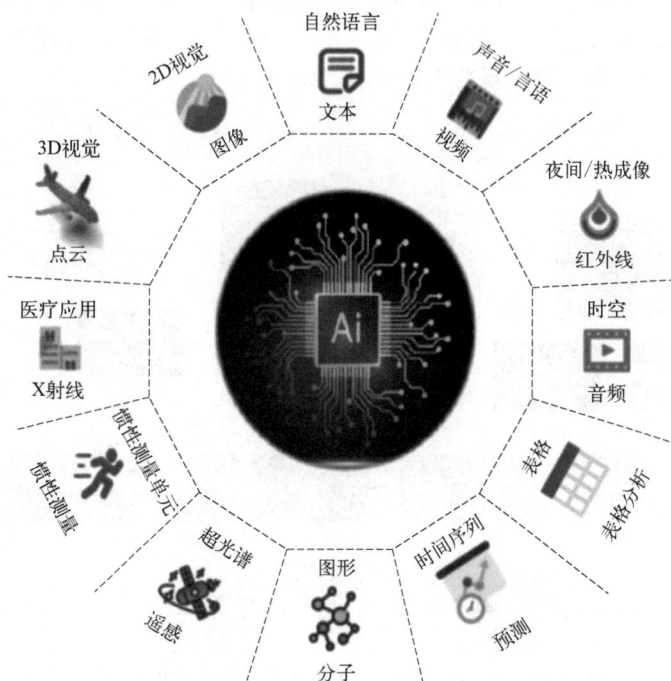

图 1.12　未来的 AI 将融合多种模态数据

确性。例如，在医疗领域，跨模态学习可以用于整合患者的病历、影像资料和基因数据等多种信息，为医生提供更加全面和准确的诊断依据。通过训练跨模态模型，可以实现对患者病情的精准预测和个性化治疗方案的制定。

（3）智能体技术的成熟

智能体技术是一种能够自主学习和适应环境的智能系统，具有自主性和交互性。随着智能体技术的成熟，它将在更多领域得到应用，如自动驾驶、机器人等，推动人工智能技术的进一步发展。首先，智能体将具备更强大的自主决策能力。随着算法和数据处理技术的进步，智能体将能够在没有人类干预的情况下，分析环境和情境，自行做出最优选择。例如，无人驾驶汽车依赖自主决策来判断道路情况、行人位置以及其他交通参与者，以确保安全驾驶。其次，智能体技术将促进人机协作的深入发展。智能体可以承担起繁重且重复性的工作，让人类更加专注于创造性和战略性的任务，从而提升整体生产力。在制造业中，智能体已经被广泛应用于自动化生产线，与人类工人协同工作，共同完成任务。总之，智能体技术的成熟将推动人工智能向更高效、更自主、更协作的方向发展，为人类社会带来更多的便利和进步。

1.3.2 应用发展趋势

人工智能正以前所未有的速度渗透到我们生活的方方面面，成为推动社会进步和产业升级的重要力量。从各行业的垂直应用到智能医疗、智能金融、智能安防、智能家居以及智能电网等领域，人工智能技术的广泛应用正引领着一场深刻的变革。它不仅提高了生产效率和服务质量，还为我们带来了更加便捷、智能和安全的生活体验。

（1）智能医疗的全面革新

人工智能已深入医疗健康领域的多个环节，包括智能诊疗、医学影像分析、医学数据治理、健康管理、精准医疗及新药研发等。AI 技术的应用为医生提供了强大的辅助工具，提高了医疗服务的效率和准确性。智能诊疗系统如 IBM Watson 已在全球范围内提供癌症等疾病的辅助诊疗服务，如图 1.13 所示。同时，AI 在医学影像分析领域取得显著进展，能够自动识别和分析病灶，为医生提供精确的诊断依据。此外，AI 还在新药研发中发挥重要作用，通过模拟和预测药物效果，加速新药上市进程。

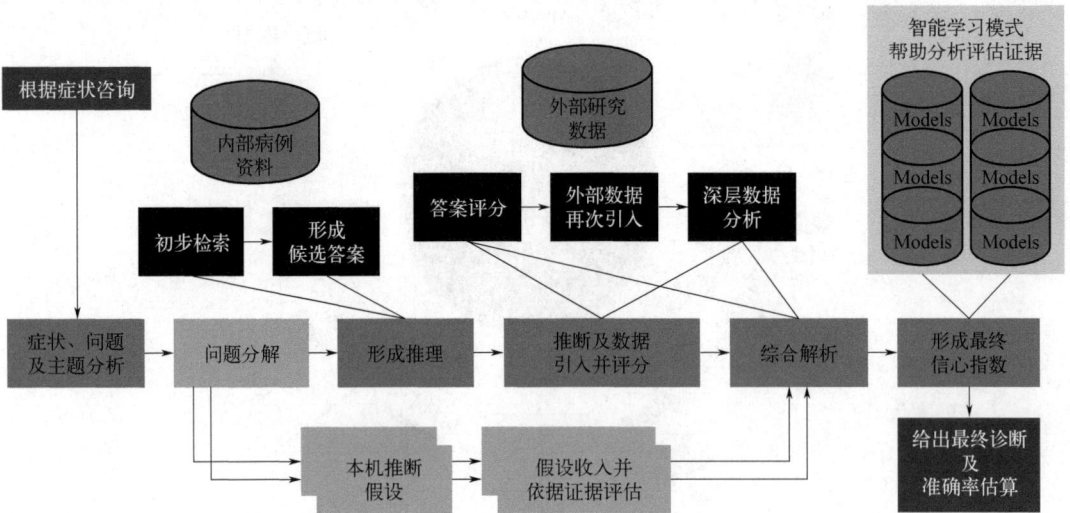

图 1.13　Watson 模拟人类医生诊断模式的处理逻辑

（2）智能金融的智能化转型

智能金融是人工智能技术与金融体系的深度融合，主要包括智能投顾和金融欺诈检测等应用，如图 1.14 所示。智能投顾能够根据客户需求和市场变化自动调整投资组合，实现个性化投资服务；而金融欺诈检测系统则利用 AI 技术提升识别欺诈行为的准确性和时效性。智能投顾平台日益成熟，为投资者提供更为精准的投资策略建议。同时，金融欺诈检测系统也在不断更新迭代，利用 AI 技术构建更加智能的反欺诈体系，有效防范金融欺诈风险。

（3）智能安防的广泛应用

安防领域是人工智能落地的重要场景之一。利用 AI 技术实时分析图像和视频内容，可以实现对人员、车辆的识别和追踪，为案件侦查提供有力支持。在民用领域，AI 技术也广泛应用于智能楼宇、工业园区和家用安防等领域。智能安防系统正逐步实现智能化、网络化和集成化。通过 AI 技术，安防系统能够自动识别异常行为并发出预警，有效提升了安全防范能力。同时，家用安防系统也日益普及，为家庭安全提供全方位保障。

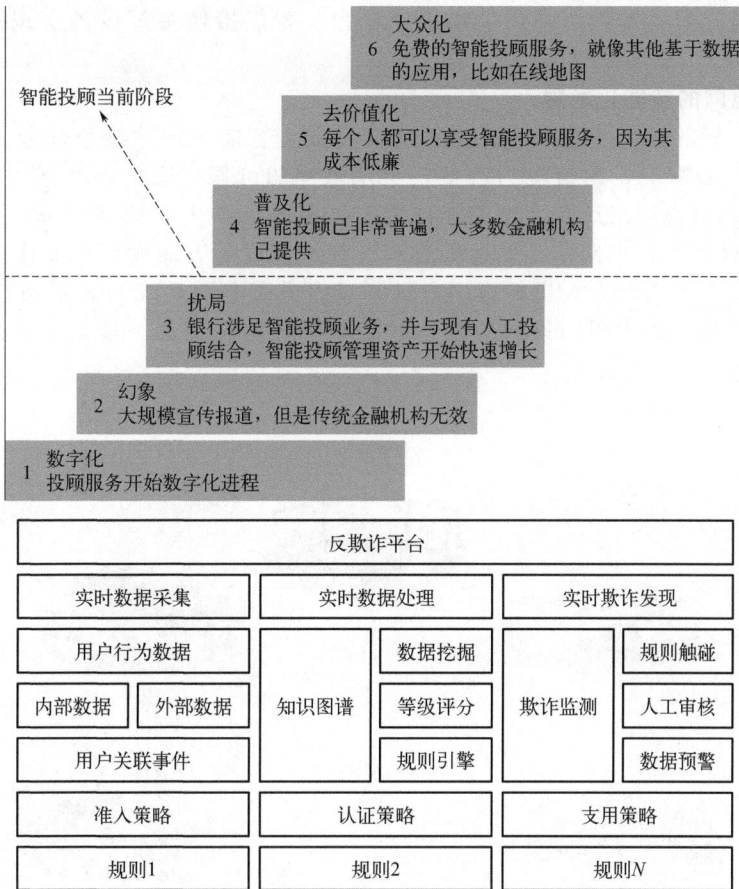

智能投顾当前阶段

大众化
6 免费的智能投顾服务，就像其他基于数据的应用，比如在线地图

去价值化
5 每个人都可以享受智能投顾服务，因为其成本低廉

普及化
4 智能投顾已非常普遍，大多数金融机构已提供

扰局
3 银行涉足智能投顾业务，并与现有人工投顾结合，智能投顾管理资产开始快速增长

幻象
2 大规模宣传报道，但是传统金融机构无效

数字化
1 投顾服务开始数字化进程

反欺诈平台		
实时数据采集	实时数据处理	实时欺诈发现
用户行为数据	数据挖掘	规则触碰
内部数据 / 外部数据	知识图谱 / 等级评分	欺诈监测 / 人工审核
用户关联事件	规则引擎	数据预警
准入策略	认证策略	支用策略
规则1	规则2	规则N

图 1.14　智能投顾和金融欺诈检测

（4）智能家居的智能化升级

智能家居基于物联网技术，通过硬件、软件和云平台的协同工作，实现远程设备控制、人机交互、设备互联互通等功能，如图 1.15 所示。AI 技术的应用进一步提升了智能家居的智能化水平，为用户提供更加便捷、舒适和安全的生活体验。智能家居产品正不断推陈出新，如智能音箱、智能电视等已具备语音控制、个性化推荐等功能。同时，智

图 1.15　智能家居示意图

能家居安防系统也日益完善，利用生物识别技术、智能摄像头等设备实现对住宅安全的实时监控和预警。

（5）智能电网的智能化发展

随着电网规模的扩大和复杂化，人工智能将成为智能电网的核心部分。AI技术能够实时监控电网供需情况，调整电力流量，实现电网的可靠、安全、经济、高效运行。同时，AI还能协助电力网络运营商调整能源组合，提升可再生能源利用率。智能电网建设正加速推进，AI技术在电网监控、运维管理、能源调度等方面发挥重要作用，如图1.16所示。智能巡检机器人和无人机的应用也进一步提升了电网运维的效率和安全性。未来，随着技术的不断进步和应用场景的拓展，智能电网将实现更加智能化、高效化和可持续化的发展。

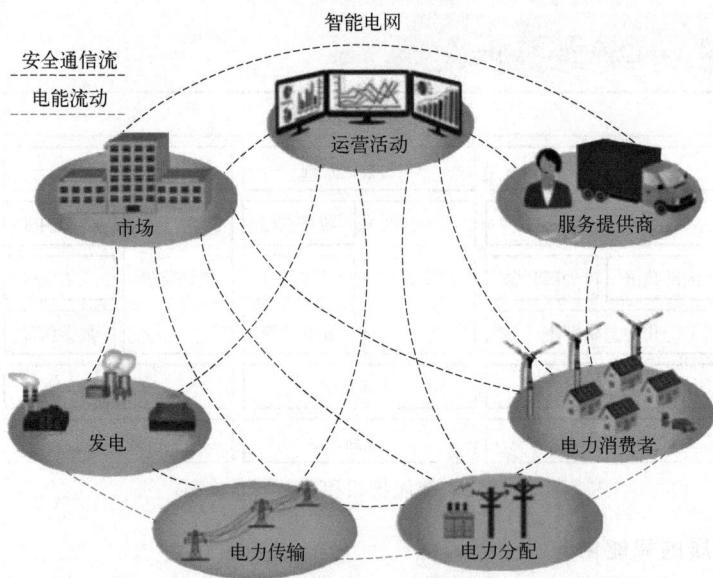

图 1.16　智能电网示意图

综上所述，人工智能发展趋势呈现出多元化和深入化的特点。在技术层面，更大规模的数据与模型、多模态统一大模型以及智能体技术的成熟将推动人工智能技术的进一步发展。在应用层面，人工智能将在更多领域得到应用，实现业务流程的自动化和人机协作模式。未来，人工智能技术将继续沿着更高精度、更复杂任务、更广能力边界的方向演进，拓展更多落地场景，与实体经济紧密结合，赋能千行百业。

习题

一、选择题

1. 以下哪个选项最准确地描述了人工智能？（　　　）

A. AI是模仿人类智能的计算机程序

B. AI是使计算机能够像人一样思考的魔法

C. AI是仅用于自动化任务的工具

D. AI是使计算机能够执行任何任务的软件

2. 人工智能的哪个分支专注于通过训练数据来改进算法的性能？（　　）

A. 机器学习　　　　　　　　B. 自然语言处理

C. 机器人技术　　　　　　　D. 专家系统

3. 以下哪个不是人工智能的主要应用领域？（　　）

A. 自动驾驶汽车　　　　　　B. 天气预报

C. 股票市场分析　　　　　　D. 魔法咒语翻译

4. 在人工智能中，哪种方法通过让计算机尝试不同的解决方案来找到问题的最优解？（　　）

A. 穷举法　　　　　　　　　B. 启发式搜索

C. 深度优先搜索　　　　　　D. 广度优先搜索

5. 以下哪个不是人工智能在医疗领域的应用实例？（　　）

A. 辅助诊断　　　　　　　　B. 药物研发

C. 手术机器人　　　　　　　D. 心灵感应治疗

二、问答题

1. 什么是人工智能？人工智能的定义是什么？

2. 什么是符号智能与计算智能？请举例说明。

3. 人工智能主要有哪几种研究途径和技术方法？简单说明之。

4. 人工智能的主要研究和应用领域有哪些（至少列出 7 个）？其中，哪些是新的研究热点（至少列出 3 个）？

5. 在人工智能的发展过程中，有哪些思想和思潮起了重要作用？

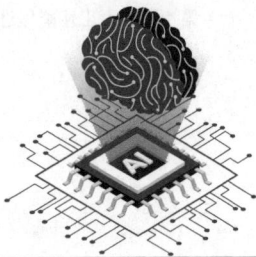

## 第2章

表示与理解

本章导读

知识的表示与理解不仅是人工智能领域的核心议题更是培养逻辑思维与创新能力的关键环节。符号表示、符号处理是经典人工智能技术定义和表示对象的主要手段。首先，本章将介绍知识与知识表示的基本概念，并详细阐述几种主流的知识表示方法，包括语义网络、一阶谓词逻辑、产生式表示法和框架表示法。这些方法为我们提供了理解和组织知识的有效工具。

知识的搜索与推理是人工智能研究"问题理解能力"的核心问题。本章还将聚焦于推理机制，探讨确定性推理与非确定性推理的差异及其应用场景。此外，搜索策略作为知识获取与问题解决的关键环节，本章详细介绍了状态空间表示法、图搜索策略、盲目搜索及启发式搜索等方法，旨在培养学生解决问题的能力和创新探索精神。

本章将学习以下内容：
- 知识表示及方法
- 推理方法及实现
- 搜索策略及算法

2.1 知识表示及方法

2.1.1 知识与知识表示的概念

（1）知识的概念

人类在长期的社会生活实践和科学研究中积累了对客观世界认知的丰富经验，将获取的经验信息关联在一起就形成了知识。如果想让计算机具有智能，可以模拟人类的智能行为，就必须让其具有知识，因此，知识表示是人工智能中一个重要的研究领域。

知识可以反映客观世界中事物之间的关系，不同事物或者相同事物间的不同关系形成了不同的知识。例如，"大海是蓝色的"是一条知识，反映的就是"大海"与"蓝色"之间的关系。再例如，"如果头痛且流鼻涕，则有可能得了感冒"是一条知识，反映了"头痛且流鼻涕"和"可能得了感冒"之间是一种因果关系。

（2）知识的特性

① 相对正确性。知识是人类对客观世界认知的成果积累，在长期实践的过程中受到了检验。所以在一定的环境和条件下，知识具有正确性。这里，"一定的环境和条件"是知识

正确性的前提。例如，1+1＝2，也是在十进制的前提下才成立，如果是二进制，就不成立了。因此，知识的正确性并不是绝对的，而是相对正确性。

② 不确定性。因为世界具有复杂性和不确定性，这个世界上所存在的信息也就表现出不确定性，所以获取到的信息可能是精确的，也可能是模糊的。这使得知识不仅仅有单纯的两种状态——"真（对）"和"假（错）"，而且在这两种状态之间还存在很多中间状态，即知识在多大程度上被认为是"真（对）"，这个特性被称为不确定性。

③ 可表示性与可利用性。人类长期积累的经验可以通过世世代代的人来传承，通过这些经验人类社会得以发生巨大的变化。知识可以通过适当的方式表示出来，被称为知识的可表示性。通过利用一些知识可以解决很多问题，被称为知识的可利用性。例如，人类利用知识制造了高铁，解决到达目的地时间长短的问题。

（3）知识表示的概念

知识表示是将人类所掌握的知识形式化或模型化，实际就是对知识的一种描述，目的是让计算机存储和运用知识。目前，常用的知识表示方法有语义网络、一阶谓词逻辑、产生式、框架和状态空间等，这些方法都有一定的局限性和针对性，应用时需要根据实际情况做适当的改变。

2.1.2　语义网络

语义网络（Semantic Network）是一种知识表示方法，它通过图的形式来表达实体（节点）之间的语义关系（边）。这种表示方法在人工智能和自然语言处理领域有着广泛的应用，尤其是在理解和处理自然语言方面。语义网络的结构通常包括节点、边以及边的方向和标签，其中节点代表实体或概念，边则表示它们之间的语义联系，如"属于""位于"等。

语义网络的一个重要特性是属性继承，即子节点可以继承父节点的属性。这种特性使得语义网络在进行推理时能够有效地利用层次结构，例如，如果"哺乳动物"具有某些属性，那么作为"哺乳动物"子类的"猫"也可以继承这些属性，如图 2.1 所示。

在语义网络中，还可以定义多种不同类型的关系，如时间关系、位置关系和相近关系等，以表达更复杂的语义信息。此外，语义网络的推理

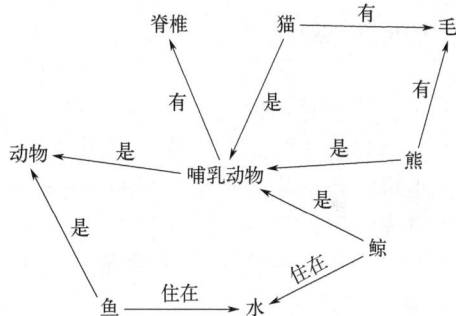

图 2.1　语义网络举例

能力主要体现在继承和匹配两个方面，继承是将描述从更抽象的节点传递到更具体的节点，而匹配则是在网络中寻找与问题相符的模式。

尽管语义网络在知识表示和推理方面具有明显优势，但也存在一些局限性。例如，推理规则可能不够明确，表达范围有限，当网络结构变得复杂时，推理可能变得困难。此外，语义网络的构建和维护可能需要大量的人工参与，尤其是在处理大规模数据时。总的来说，语义网络作为一种直观且结构化的知识表示方法，在帮助计算机理解和处理自然语言方面发挥了重要作用，但同时也面临着一些挑战和改进空间。

2.1.3　一阶谓词逻辑

人工智能的逻辑分为两大类：一类是经典命题逻辑和一阶谓词逻辑；另一类是非经典逻辑，主要包括三值逻辑、模糊逻辑和多值逻辑等。

（1）命题

命题是一个非真即假的陈述句。判断一个句子是否为命题，首先需判断其是否为陈述句，再判断是否有唯一的真值。若命题的真值为真，记作 T（True）；若命题的真值为假，记作 F（False）。例如，"北京是中国的首都""$4<7$"都是真值为 T 的命题；"香蕉是红色的""太阳从西边升起"都是真值为 F 的命题；"他今天可能会来"则不是一个命题。

一个命题不能同时既为真又为假，但可以在一种条件下为真，另一种条件下为假。例如"$1+1=10$"在十进制情况下是真值为 F 的命题，在二进制情况下是真值为 T 的命题。在命题逻辑中，通常用大写字母表示命题，例如可以用英文字母 P 表示"大海是蓝色的"这个命题。

用简单陈述句表达的命题称为简单命题或原子命题。通过引入否定、析取、合取等条件连词，可以将原子命题构成复合命题。例如，"如果下雨，则我开车""我既不擅长写诗，也不擅长喝酒"都是复合命题。

因为命题逻辑表示法无法把它所描述的事物的结构和逻辑特征表示出来，也不能把不同事物间的共同特征表达出来，所以有较大的局限性。例如，对于"老王是小王的父亲"这一命题，若用英文字母表示，如用字母 P，则无法看出老王和小王之间的父子关系。由于这些原因，所以在命题逻辑基础上发展出了谓词逻辑。

（2）谓词

谓词逻辑是基于命题中谓词分析的一种逻辑。一个谓词可分为谓词名和个体两部分。个体表示独立存在的事物或某个抽象概念；谓词名则用于刻画个体的性质、状态或个体间的关系。

谓词的一般形式为

$$P(x_1, x_2, \cdots, x_n)$$

其中，P 是谓词名，$x_1, x_2, \cdots, x_n$ 是个体。谓词名是由使用者根据需要人为定义的，一般使用具有相应意义的英文单词表示，或者用大写的英文字母，也可以用其他符号，甚至中文也可以。个体通常用小写的字母表示。例如谓词 $P(x)$，既可以表示"x 是一位教师"，也可以表示"x 是一个苹果"。

在谓词中，个体可以是常量、变元或者函数。个体常量、个体变元、个体函数统称为"项"。

在谓词 $P(x_1, x_2, \cdots, x_n)$ 中，若 $x_i(i=1,2,\cdots,n)$ 都是个体常量、变元或函数，称它为一阶谓词。

个体是常量，表示一个或一组指定的个体。例如，"小王是一个学生"这个命题，可以表示成一元谓词 Student（Wang）。其中，Student 是谓词名，Wang 是个体，Student 刻画了 Wang 是学生这一特征。

一个命题的谓词表示不是唯一的。例如，"小王是一个学生"这个命题，也可以表示成二元谓词 Is-a（Wang，Student）。

个体是变元，表示没有指定的一个或者一组个体。例如，"$x<5$"这个命题，可以表示为 Less(x,5)。其中，x 是变元。

个体是函数，表示一个个体到另一个个体的映射。例如，"小李的父亲是教师"，可以表示为一元谓词 Teacher(father(Li))。

（3）谓词公式

无论是命题逻辑还是谓词逻辑，都可以用下列连接词把一些简单的命题连接起来从而构成一个复合命题，以表示一个比较复杂的含义。

① 连接词。

¬：称为"否定"或者"非"。它表示否定位于它后面的命题。当命题 P 为真时，¬P 为假；当 P 为假时，¬P 为真。例如，"机器人不在 3 号房间"，表示为¬Inroom(Robot,R3)

∧：称为"合取"。它表示它连接的两个命题具有"与"的关系。合取联结词表示两件事情同时成立的情况：不仅……而且……；虽然……但是……；一面……一面……；一边……一边……；既……又……等。例如，"我爱足球和绘画"，可以表示为 Like(I,Soccer)∧Like(I,Painting)。

∨：称为"析取"。它表示被它连接的两个命题具有"或"的关系。例如，"李明踢足球或者打篮球"，可以表示为：Plays(LiMing,Soccer)∨Plays(LiMing,Basketball)。

→：称为"蕴涵"。P→Q 表示"P 蕴涵 Q"，表示"如果 P，则 Q"。其中，P 称为条件的前件，Q 称为条件的后件。蕴涵联结词对应的情况：只有 P 才 Q，除非 P 才 Q 等。例如，"如果王明跑得最快，他就会获得冠军"可以表示为

$$Runs(WangMing,Fastest) \rightarrow Wins(WangMing,Champion)$$

↔：称为"等价"或"双条件"。P↔Q 表示"P 当且仅当 Q"。

谓词逻辑真值表见表 2.1。

表 2.1　谓词逻辑真值表

P	Q	¬P	$P \lor Q$	$P \land Q$	$P \rightarrow Q$	$P \leftrightarrow Q$
T	T	F	T	T	T	T
T	F	F	T	F	F	F
F	T	T	T	F	T	F
F	F	T	F	F	T	T

② 量词。

为了刻画谓词与个体间的关系，在谓词逻辑中引入了两个量词：全称量词和存在量词。

• 全称量词（$\forall x$）：表示"对个体域中的所有（或任一个）个体 x"。

例如，"所有的雪人都是白色的"可以表示为

$$(\forall x)[Snowman(x) \rightarrow Color(x,White)]$$

• 存在量词（$\exists x$）：表示"在个体域中存在个体 x"。例如，"2 号房间有个物体"可以表示成（$\exists x$)Inroom(x,R2)。

全称量词和存在量词可以出现在同一个命题中。例如，设谓词 $F(x,y)$ 表示 x 和 y 是朋友，则：

($\forall x$)($\exists y$)$F(x,y)$ 表示对于个体域中的任何个体 x 都存在个体 y，x 和 y 是朋友。

($\exists x$)($\forall y$)$F(x,y)$ 表示在个体域中存在个体 x，与个体域中的任何个体 y 都是朋友。

($\exists x$)($\exists y$)$F(x,y)$ 表示在个体域中存在个体 x 与个体 y，x 和 y 是朋友。

($\forall x$)($\forall y$)$F(x,y)$ 表示对于个体域中的任何两个个体 x 和 y，x 和 y 都是朋友。

如果在一个命题中同时出现了全称量词和存在量词，那么量词的次序将影响命题的意思。例如：

($\exists y$)($\forall x$)$Love(x,y)$ 表示"有的人大家都喜欢他"；

($\forall x$)($\exists y$)$Love(x,y)$ 表示"每个人都有喜欢的人"。

• 谓词公式：由谓词符号、常量符号、变量符号、函数符号以及逗号、括号等按一定语法规则组成的字符串的表达式叫作谓词公式。

在谓词公式中，连接词的优先级别从高到低排列是：¬，∧，∨，→，↔。

(4) 谓词公式的性质

① 谓词公式的等价性。

设 P 和 Q 是两个谓词公式，D 是它们共同的个体域，若对 D 上的任何一个解释，P 和 Q 都有相同的真值，则称 P 和 Q 在 D 上是等价的。如果 D 是任意个体域，则称 P 和 Q 是等价的，记作 $P \Leftrightarrow Q$。

下面是一些主要的等价式：

- 交换律：$P \wedge Q \Leftrightarrow Q \wedge P$；$P \vee Q \Leftrightarrow Q \vee P$；
- 结合律：$(P \wedge Q) \wedge R \Leftrightarrow P \wedge (Q \wedge R)$；$(P \vee Q) \vee R \Leftrightarrow P \vee (Q \vee R)$；
- 分配律：$P \vee (Q \wedge R) \Leftrightarrow (P \vee Q) \wedge (P \vee R)$；$P \wedge (Q \vee R) \Leftrightarrow (P \wedge Q) \vee (P \wedge R)$；
- 德摩根律：$\neg(P \vee Q) \Leftrightarrow \neg P \wedge \neg Q$；$\neg(P \wedge Q) \Leftrightarrow \neg P \vee \neg Q$；
- 双重否定律：$\neg \neg P \Leftrightarrow P$；
- 吸收律：$P \vee (P \wedge Q) \Leftrightarrow P$；$P \wedge (P \vee Q) \Leftrightarrow P$；
- 连接词化归律：$P \rightarrow Q \Leftrightarrow \neg P \vee Q$；
- 逆否律：$P \rightarrow Q \Leftrightarrow \neg Q \rightarrow \neg P$；
- 量词转化律：$\neg(\exists x)P \Leftrightarrow (\forall x)(\neg P)$；$\neg(\forall x)P \Leftrightarrow (\exists x)(\neg P)$；
- 量词分配律：$(\forall x)(P \wedge Q) \Leftrightarrow (\forall x)P \wedge (\forall x)Q$；$(\exists x)(P \vee Q) \Leftrightarrow (\exists x)P \vee (\exists x)Q$。

② 谓词公式的永真蕴涵。

对于谓词公式 P 和 Q，如果 $P \rightarrow Q$ 永真，则称 P 永真蕴涵 Q，记作 $P \Rightarrow Q$，Q 为 P 的逻辑结论，P 为 Q 的前提。

下面是一些主要的永真蕴涵式：

- 假言推理　P，$P \rightarrow Q \Rightarrow Q$

P 为真，$P \rightarrow Q$ 为真，可推出 Q 为真。

例如，如果谁骄傲自满，那么他就要落后；小张骄傲自满，所以，小张必定落后。

- 拒取式推理　$\neg Q$，$P \rightarrow Q \Rightarrow \neg P$

Q 为假，$P \rightarrow Q$ 为真，可推出 P 为假。

例如，如果 X 是金属，则 X 可以导电；木头不导电，木头不是金属。

- 假言三段论　$P \rightarrow Q$，$Q \rightarrow R \Rightarrow P \rightarrow R$

由 $P \rightarrow Q$，$Q \rightarrow R$ 为真，可推出 $P \rightarrow R$ 为真。

例如：

前提：如果天天坚持锻炼身体，就能拥有健康的身体，如果拥有健康的身体，就能有较高的工作效率。

结论：如果天天坚持锻炼身体→就能有较高的工作效率。

2.1.4 产生式表示法

早在 1943 年，美国数学家波斯特就提出了"产生式"这一术语。如今该术语已被应用于诸多领域，成为人工智能领域中被应用最多的一种知识表示方法。产生式表示法，又名产生式规则表示法。

(1) 产生式

产生式一般用于表示事实、规则以及它们的不确定性度量，适合表示事实性知识和规则性知识。

① 确定性规则的产生式表示。确定性规则的产生式表示形式如

$$\text{IF } P \text{ THEN } C \text{ 或 } P \rightarrow C$$

在该式子中，产生式的前提是 P，作用是指出式子是否具有可用的条件；C 是一组结

论或操作，作用是指出前提 P 指示的条件被满足时，所应当得出的结论或可执行的操作。产生式整体的含义是：如果前提 P 被满足，则结论 C 成立或者执行 C 所规定的操作。例如：

$r1$：IF 动物会飞 AND 会下蛋 THEN 该动物是鸟

是一个产生式。在该式子中 $r1$ 是编号；"动物会飞 AND 会下蛋"是前提 P；"该动物是鸟"是结论 C。

② 不确定性规则的产生式表示。不确定性规则的产生式表示形式如下：

IF P THEN C（置信度）　　或　　$P \rightarrow C$（置信度）

例如，IF 该动物有翅膀 AND 该动物会飞 THEN 该动物是鸟（0.8）。

它表示当前命题中列出的各个条件都得到满足时，该动物是鸟的结论可以相信的程度为 0.8，0.8 为该产生式的置信度。

③ 确定性事实的产生式表示。在本书中，确定性事实用三元组表示：

（对象，属性，值）或（关系，对象1，对象2）

例如，"小明的体重是 60kg"表示为（Ming，Weight，60），"小明和小王是朋友"表示为（Friend，Ming，Wang）。

④ 不确定性事实的产生式表示。在本书中，不确定性事实用四元组表示：

（对象，属性，值，置信度）或（关系，对象1，对象2，置信度）

例如，"小王的体重很可能是 60kg"表示为（Wang，Height，170，0.8），"小明和小王不大可能是朋友"表示为（Friend，Ming，Wang，0.1）。置信度为 0.1 表示小明和小王是朋友的可能性比较小。

产生式又被称为产生式规则，产生式中提到的"前提"有时又被称为"条件""前提条件""前件"或"左部"等；而"结论"部分有时又被称为"后件"或"右部"等。

（2）产生式系统

产生式系统由美国数学家波斯特（E. Post）在 1943 年首次提出。他根据串代替规则提出了一种称为波斯特机的计算模型，模型中的每条规则称为产生式。1972 年，纽厄尔和西蒙在研究人类的认知模型中进一步开发了基于规则的产生式系统。产生式表示法已经成为人工智能中应用最多的一种知识表示模式，尤其是在专家系统方面，许多成功的专家系统都采用这种表示方法。

一组产生式可以互相配合、协同作用。一个产生式生成的结论可以供另一个产生式作为已知条件使用，用以求解问题，该系统被称为产生式系统。

一般情况下，规则库、事实库、推理机（控制系统）三部分便可以组成一个产生式系统。该系统各部分之间的关系如图 2.2 所示。

① 规则库。规则库是用于描述相关领域内知识的产生式集合。一个产生式系统求解问题的基础取决于规则库。所以，需要对规则库中的知识进行合理的组织和管理，检测并排除冗余以及矛盾的知识，以保持知识的一致性。

图 2.2　产生式系统的基本结构

② 事实库。事实库又被称为综合数据库、上下文以及黑板等，它用于存放当前要求解问题的初始状态、原始证据、在推理中得到的中间结论以及最终结论等有用信息。当规则库中的一条产生式的前提 P，可以和事实库中的一些已知事实匹配时，则该产生式被激活，并将该式子推出的结论放入事实库，以作后面推理的已知事实。由此可见，事实库的内容不是一成不变的。

③ 推理机。推理机由一组程序组成，控制了整个产生式系统的运行，并实现对问题的

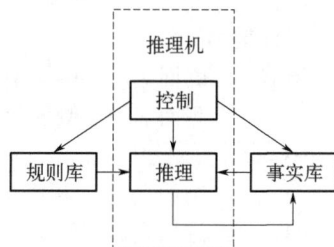

求解。一般推理机要做以下几项工作。

推理：从规则库中选择规则的前提条件与事实库中的已知事实，按一定的策略进行匹配，即进行比较，若二者一致或近似一致，并且满足预先规定的条件，则匹配成功，则相对应的规则可以使用。

执行规则：若某一规则的右部是一个或多个结论，则将这些结论加入事实库。若规则的右部是一个或者多个操作，则执行这些操作。至于不确定性知识，在执行规则时还需要按合理的算法去计算结论的不确定性程度。

冲突消解：若匹配成功的规则可能不止一条发生了冲突，此时推理机必须调用相关的解决冲突策略进行消解，以便从中选出一条进行执行。

检查推理终止条件：检查事实库中是否含有最终结论，用以决定系统是否停止运行。

(3) 产生式系统的特点

① 产生式适合表达具有因果关系的过程性知识，它是一种非结构化的知识表示方法。

② 产生式表示法既可以表示确定性知识，也可以表示不确定性知识；既可以表示启发式知识，也可以表示过程性知识。

③ 具有结构关系的知识用产生式表达很困难，因为它不能表示出具有结构关系事物之间的区别。以下介绍的框架表示法可以很好地解决这个问题。

2.1.5 框架表示法

1975 年，美国一名人工智能学者提出了著名的框架理论，简单来说，就是把一个事物具体化。例如，一间教室就是一个框架，将教室的大小、黑板的个数、桌凳的数量以及颜色等细节具体化到教室这个框架中，便得到一个教室框架的具体事例。

(1) 框架的一般结构

框架是一种描述所讨论对象属性的数据结构，对象可以是一件事物或事件或概念。

一个框架由若干个"槽"组成，根据实际情况，每个槽又可以被分为若干个"侧面"。一个槽用于描述当前对象某个方面的属性。一个侧面用于描述相关属性的某个方面。槽和侧面所拥有的属性值分别称为槽值和侧面值。一般情况下，一个用框架所表示的知识系统中会包含多个框架，一个框架一般包含多个不同的槽、不同的侧面，它们都会有不同的框架名、槽名以及侧面名。框架、槽或侧面一般会被附加一些说明性信息，一般是一些约束条件，作用是指出能填入到槽和侧面中合适的值。

以下给出框架的一般表示形式：

<框架名>

槽名 1：侧面名$_{11}$　侧面值$_{111}$，侧面名$_{112}$，…，侧面名$_{11P1}$
　　　　侧面名$_{12}$　侧面值$_{121}$，侧面名$_{122}$，…，侧面名$_{12P2}$

…

　　　　侧面名$_{1m}$　侧面值$_{1m1}$，侧面名$_{1m2}$，…，侧面名$_{1mPm}$

槽名 2：侧面名$_{21}$　侧面值$_{211}$，侧面名$_{212}$，…，侧面名$_{21P1}$
　　　　侧面名$_{22}$　侧面值$_{221}$，侧面名$_{222}$，…，侧面名$_{22P2}$

…

　　　　侧面名$_{2m}$　侧面值$_{2m1}$，侧面名$_{2m2}$，…，侧面名$_{2mPm}$

…

槽名 n：侧面名$_{n1}$　侧面值$_{n11}$，侧面名$_{n12}$，…，侧面名$_{n1P1}$
　　　　侧面名$_{n2}$　侧面值$_{n21}$，侧面名$_{n22}$，…，侧面名$_{n2P2}$

…

侧面名$_{nm}$　　侧面值$_{nm1}$，侧面名$_{nm2}$，…，侧面名$_{nmPm}$

约束：约束条件 1

约束条件 2

…

约束条件 n

由此可以看出，一个框架可以包含任意但数目有限的槽；同样地，一个槽可以包含任意但数目有限的侧面；一个侧面也可以包含任意但数目有限的侧面值。槽值、侧面值既可是数值、字符串、布尔值，也可是一个满足某个给定条件时需要执行的动作或过程，还可是另一个框架的名字，以便实现一个框架对另一个框架的调用，这样有助于表示出框架之间的横向联系。约束条件是任意选择的，若没有附加约束条件，则表示没有约束。

（2）用框架表示知识的案例

以下将举几个案例，以便说明建立框架的基本方法。

例 2.1　教师信息框架

框架名：〈教师〉

姓名：单位（姓、名）

年龄：单位（岁）

性别：范围（男，女），缺省：男

职称：范围（教授，副教授，讲师，助教），缺省：讲师

住址：〈住址框架〉

该框架共有 6 个槽，分别描述了"教师"的 6 个属性，每个槽都给出了一些说明信息，用于限制对槽的填值。对于上述这个框架，当将具体化的信息填入槽或侧面后，就可以得到相对应框架的一个事例框架。例如，把某个教师的一组信息填入"教师"框架的各个槽，就可得到：

框架名：〈教师-1〉

姓名：李明

年龄：37

性别：男

职称：副教授

住址：〈adr-1〉

2.2　推理方法及实现

2.2.1　推理方式及分类

人类的智能活动有多种思维方式。人工智能作为对人类智能的模拟，相应地也有多种推理方式。下而分别从不同的角度对它们进行分类。

（1）演绎推理、归纳推理

若从推出结论的途径来划分，推理可分为演绎推理和归纳推理。

演绎推理是从全称判断推导出单称判断的过程，即由一般性知识推出适合于某一具体情况的结论。这是一种从一般到个别的推理。演绎推理是人工智能中一种重要的推理方式，很多智能系统中采用了演绎推理。演绎推理有多种形式，经常用到的是三段论式，主要形式如下：

大前提：已知的一般性知识或假设。

小前提：关于所研究的具体情况或个别事实的判断。

结论：由大前提推出的适合于小前提所示情况的新判断。

下面是一个三段论推理的案例。

大前提：凡人都会死。

小前提：苏格拉底是人。

结论：苏格拉底是会死的。

归纳推理是从足够多的事例中归纳出一般性结论的推理过程，是从个别到一般的推理。

若从归纳时所选的事例的广泛性来划分，归纳推理又可分为完全归纳推理和不完全归纳推理两种。

完全归纳推理是指在进行归纳时考察了相应事物的全部对象，并根据这些对象是否都具有某种属性，从而推出这个事物是否具有这个属性。例如，某厂进行产品质量检查，如果对每一件产品都进行了严格检查，并且都是合格的，则可推出"该厂生产的产品是合格的"结论。

不完全归纳推理是指考察了相应事物的部分对象，就得出了结论。例如，检查产品质量时，只是随机地抽查了部分产品，只要它们都合格，就得出了"该厂生产的产品是合格"的结论。

不完全归纳推理推出的结论不具有必然性，属于非必然性推理，而完全归纳推理是必然性推理。但由于要考察事物的所有对象一般比较困难，因而大多数归纳推理都是不完全归纳推理。归纳推理是人类思维活动中最基本、最常用的一种推理形式。

（2）确定性推理、不确定性推理

若按推理时所用知识的确定性来划分，可将推理分为确定性推理与不确定性推理。确定性推理是指推理时所用的知识与证据都是确定的，推出的结论也是确定的，其真值非真即假。

不确定性推理是指推理时所用的知识与证据不都是确定的，推出的结论也是不确定的。不确定性推理又分为似然推理和近似推理或模糊推理，前者是基于概率论的推理，后者是基于模糊逻辑的推理。人们经常在知识不完全、不精确的情况下进行推理，所以，要使计算机能模拟人类的思维活动，就必须使它具有不确定性推理的能力。

（3）单调推理、非单调推理

若按推理过程中推出的结论是否越来越接近最终目标来划分，可将推理分为单调推理与非单调推理。单调推理是在推理过程中随着推理向前推进及新知识的加入，推出的结论越来越接近最终目标。

单调推理的推理过程中不会出现反复的情况，即不会由于新知识的加入否定了前面推出的结论，从而使推理又退回到前面的某一步。本章将要介绍的基于经典逻辑的演绎推理属于单调推理。

非单调推理是在推理过程中由于新知识的加入，不仅没有加强已推出的结论，反而要否定它，使推理退回到前面的某一步，然后重新开始。

非单调推理一般是在知识不完全的情况下发生的。由于知识不完全，为使推理进行下去，就要先做某些假设，并在假设的基础上进行推理。当以后由于新知识的加入发现原先的假设不正确时，就需要推翻该假设以及由此假设推出的所有结论，再用新知识重新进行推理。

在人们的日常生活及社会实践中，很多情况下进行的推理都是非单调推理。明斯基举了一个非单调推理的案例：当知道 X 是一只鸟时，一般认为 X 会飞，但之后又知道 X 是企鹅，而企鹅是不会飞的，则取消先前加入的 X 能飞的结论，而加入 X 是不会飞的结论。

2.2.2　确定性推理

推理过程是求解问题的过程。问题求解的质量与效率不仅依赖于所采用的求解方法（如匹配方法、不确定性的传递算法等），而且还依赖于求解问题的策略，即推理的控制策略。

推理的控制策略主要包括推理方向、搜索策略、冲突消解策略、求解策略及限制策略等。推理方向分为正向推理、逆向推理、混合推理及双向推理四种。

（1）正向推理

正向推理就是正向地使用规则，从已知条件出发向目标进行推理。其基本思想是：检验是否有规则的前提被动态数据库中的已知事实满足，如果被满足，则将该规则的结论放入动态数据库中，再检查其他的规则是否有前提被满足；反复该过程，直到目标被某个规则推出，或者再也没有新结论被推出为止。由于这种推理方法是从规则的前提向结论进行推理，所以称为正向推理。由于正向推理是通过动态数据库中的数据来"触发"规则进行推理的，所以又称为数据驱动的推理。

例 2.2　设有规则：

$$r1：IF\ A\ AND\ B\ THEN\ C$$
$$r2：IF\ C\ AND\ D\ THEN\ E$$
$$r3：IF\ E\ THEN\ F$$

并且已知 A、B、D 成立，求证 F 成立。

① 初始时 A、B、D 在动态数据库中，根据规则 r1，推出 C 成立，将 C 加入动态数据库中；

② 根据规则 r2，推出 E 成立，将 E 加入动态数据库中；

③ 根据规则 r3，推出 F 成立，将 F 加入动态数据库中。由于 F 是求证的目标，结果成立，推理结束。

如果在推理过程中，有多个规则的前提同时成立，如何选择呢？这就是冲突消解问题。最简单的办法是按照规则的自然顺序，选择第一条前提被满足的规则执行。也可以对多个规则进行评估，哪条规则前提被满足的条件多，哪条规则优先执行；或者从规则的结论距离要推导的结论的远近来考虑。

（2）逆向推理

逆向推理又称为反向推理，也就是逆向地使用规则，先将目标作为假设，查看是否有某条规则支持该假设，即规则的结论与假设是否一致，然后看结论与假设一致的规则其前提是否成立。如果前提成立，则假设被验证，结论放入动态数据库中；否则将该规则的前提加入假设集中，一个一个地验证这些假设，直到目标假设被验证为止。由于逆向推理是从假设求解目标成立、逆向使用规则进行推理的，所以又称为目标驱动的推理。

例 2.2 中，如何使用逆向推理推导出 F 成立？

① 首先将 F 作为假设，发现规则 r3 的结论可以推导出 F，所以检验 r3 的前提 E 是否成立。

② 动态数据库中没有记录 E 是否成立，但是由于规则 r2 的结论可以推出 E，检验 r2 的前提 C 和 D 是否成立。

③ 首先检验 C，由于 C 也没有在动态数据库中，再次找结论含有 C 的规则，找到规则 r1，发现其前提 A、B 均成立（在动态数据库中），从而推出 C 成立，将 C 放入动态数据库中。

④ 再检验规则 r2 的另一个前提条件 D，由于 D 在动态数据库中，所以 D 成立，从而 r2 的前提全部被满足，推出 E 成立，并将 E 放入动态数据库中。

⑤ 由于 E 已经被推出成立，所以规则 r3 的前提也成立了，从而最终推出目标 F 成立。在逆向推理中也存在冲突消解问题，可采用与正向推理一样的方法解决。

（3）混合推理

正向推理具有盲目、效率低等缺点，在推理过程中可能会推出很多与问题无关的子目标。逆向推理中，若提出的假设目标不符合实际，也会降低系统的效率。为解决这些问题，可把正向推理与逆向推理结合起来，使其各自发挥自己的优势，取长补短。这种既有正向又有逆向的推理称为混合推理。另外，在下述几种情况下，一般也需要进行混合推理。

① 已知的事实不充分。当数据库中的已知事实不够充分时，若用这些事实与知识的运用条件匹配进行正向推理，可能连一条适用知识都选不出来，这就使推理无法进行下去。此时，可通过正向推理先把其运用条件不能完全匹配的知识都找出来，并把这些知识可导出的结论作为假设，然后分别对这些假设进行逆向推理。由于在逆向推理中可以向用户询问有关证据，这就有可能使推理进行下去。

② 正向推理推出的结论可信度不高。用正向推理进行推理时，虽然推出了结论，但可信度可能不高，达不到预定的要求。所以为了得到一个可信度符合要求的结论，可用这些结论作为假设，然后进行逆向推理，通过向用户询问进一步的信息，有可能得到一个可信度较高的结论。

③ 希望得到更多的结论。在逆向推理过程中，由于要与用户进行对话，有针对性地向用户提出询问，这就有可能获得一些原来没有掌握的有用信息。这些信息不仅可用于证实要证明的假设，同时还有助于推出一些其他结论。所以，在用逆向推理证实了某个假设之后，可以再用正向推理推出另外一些结论。例如，在医疗诊断系统中，先用逆向推理证实某病人患有某种病，然后再利用逆向推理过程中获得的信息进行正向推理，就有可能推出该病人还患有其他疾病。

由以上讨论可以看出，混合推理分为两种情况：一种是先进行正向推理，帮助选择某个目标，即从已知事实演绎出部分结果，然后再用逆向推理证实该目标或提高其可信度；另一种情况是先假设一个目标进行逆向推理，然后再利用逆向推理中得到的信息进行正向推理，以推出更多的结论。

先正向后逆向的推理过程如图 2.3 所示。先逆向后正向的推理过程如图 2.4 所示。

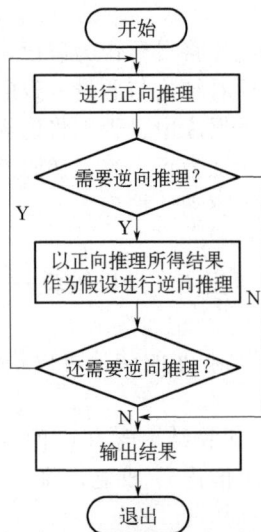

图 2.3 先正向后逆向混合推理示意图   图 2.4 先逆向后正向混合推理示意图

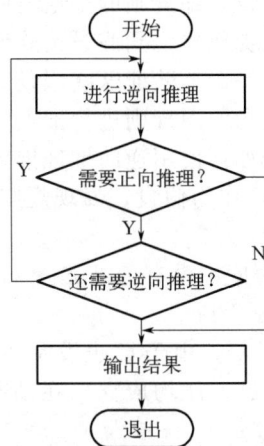

（4）双向推理

在定理的机器证明等问题中，经常采用双向推理。所谓双向推理，是指正向推理与逆向推理同时进行，且在推理过程中的某一步骤上"相遇"的一种推理。其基本思想是：一方面根据已知事实进行正向推理，但并不推到最终目标；另一方面从某假设目标出发进行逆向推理，但并不推至原始事实，而是让它们在中途相遇，即由正向推理所得到的中间结论恰好是逆向推理此时所要求的证据，这时推理就可结束，逆向推理时所做的假设就是推理的最终结论。

双向推理的困难在于"相遇"判断。另外，如何权衡正向推理与逆向推理的比例，即如何确定"相遇"的时机也是一个困难问题。

2.2.3　非确定性推理

一般的逻辑推理都是确定性的，也就是说前提成立，结论一定成立。例如在几何定理证明中，如果两个同位角相等，则两条直线一定是平行的。但是在很多实际问题中，推理往往具有模糊性、不确定性。例如"如果阴天则可能下雨"，但我们都知道阴天了不一定就会下雨，这就属于非确定性推理问题。本节将介绍关于非确定性推理问题。

随机性、模糊性和不完全性均可导致非确定性。解决非确定性推理问题至少要解决以下几个问题：事实的表示、规则的表示、逻辑运算、规则运算、规则的合成。

（1）事实的表示

事实 A 为真的可信度用 $CF(A)$ 表示，取值范围为 $[-1,1]$，当 $CF(A)=1$ 时，表示 A 肯定为真；当 $CF(A)=-1$ 时，表示 A 为真的可信度为 -1，也就是 A 肯定为假。$CF(A)>0$ 表示 A 以一定的可信度为真；$CF(A)<0$ 表示 A 以一定的可信度（$-CF(A)$）为假；$CF(A)=0$ 表示对 A 一无所知。在实际使用时，一般会给出一个绝对值比较小的区间，只要在这个区间就表示对 A 一无所知，这个区间一般取 $[-0.2,0.2]$。

例如：$CF(感冒)=0.7$，表示感冒的可信度为 0.7。

$CF(感冒)=-0.7$，表示感冒的可信度为 -0.7，也就是不感冒的可信度为 0.7。

（2）规则的表示

具有可信度的规则表示为如下形式：

$$\text{IF } A \text{ THEN } B \text{ } CF(B,A)$$

其中，A 是规则的前提；B 是规则的结论；$CF(B,A)$ 是规则的可信度，又称规则的强度，表示当前提 A 为真时，结论 B 为真的可信度。同样，规则的可信度 $CF(B,A)$ 取值范围也是 $[-1,1]$，取值大于 0 表示规则的前提和结论是正相关的，取值小于 0 表示规则的前提和结论是负相关的，即前提越是成立则结论越不成立。

一条规则的可信度可以理解为当前提肯定为真时，结论为真的可信度。

例如：IF 咳嗽 THEN 感冒 （0.7）

表示：如果咳嗽，则感冒的可信度为 0.7。

IF 神清气爽 THEN 感冒 （-0.9）

表示：如果神清气爽，则感冒的可信度为 -0.9，即如果神清气爽，则没感冒的可信度为 0.9。若规则的可信度 $CF(B,A)=0$，则表示规则的前提和结构之间没有任何相关性。

例如：IF 上学 THEN 感冒 （0）

表示：上学和感冒之间没有任何联系。

规则的前提也可以是复合条件。

例如：IF 发烧 AND 咳嗽 THEN 感冒 （0.8）

表示：如果咳嗽且发烧，则感冒的可信度为 0.8。

（3）逻辑运算

规则前提可以是复合条件，复合条件可以通过逻辑运算表示，常用的逻辑运算有"与""或""非"，在规则中可以分别用"AND""OR""NOT"表示。在可信度方法中，具有可信度的逻辑运算规则如下：

① $CF(A \text{ AND } B) = \min\{CF(A), CF(B)\}$

② $CF(A \text{ OR } B) = \max\{CF(A), CF(B)\}$

③ $CF(\text{NOT } A) = -CF(A)$

①表示"$A \text{ AND } B$"的可信度，等于 $CF(A)$ 和 $CF(B)$ 中小的一个；②表示"$A \text{ OR } B$"的可信度，等于 $CF(A)$ 和 $CF(B)$ 中大的一个；③表示"$\text{NOT } A$"的可信度等于 A 的可信度的负值。

例如，已知 $CF(咳嗽) = 0.7$，$CF(发烧) = 0.5$，则：$CF(咳嗽 \text{ AND } 发烧) = 0.5$；$CF(咳嗽 \text{ OR } 发烧) = 0.7$；$CF(\text{NOT } 咳嗽) = -0.7$。

（4）规则运算

前面提到过，规则的可信度可以理解为当规则的前提肯定为真时，结论的可信度是多少。如果已知的事实不是肯定为真，也就是事实的可信度不是 1 时，如何从规则得到结论的可信度呢？在可信度方法中，规则运算的规则按照如下方式计算：

已知：$\text{IF } A \text{ AND } B \text{ THEN } CF(B, A)$

$\qquad CF(B, A)$

则：$CF(B) = \min\{0, CF(A)\} \times CF(B, A)$

由于只有当规则的前提为真时，才有可能推出规则的结论，而前提为真意味着 $CF(A)$ 必须大于 0；$CF(A) < 0$ 的规则，意味着规则的前提不成立，不能从该规则推导出任何与结论 B 有关的信息。所以在可信度的规则运算中，通过 $\min\{0, CF(A)\}$ 筛选出前提为真的规则，并通过规则前提的可信度 $CF(A)$ 与规则的可信度 $CF(B, A)$ 相乘的方式得到规则的结论 B 的可信度 $CF(B)$。如果一条规则的前提不是真，即 $CF(A) < 0$，则通过该规则得到 $CF(B) = 0$，表示该规则得不出任何与结论 B 有关的信息。注意，这里 $CF(B) = 0$，只是表示通过该规则得不到任何与 B 有关的信息，并不表示对 B 就一定是一无所知，因为还有可能通过其他规则推导出与 B 有关的信息。

例如，已知：

$\qquad \text{IF } 咳嗽 \text{ THEN } 感冒(0.7)$

$\qquad CF(咳嗽) = 0.5$

则：$CF(感冒) = 0.5 \times 0.7 = 0.35$，即从该规则得到感冒的可信度为 0.35。

已知：

$\qquad \text{IF } 发烧 \text{ THEN } 感冒(0.7)$

$\qquad CF(发烧) = -0.5$

则：$CF(感冒) = 0$，即通过该规则得不出感冒的信息。

（5）规则合成

一般情况下，得到同一个结论的规则不止一条，也就是说可能会有多个规则得出同一个结论，但是从不同规则得到同一个结论的可信度可能并不相同。

例如，有以下两条规则：

1）$\text{IF } 咳嗽 \text{ THEN } 感冒 (0.8)$；2）$\text{IF } 发烧 \text{ THEN } 感冒 (0.5)$

且已知：

$\qquad CF(咳嗽) = 0.5$

$\qquad CF(发烧) = 0.4$

从第一条规则可以得到：$CF(感冒)=0.5×0.8=0.4$；

从第二条规则，可以得到：$CF(感冒)=0.4×0.5=0.2$。

究竟 CF（感冒）应该是多少呢？这就是规则合成问题。

在可信度方法中，规则的合成计算如下：

设从规则 1 得到 $CF1(B)$，从规则 2 得到 $CF2(B)$，则合成后有：

$$CF(B)=\begin{cases} CF1(B)+CF2(B)-CF1(B)×CF2(B),当\ CF1(B)、CF2(B)均大于\ 0\ 时 \\ CF1(B)+CF2(B)+CF1(B)×CF2(B),当\ CF1(B)、CF2(B)均小于\ 0\ 时 \\ (CF1(B)+CF2(B))/(1-\min\{|CF1(B)|,|CF2(B)|\}),其他 \end{cases}$$

这样，上面的案例合成后的结果为

$$CF(感冒)=0.4+0.2-0.4×0.2=0.52$$

如果是三个及三个以上的规则合成，则采用两个规则先合成一个，再与第三个合成的办法，以此类推，实现多个规则的合成。

下面给出一个用可信度方法实现非确定性推理的案例。

已知：

$$r1:IF\ A1\ THEN\ B1\ CF(B1,A1)=0.8$$
$$r2:IF\ A2\ THEN\ B1\ CF(B1,A2)=0.5$$
$$r3:IF\ B1\ AND\ A3\ THEN\ B2\ CF(B2,B1\ AND\ A3)=0.8$$
$$CF(A1)=CF(A2)=CF(A3)=1$$

计算：$CF(B1)$，$CF(B2)$。

由 r1：$CF1(B1)=CF(A1)×CF(B1,A1)=1×0.8=0.8$

由 r2：$CF2(B1)=CF(A2)×CF(B1,A2)=1×0.5=0.5$

合成得到：$CF(B1)=CF1(B1)+CF2(B1)-CF1(B1)×CF2(B1)$
$$=0.8+0.5-0.8×0.5=0.9$$

$$CF(B1\ AND\ A3)=\min\{CF(B1),CF(A3)\}=\min\{0.9,1\}=0.9$$

由 r3：$CF(B2)=CF(B1\ AND\ A3)×CF(B2,B1\ AND\ A3)=0.9×0.8=0.72$

答：$CF(B1)=0.9$，$CF(B2)=0.72$。

2.3 搜索策略及算法

人的思维过程可以被认为是一个搜索的过程。很多智力游戏问题就是搜索过程。例如传教士与野人问题：在河边分别有 3 个传教士和 3 个野人计划渡河，而岸边仅有一条船，每次最多只能够载 2 人乘渡。但是为了确保安全，传教士要规划摆渡方案，使任何时刻在河的两岸以及船上的野人数目总是不超过传教士的数目（但可以允许在河的某一岸或者船上只有野人而没有传教士）。若让你来规划摆渡方案，在每次渡河后都会有几种渡河方案可供你选择，但是选择哪个方案既能满足题目的约束条件又能顺利渡河呢？这便是搜索问题。当找到一种解决方案时，这个方案是否是最优解？若不是，那怎么才可以找到最优解？如何在计算机上实现这样的搜索？本节我们将介绍这些搜索问题，求解搜索问题的技术被称为搜索技术。

图 2.5 是一个搜索问题的示意图。其表明了如何在一个较大的问题空间中，只通过搜索较小的范围就可以寻到问题的解。

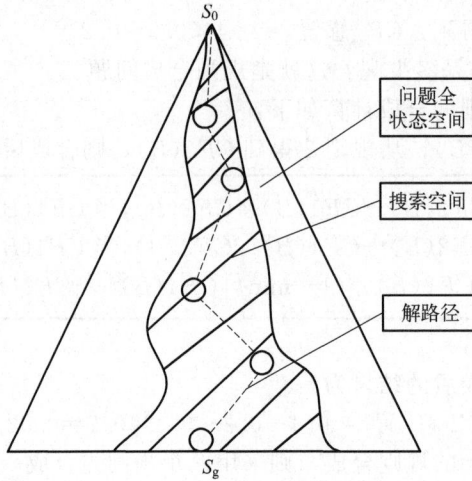

图 2.5　搜索空间示意图

2.3.1　状态空间表示法

（1）状态空间表示

用状态变量与操作符号表示系统或者问题的有关知识的符号体系被称为状态空间。在本书中，状态空间用一个四元组表示：

$$(S,O,S_0,G)$$

在该式子中，S 代表状态集合，S 中的每个元素都表示一个状态，而状态是某种结构的符号或者数据。O 代表操作算子的集合，通过算子可以把一个状态转化成另一个状态。S_0 代表问题的初始状态集合，它是 S 的非空子集。G 代表问题的目的状态集合，它是 S 的非空子集。G 既可以是若干的具体状态，也可以是满足某些性质的路径信息的描述。

从结点 S_0 到结点 G 的路径被称为求解路径。求解路径上的一个操作算子序列被称为状态空间的一个解。如图 2.6 所示，一个操作算子序列 $O_1\cdots O_i$ 可以使初始状态转化为目标状态：

$$S_0 \xrightarrow{O_1} S_1 \xrightarrow{O_2} S_2 \xrightarrow{O_3} \cdots \xrightarrow{O_i} G$$

图 2.6　状态空间的解

由此可见，…即状态空间的一个解。一般情况下，状态空间的解不是唯一的。

无论什么类型的数据结构都可以描述状态，如符号、字符串、向量、多维数组、树及表格等。所选择的数据结构形式要与状态含有的一些特性具有相似性。例如对于八数码问题，一个 3 行 3 列的阵列便是一个合理的状态描述方式。

八数码问题（重排九宫问题）是在一个 3×3 的方格盘上，放有 $1 \sim 8$ 的数码，另一格为空。空格四周上下左右的数码可移到空格。需要解决的问题是如何找到一个数码移动序列使初始的无序数码转变为一些特殊的排列。例如，图 2.7 所示的八数码问题的初始状态（a）为问题的一个布局，需要找到一个数码移动序列使初始布局（a）转变为目标状态（b）。

该问题可以用状态空间来表示。此时八数码的任何一种布局就是一个状态，所有的摆法即状态集 S，它们构成了一个状态空间，其数目为 $9!$。而 G 是指定的某个或某些状态，如图 2.7(b) 所示。

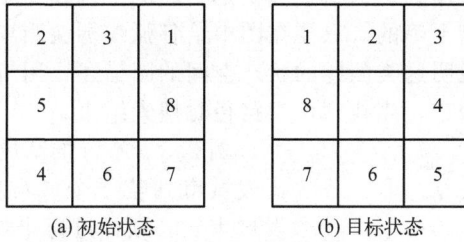

<table>
<tr><td>2</td><td>3</td><td>1</td></tr>
<tr><td>5</td><td></td><td>8</td></tr>
<tr><td>4</td><td>6</td><td>7</td></tr>
</table>

<table>
<tr><td>1</td><td>2</td><td>3</td></tr>
<tr><td>8</td><td></td><td>4</td></tr>
<tr><td>7</td><td>6</td><td>5</td></tr>
</table>

(a) 初始状态　　　　　　　　(b) 目标状态

图 2.7　八数码问题

对于操作算子设计，如果着眼在数码上，相应的操作算子就是数码的移动，其操作算子共有 4(方向)8(数码)＝32 个。如着眼在空格上，即空格在方格盘上的每个可能位置的上下左右移动，其操作算子可简化成 4 个：①将空格向上移 Up；②将空格向左移 $Left$；③将空格向下移 $Down$；④将空格向右移 $Right$。

移动时要确保空格不会移出方格盘之外，所以并不是在任何状态下都能运用这 4 个操作算子。如空格在方格盘的右上角时，只能运用两个操作算子向左移 $Left$ 和向下移 $Down$。

（2）状态空间的图描述

状态空间可以用有向图这一工具来描述，问题的状态用图节点表示，而状态之间的关系用图的弧线来表示。初始状态对应实际问题的已知信息，这便是图中的根节点。在问题的状态空间描述中，寻找从一种状态转化为成另一种状态的某一个操作算子序列等价于在一个图中寻找某一条路径。

图 2.8 是用有向图描述的状态空间。由该图可知，对于状态 S_0 允许使用操作算子，将状态 S_0 分别转化成状态 S_1、S_2 和 S_3。就这样利用操作算子逐步转化，如图 2.8 就是一个解。

以上是较形式化的说明，以下将再次以八数码问题为例，以便介绍具体问题的状态空间的有向图描述。

图 2.7 中的八数码问题，若给出问题的初始状态，便可以用图来描述它的状态空间。可以用 4 个操作算子来标注图中的弧，即 Up 表示空格向上移、$Left$ 表示向左移、$Down$ 表示向下移、$Right$ 表示向右移。该图的部分描述如图 2.9 所示。

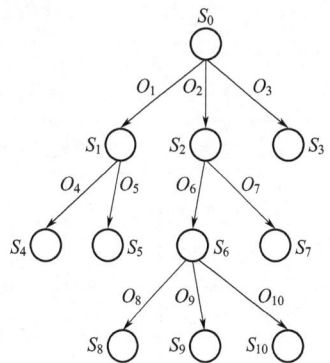

图 2.8　状态空间有向图

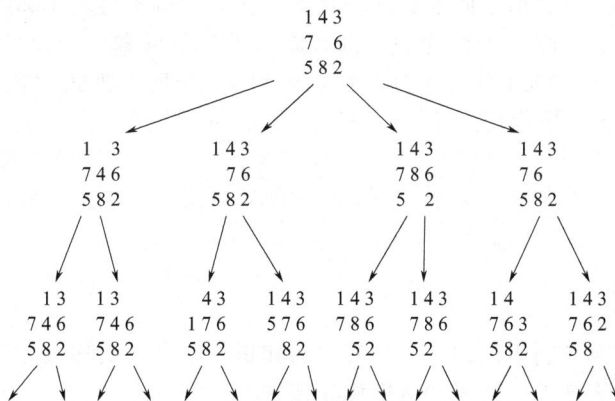

图 2.9　八数码问题空间图（部分）

在有些问题中，每种操作算子的执行代价是不同的。例如在旅行推销员问题中，一般情况下每两个城市间的距离是不等的，只要在图中给各弧线标注距离或代价即可。以下将以旅行推销员问题为例，用以说明这类问题的状态空间的图描述，用解路径本身的特点来描述终止条件，即经过图中所有城市，当找到最短路径时搜索结束。

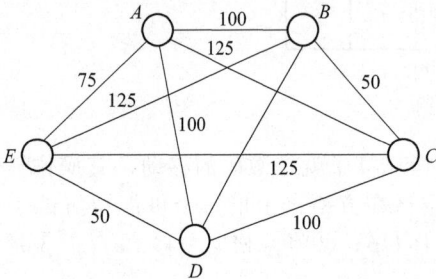

图 2.10 旅行推销员问题的一个实例图

例 2.3 旅行推销员问题：假设某个推销员从出发城市到若干个城市去推销产品，最后回到出发城市。必须经过每个城市，而且只能经过一次。问题的关键是要找到一条最合理的路径，使得推销员经过每个城市后回到原地所走过的路径最短或者花费的代价最少。该问题的实例如图 2.10 所示，城市用节点表示，弧上的数字代表经过该路径的距离或代价。现假设推销员从城市 A 出发，最终返回 A 城市，图 2.11 是该问题的部分状态空间表示。可能的路径有很多，例如，费用为 375 的路径 (A,B,C,D,E,A) 就是一个可能的旅行路径，但目的是要找具有最小费用的旅行路径。

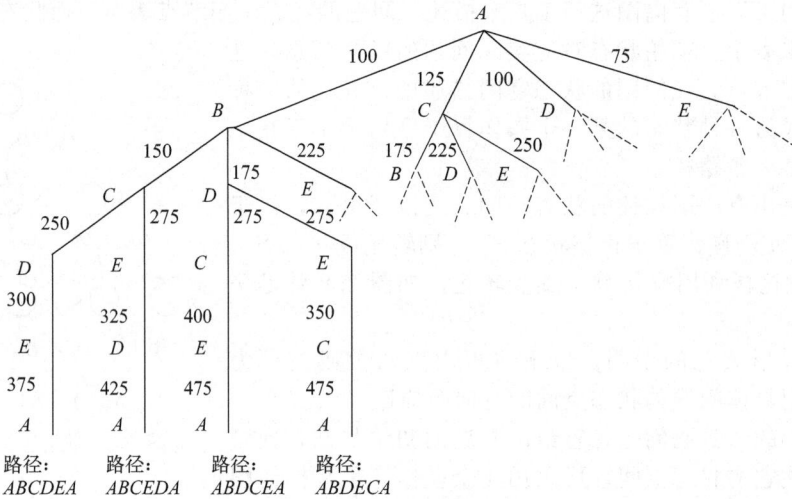

图 2.11 旅行推销员问题部分状态空间图

上面两个案例中，只绘出了问题的部分状态空间图。对于很多实际问题，要在有限的时间内绘出问题的全部状态图是不可能的。例如旅行推销员问题，每个城市存在 $(n-1)!/2$ 条路径。如果用 108 次/s 的计算机进行穷举，则当 $n=7$ 时，搜索时间为 $t=2.5\times10^{-5}$ s；当 $n=15$ 时，$t=1.8$ h；当 $n=20$ 时，$t=350$ 年；当 $n=50$ 时，$t=5\times10^{48}$ 年；当 $n=100$ 时，$t=5\times10^{142}$ 年；当 $n=200$ 时，$t=5\times10^{358}$ 年。所以，这类显式表示对于大型问题的描述是不切实际的，而对于具有无限节点集合的问题则是不可能的。所以，要研究能够在有限时间内搜索到最优解的搜索算法。

2.3.2 盲目搜索

若在搜索过程中没有利用任何与问题有关的知识或信息，则称之为盲目搜索。最常用的两种盲目搜索方法是深度优先搜索和宽度优先搜索。

（1）深度优先搜索

深度优先搜索策略是按图 2.12 所示的顺序进行搜索的。

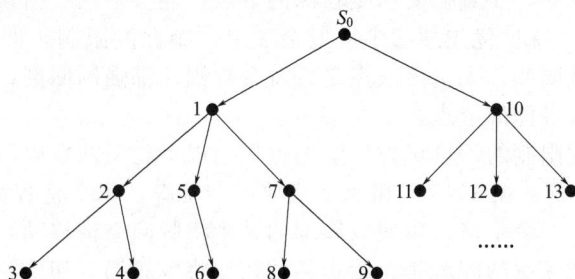

图 2.12　深度优先搜索的顺序

搜索从 S_0 开始，沿着左边分支一直扩展下去，搜索状态 1，2，3，…直到达到一定的深度。如果未找到目标状态或无法再扩展时，便回溯到另一条路径（状态 4）继续搜索，若还未找到目的节点或无法再扩展时，再回溯到另一条路径（状态 5，6）进行搜索，依次类推。

以下将介绍深度搜索策略的搜索过程，以 N 皇后问题为例。

例 2.4　N 皇后问题描述：在一个 $N×N$ 的国际象棋棋盘上摆放 N 枚皇后棋子，所要满足的规则是每行、每列以及每个对角线上只能出现一枚皇后，即不许棋子之间相互俘获。以下将以 4 皇后问题为例，讲解图 2.13 是 4 皇后问题的一个解。

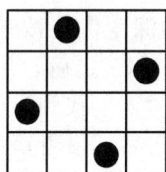

图 2.13　4 皇后问题

为了方便求解该问题，可以用坐标表示某个皇后的位置，例如在第 1 行第 2 列有一个皇后，用坐标表示是 (1,2)。该问题的一个解如图 2.14 可表示为：$((1,2)，(2,4)，(3,1)，(4,3))$。假设搜索过程是从上向下按行进行、每一行从左到右按列进行，则深度优先搜索过程如图 2.14 所示。

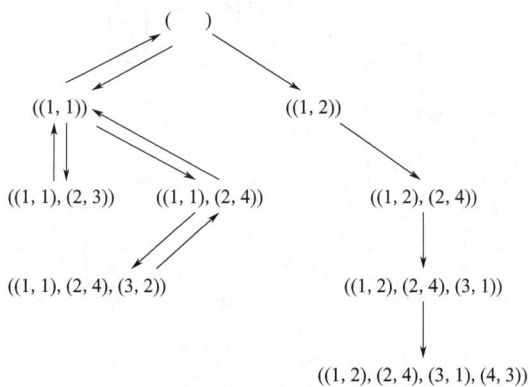

图 2.14　4 皇后问题搜索图

在搜索过程中，当某行不能摆放棋子时，就"回溯"到一个深度较浅的节点，否则就一直选择深度深的节点进行扩展。只要按照规则摆放旗子，对于 N 皇后这类问题就可以找到一个解。但对于其他问题，一直扩展深度较深的节点可能会导致"错误"的路线搜索。为了避免这样的"错误"，在深度优先搜索中一般会加上一个深度限制，即在搜索过程中若某个节点的深度超过了深度限制，无论该节点是否符合规则，都强制回溯，进而选择一个较浅的节点扩展，而不是扩展最深的节点。

为了说明带有深度限制的深度优先搜索的过程，以下将以八数码问题为例。

例 2.5　八数码问题：在 3×3 的棋盘上摆放 8 个将牌，每个将牌都刻有 1～8 数码中的某个数码。棋盘中留下一个空格，以便其周围的某个将牌向空格移动，通过移动将牌就可以不断改变布局。该游戏求解的问题是：给定某种初始将牌布局（初始状态）和某个目标布局（目标状态），那么应该怎样移动将牌实现从初始状态到目标状态的转换。问题的解实际上就是给出一个合理的移动序列。如图 2.15 所示为八数码问题。

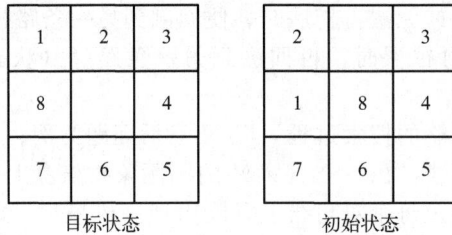

图 2.15　八数码问题

图 2.16 给出了运用具有深度限制的深度优先搜索求解八数码问题的示意图，深度限制为 4。圆圈中的序号代表扩展节点的顺序（9 之后，用字母 a、b、c、d 表示），当达到深度限制后，回溯到较浅一层的节点继续搜索直至找到目标节点。除初始节点之外，每个节点用箭头指向其父节点，当搜索到目标节点之后，沿着箭头所指反向追踪到初始节点，即可得到问题的解答。

对于不同的问题应该合理地设定一个深度限制值。若深度限制过深，则可能降低求解效

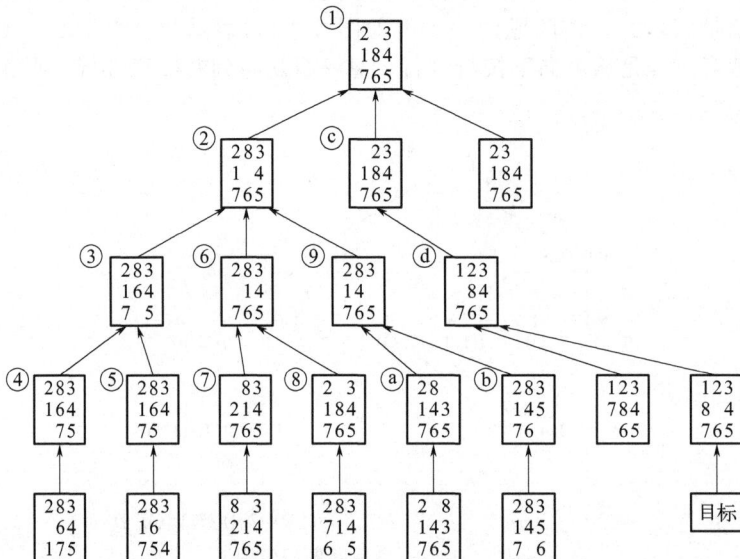

图 2.16　带深度限制的深度优先策略求解八数码问题搜索图

率；若限制过浅，则可能找不到解。可以采取逐步增加的方法，先设置一个较小的数值，然后再逐渐加大。

为了避免深度优先搜索的"死循环"问题，在搜索过程中可以记录从初始节点到当前节点的路径，只要扩展一个节点，就立刻检测该节点是否出现在"死循环"这条路径上；若出现在该路径上，则强制回溯，寻找其他深度最深的节点。

（2）宽度优先搜索

宽度优先搜索策略是按照图 2.17 所示的顺序进行搜索的。

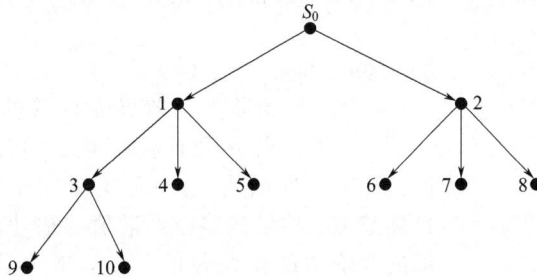

图 2.17　宽度优先搜索顺序

由 S_0 生成状态 1，2，然后扩展状态 1，生成 3，4，5，接着扩展状态 2，生成 6，7，8，该层扩展完成后，进入到下一层，对状态 3 进行扩展，如此一层一层扩展下去，直到搜索到目标状态。

宽度优先搜索和深度优先搜索有什么不同之处呢？在每一单步的代价都相等并且问题有解的情况下，宽度优先搜索定会找到最优解。如在八数码问题中，若每移动一张将牌的代价都是相等的，则使用宽度优先搜索方法一定找到的是步骤最少的最优解。但宽度优先搜索方法在实行中需要保留搜索结果，所以需占用较大的搜索空间。尽管深度优先搜索方法不能保证找到最优解，但可以利用回溯，只需保留从初始节点到当前节点的一条路径，可以节省空间，其所需要的存储空间与搜索深度呈线性关系。图 2.18 为使用宽度优先搜索策略求解八数码问题。

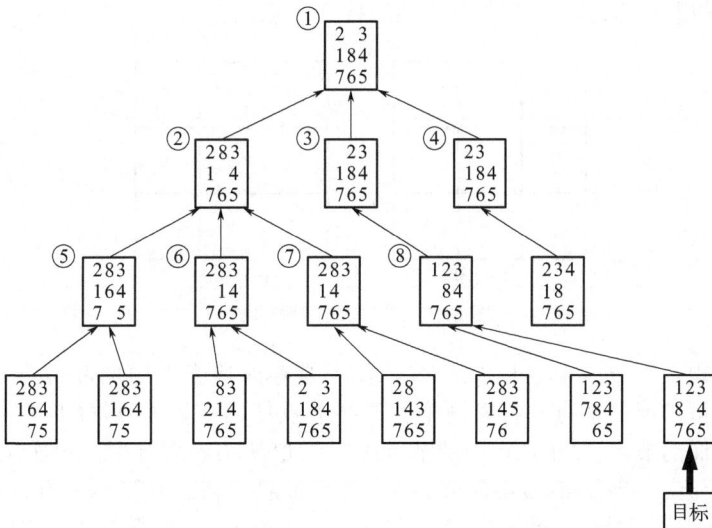

图 2.18　宽度优先搜索策略求解八数码问题

2.3.3 启发式搜索

盲目搜索算法搜索的范围较大，搜索效率较低。那么如何提高效率呢？在搜索过程中引进启发信息，以减少搜索范围，有助于尽快求解，这种搜索策略被称为启发式搜索。

常用的启发式搜索算法有 A 算法和 A^* 算法，以下将介绍 A 算法。

设图 2.19 是搜索过程中得到的搜索示意图，需要从图中所有的叶节点中选择一个节点进行扩展。为了寻找从初始节点到目标节点的一条代价比较小的路径，需要所选的节点尽可能在最佳路径上。怎样评价一个节点在最佳路径上的概率呢？A 算法给出了评价函数的定义：

$$f(n)=g(n)+h(n)$$

式中，n 为待评价的节点；$g(n)$ 为从初始节点到节点 n 的最佳路径耗散值的估计值；$h(n)$ 为从节点 n 到目标节点 t 的最佳路径耗散值的估计值，称为启发函数；$f(n)$ 为从初始节点 s 经过节点 n 到达目标节点 t 的最佳路径耗散值的估计值，称为评价函数。这里的代价指的是路径的代价，求解问题的不同，代价所表示的含义也有所不同，可以表示路径的长度或需要耗费的时间等。若 $f(n)$ 可以较准确地估出 s—n—t 这条路径的代价，那么每次可以选择扩展一个 $f(n)$ 值最小的节点。采用这种搜索策略的算法，被称为 A 算法。$f(n)$ 的计算是实现 A 算法的关键，可以通过搜索结果计算得到 $g(n)$。

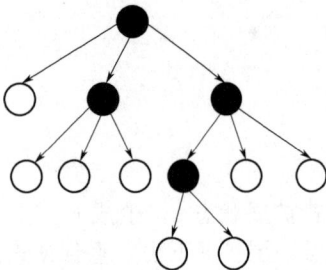

图 2.19 搜索示意图

以下将以八数码问题为例说明，如图 2.20 所示，来说明 A 算法的搜索过程。首先定义八数码问题的启发函数：

$$h(n)=\text{错位牌的个数}$$

其含义是：将待评价的节点与目标节点进行比较，计算一共有几个牌所在位置与目标是不一致的，而错位牌个数的多少大体反映了该节点与目标节点的距离。将图 2-20 所示的初始状态与目标状态进行比较，发现 1、2、6、8 四张牌不在目标状态的位置上，所以初始状态的“错位牌数”就是 4，也就是初始状态的 h 值等于 4，其他状态的 h 值也按照此方法计算。图 2.21 是采用 A 算法求解八数码问题的搜索示意图。

2	8	3
1	6	4
7		5

初始状态

1	2	3
8		4
7	6	5

目标状态

图 2.20 八数码问题示例

A 算法的实现：设置一个变量 *OPEN*，作用是存放搜索图中的叶节点，即已经被生成出来，但还没有被扩展的节点；搜索图中的非叶节点使用变量 *CLOSED* 进行存放，即那些被生成出来被扩展的节点。*OPEN* 中的节点按照 f 值从小到大排列。每次 A 算法从 *OPEN* 表中取出第一个元素（即 f 值最小的节点 n）进行扩展，若 n 是目标节点，则算法找到了一个解，算法结束；否则就扩展 n。对于 n 的子节点 m，若既不在 *OPEN* 中，也不在 *CLOSED* 中，则将 m 加入 *OPEN* 中；若 m 在 *OPEN* 中，则说明从初始节点到 m 找到了两条路径，保留代价短的那条路径。若 m 在 CLOSED 中，则表明从初始节点到 m 有两条路径，若新找到的这条路径代价大，则什么也不做；若新找到的路径代价小，则从 CLOSED 中将 m 取出并放入 OPEN 中。对 OPEN 重新按照 f 值从小到大排序，重复上述步骤，直到找到一个解就结束；或 OPEN 为空算法以失败结束，表明问题没有解。

在 A 算法中没有对启发函数做出规定，至于 A 算法得到的结果如何也不好评价。若启发函数 $h(n)$ 满足如下条件：

$$h(n) \leqslant h^*(n)$$

则可以证明当问题有解时，A 算法一定可以得到一个代价最小的结果即最优解。满足该条件的 A 算法称作 A^* 算法。

一般情况下，$h^*(n)$ 是无法获取的，那么怎样判断式子 $h(n) \leqslant h^*(n)$ 是否成立？需要根据具体问题具体分析。若问题是找到一条从 A 地到 B 地的距离最短的路径，则启发函数 $h(n)$ 可被定义为当前节点到目标节点的欧氏距离。尽管 $h^*(n)$ 未知，但两点之间直线最短，所以有 $h(n) \leqslant h^*(n)$。所以使用 A^* 算法就可找到该问题的一条最短路径。

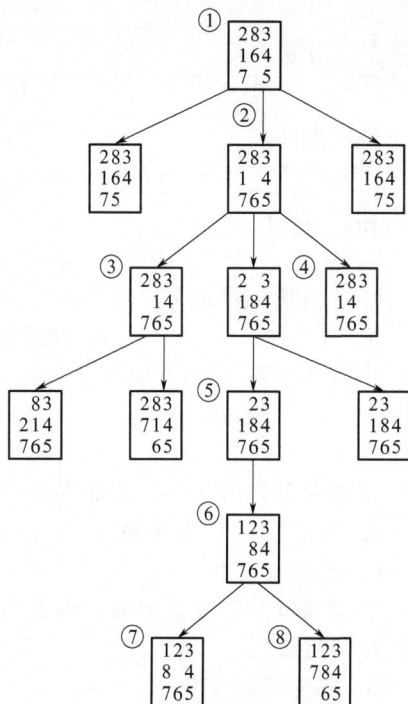

图 2.21　八数码问题 A 算法搜索示意图

A 算法中会出现这样的情况，当满足条件时，有些节点会被从 CLOSED 表中取出重新放回 OPEN 表中，这可能导致一个节点被进行多次扩展，降低求解效率。若启发函数 $h(n)$ 满足以下条件：

$$h(n_i) - h(n_j) \leqslant C(n_i, n_j) \text{ 且 } h(t) = 0$$

在该式子中，n_j 是 n_i 的子节点，目标节点是 t，$C(n_i, n_j)$ 是 n_i 与 n_j 之间的代价，$h(t)$ 为目的状态的启发函数值，称为启发函数 $h(n)$ 满足单调限制条件。

例如上面介绍的八数码问题，用错位牌的数目作启发函数，假定将牌移动一步的代价为 1，于是任何父子节点间的代价为 1，即 $c(n_i, n_j) = 1$。每移动一张牌只会出现以下三种情况：①一张将牌从错位移动到正确位置，于是错位牌数减少 1，$h(n_i) - h(n_j) = -1$；②将牌从正确位置移动到错位，于是错位牌数将增加 1，$h(n_i) - h(n_j) = 1$；③将牌从错位移动到错位，错位牌数不变，$h(n_i) - h(n_j) = 0$。三种情况都满足 $h(n_i) - h(n_j) \leqslant C(n_i, n_j)$，而且目标节点错位牌数变为 0，于是满足 $h(t) = 0$。所以，这样的启发函数是满足单调条件的。

可以证明，若 A 算法中所使用的启发函数满足单调条件，则不会发生一个节点被多次扩展的问题。也易证明，满足单调条件的启发函数也满足 A^* 条件，所以一定有

$$h(n) \leqslant h^*(n)$$

所以，若启发函数 $h(n)$ 满足单调条件，既不会出现重复节点扩展的情况，而且当问题有解时，一定以找到最优解为结束。但反过来不一定成立，启发函数 $h(n)$ 满足 A^* 条件但不一定满足单调条件。由此可见，单调条件比 A^* 条件更强。

/习题/

一、选择题

1. 李明的父亲是司机，用谓词逻辑可以表示为 driver（father（Liming）），这里 father（Liming）是（　　）。

A. 常量   B. 变元   C. 函数   D. 一元谓词

2. 一阶谓词逻辑表示的优点是（多选）（　　）。

A. 自然性   B. 精确性   C. 严密性   D. 易实现

3. 如果证据 E 的出现使得结论 H 一定程度为真，则可信度因子（　　）。

A. $0 < CH(H,E) < 1$ B. $CH(H,E) = 1$

C. $CH(H,E) = 0$ D. $-1 < CH(H,E) < 0$

4. 在可信度方法中，若证据 A 的可信度 $CF(F) = 0$，这意味着：（　　）。

A. 对证据 A 一无所知   B. 证据 A 不可信

C. 证据 A 可信   D. 没有意义

5. 如果问题存在最优解，则下面几种搜索算法中，（　　）可以认为是"智能程度相对比较高"的算法。

A. 宽度优先搜索   B. 启发式搜索

C. 深度优先搜索   D. 有界深度优先搜索

二、问答题

1. 什么是知识？它有哪些特性？

2. 用产生式表示：如果一个人发烧、呕吐、出现黄疸，那么得肝炎的可能性有 7 成。

3. 构造一个描述教室的框架。

4. 用状态空间法表示问题时，什么是问题的解？什么是最优解？

5. 什么是盲目搜索？常用的盲目搜索有哪几种？

6. 什么是 A* 算法？

第3章

机器学习

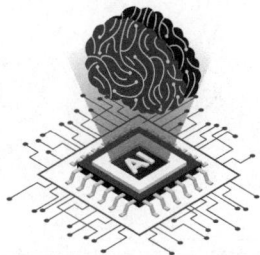

本章导读

机器学习是人工智能的核心，特别是如何在经验学习中改善具体算法的性能。专门研究计算机怎样模拟或实现人类的学习行为，以获取新的知识或技能，重新组织已有的知识结构使之不断改善自身的性能。

在人工智能应用中，"经验"通常以"数据"形式存在，因此，机器学习所研究的主要内容是从数据中产生"模型"的算法，即"学习算法"。有了学习算法，结合相关数据，它就能基于这些数据产生模型。因此，判断选用哪种学习算法也是至关重要的。在面对新的情况时，模型会给我们提供相应的判断，也就是做出预测。预测时需要进行控制调参，以达到更好的效果。那么如何去训练模型？训练模型的方法都有哪些？本章会介绍常用的一些训练模型的方法。同时也提出了群体智能这个概念，群体智能源于对以蚂蚁、蜜蜂等为代表的社会性昆虫的群体行为的研究，最早被用在细胞机器人系统的描述中。它的控制是分布式的，不存在中心控制。群体具有自组织性。机器学习和群体智能都是在判断层面上进行的。本章给出了群体智能的一些算法及其相应的一些概念。最后介绍智能控制的相关概念。

本章将学习以下内容：
- 机器学习概念与分类
- 机器学习类别
- 群体智能

3.1 机器学习概念与分类

机器学习（Machine Learning，ML）是一门从数据中研究算法的多领域交叉学科，研究计算机如何模拟或实现人类的学习行为，根据已有的数据或以往的经验进行算法选择、构建模型，预测新数据，并重新组织已有的知识结构使之不断改进自身的性能，如图 3.1 所示。

机器学习、人工智能和深度学习这三个词对于初学者来说常常容易混淆，但实际它们出现的时间间隔相差了几十年。图 3.2 从时间维度列出了人工智能、机器学习和深度学习的发展历史。人工智能最早可以追溯到 20 世纪 50 年代，机器学习出现于 20 世纪 80 年代，而深度学习是近些年（2010 年左右）

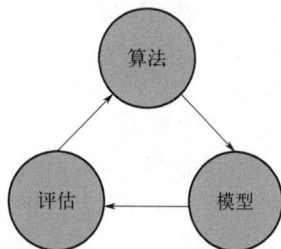

图 3.1 机器学习转换图

才出现的。

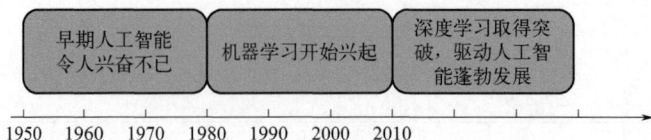

图 3.2　人工智能、机器学习和深度学习发展史

目前，学术界对于机器学习、人工智能和深度学习的关系划分普遍认为是如图 3.3 所示的方式。其中人工智能是最宽泛的概念，机器学习是一种比较有效地实现人工智能的方式之一，其他方式还有待进一步探索。因此，目前所说的人工智能就是机器学习。深度学习是机器学习算法中最热门的一个分支，并在近些年取得了显著的发展。从手写体识别，到图像识别、人脸识别技术等，都是深度学习在人类生活中的应用。此外，图 3.3 中机器学习的另一个重要分支"强化学习"，被认为是人类走向通用人工智能最有前景的方向，将在 3.1.7 节进行详细介绍。

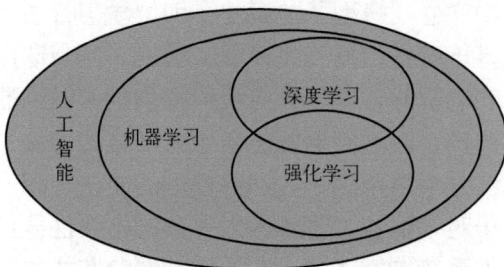

图 3.3　人工智能、机器学习和深度学习关系

机器学习可以从多种分类角度进行分类，如基于学习形式的分类、基于学习目标的分类、基于所获取知识的表示形式分类、基于应用领域分类等。本节只介绍前两种常见分类。

（1）基于学习形式分类

① 有监督学习：在监督学习的过程中，我们只需要给定输入样本集，机器就可以从中推演出指定目标变量的可能结果。监督学习相对比较简单，机器只需从输入数据中预测合适的模型，并从中计算出目标变量的结果。监督学习一般使用两种类型的目标变量：标称型（也叫离散型）和数值型（也叫连续型）。标称型目标变量的结果只在有限目标集中取值，如真与假，动物分类集合〔爬行类、鱼类、哺乳类、两栖类〕；数值型目标变量则可以从无限的数值集合中取值，如 0.100、42.001、1000.743 等。数值型目标变量主要用于回归分析。有监督学习根据生成模型的方式又可分为判别式模型和生成式模型。判别式模型：直接对条件概率进行建模，常见判别模型有线性回归、决策树、支持向量机 SVM、k 近邻、神经网络等；进行建模，常见生成式模型有隐马尔可夫模型 HMM、朴素贝叶斯模型、高斯混合模型 GMM、LDA 等。生成式模型更普适；判别式模型更直接，目标性更强。生成式模型关注数据是如何产生的，寻找的是数据分布模型；判别式模型关注的是数据的差异性，寻找的是分类面。由生成式模型可以产生判别式模型，但是由判别式模式没法形成生成式模型。

② 无监督学习：与监督学习相比，无监督学习的训练集中没有人为的标注结果，在非监督的学习过程中，数据并不被特别标识，学习模型是为了推断出数据的一些内在结构。无监督学习试图学习或者提取数据背后的数据特征，或者从数据中抽取出重要的特征信息，常见的算法有聚类、降维、文本处理（特征抽取）等。无监督学习一般是作为有监督学习的前

期数据处理，功能是从原始数据中抽取出必要的标签信息。

③ 半监督学习：考虑如何利用少量的标注样本和大量的未标注样本进行训练和分类的问题，是有监督学习和无监督学习的结合。主要考虑如何利用少量的标注样本和大量的未标注样本进行训练和分类的问题。半监督学习对于减少标注代价，提高学习机器性能具有非常重大的实际意义。缺点：抗干扰能力弱，仅适合于实验室环境，其现实意义还没有体现出来；未来的发展主要是聚焦于新模型假设的产生。

（2）基于学习目的的分类

① 分类任务：通过分类模型，将样本数据集中的样本映射到某个给定的类别中。例如，将一些猫和狗的图片输入到训练好的模型中，模型可以将图片进行分类，输出每张图片是猫还是狗。

② 聚类任务：通过聚类模型，将样本数据集中的样本分为几个类别，属于同一类别的样本相似性比较大。

③ 回归任务：反映了样本数据集中样本的属性值特性，通过函数表达样本映射的关系来发现属性值之间的依赖关系。换句话说，通过数据集的样本数据（包含输入和输出），拟合出一条损失最小的函数。然后通过此函数就可以预测未知输入的输出值。

④ 关联规则：获取隐藏在数据项之间的关联或相互关系，即可以根据一个数据项的出现推导出其他数据项出现的频率。

分类和回归属于有监督学习，而聚类和关联规则属于无监督学习。回归与分类的不同，就在于其目标变量是连续数值型。聚类就是将相似项聚团，关联分析可以用于回答"哪些物品经常被同时购买？"之类的问题。

3.1.1　有监督学习

给定的训练数据集中学习出一个函数，当新的数据到来时，可以根据这个函数预测结果。监督学习的训练集要求包括输入和输出，也可以说是特征和目标。训练集中的目标是由人标注的。监督学习就是最常见的分类问题，通过已有的训练样本去训练得到一个最优模型（这个模型属于某个函数的集合，最优表示某个评价准则下是最佳的），再利用这个模型将所有的输入映射为相应的输出，对输出进行简单的判断，从而实现分类的目的。例如情感分析任务中，通过使用训练集数据对模型进行训练，其中训练集数据包括文本和标签，当模型训练完成后，可以通过该模型来对测试集中的数据进行预测，从而完成情感分析的任务。监督学习的目标往往是让计算机去学习已经创建好的分类系统（模型）。

常见的有监督算法有：线性回归算法、BP 神经网络算法、决策树、支持向量机、KNN 等。

由图 3.4 可知，有监督学习过程即从带标签的数据集出发，通过有监督学习算法，生成符合要求的模型，通过模型可以完成预测或者分类相关的任务。数学说明：有监督学习从训练数据集合中训练模型，再对测试数据进行预测，训练数据由输入和输出对组成，测试数据也由相应的输入和输出对组成。

数据集 → 有监督学习算法 → 模型 → 预测/分类

图 3.4　有监督学习算法

有监督学习中，比较典型的问题可以分为：输入变量与输出变量均为连续的变量的预测问题称为回归问题（Regression），输出变量为有限个离散变量的预测问题称为分类问题（Classfication），输入变量与输出变量均为变量序列的预测问题称为标注问题。

有监督学习适用于垃圾邮件分类等已知结果的分类问题。

3.1.2　无监督学习

输入数据没有被标记，也没有确定的结果。样本数据类别未知，需要根据样本间的相似性对样本集进行分类（聚类，Clustering），试图使类内差距最小化，类间差距最大化。通俗点讲，就是实际应用中，不少情况下无法预先知道样本的标签，也就是说没有训练样本对应的类别，因而只能从原先没有样本标签的样本集开始学习分类器设计。无监督学习目标不是告诉计算机怎么做，而是让计算机自己去学习怎样做事情，其算法过程如图 3.5 所示。

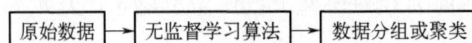

原始数据　→　无监督学习算法　→　数据分组或聚类

图 3.5　无监督学习算法

无监督算法常见的有：密度估计（Density Estimation）、异常检测（Anomaly Detection）、层次聚类、EM 算法、K-Means 算法（K 均值算法）、DBSCAN 算法等。

无监督学习常见的两种类型是：数据集变换和聚类。数据集变换，就是创建数据集新的表示算法，与数据的原始表示相比，新的表示可能更容易被人或其他机器学习算法所理解。常见的应用有降维，就是对于许多特征表示的高维数据，找到表示该数据的一种新方法，用较少的特征就可以概括其重要特性。另一个应用就是找到"构成"数据的各个组成部分，如对文本文档的关键字提取。聚类就是将数据划分成不同的组，每组包含相似的物项。例如，在社交平台上传的照片，网站可能想要将同一个人的照片分在一组。但网站并不知道每张照片是谁，也不知道你的照片集中出现了多少个人。明智的做法是提取所有的人脸，并将看起来相似的人脸分在一组。但愿这些人脸对应同一个人，这样图片的分组也就完成了。

两者的不同点：

一是有监督学习方法必须有训练集与测试样本。在训练集中找规律，而对测试样本使用这种规律。而非监督学习没有训练集，只有一组数据，在该组数据集内寻找规律。

二是有监督学习的方法就是识别事物，识别的结果表现对待识别数据加上了标签。因此训练样本集必须由带标签的样本组成。而非监督学习方法只有要分析的数据集本身，预先没有什么标签。

3.1.3　弱监督学习

机器学习在分类和回归等监督任务中取得了重大成功，主要原因在于含有真值标签的大规模训练数据集。然而在很多任务中，由于数据标注过程的高昂代价，很难获得强监督信息。因此，人们希望在弱监督学习前提下去解决相关任务。

弱监督学习的类型包括：不完全监督学习、不确切监督学习和不准确监督学习。

（1）不完全监督学习

在全部的训练样本中，只有一部分样本有标签。例如，在图像分类中，真值标签是人工标注的，从互联网上获得大量的图片很容易，然而由于人工标注的费用十分昂贵，只标注其中一部分图像标签。不完全监督学习存在只有一部分样本有标注的问题，解决这种问题有两种方式：主动学习和半监督学习。

① 主动学习（Active Learning）。

假设有一个专家，这个专家可以查询所选未标注数据的真值标签。主动学习的目标就是最小化查询次数，使训练一个好模型的成本最小。对于给定少量标注数据和大量未标注数据，主动学习倾向于选择最有价值的未标注数据来查询专家。衡量选择的价值有两个标准：

信息量和代表性。

• 信息量：衡量一个未标注数据能够在多大程度上降低统计模型的不确定性。缺点：为了建立选择查询的样本所需的初始模型，而严重依赖于标注数据，当标注样本较少时，其性能不稳定。

• 代表性：衡量一个样本在多大程度上能表示模型的输入分布。缺点：性能严重依赖于由未标注数据控制的聚类结果，当标注数据较少时尤其如此。

② 半监督学习（Semi-supervised Learning）。

在没有人为干预的前提下，利用已经标注的数据以及未标注数据来提升学习性能。半监督学习包括：纯半监督学习（Pure-semi-supervised Learning）和直推式学习（Transductive Learning）。两者的区别为：对测试数据的假设不同。直推式学习持有"封闭世界"的假设，即测试数据是事先给定的，且目标就是优化模型在测试数据上的性能，对于没有标注的数据就是测试数据。纯半监督学习持有"开放世界"的假设，即测试数据是未知数据，且未标注数据不一定是测试数据。主动学习、纯半监督学习和直推式学习之间的关系如图 3.6 所示。

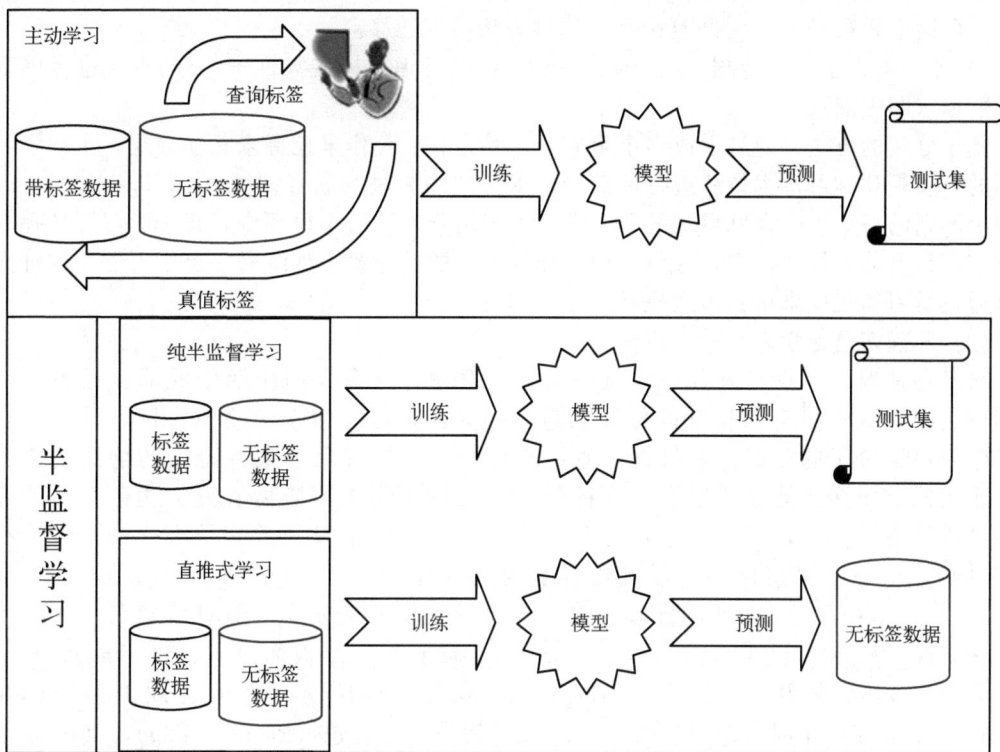

图 3.6　主动学习、纯半监督学习和直推式学习之间的关系

半监督学习有四种方法：生成式方法、低密度分割法、基于图的方法和基于分歧的方法。

生成式方法：假设标注数据和未标注数据都由一个固有的模型生成。因此，未标注数据的标签可以看作是模型参数的缺失，并可以使用 EM 算法（期望-最大化算法）进行估计。为了达到更好的性能，通常需要相关领域的知识来选择合适的生成模型。

低密度分割法：强制分类边界穿过输入空间的低密度区域。最著名的方法是 S3VM（Semi-supervised Support Vector Machines），S3VM 试图在保持全部标注样本分类正确的情况下，建立一个穿过低密度区域的分类界面，如图 3.7 所示。

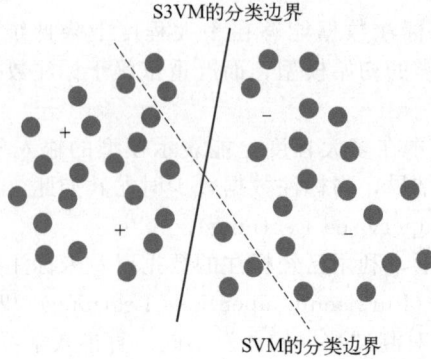

图 3.7　SVM（Support Vector Machine）和 S3VM 的不同分类界面

基于图的方法：构建一个图，其节点对应训练样本，其边对应样本之间的关系（通常是某种相似度或距离），而后根据某些准则将标注信息在图上进行扩散。M 个样本点，需要 $O_{(m2)}$ 存储空间和 $O_{(m3)}$ 时间复杂度。这种方法难以迁移。

SVM 只考虑了标注数据 $+/-$ 的点，S3VM 既考虑了标注数据 $+/-$ 的点，也考虑了未标注数据（图中圆点）。

基于分歧的方法：通过生成多个生成器，并让它们合作来挖掘未标注数据，不同学习器之间的分歧是让学习过程持续进行的关键。最经典的方法为联合训练（Co-Training），通过从两个不同的特征集合训练得到的两个学习器来运作。在每个循环中，每个学习器选择其预测置信度最高的未标注样本，并将其预测作为样本的伪标签来训练另一个学习器，这种方法可以通过学习器集成来得到很大提升。

（2）不确切监督学习

在某种情况下，我们只有一些监督信息，但是并不像我们所期望的那样精确。一个典型的情况是我们只有粗粒度的标注信息。例如，在药物活性预测中，目标是建立一个模型学习已知分子的知识，来预测一种新的分子是否能够用于某种特殊药物的制造。一种分子可能能有很多低能量的形态，这种分子能否用于制作该药物取决于这种分子是否有一些特殊形态。然而，即使对于已知的分子，人类专家也只知道其是否合格，而并不知道哪种特定形态是决定性的。形式化表示为这一任务是学习 $f: \chi \to \gamma$，χ 是特征空间，$\gamma = \{Y, N\}$，其中 Y 和 N 表示标签类型，Y 表示正，N 表示负。其训练集为 $D = \{(X_1, y_1), \cdots, (X_m, y_m)\}$，其中 $X_i = \{x_{i,1}, \cdots, x_{i,mi}\}$ 属于 χ，X_i 被称为一个包（bag），$x_{i,j}$ 属于 χ 是一个样本，其中 j 属于 $\{1, \cdots, m_i\}$。m_i 是 X_i 中的样本个数，y_i 属于 $\gamma = \{Y, N\}$。当存在 $x_{i,p}$ 是正样本时，即对应的 $y_{i=}Y$，X_i 就是一个正包（Positive Bag），其中 p 是未知的且 p 属于 $\{1, \cdots, m_i\}$。模型的目标就是预测未知包的标签。这被称为多示例学习（Multi-instance Learning）。

多示例学习已经应用在图像分类、检索、注释、文本分类、医疗诊断、人脸、目标检测等任务。在这些任务中，将一个真实的目标（如一张图片或者一个文档）看作一个包，但是这个包还需要包生成器生成其他信息。一些简单的密集取样包生成器比复杂的包生成器性能更好。

如图 3.8 所示，假设每张图片的尺寸为 8×8 个像素，每个小块的尺寸为 2×2 个像素。单块（Single Blob, SB）以无重叠滑动的方式，会给一个图片生成 16 个实例，即每个实例包含 4 个像素。邻域单块（SBN）以有重叠滑动的方式，则会给每一个图片生成 9 个实例，即每个实例包含 20 个像素。

(a) SB　　　　　　　　　　　(b) SBN

图 3.8　图像包生成器

（3）不准确监督学习

在训练集中给定的标签标注不一定总是真值。出现这种情况的原因有：标注者粗心或疲倦，或者一些图像本身就难以分类。

其中一个典型的情况是：标签在有噪声的条件下学习。在实际中，一个基本想法是识别潜在的误分类样本，而后进行修正。例如，数据编辑（Data-Editing）方法构建一个相对邻域图，每个节点对应一个训练样本，连接标签不同的两个节点的边称为切边（Cut Edge）。而后衡量切边权重的统计数据，直觉上，示例连接的切边越多则越可疑。可以删除或者重新标注可疑示例，如图 3.9 所示。这种方法通常依赖近邻信息，因此，这类方法在高维特征空间并不十分可靠，因为当数据稀疏时，邻域识别常常并不可靠。

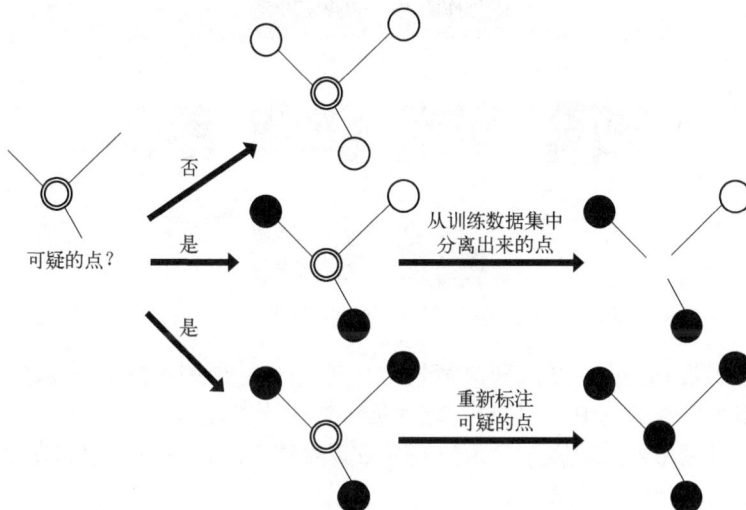

图 3.9　识别并删除或重新标注可疑点

3.1.4　集成学习

在深度学习应用取得巨大成功的当下，我们不能忽视集成学习在其中所发挥的巨大作用。集成学习在深度学习、机器学习中有着广泛的应用，在其任务上提升了性能，不管是对于数据挖掘的竞赛还是科研课题，集成学习都有着提升作用。

集成学习（Ensemble Learning）通过构建并结合多个学习器来完成学习任务，有时也被称为多分类器系统。集成学习的一般结构为：先产生一组"个体学习器"，再用某种策略将它们结合起来,形成一个强学习器。其中"个体学习器"也称为弱学习器或者基学习器。

集成学习的主要分类方法包含 Bagging 和 Boosting 两种,Bagging 算法包含随机森林,而 Boosting 算法包含 Adaboost 和 GBDT 两种算法,而 GBDT 则是包含 XgBoost 和 LightGBM 两种算法,如图 3.10 所示。

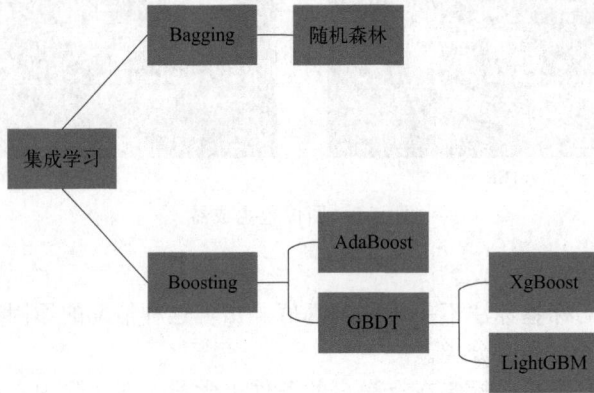

图 3.10 集成学习算法分类

Bagging(Boostrap Aggregating)算法指的是:弱学习器之间无强依赖关系,可同时生成的并行化方法。对于分类问题,通常使用简单投票法,而对于回归问题,通常使用简单平均法,如图 3.11 所示。

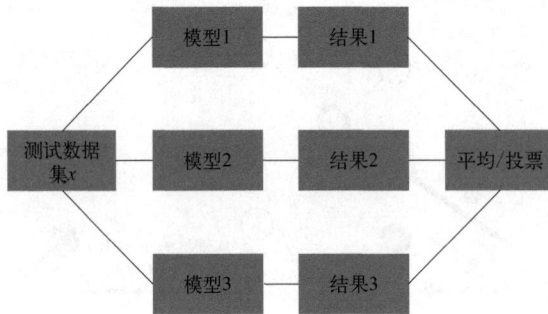

图 3.11 Bagging 算法

而随机森林则是 Bagging 算法和决策树方法的融合,预测时综合考虑多个结果进行预测。例如,取多个节点的均值(回归),或者是众数(分类)。

随机森林的优点主要是消除了决策树容易过拟合的缺点,减少了预测方差,预测值不会因训练数据的小变化而剧烈变化。

随机森林还有随机性这个特性,这个特性表现在随机选取子集和随机选取特征。其中随机选取子集表现为从原来的训练数据集随机取一个子集作为森林中某一个决策树的训练数据集;随机选取特征表现为每一次选择分支特征时,限定为在随机选择的特征的子集中寻找一个特征。

随机森林应用的具体例子为:现有某公司的员工离职数据,通过构建决策树和随机森林来预测某一员工是否会离职,并找出影响员工离职的重要特征。

Boosting 算法就是将弱学习器提升为强学习器的算法,通过反复学习得到一系列弱学习器,组合这些弱学习器得到一个强学习器的过程。Boosting 算法涉及两个部分:加法模型和前向分步算法。加法模型是强分类器由一系列弱分类器线性相加而成。前向分步算法是指在训练过程中，下一轮迭代产生的分类器是在上一轮的基础上训练得到的。

Boosting 算法最著名的就是 AdaBoost 算法，它的主要思想就是把关注点放在被分错的样本上，减少上一轮被正确分类的样本权值，提高被错误分类的样本权值，即对分类正确的点缩小，对分类错误的点放大，如图 3.12 所示。

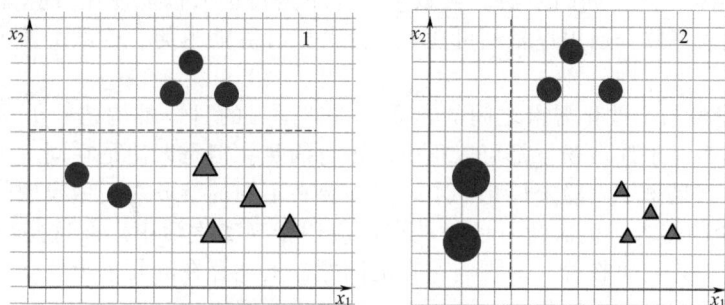

图 3.12　AdaBoost 算法分类

图 3.12 表示了将分正确的点权值缩小，将分错的点的权值放大。AdaBoost 采用加权投票的方法，分类误差小的弱分类器的权重大，而分类误差大的弱分类器的权重小。

梯度提升决策树（Gradient Boosting Decision Tree，GBDT），在介绍 GBDT 之前，先来介绍分类与回归树（Classification And Regression Trees，CART）和梯度提升树（Boosting Decision Tree，BDT）。

CART 决策树使用了"基尼指数"（Gini Index）来划分属性。基尼指数表示在样本中一个随机选中的样本被分错的概率。基尼指数越小表示集合中被选中的样本被分错的概率越小，即集合的纯度越高。CART 树是二叉树，对于一个具有多个取值的特征，需要统计以每一个取值作为划分点，对样本 D 划分之后子集的纯度 $Gini(D,A_i)$，然后从所有的可能划分的 $Gini(D,A_i)$ 中找出基尼指数最小的划分。这里的 D 表示样本，它由许多特征组成，A_i 表示样本的第 i 个特征。

梯度提升树（BDT）实际上就是加法模型和前向分步算法，在前向分步算法第 m 步，给定当前 $m-1$ 步的模型，即当前 $m-1$ 次迭代的训练集，通过损失函数最小求第 m 棵决策树，即第 m 棵决策树对训练集预测的结果。不同问题的提升树的区别在于损失函数不同。其中分类问题使用指数损失函数，回归问题使用平方误差损失函数。

梯度提升决策树（GBDT）可以理解为梯度提升和决策树的结合，利用损失函数的负梯度拟合基学习器，而梯度提升树使用的是残差拟合基学习器（其中残差是梯度的相反数）。

梯度提升决策树的两种具体算法有 XgBoost 和 LightGBM。XgBoost 算法采用前向分步和加法模型，而 LightGBM 速度比 XgBoost 快，则是使用了基于直方图的决策树算法。

3.1.5　迁移学习

迁移学习是一种机器学习方法。随着机器学习运用场景不断地深入开发，现有表现得比较好的监督学习，在进行训练时需要大量的已经标注好的数据。但是获取标注好的数据或者说进行数据标注是一项工作量巨大，并且非常耗费时间和精力的任务，正因为这个问题迁移学习得到越来越多的关注。而什么是迁移学习呢？迁移学习其实是对一个任务 A 进行训练而得到的预训练模型，重新用在另外一个任务 B 中，这个任务 B 与任务 A 具有相似的问题，训练的数据就不需要重新获取，或者在已有领域中训练得到的预训练模型用在新的领域中。

迁移学习的目的主要有以下四个方面：

① 大数据与少标注之间的矛盾。我们正处在一个大数据时代，每天每时，社交网络、

智能交通、视频监控、行业物流等，都产生着海量的图像、文本、语音等各类数据。这些大数据带来了严重的问题：总是缺乏完善的数据标注。机器学习模型训练和更新要依赖标注的数据。没用标注的数据无法对模型进行训练。使用人工进行数据标注太消耗时间。对于某些特定的领域，由于缺乏数据或者数据不足，这些领域没有表现出太大的活力和发展。

② 大数据与弱计算之间的矛盾。大数据，并不是每个人都能使用计算能力强、存储能力大的设备。绝大多数普通用户是不可能具有这些强计算能力的。这就引发了大数据和弱计算之间的矛盾。

③ 普适化模型与个性化需求之间的矛盾。机器学习的目标是构建一个尽可能通用的模型，使得这个模型对于许多场合都可以很好地进行满足。但是即使是在同一个任务上，一个模型也往往难以满足每个人的个性化需求，这需要在不同的事务之间做模型的适配。

④ 特定应用的需求。机器学习已经被广泛应用于现实生活中。在这些应用中，也存在一些特定的应用，它们面临着一些现实存在的问题。上述存在的几个重要问题，使得传统的机器学习方法疲于应对，而迁移学习则可以很好地进行解决。

迁移学习的问题形式化，是进行一切研究的前提。在迁移学习中，有两个基本概念：领域和任务。它们是最基础的概念，定义如下：

① 领域：是进行学习的主体。领域主要由两部分构成：数据和生成这些数据的概率分布。特别地，因为涉及迁移，所以对应于两个基本领域：源领域和目标领域。这两个概念很好理解，源领域就是有知识、有大量数据标注的领域，是我们要迁移的对象；目标领域就是我们最终要赋予知识、赋予标注的对象。知识从源领域传递到目标领域，就完成了迁移。

② 任务：是学习的目标。任务主要由两部分组成：标签和标签对应的函数。通常我们用花体 Y 来表示一个标签空间，用 $f(\cdot)$ 来表示一个学习函数。形式化后，我们可以进行迁移学习的研究。迁移学习的总体思路可以概括为：开发算法来最大限度地利用有标注的领域的知识，辅助目标领域的知识获取和学习。

迁移学习按照不同的方式可以分成不同的类别，主要有以下几类：

① 按目标域标签分类。这种分类方式最为直观。类比机器学习，按照目标领域有无标签，迁移学习可以分为以下三个大类：监督迁移学习（Supervised Transfer Learning）、半监督迁移学习（Semi-Supervised Transfer Learning）、无监督迁移学习（Unsupervised Transfer Learning）。

② 按学习方法分类。按学习方法的分类形式，迁移学习方法分为以下四个大类：基于样本的迁移学习方法（Instance based Transfer Learning）、基于特征的迁移学习方法（Feature based Transfer Learning）、基于模型的迁移学习方法（Model based Transfer Learning）、基于关系的迁移学习方法（Relation based Transfer Learning）。

这是一个很直观的分类方式，按照数据、特征、模型的机器学习逻辑进行区分，再加上不属于这三者中的关系模式。基于样本的迁移，简单来说就是通过权重重用，对源域和目标域的样例进行迁移。直接对不同的样本赋予不同权重，例如相似的样本，就给它高权重，这样就完成了迁移。基于特征的迁移，就是对特征进行变换。基于模型的迁移，就是构建参数共享的模型。这种模型在神经网络中用得多。基于关系的迁移，这个方法用得比较少，这个主要就是挖掘和利用关系进行类比迁移。目前最热的就是基于特征还有模型的迁移，然后基于实例的迁移方法和它们结合起来使用。

基于样本的迁移学习方法根据一定的权重生成规则，重用数据样本进行迁移学习。图 3.13 形象地表示了基于样本迁移方法的思想。源域中存在不同种类的动物，如狗、鸟、猫等，目标域只有狗这一种类别。在迁移时，为了最大限度地和目标域相似，我们可以人为地提高源域中属于狗这个类别的样本权重。

源域(图像)　　　　　　　　　　　目标域(图像)

图 3.13　基于样本的迁移学习方法示意图

在迁移学习中，对于源域 D_s 和目标域 D_t，通常假定产生它们的概率分布是不同且未知的 $[P(X_s)=P(X_t)]$。由于实例的维度和数量通常都非常大，直接对 $P(X_s)$ 和 $P(X_t)$ 进行估计是不可行的。因此，大量的研究工作着眼于对源域和目标域的分布比值进行估计 $[P(X_t)/P(X_s)]$，所估计得到的比值即为样本的权重。这些方法通常都假设并且源域和目标域的条件概率分布相同 $[P(y|X_s)=P(y|X_t)]$。

基于特征的迁移方法是指用特征变换的方式来迁移，以减少源域和目标域之间的差距；或者将源域和目标域的数据特征变换到同一特征空间中，然后利用传统的机器学习方法进行分类识别。根据特征的同构和异构性，又可以分为同构和异构迁移学习。图 3.14 形象地表示了两种基于特征的迁移学习方法。

源域和目标域特征空间一致　　　　　　源域和目标域特征空间不一致

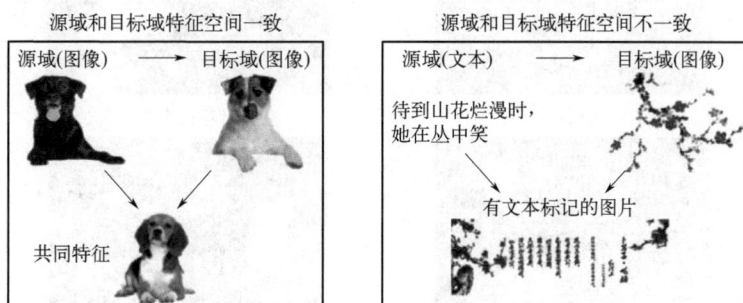

图 3.14　基于特征的迁移学习方法示意图

基于特征的迁移学习方法是迁移学习领域中最热门的研究方法，这类方法通常假设源域和目标域间有一些交叉的特征。

基于模型的迁移方法是指从源域和目标域中找到它们之间共享的参数信息，以实现迁移的方法。这种迁移方式要求的假设条件是：源域中的数据与目标域中的数据可以共享一些模型的参数。图 3.15 形象地表示了基于模型的迁移学习方法的基本思想。

目前绝大多数基于模型的迁移学习方法都与深度神经网络进行结合，在网络中加入领域适配层，然后联合进行训练。因此，这些方法也可以看作是基于模型、特征的方法的结合。

基于关系的迁移学习方法与上述三种方法具有截然不同的思路。这种方法通过分析源域和目标域之间的关系，利用这些关系来指导知识的迁移。这种方法不仅关注数据特征和任务之间的相似性，还特别强调关系模式在迁移学习中的作用。通过识别和利用这些关系，可以更有效地将源域的知识迁移到目标域，从而提高目标域的学习效果，比较适用于那些具有明显关系模式的数据集。例如，在社交网络分析中，可以利用用户之间的关系模式来迁移用户

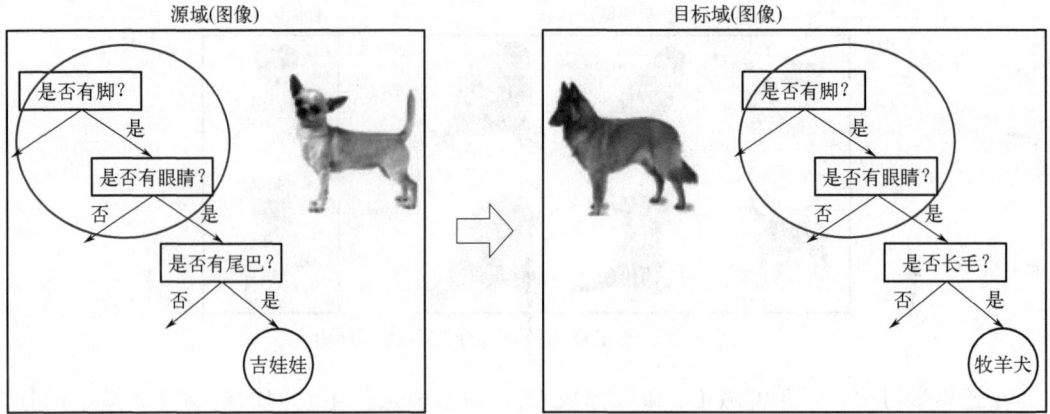

图 3.15 基于模型的迁移学习方法示意图

的行为模式；在生物信息学中，可以通过分析基因之间的相互作用关系来预测新的基因功能。图 3.16 以直观的方式表示了不同领域之间相似的关系。但这种方法特别适合那些难以直接通过特征或任务相似性进行迁移的复杂领域。

图 3.16 基于关系的迁移学习方法示意图

迁移学习是机器学习领域的一个重要分支，其应用并不局限于特定的领域。凡是满足迁移学习问题情景的应用，迁移学习都可以发挥作用。这些领域包括但不限于计算机视觉、文本分类、行为识别、自然语言处理、人机交互等。下面选择几个研究热点，对迁移学习在这些领域的应用场景做简单介绍。

① 计算机视觉。迁移学习在计算机视频领域的应用日益广泛。在计算机视觉中，迁移学习方法被称为领域自适应（Domain Adaptation）。其应用场景有很多，如图片分类、图片哈希等。图 3.17 展示了不同的迁移学习图片分类任务示意。同一类图片，不同的拍摄角度、不同光照、不同背景，都会造成特征分布发生改变。因此，使用迁移学习构建跨领域的分类器是十分重要的。

② 文本分类。通过利用在大规模文本数据集上预训练的模型，迁移学习能够捕捉到丰富的语言特征和语义信息，从而显著提升文本分类的准确性和效率。在情感分析、垃圾邮件检测等任务中，迁移学习帮助模型快速适应新领域的数据分布，实现更精准的类别划分。此外，迁移学习还能减少对新标注数据的依赖，降低模型训练的成本。这些优势使得迁移学习

图 3.17 迁移学习图片分类任务

成为文本分类领域的重要工具，推动了自然语言处理技术的不断发展。

③ 医疗健康。在医疗诊断方面，迁移学习通过利用在源域（如图像、文本等）上学习的特征，对目标域（如病例、病理诊断等）进行预测，显著提高了诊断的准确性。例如，利用心电图深度学习模型对脑电图数据进行预测，能有效提升脑电图诊断的精度。在疗法推荐上，迁移学习通过分析患者基本信息、病例特征等源域数据，为药物推荐、治疗方案等目标域提供有力支持，优化治疗决策，提升治疗效果。此外，迁移学习还应用于医疗资源分配，通过分析现有资源分配数据，帮助医院更有效地配置医疗资源，提高资源利用效率。尽管迁移学习在医疗健康领域展现出巨大潜力，但数据不完整、不均衡等问题仍是其面临的挑战。

国际权威生物学期刊《细胞》在 2018 年发表了一项来自中国广州妇女儿童医疗中心与加州大学圣迭戈分校的联合研究成果（图 3.18）。该研究由著名学者张康教授领衔，成功运用深度学习技术，开发出一款能够精准诊断眼病和肺炎两大疾病的 AI 系统，其诊断准确率可与顶尖医生相媲美。这不仅标志着中国研究团队首次在顶级生物医学杂志上展示医学人工智能领域的科研成果，同时也代表了全球范围内首次利用如此大规模且经过精心标注的高质

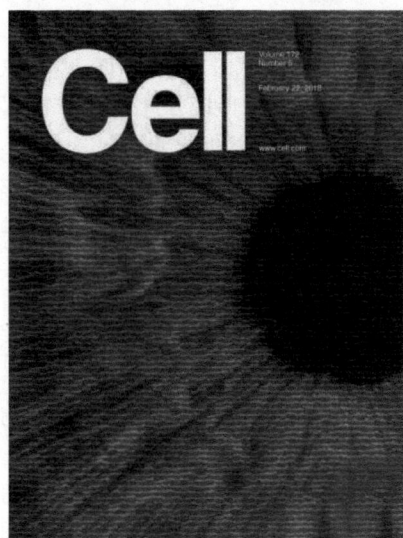
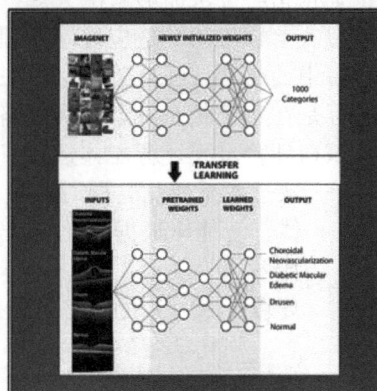

图 3.18 《细胞》期刊封面及张康教授发表的研究论文首页

量数据，通过迁移学习技术实现高度精确的疾病诊断，其准确性甚至达到了或超越了人类医生的水平。此外，该研究还开创性地实现了 AI 在精确推荐治疗手段方面的应用，为全球医学领域带来了前所未有的突破。

3.1.6 强化学习

强化学习，又称再励学习、评价学习或增强学习，是机器学习的方法论之一，也被认为是人类走向通用人工智能最有前景的技术之一。强化学习是用于描述和解决智能体在与环境的交互过程中，通过不断与环境进行交互以达成累积回报最大化或实现特定目标的问题。标准的强化学习是以智能体作为学习系统，获取外部环境的当前状态信息 s，对环境采取试探行为，即"动作"，用符号 a 来表示，并获取环境在当前时刻反馈的对此动作的评价 r 和新的环境状态 s'。如果智能体采取动作 a 后，环境反馈正的奖赏（立即报酬），那么智能体以后产生这个动作的趋势便会加强；反之，智能体产生这个动作的趋势将减弱。智能体与环境进行充分交互后，会收敛到稳定状态。也就是给定一个状态，智能体会稳定地输出最优动作。

有几个专有名词需要解释：智能体（Agent）是指学习器与决策者的角色。环境（Environment）是指智能体之外一切组成的、与之交互的事物。动作（Action）是指智能体的行为表征。状态（State）是指智能体从环境获取的信息。奖励（Reward）是指环境对于动作的反馈。策略（Policy）是指智能体根据状态进行下一步动作的函数。状态转移概率（State Transition Probability）是指智能体做出动作后进入下一状态的概率。

强化学习是智能体以"试错"的方式进行学习，通过与环境进行交互获得的奖赏指导行为，目标是使智能体获得最大的累积回报。强化学习不同于连接主义中的监督学习，主要表现在强化信号上，强化学习中由环境提供的强化信号是对产生动作的好坏做一种评价（通常为标量信号），而不是告诉强化学习系统 RLS（Reinforcement Learning System）如何去产生正确的动作。由于外部环境提供的信息很少，RLS 必须靠自身的经历进行学习。通过这种方式，RLS 在行动-评价的环境中获得知识，改进行动方案以适应环境。

基本模型：强化学习的常见模型是标准的马尔可夫决策过程（Markov Decision Process，MDP）。按给定条件，强化学习可分为基于模型的强化学习（Model-based RL）和无模型强化学习（Model-free RL），以及主动强化学习（Active RL）和被动强化学习（Passive RL）。强化学习的变体包括逆向强化学习、阶层强化学习和部分可观测系统的强化学习。求解强化学习问题使用的算法可分为策略搜索算法和值函数（Value Function）算法两类。深度学习模型与强化学习相结合，形成深度强化学习，可以克服传统强化学习方法存在的维数灾难，从而使得强化学习方法能够解决大规模状态空间/动作空间任务。

强化学习是从动物学习、参数扰动自适应控制等理论发展而来，基本原理是：如果智能体的某个行为策略导致环境中的奖赏（强化信号），那么智能体以后产生这个行为策略的趋势便会加强。智能体的目标是在每个状态发现最优策略以使期望的累积奖赏最大。

强化学习把学习看作试探评价过程，智能体选择一个动作用于环境，环境接受该动作后状态发生变化，同时产生一个强化信号（奖或惩）反馈给智能体，智能体根据强化信号和当前环境状态再选择下一个动作，如图 3.19 所示。选择的动作不仅影响当前强化值，而且影响环境下一时刻的状态及最终的强化值。

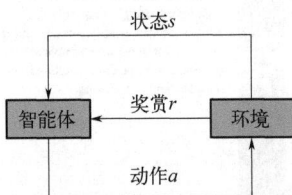

图 3.19 强化学习描述

强化学习的目标使得累积回报最大化。若已知 r/a 梯度信息，则可直接可以使用有监督学习算法。因为即时奖励 r 与智能体产生的动作 a 没有明确的函数形式描述，所以梯度信息

r/a 无法得到。因此，在强化学习系统中，需要某种随机单元，使用这种随机单元，智能体在可能动作空间中进行搜索并发现正确的动作。

在讨论马尔可夫决策过程之前，首先介绍马尔可夫性。马尔可夫性指的是下一时刻的状态仅与当前的状态有关，而与之前的状态无关。马尔可夫过程指的是具有马尔可夫性质的随机过程，也叫马尔可夫链。当状态发生转移时，如果我们得到一个奖励信号，那么把这个过程称作马尔可夫奖励过程。因此，马尔可夫奖励过程就是在马尔可夫过程的基础上增加奖励函数。

马尔可夫决策过程（Markov Decision Process，MDP），通常被表示为一个四元组$<S,A,r,P>$。其中 S 表示状态空间，A 表示动作空间，P 表示状态转移概率，r 表示奖励函数。在某一时刻，智能体采取动作 a，之后环境会给出一个奖励信号 r，并且转移到下一个状态。上述过程循环反复直到智能体的累积回报最大化，如图 3.20 所示。

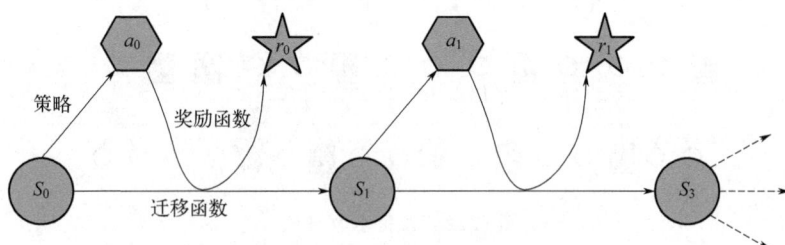

图 3.20　马尔可夫决策过程

马尔可夫决策过程中的状态转移概率，在某些简单的场景下可以人为设定。但是，对于很多日常场景，我们很难知道准确的状态转移概率。换句话说，对于环境模型，我们有时能够知道，有时很难获得准确的环境模型。因此，下面讨论两种强化学习范式：基于模型的强化学习和无模型强化学习。

基于模型的强化学习：RL 考虑的是智能体与环境的交互问题，智能体处在一个环境中，每个状态都是对环境的感知；智能体只能通过动作来影响环境，当智能体执行一个动作后，会使得环境按某种概率转移到另一个状态；同时，环境会根据潜在的奖赏函数反馈给智能体一个奖赏。RL 的目标是找到一个最优策略，使智能体获得尽可能多的来自环境的奖励。例如赛车游戏，游戏场景是环境，赛车是智能体，赛车的位置是状态，对赛车的操作是动作，怎样操作赛车是策略，比赛得分是奖励。智能体在执行动作之前需要观察其所处的状态，即环境给予的状态信息。在描述智能体获取信息、进而做决策这个过程时常用观察（Observation）而不是环境，因为智能体不一定能得到环境的全部信息，只能得到自身周围的信息。典型算法有策略迭代和值迭代算法。强化学习基本结构如图 3.21 所示。

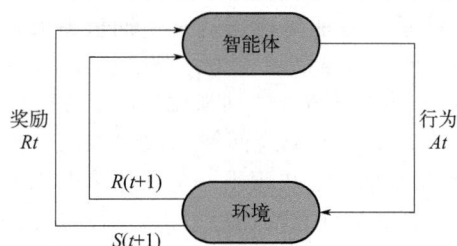

图 3.21　强化学习基本结构

无模型强化学习：与基于模型的强化学习的区别在于是否知道环境的状态转移概率。在实际问题中，状态转移的信息往往无法获知，因此需要数据驱动的无模型的方法。无模型强化学习最典型的算法包括 Q-learning、SARSA、DDPG 算法等。

蒙特卡罗（Monte Carlo）方法：在无模型时，一种自然的想法是通过随机采样的经验平均来估计期望值，此即蒙特卡罗方法，如图 3.22 所示。其过程可以总结如下：

① 智能体与环境交互后得到交互序列；

② 通过序列计算出各个时刻的奖赏值；

③ 将奖赏值累积到值函数中进行更新；

④ 根据更新的值函数来更新策略。

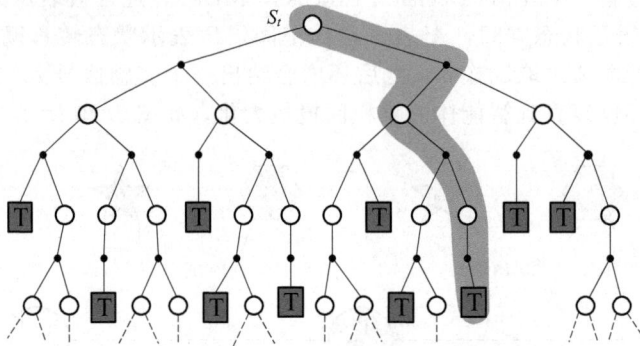

图 3.22　蒙特卡罗方法

蒙特卡罗方法包括通过从环境中采样奖励并对这些获得的奖励进行平均来学习。对于每一幕（这里幕的意思是采样一个状态动作奖励序列直至终端状态，我们称之为一幕），智能体采取行动并获得奖励。当整个幕结束时，取平均值。这就产生了一个问题，如何计算某个状态的平均奖励？通常有两种方法：在一个幕中，如果只对第一次访问状态 s 后获得的奖励取平均值，那么它被称为首次访问蒙特卡罗方法；如果在一个幕中，对每次访问状态 s 所获得的奖励取平均值，我们称之为每次访问蒙特卡罗方法。这两种蒙特卡罗方法非常相似，但理论性质略有不同。

（1）被动强化学习（Passive RL）

被动强化学习指的是在完全可观察环境的状态下使用基于状态表示的被动学习。在被动学习中，Agent 的策略 P_i 是固定的：在状态 s 中，它总是执行行动 $P_i(s)$。

（2）主动强化学习（Active RL）

被动学习智能体由固定的策略决定其行为。主动学习智能体必须自己决定采取什么行动。具体方法是：智能体将要学习一个包含所有行动结果概率的完整模型，而不仅仅是固定策略的模型；接下来，智能体自身要对行动做出选择（它需要学习的函数是由最优策略所决定的，这些效用遵循 Berman 方程）；最后的问题是每一步要做什么（在获得了对于学习到的模型而言最优的效用函数 U 后，智能体能够通过使期望最大化的单步前瞻提取一个最优行动；或者它使用迭代策略、最优策略已经得到，所以它应该简单地执行最优策略所建议的行动）。基于概率的主动强化和基于价值的主动强化如图 3.23 所示。

网络模型：每一个智能体是由两个神经网络模块组成的，即行动网络和评估网络，如图 3.24 所示。行动网络是根据当前状态决定下一刻在环境中做出的最佳动作。

对于行动网络，强化学习算法允许它的输出节点进行随机搜索，有了来自评估网络的内部强化信号后，行动网络的输出节点有效完成随机搜索并提高选择最佳动作的概率，同时可以在线训练整个行动网络。用一个辅助网络来为环境建模，评估网络根据当前的状态和用于模拟环境预测量值的外部强化信号，这样它可单步和多步预报当前由行动网络施加到环境上的动作强化信号，可以提前向动作网络提供候选动作的强化信号，以及更多的奖惩信息

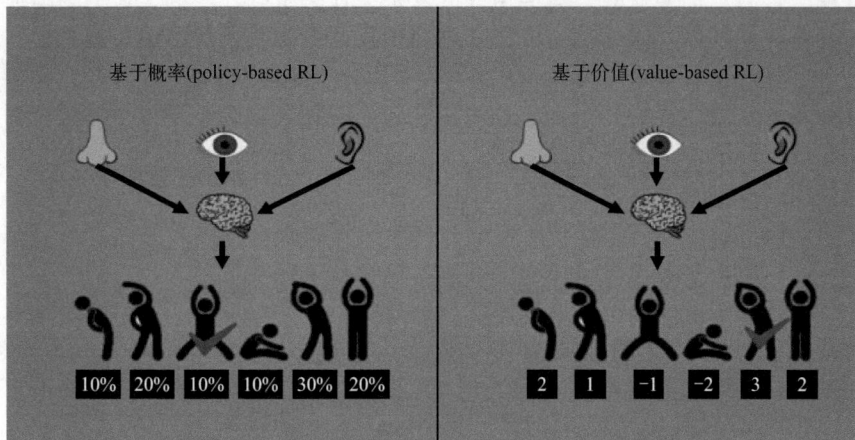

图 3.23　基于概率的主动强化和基于价值的主动强化

（内部强化信号），以减少不确定性并提高学习速度。

　　进化强化学习对评估网络使用时序差分预测方法（Temporal Difference，TD）和反向传播算法（Back Propagation，BP）进行学习，而对行动网络进行遗传操作，使用内部强化信号作为行动网络的适应度函数。

　　网络运算分成两个部分，即前向信号计算和遗传强化计算。在前向信号计算时，对评估网络采用时序差分预测方法（TD），由评估网络对环境建模，可以进行外部强化信号的多步预测，评估网络给行动网络提供更有效的内部强化信号，使行动网络产生更恰当的行动，内部强化信号使行动网络、评估网络在每一步都可以进行学习，而不必等待外部强化信号的到来，从而大大加速了两个网络的学习。

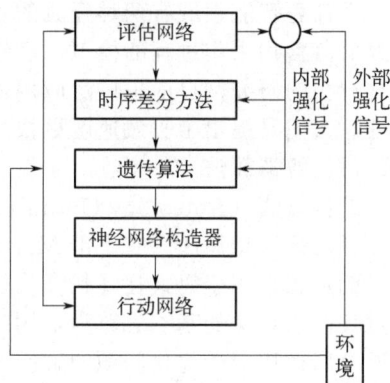

图 3.24　网络模型描述

　　强化学习目标：强化学习从环境状态到行为的映射，使得智能体选择的行为能够获得环境最大的奖赏，使得外部环境对学习系统的评价（或整个系统的运行性能）在某种意义下是最佳的。强化学习是学习一个最优策略（Policy），可以让智能体（Agent）在特定环境（Environment）中，根据当前的状态（State），做出行动（Action），从而获得最大回报（G or Return）。

3.2　群体智能

3.2.1　群体智能概述

　　回顾生命进化史，生物多数是以群居为主，如人类、蚂蚁、鱼群、鸟群等，虽然它们个体力量很小，但作为一个群体所表现出的智慧行为却非常令人意外。我们能够发现，在日常生活中由群居而引起的群体智能现象无处不在，而对群体智能（Swarm Intelligence）的研究则起源于人们对群体行为的观察。

　　"群体智能"一词最早在 1989 年由 Gerardo 和 Jing Wang 提出，当时是针对电脑屏幕上细胞机器人的自组织现象而提出的。早期的群体智能被定义为在集体层面表现的分散的、去中心化的自组织行为。例如蚁群、蜂群构成的复杂类社会系统，鸟群、鱼群为适应空气或海水而构成的群体迁移，以及微生物、植物在适应生存环境时所表现出的集体智能。

可能有人会想，这么看来，群体不就是个体的组合吗？但其实从个体行为到群体行为的演化往往复杂多变，群体智能并不是简单的多个个体的集合，而是超越个体集合的更高级的行为表现，往往难以预测。我们经常说"三个臭皮匠，顶一个诸葛亮"，但其实不然。如果群体里的成员间高度同质性，就无法展现出群体的智慧。群体智慧是一个臭皮匠、一个工人、一个商人、一个医生、一个教授……联合起来，这样再去与诸葛亮比较才有胜算。不是多个同质个体的简单组合，而是群体内部的多元性带来了群体智慧。

因此，对于群体智能的探索具有极强的战略意义和科研价值，尤其是在推动人工智能发展中占有极其重要的地位。当前，在群体智能的推动下，人工智能已经进入新的发展阶段，应当瞄准群体智能前沿，突破理论和技术瓶颈，建立群体智能完善体系，使其发挥更大的作用。

3.2.2　群体智能算法

在计算智能领域有两种经典的基于群体智能的算法：蚁群算法和粒子群算法。前者是对蚂蚁群落食物采集过程的模拟，已经成功运用在很多离散优化问题上；后者则是源于对鸟群捕食行为的研究，目前也广泛应用于函数优化、神经网络训练等领域。除上述两个经典算法之外，人们又提出了收敛速度更快的麻雀搜索算法。下面分别介绍上述算法。

（1）蚁群算法

蚁群算法（Antcolony Optimization，ACO），又称蚂蚁算法，是一种用来在图中寻找优化路径的概率型算法。它是由 Marco Dorigo 于 1992 年在他的博士论文中提出的，该算法提出时的灵感来源于蚂蚁在寻找食物过程中发现路径的行为。图 3.25 就是一个蚁群寻找食物的过程。该算法的基本思路为：用蚂蚁的行走路径表示待优化问题的可行解，整个蚂蚁群体的所有路径构成待优化问题的解空间。蚁群算法是一种模拟进化算法，初步的研究表明该算法具有许多优良的性质。该算法可应用于其他组合优化问题，如旅行商问题、指派问题、Job—shop 调度问题、车辆路由问题、图着色问题和网络路由问题等。

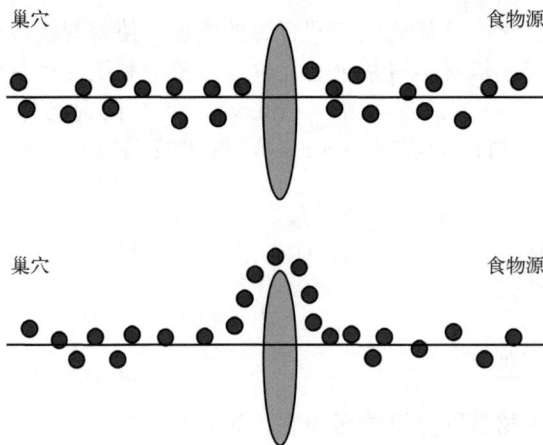

图 3.25　蚁群寻找路径

（2）粒子群优化算法

粒子群优化算法（Particle Swarm Optimization，PSO），又翻译为粒子群算法、微粒群算法或微粒群优化算法，如图 3.26 所示粒子群优化算法是通过模拟鸟群觅食行为而发展起来的一种基于群体协作的随机搜索算法，是另一种广泛用于解决与群有关的问题的算法。这种算法是在 1995 年由 Eberhart 博士和 Kennedy 博士一起提出的，它源于对鸟群捕食行为的研究。它的基本核心是利用群体中的个体对信息的共享使整个群体的运动在问题求解空间中产生从无序到有序的演化过程，从而获得问题的最优解。该系统在初始化阶段采用随机分布，然后，它在问题空间中使用随机优化（Stochastic Optimization）方法不断迭代搜索，以找到最优解，这种最优解就称为粒子（Particles）。

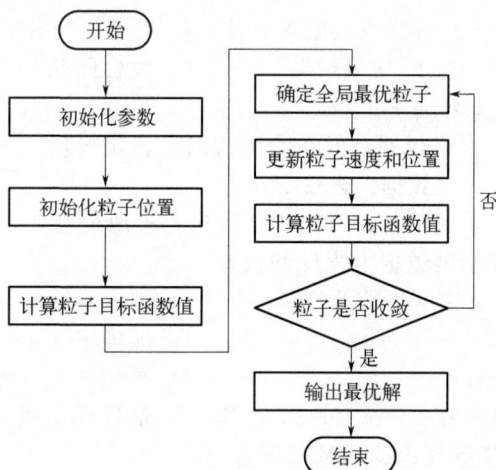

图 3.26　粒子群优化算法

（3）麻雀搜索算法

麻雀搜索算法（Sparrow Search Algorithm，SSA），如图 3.27 所示。该算法由东华大学的 Jiankai Xue 和 Bo Shen 于 2020 年提出。麻雀搜索算法主要受麻雀觅食行为和反捕食行为的启发。在自然界中，麻雀觅食时通常分为发现者（探索者）和加入者（追随者），发现者负责寻找食物并为整个种群提供觅食区域和方向，而加入者则利用发现者来获取食物。此外，麻雀种群还具有侦查预警机制，当发现危险时会迅速做出反应，以逃避捕食者的攻击。

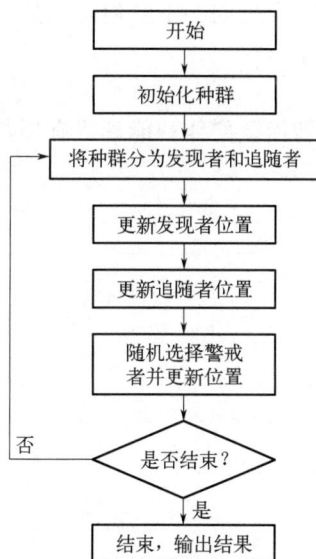

图 3.27　麻雀搜索算法

在麻雀搜索算法中，搜索空间被划分为若干个小区域，每个区域内都有若干个麻雀。每个麻雀代表一个解，它们在搜索空间中的运动受到自身的记忆和群体的影响。

习题

一、选择题

1. 以下哪种算法不属于监督式机器学习算法？（   ）

A. 决策树   B. K-均值聚类   C. 线性回归   D. 支持向量机

2. 在机器学习中，过拟合通常是指（   ）。

A. 模型在训练数据上表现很好，但在测试数据上表现很差

B. 模型在训练数据和测试数据上表现都很好

C. 模型在训练数据上表现很差，但在测试数据上表现很好

D. 模型在训练数据和测试数据上表现都很差

3. 以下哪项是评估分类模型性能的指标？（   ）

A. 均方误差（MSE）   B. 准确率（accuracy）

C. 决定系数（R-Squared）   D. 平均绝对误差（MAE）

4. 对于一个线性回归模型 $y = w * x + b$，其中 y 是目标变量，x 是输入变量，w 是权重，b 是偏差。如果增加训练数据的数量，通常（   ）。

A. 一定会减少模型的偏差   B. 一定会减少模型的方差

C. 一定会增加模型的复杂度   D. 一定会提高模型的准确率

5. 在机器学习中，交叉验证的主要目的是（   ）。

A. 增加训练数据量   B. 减少训练时间

C. 评估模型的泛化能力   D. 选择最佳的特征

二、问答题

1. 机器学习、人工智能和深度学习之间有什么区别和联系？

2. 有监督学习和无监督学习之间的区别是什么？它们分别可以用于解决什么问题？

3. 集成学习可以分为哪几种？试说明一下它们之间的区别。

4. 简要概括一下什么是迁移学习。

5. 强化学习的目标是什么？

6. 简要描述一下什么是群体智能。群体智能算法有哪些？

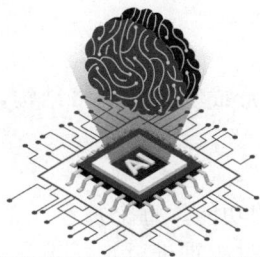

## 第4章

深度学习

深度学习作为人工智能领域的一个重要分支，近年来在各个领域取得了显著的进展。从神经网络的基本原理出发，我们深入探讨了其内部工作机制，包括激活函数的作用与种类，这些函数为神经网络引入了非线性特性，使其能够处理复杂的任务。在损失函数与优化算法方面，本章针对不同任务（如回归和分类）介绍了常用的损失函数，并讨论了如何通过优化算法来最小化这些损失，从而提高模型的性能。

反向传播算法是训练神经网络的核心，本章详细阐述了其前向传播、计算损失、反向传播、参数更新以及迭代过程，帮助读者理解神经网络是如何通过不断迭代来优化其参数的。此外，本章还介绍了多种深度学习模型，如卷积神经网络、循环神经网络、长短期记忆网络、生成对抗网络和注意力机制等，这些模型在图像识别、自然语言处理等领域有着广泛的应用。最后，简要介绍了几个流行的深度学习框架和库管理工具，为读者提供了实践和应用的参考。

本章将学习以下内容：

- 神经网络与反向传播算法
- 常见深度学习模型
- 深度学习框架和库管理工具

4.1 神经网络概述

目前，人工智能领域中最热的研究方向当属深度学习，由于其拥有优秀的特征选择和提取能力，对包括机器翻译、目标识别、图像分割等在内的诸多任务产生了越来越重要的影响。深度学习的概念最早是由 Hinton 在 2006 年提出的，是研究如何从数据中自动提取多层特征表示。其核心思想是通过数据驱动的方式，采用一系列非线性变换，从原始数据中提取由低层到高层、由具体到抽象的特征。不同于传统的浅层学习，深度学习强调模型结构的深度，通过增加模型深度来获取深层次含义。最经典的深度学习网络包括卷积神经网络和递归神经网络。

4.1.1 神经网络的基本原理

神经网络，作为现代人工智能领域的基石之一，通过模拟人类神经系统的结构和功能，实现了对信息的处理和学习。其基本原理涉及大量的神经元相互连接形成复杂的网络结构，并通过特定的算法进行训练和优化。

（1）神经元

神经元（Neuron）是神经网络的基本单元，模拟了生物神经元的功能。每个神经元都有一个或多个输入，一个输出，以及对应的权重和偏置。输入信号通过权重进行加权求和，再加上偏置，然后通过激活函数产生输出。图 4.1 是一个神经元结构的数学模型，包括输入、权重和输出。

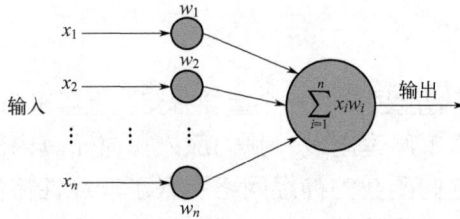

图 4.1　神经元示意图

（2）神经网络结构

神经网络（Neural Network）由多个神经元按照一定的层次结构组织而成，通常包括输入层、隐藏层和输出层。输入层负责接收外部数据，隐藏层负责对数据进行处理，输出层则负责输出最终结果。图 4.2 是一个神经网络示意图，包括输入层、三个隐藏层以及输出层。隐藏层的数量通常由具体的任务而定。

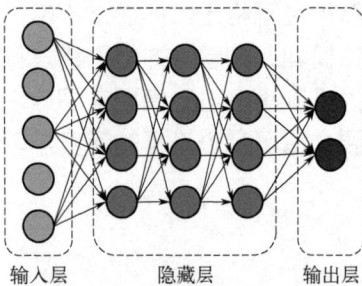

图 4.2　深度神经网络示意图

输入层：最左边的一层，直接接收原始数据。每个输入节点对应数据的一个特征。

隐藏层：位于输入层和输出层之间，可以有一个或多个，用于从输入数据中提取特征和学习复杂的表示。

输出层：最右边的一层，根据隐藏层的处理结果给出最终的预测或分类。

4.1.2　激活函数的作用与种类

激活函数（Activation Function）在神经网络中扮演着至关重要的角色，它们主要用于引入非线性特性，使得神经网络能够学习并表达复杂的模式和函数。没有激活函数的神经网络等同于或只是线性函数的组合，这样的网络无法拟合非线性数据。类似于人类大脑中基于神经元的模型，激活函数最终决定了要发射给下一个神经元的内容。

激活函数的种类有很多，常用的激活函数如下：

（1）Sigmoid 激活函数

公式：
$$f(x) = \frac{1}{1+\mathrm{e}^{-x}}$$

图像：Sigmoid 函数的图像看起来像一个 S 形曲线，如图 4.3 所示。函数的输出范围是 0～1。由于输出值限定在 0～1，因此它对每个神经元的输出进行了归一化；但其导数在两端接近饱和区时会变得非常小，可能引起梯度消失问题。

（2）tanh（双曲正切函数）

函数：
$$f(x) = \tanh(x)$$

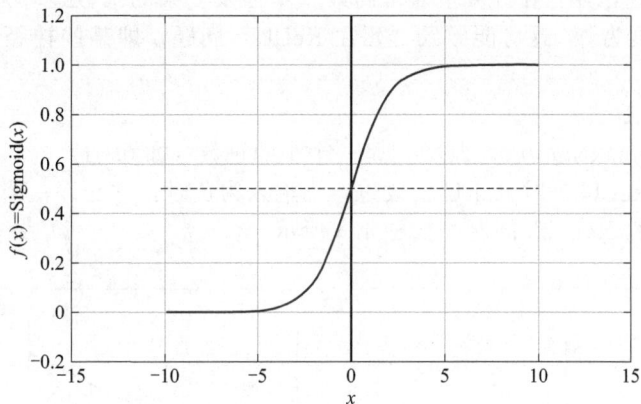

图 4.3　Sigmoid 函数图像

图像：输出范围为（-1,1），相比 Sigmoid，其输出均值为 0，有助于加速训练，但仍存在梯度消失问题，如图 4.4 所示。

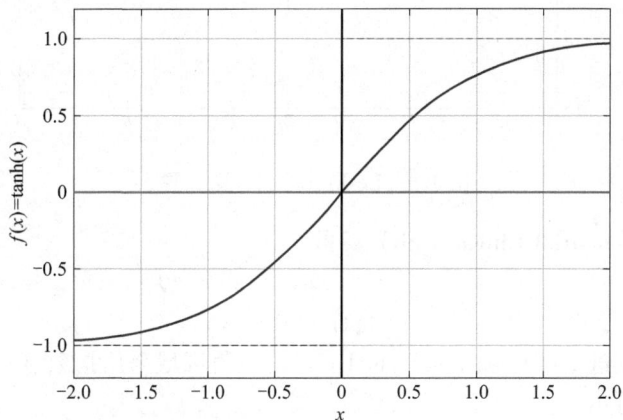

图 4.4　tanh 函数图像

（3）ReLU（Rectified Liner Unit）激活函数

函数：

$$f(x)=\max(0,x)$$

图像：当输入为正时，输出等于输入；当输入为负时，输出为 0，如图 4.5 所示。ReLU

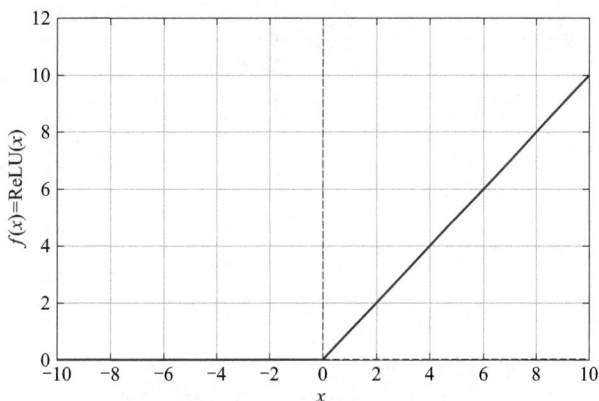

图 4.5　ReLU 函数图像

解决了梯度消失问题，并且在计算上非常高效（不涉及复杂的指数运算）。然而，当输入为负时，ReLU 的梯度为 0，这可能导致"死亡 ReLU"问题，即某些神经元在训练过程中永远不会被激活。

（4）Leaky ReLU

函数：$f(x)=\max(ax,x)$，其中 a 是一个小的正数（如 0.01）。

图像：Leaky ReLU 是对 ReLU 的改进，当输入为负时，它允许一个小的非零梯度，从而有助于防止"死亡 ReLU"问题，如图 4.6 所示。

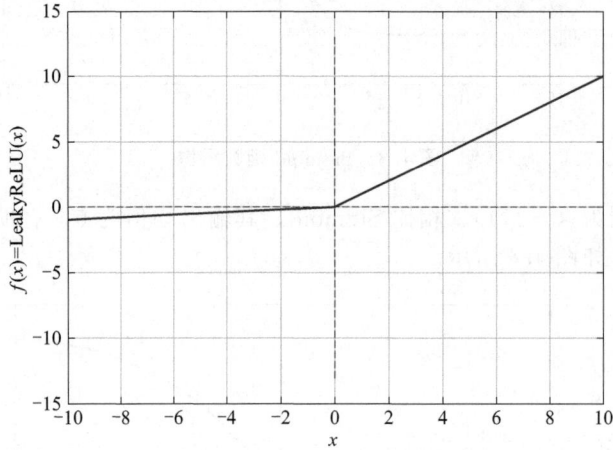

图 4.6　Leaky ReLU 函数图像

（5）ELU（Exponential Linear Unit）函数

函数：
$$f(x)=\begin{cases} x, & x>0 \\ \alpha(\mathrm{e}^x-1), & x\leqslant 0 \end{cases}$$

图像：进一步改进 ReLU 和 Leaky ReLU，对负值区域采用指数衰减，能更好地促进梯度流动，如图 4.7 所示。

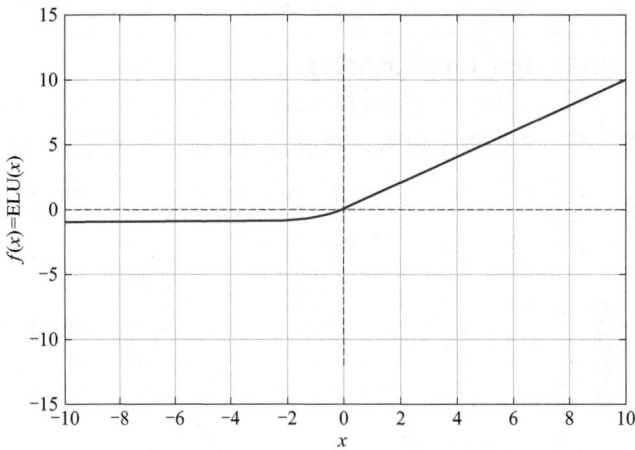

图 4.7　ELU 函数图像

（6）PReLU（Parametric ReLU）函数

函数：$f(x)=\max(\alpha x,x)$，其中 α 是一个可学习的参数。

图像：PReLU 进一步扩展了 Leaky ReLU，允许每个神经元都有一个可学习的负斜率

α。这增加了网络的灵活性，如图 4.8 所示。

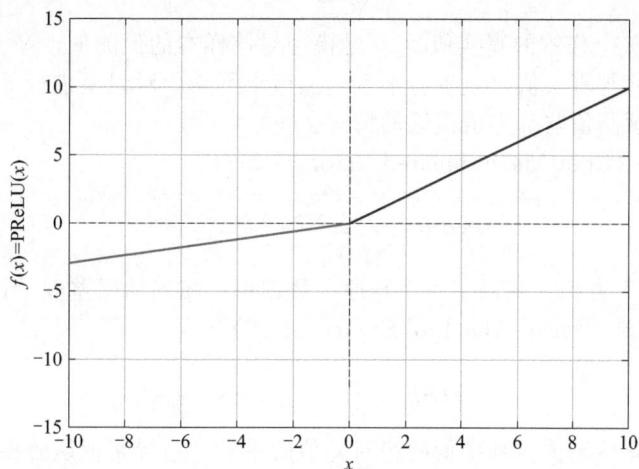

图 4.8　PReLU 函数图像

（7）Softmax 函数

函数：
$$f(x_i) = \frac{e^{x_j}}{\sum\limits_{j} e^{x_j}}$$

图像：常用于多分类问题的输出层，将每个神经元的输出转换为概率分布，所有输出之和为 1，如图 4.9 所示。

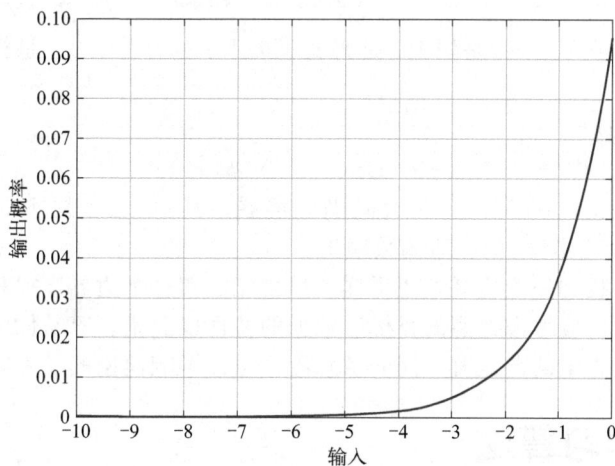

图 4.9　Softmax 函数图像

4.1.3　损失函数与优化算法

损失函数（Loss Function）是机器学习中用于衡量模型预测值与真实值之间差异的函数。根据问题类型和模型的不同，可以使用多种不同的损失函数。以下是一些常见的损失函数类型。

（1）回归任务常用的损失函数

① 均方误差（Mean Squared Error，MSE）。

数学定义：
$$\text{MSE} = \frac{1}{N} \sum_{i=1}^{N} (y_i - \widehat{y}_i)^2$$

其中，y_i 是第 i 个样本的真实值，$\widehat{y}_i$ 是模型对该样本的预测值，N 是样本数量。

作用：对预测值与真实值之差进行平方，然后求平均。对误差进行平方放大了对误差的影响，适用于要求预测值与真实值接近的情况。

② 均方根误差（Root Mean Squared Error，RMSE）

数学定义：
$$\text{RMSE} = \sqrt{\frac{1}{N} \sum_{i=1}^{N} (y_i - \widehat{y}_i)^2}$$

作用：MSE 的平方根，提供了一个与原始数据单位相同的误差度量，便于解释。

③ 平均绝对误差（Mean Absolute Error，MAE）

数学定义：
$$\text{MAF} = \frac{1}{N} \sum_{i=1}^{N} |y_i - \widehat{y}_i|$$

作用：直接计算预测值与真实值的绝对差值的平均，对异常值敏感度较低，计算简便。

（2）分类任务常用的损失函数

① 交叉熵损失（Cross-Entropy Loss）

二元交叉熵：用于二分类问题。

数学定义：
$$L = -\frac{1}{N} \big[y_i \log(\widehat{y}_i) + (1 - y_i) \log(1 - \widehat{y}_i) \big]$$

其中，y_i 是真实标签（0 或 1），$\widehat{y}_i$ 是预测的概率。

多类交叉熵：用于多分类问题，通常结合 Softmax 函数使用。

数学定义：
$$L = -\frac{1}{N} \sum_{i=1}^{N} \sum_{j=1}^{C} y_{ij} \log(\widehat{y}_{ij})$$

其中，C 是类别数量，y_{ij} 是样本 i 是否属于类别 j 的指标，$\widehat{y}_{ij}$ 是模型预测样本 i 属于类别 j 的概率。

② Hinge 损失函数

数学定义：
$$L_i = \max(0, 1 - y_i f(x_i))$$

常用于支持向量机（SVM）等最大间隔分类器，其中 y_i 是样本的真实标签（-1 或 1），$f(x_i)$ 是模型对样本 x_i 的决策函数输出。

作用：鼓励模型找到一个边界，使得样本尽可能远离这个边界，提高分类的鲁棒性。

选择损失函数时，应考虑模型的目标、数据的特性以及是否容易优化等因素。不同的损失函数对模型训练过程中的误差有不同的敏感度，进而影响模型的学习能力和泛化能力。

4.2 深度学习算法

4.2.1 反向传播算法

反向传播算法（Backpropagation Algorithm），简称 BP 算法，是一种在神经网络中广泛使用的有监督学习算法，其核心在于高效地计算损失函数相对于网络中每个权重参数的梯度。该算法使得多层神经网络的训练成为可能，通过梯度下降法或其变体来不断调整权重参数，以最小化预测输出与实际标签之间的差距。反向传播算法是神经网络中最基本的一块。它于 20 世纪 60 年代首次被发明，近 30 年后（1989 年）由 Rumelhart、Hinton 和 Williams 在一篇题为《通过反向传播误差学习表示》的论文中推广。该算法用于通过一种称为链式规则的方法有效地训练神经网络。简单地说，在通过网络的每个正向传递后，反向传播执行反向传递，同时调整模型的参数（权重和偏差）。

以下是反向传播算法的详细解释：

（1）前向传播（Forward Propagation）

在前向传播阶段，输入数据被送入神经网络，通过网络的每一层进行处理，直到输出层。每一层的输出都是下一层的输入。这个过程可以表示为

$$z^{(l)} = W^{(l)} a^{l-1} + b^{(l)}$$
$$a^{(l)} = \sigma(z^{(l)})$$

式中，$z^{(l)}$ 是第 l 层的加权输入（也称为净输入），$W^{(l)}$ 和 $b^{(l)}$ 分别是第 l 层的权重矩阵和偏置向量，$a^{(l)}$ 是第 l 层的激活输出，σ 是激活函数。

（2）计算损失（Loss Calculation）

在输出层，网络的预测值 $\hat{y}$ 与真实值 y 之间的差异通过损失函数 L 来衡量。常见的损失函数详见 4.2.3 节。

（3）反向传播（Backpropagation）

反向传播是计算损失函数关于网络参数的梯度的过程，实际上就是计算偏微分的过程。这些梯度指示了如何更新参数以减少损失。这个过程从输出层开始，逆向通过网络的每一层，直到输入层。

（4）参数更新（Parameter Update）

一旦计算出所有梯度，就可以使用梯度下降（或其他优化算法）来更新网络的参数。

（5）迭代过程

重复前向传播、损失计算、反向传播和参数更新的过程，直到网络在训练数据上的表现达到满意的水平，或者达到预设的迭代次数。反向传播算法的关键在于链式法则的应用，它允许我们有效地计算出损失函数关于网络中每个参数的梯度。这些梯度是训练神经网络的基础。

4.2.2　卷积神经网络

卷积神经网络（Convolutional Neural Networks，CNN）是一种前馈神经网络，区别于其他神经网络模型，CNN 处理复杂图像和自然语言的特殊能力较好。CNN 通过模拟人类视觉系统的工作原理，能够从图像中提取空间层次结构的特征。CNN 神经元之间采用局部连接和权值共享的连接方式。其中，局部连接是指每个神经元只需对图像或者文本中的部分元素进行感知，最后的神经元对感知到的局部信息进行整合，进而得到图像或文本的综合表示信息。权值共享使得模型在训练时可以使用较少的参数，以此来降低深度神经网络模型的复杂性，加快模型训练速度，从而使深度神经网络模型可以被应用到实际生产中。

卷积神经网络通常由输入层、卷积层、池化层、全连接层和输出层组成，经典的 LeNet 如图 4.10 所示。

（1）卷积神经网络的基本组件

① 卷积层（Convolutional Layer）。卷积层是 CNN 的核心，它使用一组可学习的过滤器（或称为卷积核）来扫描输入图像。每个过滤器负责从输入图像中提取一种特定的特征。

② 激活函数（Activation Function）。通常在卷积层之后使用非线性激活函数，如 ReLU，以引入非线性，使网络能够学习更复杂的特征。

③ 池化层（Pooling Layer）。池化层通常用于降低特征图的空间维度，减少计算量，同时使特征检测更加鲁棒。最常见的池化操作是最大池化（Max Pooling），它选择区域内的最大值。

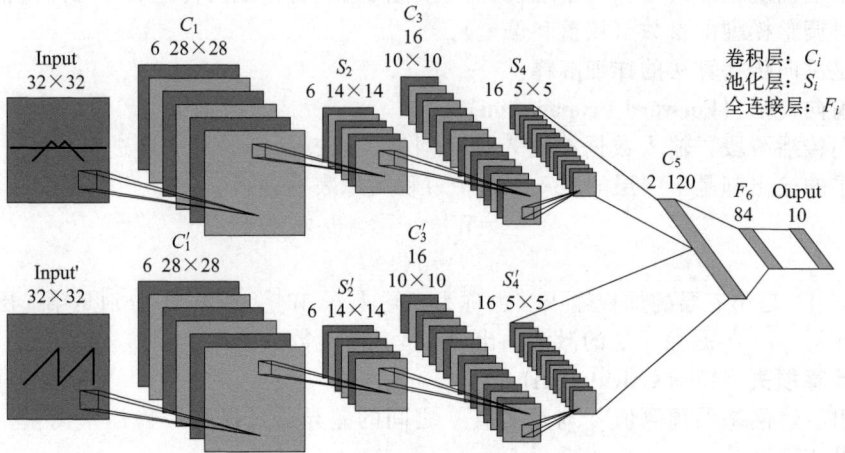

图 4.10　卷积神经网络

④ 全连接层（Fully Connected Layer）。在多个卷积和池化层之后，CNN 通常包含一个或多个全连接层，用于将学习到的特征映射到最终的输出，如类别标签。

⑤ 归一化层（Normalization Layer）。在某些 CNN 架构中，如 Inception 网络，归一化层被用来加速训练过程，通过规范化激活输出的尺度。

（2）卷积神经网络的工作流程

① 输入图像：网络接收原始图像数据作为输入。

② 卷积操作：输入图像通过卷积层，每个卷积核在图像上滑动，计算局部区域的加权和，生成特征图（Feature Map）。

③ 激活函数：卷积层的输出通过激活函数，引入非线性。

④ 池化操作：特征图通过池化层，减少特征图的尺寸，提取主要特征。

⑤ 层叠结构：多个卷积层、激活层和池化层堆叠起来，形成深层网络结构，以学习更复杂的特征。

⑥ 全连接层：在网络的末端，特征图被展平并通过全连接层，以进行最终的分类或其他任务。

⑦ 损失函数：网络的输出与真实标签之间的差异通过损失函数来衡量。

⑧ 反向传播：通过反向传播算法计算损失函数关于网络参数的梯度，并更新网络参数。

⑨ 迭代训练：重复前向传播、计算损失、反向传播和参数更新的过程，直到网络在训练数据上的性能达到满意的水平。

4.2.3　循环神经网络

循环神经网络（Recurrent Neural Network，RNN）具有树状层结构，是网络节点按其连接顺序对输入信息进行递归的人工神经网络。RNN 具有可变的拓扑结构且权重共享，多被用于包含结构关系的机器学习任务，在 NLP 领域受到研究者的重点关注。RNN 的基本结构包括输入层、隐藏层和输出层。与传统神经网络最大的区别在于 RNN 每次计算都会将前一词的输出结果送入下一词的隐藏层中一起训练，最后仅仅输出最后一个词的计算结果，如图 4.11 所示。

RNN 的缺点：一是对短期的记忆影响比较大，但对长期的记忆影响很小，无法处理很长的输入序列；二是训练 RNN 需要极大的成本投入；三是 RNN 在反向传播时求底层的参数梯度会涉及梯度连乘，容易出现梯度消失或者梯度爆炸。

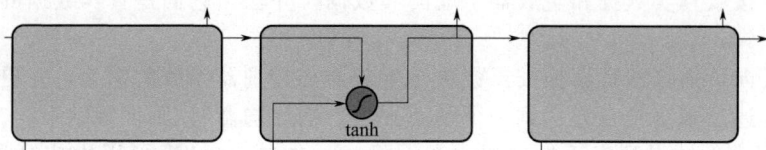

图 4.11　循环神经网络图

4.2.4　长短期记忆网络

长短期记忆网络（Long Short-Term Memory，LSTM）是一种特殊类型的循环神经网络（RNN），由 Hochreiter 和 Schmidhuber 在 1997 年提出。LSTM 设计用来解决传统 RNN在处理长序列数据时遇到的梯度消失或梯度爆炸问题。LSTM 通过引入三个门控机制来控制信息的流动，使得网络能够学习长期依赖关系。

LSTM 的核心是一个包含有三个门控机制，分别为遗忘门（Forget Gate）、输入门（Input Gate）和输出门（Output Gate）的单元。这些门控制着网络中信息的流动，使得 LSTM 能够在必要时保留信息，同时舍弃无关信息。如图 4.12 所示为 LSTM神经元的结构。

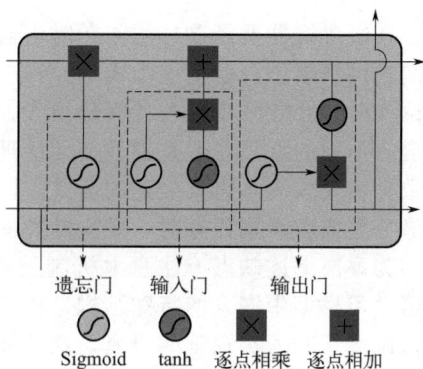

图 4.12　LSTM 神经元结构

① 遗忘门：决定哪些信息需要从单元状态中丢弃。它通过接收当前时刻的输入、上一时刻的记忆细胞状态和上一时刻的输出，来计算一个介于 0 和1 之间的数值，表示遗忘的程度。

② 输入门：负责更新单元状态。它由两部分组成：一个 Sigmoid 层决定哪些值将要更新，和一个 tanh 层创建一个新的候选值向量，这个向量将会被加入到状态中。

③ 输出门：决定单元状态中的哪些信息应该被用来计算输出。它同样通过接收当前时刻的输入、上一时刻的记忆细胞状态和上一时刻的输出，来计算当前的隐藏状态。

4.2.5　生成对抗网络

生成对抗网络（Generative Adversarial Networks，GAN）是一种深度学习模型，由Ian J. Goodfellow 等人在 2014 年提出，GANs 通过训练两个相互竞争的网络——生成器（Generator）和判别器（Discriminator）——来生成新的、逼真的数据样本。这种模型在图像生成、风格迁移、数据增强等领域表现出色。GAN 结构如图 4.13 所示。生成器是一个神经网络，通常使用卷积神经网络（CNN）或循环神经网络（RNN），其目的是从随机噪声中生成新的数据样本。生成器的目标是制造出足够好的数据，以至于判别器无法区分其生成的数据和真实数据。判别器也是一个神经网络，通常使用 CNN 或 RNN，其目的是区分生成器生成的假数据和真实数据。

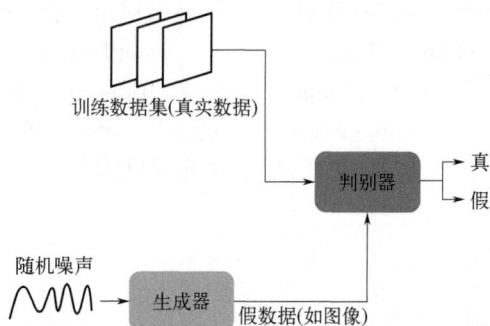

图 4.13　GAN 结构

GAN 的工作流程如下：

① 生成器和判别器的参数随机初始化；

② 生成器随机生成假的数据样本；

③ 判别器接收真实数据和生成器生成的假数据，并输出它们是真实数据的概率；

④ 计算损失；

⑤ 利用反向传播算法计算损失函数关于生成器和判别器参数的梯度，并更新这些参数；

⑥ 重复上述步骤直到双方达到一个动态平衡（纳什均衡），则训练结束。

GAN 在很多领域得到广泛的应用。在图像生成领域，GAN 可以生成高质量的逼真图像。在数据增强领域，可以利用 GAN 生成更多的数据样本来增加原始数据集的多样性，提高模型的泛化能力。在图形修复和增强领域，GAN 可以用于去除图像中的噪声、修复缺失的部分，使其更加清晰、饱满。GAN 也可以用于风格迁移，将一种图像的风格应用到另一种图像上。

4.2.6 注意力机制

在解决机器翻译这一类问题时，通常采用的做法是利用一个编码器和一个解码器构建端到端的网络模型。但是这类模型存在一些问题，例如，当要翻译很长的句子，甚至是翻译一篇论文时，会导致模型的计算量很大，并且准确率会严重下降。此外，语境不同，相同的词也会有不同的意思，但是模型却无法理解这其中的含义，这会导致翻译出来的效果很差甚至导致完全失去原本想要表达的语义。同样在模式识别领域，如果输入图像的尺寸很大，在做图像分类或者识别任务时，模型的性能会下降，从而可能导致识别精度降低或者分类失败。

为解决上述缺点，注意力机制被提出。注意力机制（Attention Mechanism）是一种在机器学习模型中嵌入的特殊结构，用于自动学习和计算输入数据对输出数据的贡献大小。这一机制源于对人类视觉的研究，在认知科学中，由于信息处理的瓶颈，人类会选择性地关注所有信息的一部分，同时忽略其他可见的信息。注意力机制在人工智能领域，特别是深度学习中，被广泛应用，以提高模型处理信息的效率和准确性。

注意力机制的核心思想是在处理大量信息时，能够自动地将有限的计算资源分配给更重要的信息，以提高信息处理的效率和准确性。具体来说，注意力机制通过计算输入数据中各个部分与当前任务的相关性（或称为"注意力得分"），然后对这些部分进行加权求和，从而得到对当前任务更为重要的信息表示。例如当要识别一张图片是什么动物时（这里图片假设是小狗），大部分人第一眼应该注意到的是小狗的面部，然后人们才会把注意力转移到图片的其他部分。因此，注意力机制就是机器在做一些任务时，例如识别上述图片中的动物，给模型加上注意力机制。让机器主要关注面部特征（鼻子、眼睛、耳朵、嘴巴等），不需要太关注背景的一些其他信息，模拟人类的理解过程。

4.3 深度学习框架

近几年来，深度学习的研究和应用热潮持续高涨，各种开源深度学习框架层出不穷，包括 TensorFlow、Keras、MXNet、PyTorch、CNTK、Theano、Caffe、DeepLearning4、Lasagne、Neon，还有包括教学时用的 NLTK（Nature Language Toolkit）、斯坦福大学开发的 CoreNLP、国内哈尔滨工业大学开发的 LTP（Language Technology Platform）、中文分词库 HanLP（Han Language Processing）等。接下来对其中四种主流的深度学习框架从几个不同的方面进行简单的对比。

4.3.1 TensorFlow

TensorFlow 是 Google Brain 基于 DistBelief 进行研发的第二代人工智能学习系统，其命名来源于本身的运行原理。TensorFlow 是一个使用数据流图进行数值计算的开源软件库。

图中的节点表示数学运算，而图边表示节点之间传递的多维数据阵列（又称张量）。灵活的体系结构允许使用单个 API 将计算部署到服务器或移动设备中的某个或多个 CPU 或 GPU。

（1）TensorFlow 的核心概念

① 计算图（Graph）：TensorFlow 通过构建计算图来定义模型的计算过程。计算图包含节点（表示操作）和边（表示数据流），在图模式下，用户先定义计算图结构，再在会话（Session）中运行图，这样有助于优化和跨平台部署。

② 即时执行（Eager Execution）：TensorFlow 2.x 引入的动态模式，使得 TensorFlow 支持命令式编程。这种方式更直观，适合调试和原型设计，简化了许多操作，并且可以实时查看结果。

③ 张量（Tensor）：TensorFlow 的基本数据结构是张量，用于表示多维数组，支持在 CPU、GPU 和 TPU 等不同硬件设备上进行计算。

④ 自动微分（Autodiff）：TensorFlow 的自动微分功能可以自动计算梯度，使反向传播变得简便，尤其适用于深度学习的训练阶段。

⑤ Keras 接口：Keras 是 TensorFlow 2.x 的高级 API，用于快速构建神经网络。Keras 提供了模块化、用户友好的接口，可以让开发者专注于模型设计和调试，而不必处理底层的细节。

（2）TensorFlow 的主要模块

① tf.Tensor：张量是 TensorFlow 的数据载体，支持在 CPU、GPU 等设备上进行高效运算。

② tf.GradientTape：用于自动微分的模块，记录操作以便之后计算梯度，支持反向传播。

③ tf.keras：Keras 是 TensorFlow 的高级接口，提供了定义和训练神经网络的简化方法，包含了模型构建、层结构、损失函数、优化器等基本组件。

④ tf.data：数据管道模块，用于加载和预处理数据，支持批处理、数据增强和分布式数据加载，适合大规模数据集的高效加载和处理。

⑤ tf.distribute：分布式训练模块，可以跨多块 GPU 或多台机器进行模型训练，适用于大规模深度学习任务。

⑥ tf.saved_model：模型保存和加载模块，支持将模型导出为通用格式，方便在不同平台上部署和使用。

（3）TensorFlow 的主要应用场景

① 计算机视觉：借助 tf.keras.applications 中预训练的模型和图像处理工具，TensorFlow 适用于图像分类、目标检测、图像分割等视觉任务。

② 自然语言处理（NLP）：通过 tf.keras.layers 中的嵌入层、RNN、Transformer 等，TensorFlow 可用于文本分类、机器翻译、文本生成等任务。TensorFlow 也有 NLP 扩展库 TensorFlow Text，用于处理语言数据。

③ 强化学习（RL）：TensorFlow 支持强化学习的常见模型和算法，结合 tf-agents 库能够实现多种强化学习任务，如游戏 AI、机器人控制等。

④ 时间序列分析：TensorFlow 支持预测和分析时间序列数据，常用于金融、气象等领域，支持 LSTM、GRU 等循环神经网络模型。

（4）TensorFlow 模型的构建流程

① 数据准备：使用 tf.data.Dataset 模块加载数据，并进行必要的预处理和批处理。

② 模型定义：通过 tf.keras.Sequential 或 tf.keras.Model 创建神经网络模型，并定义输入和输出层结构。

③ 损失函数和优化器：选择合适的损失函数（如均方误差或交叉熵）和优化器（如Adam 或 SGD）。

④ 训练和评估：使用 model. fit 函数训练模型，并通过 model. evaluate 对测试集进行评估。可以通过回调函数（如 EarlyStopping）实现早停、动态学习率调整等。

⑤ 模型保存和加载：使用 tf. saved_model. save 或 model. save 保存模型，以便在生产环境中加载和部署。

（5）TensorFlow 的优缺点

① 优点。

灵活性：既支持静态计算图（有助于优化和部署），也支持动态执行（方便调试和开发）。

平台兼容性：TensorFlow 支持在各种设备（如服务器、移动设备和嵌入式系统）上部署，兼容性广泛。

社区和生态系统：TensorFlow 有庞大的用户社区和丰富的工具（如 TensorBoard 可视化、TensorFlow Hub 模型库），为开发提供了良好的支持。

② 缺点。

相对复杂：由于框架本身庞大且具有很多抽象概念，对新手来说学习曲线较高。

性能优化挑战：有些情况下，TensorFlow 可能需要额外调优以获得最优性能。

TensorFlow 是深度学习和机器学习的全功能框架，适合从研究实验到生产部署的各种场景。借助 Keras 和即时执行功能，TensorFlow 大大简化了模型开发流程，为大规模机器学习应用提供了强有力的支持。

4.3.2　Keras

Keras 是一个用 Python 编写的开源神经网络库，它能够在 TensorFlow、CNTK、Theano 或 MXNet 上运行，旨在实现深度神经网络的快速实验，它专注于用户友好，模块化和可扩展性。其主要作者和维护者是 Google 工程师 FrançoisChollet。Keras 由纯 Python 编写而成，并基于 Tensorflow、Theano 以及 CNTK 后端，相当于 Tensorflow、Theano、CNTK 的上层接口，具有操作简单、上手容易、文档资料丰富、环境配置容易等优点，简化了神经网络构建代码编写的难度。目前封装有全连接网络、卷积神经网络、RNN 和LSTM 等算法。

（1）Keras 的核心特点

① 用户友好性：Keras API 简洁清晰，能够让用户快速上手。它提供了一系列简单明了的函数和模块，便于用户定义、训练、调试和评估模型。

② 模块化：Keras 模型构建是通过模块化的方式完成的，所有模型、层、激活函数、损失函数和优化器都是独立的模块，可以自由组合，便于快速构建和调试神经网络。

③ 与 TensorFlow 深度集成：在 TensorFlow 2. x 中，Keras 成为其官方的高级 API 接口。Keras 与 TensorFlow 完全兼容，用户可以使用 TensorFlow 的特性（如即时执行模式和分布式训练）来增强 Keras 模型的功能。

④ 支持多种硬件和云计算：Keras 可在 CPU、GPU 和 TPU 上运行，利用 TensorFlow 的分布式训练和云计算功能，可以轻松部署和加速模型。

⑤ 广泛的预训练模型和应用场景：Keras 提供了大量预训练模型（如 VGG、ResNet、MobileNet 等），并且支持在计算机视觉、自然语言处理和时间序列分析等领域应用。

（2）Keras 的核心模块

① Layers（层）：Keras 的 layers 模块提供了多种神经网络层，如 Dense、Conv2D、LSTM 等。每一层都代表一种特定的计算，可以将层堆叠起来形成神经网络。

②　Models（模型）：Keras 主要支持两种构建模型的方式，Sequential 模型（用于简单的层堆叠，适合顺序堆叠各层的网络结构），Functional API（允许更复杂的网络结构，如多输入多输出模型、残差网络等）。

③　Losses（损失函数）：损失函数用于衡量模型预测和真实值的差异，Keras 提供了交叉熵、均方误差等多种损失函数，适用于不同任务。

④　Optimizers（优化器）：优化器用于调整模型参数以最小化损失函数，包括 SGD、Adam、RMSprop 等，用户可以根据任务需求选择合适的优化器。

⑤　Callbacks（回调函数）：回调函数在训练过程中起到监督和控制的作用，Keras 提供了早停、学习率调度、模型保存等回调函数，方便用户控制训练过程。

⑥　Preprocessing（预处理工具）：Keras 提供图像和文本数据的预处理模块，可以进行数据增强、文本分词、序列填充等操作，确保数据符合模型输入要求。

（3）Keras 的应用场景

①　计算机视觉：Keras 提供了预训练的图像分类模型，如 ResNet、Inception 等，支持图像分类、目标检测和图像分割等任务。

②　自然语言处理（NLP）：Keras 的嵌入层和 LSTM、GRU 等循环层支持文本分类、情感分析、文本生成等任务。

③　时间序列分析：Keras 支持 LSTM、GRU 等时间序列处理层，适用于股票预测、传感器数据分析等应用。

④　迁移学习：Keras 中的 applications 模块提供了许多预训练模型，用户可以加载这些模型并微调，用于新任务的数据量有限的场景。

（4）Keras 模型训练流程

①　数据准备：加载和预处理数据。可以使用 tf. keras. preprocessing 模块进行数据增强、归一化等操作。

②　模型构建：使用 Sequential 模型或 Functional API 定义神经网络结构，组合各层并初始化。

③　编译模型：使用 model. compile 配置模型的优化器、损失函数和评价指标。

④　模型训练：使用 model. fit 函数训练模型，传入训练数据、批大小和训练轮数等参数。可以加入回调函数监控训练过程。

⑤　模型评估和预测：使用 model. evaluate 评估模型性能，或用 model. predict 进行预测。

⑥　模型保存和加载：使用 model. save 或 tf. keras. models. load _ model 保存和加载模型，方便后续复用或部署。

（5）Keras 的优缺点

①　优点：

易用性：API 设计简洁清晰，适合初学者和快速原型设计。

模块化：允许用户快速组合和调整模型，支持复杂结构。

社区支持：拥有丰富的教程、示例代码和第三方扩展库。

②　缺点：

灵活性限制：由于简化了 API，Keras 对高度自定义需求的模型支持有限。

较慢的速度：在某些复杂任务中，Keras 的性能可能逊于一些底层深度学习框架。

Keras 简化了深度学习模型的设计和训练过程，让用户能够专注于模型开发和调试，是快速构建深度学习应用的有效工具。

4.3.3 MXNet

MXNet 是 DMLC（Distributed Machine Learning Community）开发的一款开源的、轻量级、可移植的、灵活的深度学习库，它让用户可以混合使用符号编程模式和指令式编程模式来最大化效率和灵活性，目前已经是 AWS 官方推荐的深度学习框架。MXNet 的很多作者都是中国人，其最大的贡献组织为百度。MXNet 是一个灵活高效的深度学习框架，适用于从小型研究实验到大规模分布式生产应用。MXNet 的核心是它的计算图和混合编程模型，支持符号式和命令式两种编程方式，通过 Gluon API 提供了简洁易用的接口，使模型构建、训练和推理变得更加简单。

（1）MXNet 的核心概念

① NDArray：MXNet 的核心数据结构，类似于 NumPy 的数组，可在 CPU 和 GPU 上高效运算。NDArray 支持张量操作和自动微分，因此是构建深度学习模型的基础。

② 自动微分（Autograd）：MXNet 的自动微分模块支持反向传播。通过 autograd 模块，用户可以轻松计算梯度并更新参数，简化了深度学习模型的训练过程。

③ 符号式和命令式编程：MXNet 允许用户在符号式（类似 TensorFlow 的计算图）和命令式（类似 PyTorch 的动态计算图）之间切换，提供了更灵活的模型定义方式。对于生产部署，符号式计算图通常更高效，而命令式编程更适合原型设计和调试。

④ Gluon 接口：Gluon 是 MXNet 的高层接口，提供了模块化、易用的 API，使模型定义和训练更加直观。Gluon 支持动态计算图和自动微分，简化了深度学习模型的构建过程。

（2）MXNet 框架的主要模块

① 数据模块：MXNet 的数据模块（mxnet.gluon.data）包括数据集和数据加载器，支持多种数据集格式，并提供数据增强、分片等功能，便于加载大型数据集。

② 模型定义：Gluon 的 nn 模块提供了卷积层、池化层、循环神经网络层等常用层级模块，用户可以通过叠加这些层快速构建神经网络。每个模型都可以继承 HybridBlock 或 Block 基类，支持动态与符号式计算图的灵活切换。

③ 优化器和损失函数：MXNet 提供了多种优化器（如 SGD、Adam、RMSprop）和损失函数（如交叉熵、均方误差），这些优化器可以与 autograd 模块结合使用，完成自动求导和模型参数更新。

④ 模型训练和评估：使用 Gluon 接口，可以通过简单的 API 调用完成模型训练、验证和评估。训练过程中，autograd 模块会自动管理梯度计算，使得反向传播更高效。

⑤ 分布式训练支持：MXNet 支持分布式训练，可以在多块 GPU 或多台机器上运行，利用参数服务器同步和异步更新模型参数，满足大规模深度学习任务的需求。

（3）MXNet 的主要应用场景

① 计算机视觉：MXNet 常用于图像分类、物体检测和图像分割等计算机视觉任务。其高效的 GPU 支持和数据并行性使得 MXNet 能够快速处理大量图像数据。

② 自然语言处理：通过 GluonNLP 扩展库，MXNet 支持文本处理、情感分析、翻译等 NLP 任务。

③ 强化学习：MXNet 具备多种强化学习算法支持，适合需要探索和学习的任务，如游戏和机器人控制等。

（4）典型的 MXNet 模型训练流程

① 数据预处理：使用 gluon.data 模块加载并预处理数据集。

② 模型定义：通过 gluon.nn 模块定义模型结构，选择适合的层结构并初始化参数。

③ 损失函数和优化器：选择合适的损失函数和优化器，以确保模型能够高效地优化。

④ 训练模型：使用自动微分和训练循环迭代，反向传播计算梯度并更新参数。

⑤ 模型评估和调优：根据验证集上的表现调整超参数，优化模型。

通过 MXNet 和 Gluon 接口，用户可以快速构建、训练和部署深度学习模型，同时支持分布式和多 GPU 加速，满足多种场景下的深度学习需求。

4.3.4　PyTorch

PyTorch 是 2017 年 1 月 FAIR（Facebook AI Research）发布的一款深度学习框架。从名称可以看出，PyTorch 是由 Py 和 Torch 构成的。其中，Torch 是纽约大学在 2012 年发布的一款机器学习框架，采用 Lua 语言为接口，但因 Lua 语言较为小众，导致 Torch 知名度不高。PyTorch 是在 Torch 基础上用 Python 语言进行封装和重构打造而成的。PyTorch 是一款强大的动态计算图模式的深度学习框架。大部分框架是静态计算图模式，其应用模型在运行之前就已经确定了，而 PyTorch 支持在运行过程中根据运行参数动态改变应用模型。

（1）PyTorch 的核心概念

① Tensor（张量）：PyTorch 的核心数据结构是张量（Tensor），类似于 NumPy 的数组，但可以在 GPU 上进行加速计算。通过张量操作，用户可以进行线性代数、统计和数学计算，并实现高效的多维数组运算。

② 动态计算图：PyTorch 采用动态计算图（即即时执行模式），在每次前向传播时都会创建一个新的计算图，使得调试更加便捷，模型构建更直观。相比静态计算图，这种方式特别适合复杂网络结构和循环神经网络（RNN）等。

③ 自动微分（Autograd）：PyTorch 的 autograd 模块可以自动计算张量操作的梯度，支持自动微分。这对深度学习中的反向传播至关重要，并简化了模型训练过程。

④ 模块化的神经网络：PyTorch 的 torch.nn 模块提供了许多构建深度学习模型的基本组件，包括卷积层、池化层、激活函数、损失函数等。用户可以利用这些模块快速搭建神经网络结构。

⑤ 优化器：PyTorch 提供了多种优化算法，如随机梯度下降（SGD）、Adam、RMSprop 等，封装在 torch.optim 模块中。它们可以与自动微分功能结合使用，方便实现梯度更新和模型优化。

（2）PyTorch 的核心模块

① torch：提供了张量（Tensor）操作的基础功能，包括数学运算、索引、分片、随机数生成等操作。

② torch.autograd：实现了自动微分的核心功能，使得张量操作的梯度可以自动计算，非常适合反向传播。

③ torch.nn：提供神经网络相关的组件，帮助用户快速构建神经网络层结构。

④ torch.optim：包含各种优化算法，用于更新模型参数，如 SGD、Adam 和 RMSprop 等。

⑤ torchvision：是 PyTorch 的计算机视觉扩展库，提供了常用的数据集、数据增强工具和预训练模型，方便图像处理任务的实现。

（3）PyTorch 的主要应用场景

① 计算机视觉：通过 torchvision 扩展库，PyTorch 可以在图像分类、物体检测、图像分割等任务中广泛应用。预训练模型、数据增强和迁移学习使得计算机视觉项目更易于实现。

② 自然语言处理（NLP）：结合 torchtext 库，PyTorch 可以用于情感分析、机器翻译、文本生成等任务。动态计算图使得 RNN、Transformer 等模型的构建和训练更加简便。

③ 强化学习：PyTorch 因其灵活性和高性能而广泛用于强化学习任务。可以借助 RL 工具包，如 Stable Baselines 或 Gym，来开发智能体和训练策略。

（4）PyTorch 模型训练流程

① 数据准备：使用 torch. utils. data. DataLoader 加载数据，并将数据划分为训练集、验证集和测试集。DataLoader 还支持数据增强和批次处理。

② 模型构建：通过继承 torch. nn. Module 类来定义模型结构。在 __init__ 方法中定义层，在 forward 方法中实现前向传播逻辑。

③ 损失函数和优化器：选择合适的损失函数（如交叉熵损失）和优化器（如 Adam），并初始化模型参数。

④ 训练循环：在训练循环中，使用自动微分计算梯度并进行参数更新。每个批次计算损失并反向传播，优化模型。

⑤ 评估和调优：通过验证集评估模型表现，根据结果调整超参数，优化模型性能。

（5）PyTorch 的优缺点

① 优点：动态计算图使得调试和构建模型更加灵活；适合复杂和新型网络结构的快速原型设计；有广泛的社区支持和丰富的第三方工具，如 torchvision、torchtext 和 torchaudio 等。

② 缺点：对于需要极高优化的生产部署，PyTorch 可能稍逊于静态计算图框架；对初学者来说可能需要时间适应张量和梯度的概念。

PyTorch 在学术研究和工业生产中都具有广泛应用，其直观的 API 和强大的动态计算图让它成为深度学习开发者的首选工具之一。

总而言之，目前各类工具语言种类繁多，根据每种工具的其中几个较为重要的属性，通过表 4.1 对其进行展示。

表 4.1　开源框架应用属性对比

属性	Tensorflow	Keras	MXNet	PyTorch
支持语言	C++/Python	Python	Python/C++/R···	Python
支持硬件	CPU/GPU/mobile	CPU/GPU/mobile	CPU/GPU/mobile	CPU/GPU/mobile
分布式	✓	✓	✓	✓
命令式	×	×	✓	✓
声明式	✓	✓	✓	×
自动微分	✓	✓	✓	✓

注："✓"表示支持；"×"表示不支持。

4.4　库管理工具：Anaconda

Anaconda 在英文中的意思是"蟒蛇"，一种产于南美洲的水蟒，也被称为巨蟒或大水蟒。这种蟒蛇以其强大的缠绕能力而闻名，是世界上最大的蛇之一。该工具的命名或许与这种蟒蛇的强大和灵活的特性有关，象征着 Anaconda 在数据科学领域中的强大功能和灵活性。Anaconda 是一个安装、管理 Python 相关包的免费开源软件，还自带 Python、Jupyter Notebook、Spyder，有管理包的 conda 工具。Anaconda 包含了 conda、Python 在内的超过 180 个科学包及其依赖项。Anaconda 预装了许多常用的科学计算和数据科学库，如 NumPy（用于数值计算）、Pandas（用于数据处理和分析）、SciPy（用于科学计算和优化）、

Matplotlib（用于数据可视化）等。Anaconda 对于 Python 初学者而言极其友好，相比单独安装 Python 主程序，选择 Anaconda 可以帮助省去很多麻烦，Anaconda 里添加了许多常用的功能包，如果单独安装 Python，这些功能包则需要一条一条自行安装，在 Anaconda 中则不需要考虑这些。

对于不同的项目通常需要不同的 Python 版本环境，并且每个版本都包括不同的依赖包。例如项目 A 中使用了 Python 2 版本，而新项目 B 要求使用 Python 3 版本。如果同时安装两个 Python 版本可能会造成许多混乱和错误。此外，还有很多不同版本的依赖包，如 Numpy、Pandas 等，如果没有一个高效的管理工具，会导致项目环境配置极其复杂和烦琐。这时如果使用 Anconda，可以很容易地为不同的项目创建不同的虚拟环境，方便日后的管理。而且，如果存储空间不够用，可以很容易地移除不需要的虚拟环境。图 4.14 展示的是 Anconda 的主页面，其中的 base 环境是 Anconda 默认的环境。

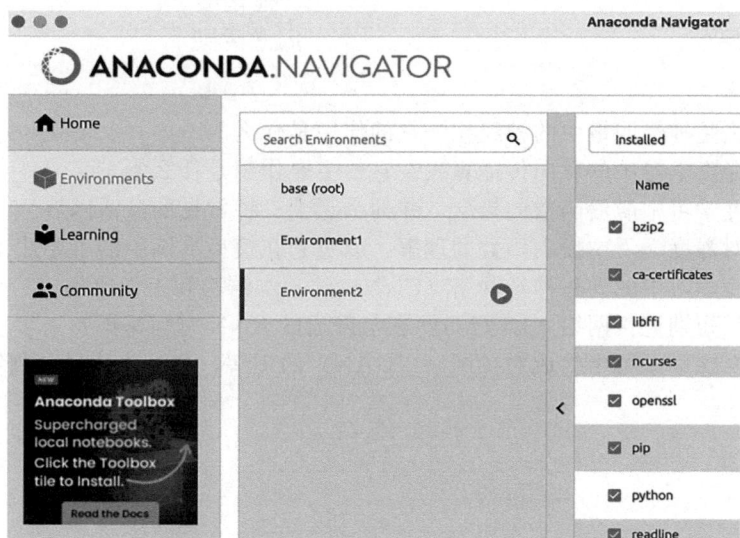

图 4.14　Anconda 环境配置界面

在图 4.14 中，为了展示 Anconda 对不同项目的环境管理，我们创建两个不同的虚拟环境 Environment1 和 Environment2。这两个环境是完全独立互不干扰的。在实际的工程应用中，其可以对应两个不同的项目，并且为每个项目配置专属的开发环境（如不同的 Python 版本，不同的依赖包），实现完美的虚拟环境管理。

习题

一、选择题

1. 深度学习中的神经网络模型通常包含多个隐藏层，以下关于隐藏层的说法正确的是（　　）。
   A. 隐藏层的数量越多，模型的性能一定越好
   B. 隐藏层可以对输入数据进行非线性变换，从而学习到更复杂的特征
   C. 隐藏层的神经元数量必须与输入层和输出层相同
   D. 隐藏层的作用仅仅是增加模型的复杂度，对模型性能没有实质性影响

2. 下列激活函数中，在输入值较大时不会出现梯度消失问题的是（　　）。

A. Sigmoid 函数   B. tanh 函数

C. ReLU 函数   D. Softmax 函数

3. 在深度学习中，用于衡量分类模型预测结果与真实标签之间差异的常见损失函数是（　　）。

A. 均方误差损失函数   B. 交叉熵损失函数

C. 绝对值损失函数   D. Hinge 损失函数

4. 循环神经网络（RNN）适用于处理以下哪种类型的数据？（　　）

A. 图像数据   B. 时间序列数据

C. 文本数据   D. B 和 C

5. 对于一个卷积神经网络（CNN），以下哪个层主要用于减少数据的空间维度，同时保留重要的特征信息？（　　）

A. 卷积层   B. 池化层

C. 全连接层   D. 激活层

二、问答题

1. 解释什么是神经网络中的神经元？它的作用是什么。

2. 什么是深度学习中的反向传播算法？它的主要作用是什么？

3. 解释深度学习中激活函数的概念，并列举至少三种常见的激活函数。

4. 谈谈你对深度学习中损失函数的理解，以及它在模型训练中的重要性。

5. 简述深度学习中的卷积神经网络（CNN）的基本结构和工作原理。

6. 什么是长短期记忆网络（LSTM）？它与普通的 RNN 有何不同？

7. 谈谈你对深度学习中生成对抗网络（GAN）的理解，包括生成器和判别器的作用。

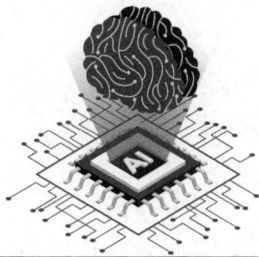

第5章

计算机视觉

本章导读

　　人工智能技术对计算能力的巨大需求推动着计算机硬件新技术短时间内的飞跃式发展，计算性能的提升和人工智能技术的发展又进一步拓展和深化计算机软件的智能应用领域。计算机视觉是使机器具有听觉、视觉、嗅觉、触觉和味觉等类人感知。智能视觉是利用人工智能的方法去实现计算机视觉的目的，如仿生视觉系统，不仅能够看到、看清、识别和理解，还能够汇总其他感知信息在头脑中构图，生成未知的画面。

　　本章从计算机视觉的基本原理展开讨论，重点阐述了深度学习在智能视觉相关领域包括数字图像处理、物体识别和三维重建方面的理论要点和应用框架，最后分别从图像的理解和三维重建两个领域挑选具有代表性的实际案例论述智能视觉问题的解决方案。

　　本章将学习以下内容：
- 计算机视觉的基本原理
- 智能视觉模型和关键技术
- 智能视觉典型应用案例

5.1　计算机视觉的基本原理

　　计算机视觉一词来源于人的视觉，人的视觉感知类似于一个光学系统，但它不是简单的光学成像系统，还接收来自神经系统，如快速定位和感光灵敏度的调节。科学家称之为人类视觉系统（Human Visual System），其信息处理机制是一个高度复杂的过程。光通过眼角膜进入人的眼睛，聚焦到眼睛后部的视网膜上。视网膜是将光转换成神经信号的换能器。这种转导是通过视网膜的专门光感受细胞实现的，视网膜也被称为视杆细胞和视锥细胞，它们通过产生神经冲动来检测光子并做出反应。这些信号由所发送的视神经，将信息发送到视觉皮层。

　　自然视觉能，就是指生物视觉系统体现的视觉能力，而计算机视觉（Computer Vision，CV）就是"赋予机器自然视觉能力"的学科。更准确地说，它是利用摄像机和电脑代替人眼使得计算机拥有类似于人类的那种对目标进行分割、分类、识别、跟踪、判别决策的功能。作为一个新兴学科，计算机视觉是通过对相关的理论和技术进行研究，从而试图建立从图像或多维数据中获取"信息"的人工智能系统。

5.1.1 智能视觉技术

(1) 视觉感知和视觉认知

感知指客观事物通过感觉器官在人脑中的直接反映，如人类感觉器官产生的视觉、嗅觉、听觉、触觉等。视觉感知根据维科百基（Wikipedia）词条的定义，是指对"环境表达和理解中，对视觉信息的组织、识别和解释的过程"。视觉感知是一种直观而内在的观察和理解过程，外部的视觉通过眼睛传递给大脑后，视觉神经几乎同时会对线条、质地、颜色、形状的空间关系、距离和其他大脑里已有的视觉进行加工。

认知是指在认识活动的过程中，个体对感觉信号接收、检测、转换、简约、合成、编码、储存、提取、重建、概念形成、判断和问题解决的信息加工处理过程。视觉自身具有无须努力的特性，人们几乎把它的认知过程当作理所当然的。例如，只要睁开眼睛就不会闯红灯、撞电线杆等，因为视觉认知会潜意识地提醒那样做很危险。

与视觉感知相关的特性具体来讲有四个方面：视觉关注、亮度及对比敏感度、视觉掩盖和视觉内在推导机制。

① 视觉关注。

在纷繁复杂的外界场景中，人类视觉总能快速定位重要的目标区域并进行细致的分析，而对其他区域仅仅进行粗略分析甚至忽视。这种主动选择性的心理活动被称为视觉关注机制（Visual Attention）。视觉关注可由两种模式引起：其一是客观内容驱动的自底向上（Bottom-up）关注模型；另一种是主观命令指导的自顶而下（Top-down）关注模型。

自底向上的关注主要跟图像内容的显著性相关。心理学研究发现，那些与周围区域具有较大差异性的目标容易吸引观察者的视觉关注。

自顶而下的关注受到意识支配，依赖于特定的命令，该机制可将视觉关注强行转移到某一特定区域。例如，观看视频监控图像时，在一定时间内集中观察某行人的踪迹。

视觉关注机制体现了人类视觉系统主动选择关注内容并加以集中处理的视觉特性，该特性能有效提升图像内容筛选、目标检索等图像处理能力。

② 亮度及对比敏感度。

人眼对光强度具有某种自适应的调节功能，即能通过调节感光灵敏度来适应范围很广的亮度。当然这也导致了对绝对亮度判断能力较差，因此人眼对外界目标亮度的感知更多依赖于目标跟背景之间的亮度差。换言之，视觉感知对亮度的分辨能力是有限的，只能分辨具有一定亮度差的目标物体，而差异较小的亮度则会被认为是一致的。意义在于减少数据处理量，而提高视觉感知效率。

人类视觉系统非常关注物体的边缘，往往通过边缘信息获取目标物体的具体形状、解读目标物体等。由于视觉系统具有鲁棒性，无法分辨一定程度内的边缘模糊，这种对边缘模糊的分辨能力则称为对比灵敏度。

③ 视觉掩盖。

视觉信息间的相互作用或相互干扰将引起视觉掩盖效应。

常见的掩盖效应有：1）由于边缘存在强烈的亮度变化，人眼对边缘轮廓敏感，而对边缘的亮度误差不敏感，即对比度掩盖；2）图像纹理区域存在较大的亮度以及方向变化，人眼对该区域信息的分辨率下降，即纹理掩盖；3）视频序列相邻帧间内容的剧烈变动（如目标运动或者场景变化），导致人眼分辨率的剧烈下降，即时域的运动掩盖及切换掩盖。

视觉掩盖效应使人眼无法察觉到一定阈值以下的失真，该阈值被称为恰可识别失真（Just Noticeable Distortion）。恰可识别失真阈值在实际图像处理中具有重要的指导意义。

该阈值可以帮助我们区分出哪些信号是视觉系统能察觉、基于人类视觉系统的图像信息感知和图像质量评价兴趣的，哪些信号是视觉系统无法察觉、可忽略的。筛选出能察觉的信息而忽略其余不可察觉的信息可以降低图像处理的复杂度，且在一定条件下能改善图像的显示质量。

④ 视觉内在推导机制。

人脑研究指出视觉感知并非机械地读取进入人眼的视觉信号，而是存在一套内在的推导机制（Internal Generative Mechanism）去理解解读输入的视觉信号。对于待识别的输入场景，视觉感知会根据大脑中的记忆信息，来推导、预测其视觉内容，同时那些无法理解的不确定信息将会被丢弃。

（2）计算机视觉

20 世纪 70 年代，David Marr 提出了一个多层次的视觉理论，分析了不同抽象层次的视觉过程，标志着计算机视觉成为一门独立的学科。为了专注于理解视觉中的特定问题，理论确定了三个层次的分析：计算、算法和硬件实现水平。David Marr 将视觉描述为从二维（2D）视觉阵列（在视网膜上）到作为输出的世界的三维（3D）描述。

计算机视觉目前的研究工作主要集中在前两个层次上，即计算理论和算法层次，对于硬件实现，目前只有比较成熟的部分，如低层次处理中的噪声去除和边缘抽取；对于简单二维物体识别及简单场景下的视觉方法，已有专门芯片或其他并行处理体系结构方面的研究与试验产品；从系统上构造全面的视觉系统，虽有一些尝试，但一般并不成功。

计算机视觉同人类视觉感知系统一样，其主要任务是感知外部环境，通过映射、变换、重构等过程将三维环境投影至二维图像。如果识别一个物体，需要获取它的参数，包括颜色、形状、距离、角度，甚至物体的状态，例如自然界山峰，它的阴影和色彩会随着自然光变化，这类状态改变的物体感知，对人类视觉而言，非常简单，对计算机视觉则相对困难些。尽管如此，很多知名景点如埃菲尔铁塔、富士山等的识别算法已经实现。图 5.1 所示的视频监控系统利用神经网络深度学习实现了物体的自动检测和自动识别，并且在图像中标注出小狗、自行车和汽车。如图 5.2 所示，根据水果的颜色和纹理，实现了图像中水果的检测、识别和分类标注。

图 5.1　视频监控图像中的物体识别及其标注

（3）计算机视觉与人工智能

计算机视觉是使用计算机及相关设备对生物视觉的一种模拟，是人工智能领域的一个重要部分，它的研究目标是使计算机具有通过二维图像认知三维环境信息的能力。计算机视觉是以图像处理技术、信号处理技术、概率统计分析、计算几何、神经网络、机器学习理论和计算机信息处理技术等为基础，通过计算机分析与处理视觉信息。

图 5.2　图像中水果的自动识别及其标注

通常来说，计算机视觉的定义应当包含以下三个方面：

① 对图像中的客观对象构建明确而有意义的描述；

② 从一个或多个数字图像中计算三维世界的特性；

③ 基于感知图像做出对客观对象和场景有用的决策。

计算机视觉与人工智能有密切联系，但也有本质的不同。人工智能的目的是让计算机去看、去听和去读。图像、语音和文字的理解，这三大部分基本构成了现代意义上的人工智能。而在人工智能的这些领域中，视觉又是核心。众所周知，视觉占人类所有感官输入的80%，也是最困难的一部分感知。如果说人工智能是一场革命，那么它将发轫于计算机视觉，而非别的领域。

人工智能更强调推理和决策，但至少计算机视觉目前还主要停留在图像信息表达和物体识别阶段。"物体识别和场景理解"也涉及从图像特征的推理与决策，但与人工智能的推理和决策有本质区别。

计算机视觉和人工智能的关系：

第一，它是一个人工智能需要解决的很重要的问题。

第二，它是目前人工智能很强的驱动力。因为它有很多应用，很多技术是从计算机视觉诞生出来以后，再反运用到人工智能领域中去。

第三，计算机视觉拥有大量的量子人工智能应用基础。量子人工智能（Quantum Artificial Intelligence，QAI）是量子力学与人工智能相结合的跨学科领域。

量子人工智能目前主要指的是在当今人工智能水平上运用量子力学理论的深度学习系统，致力于构建量子算法以改善人工智能中的计算任务，包括诸如机器学习之类的子领域，如上述研究成果均属于这种类型的量子人工智能。

5.1.2　传统的数字图像处理技术

在深度学习方法应用以前，从应用领域角度，数字图像处理的算法集中解决包括图像变换、图像编码压缩、图像增强、图像复原、图像分割、图像二值化和图像分类及识别等问题。从待处理数字图像的形式看，分析处理算法在空间域和频率域的处理各有不同。图像的空间域主要指组成图像的像素点集合，是对空间像素点的直接操作。图像的频率域是图像像素的灰度值随位置变化的空间频率，以频谱表示信息分布特征，常用傅里叶变换实现图像从空间域到频率域的转换。从使用的算法工具角度，传统数字图像处理经常用到贝叶斯方法、支持向量机和神经网络方法等。本小节主要讨论其中几个数字图像处理广为应用的经典工具和方法。

(1) 图像滤波

图像滤波是在尽可能保留图像细节特征的条件下，对目标图像的噪声进行抑制的操作。图像滤波通过滤波器进行。滤波器一般会用到原图像中的多个像素来计算每个新像素，一个滤波器用一个"滤波矩阵"（或"滤波模板"）表示，它的重要参数包括"滤波区域的尺寸""滤波区域的形状"。滤波器通常分为线性滤波器和非线性滤波器，线性滤波器包括：方框滤波（boxFilter）、均值滤波（blur）、高斯滤波（GaussianBlur）；非线性滤波器包括：中值滤波（medianBlur）和双边滤波（bilateralFilter）。

① 均值滤波：也称为邻域平均法，它输出包含在滤波器模板邻域内的像素的简单平均值，即把图像像素邻域内的平均值赋给中心元素。如图 5.3 所示的滤波模板，模板前的乘数等于 1 除以模板中所有系数之和，这也是计算均值所要求的。使用该滤波器后，原始图像像素的亮度值会重新计算。原图像边缘像素如何计算呢？这是均值滤波器的缺点之一，即存在边缘模糊的问题。

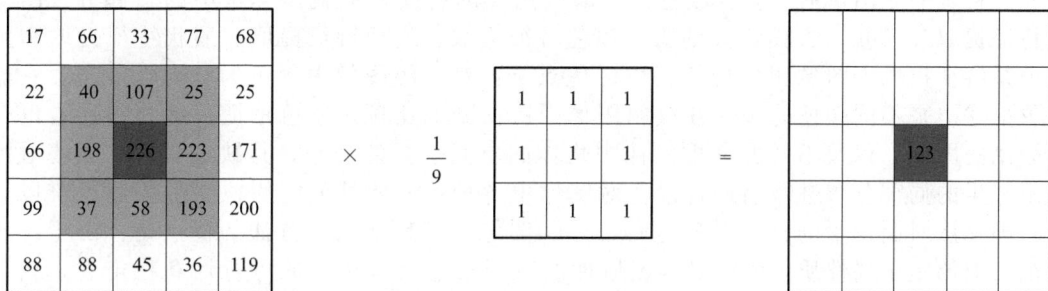

图 5.3　均值滤波器

② 卷积：卷积（Convolution）是两个变量在某范围内相乘后求和的结果，和均值滤波一样，它也是一种线性运算。数字图像是一个二维的离散信号，对数字图像做卷积操作其实就是利用卷积核（模板）在图像上滑动，将图像点上的像素灰度值与对应的卷积核上的数值逐点相乘，然后将所有相乘后的值相加作为卷积核中间像素对应图像上像素的灰度值，并最终滑动完所有图像的过程。图 5.4 演示了图像与卷积核计算的过程，并显示了其中一个像素计算后的数值。

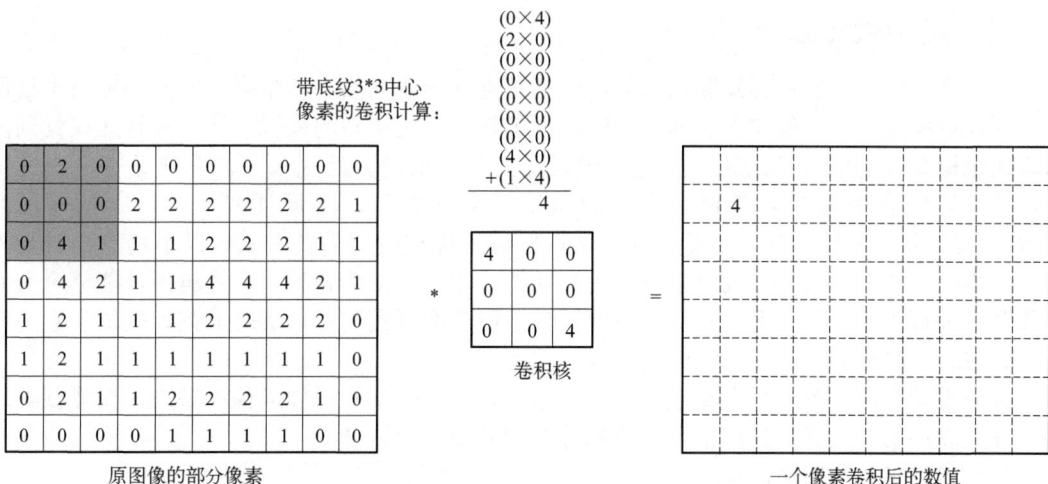

图 5.4　图像卷积演示

（2）边缘检测

无论是交通管理系统中的违章自动抓拍、显微镜下的细胞识别计数、智能手机拍照中的笑脸抓拍，还是抖音滤镜下的美容功能实现，都离不开图像中的目标分割提取，其中最为基础的算法是边缘检测。图像中事物的边缘是周围像素灰度有跳跃性变化的那些像素的集合。边缘是图像局部强度变化最明显的地方，它主要存在于目标与目标、目标与背景、区域与区域之间，因此它是图像分割依赖的重要特征。图像边缘有两个要素，即方向和幅度。沿着边缘走向的像素值变化比较平缓；而沿着垂直于边缘的走向，像素值则变化得比较大。根据这一变化特点，在数字图像处理中，通常是利用灰度值的差分计算来近似代替微分运算检测出图像边缘。一般来说，具体的差分计算依然是通过滤波模板来完成的，这些设计出来的不同的滤波模板被称为边缘检测算子。实际应用较多的算子包括 Roberts 算子、Prewitt 算子、Sobel 算子、Canny 算子和 Laplacian 算子等。

（3）特征提取

数字图像处理中的特征一般指研究具体某个像素的特征，或是一些区域的特征。如果算法检查的是图像的一些区域特征，那么图像的特征提取就是算法中的一部分。图像的特征提取分为几个方面，分别为：颜色特征提取、纹理特征提取、形状特征提取和空间关系特征提取。图像颜色特征提取的优点是：对一幅图像中颜色的全局性分布，它能简单描述出来不同颜色的布局在整幅图像中所占到的比例。颜色特征很适合描述难以自动分割的图像，以及不需要考虑图像中物体的空间位置的分布；其缺点是：它无法对图像中产生的局部分布进行描述，以及对图像中各种色彩所处的空间位置的描述也难以胜任，即无法对图像中的具体对象进行描述。图像纹理特征提取方法的优点是：由于纹理特征提取的是全局性质，所以对其区域性的特征描述具有很好的可行性和稳定性，相比颜色特征提取不会因为局部的一些偏差而匹配失败，同时纹理特征有着良好的旋转不变性，对噪声的干扰有着很好的抵抗能力；其缺点是：当图像的像素分辨率变化明显时，得到的纹理特征偏差就会明显增大。形状特征提取的优点是：对图像中某个需要的部分进行研究，图像目标的整体性把握良好；其缺点是：若图像上的目标发生变形，则描述的稳定性会大大下降，同时由于形状特征也具有全局性，对其计算时间和存储所用的空间要求比较高。空间关系特征提取的优点是：对静止图像运用空间特征描述效果良好；其缺点是：空间关系特征对图像目标的旋转、图像目标的反转以及尺度变化较为敏感，经常需要和其他特征提取方法配合描述和使用。

5.1.3　智能视觉系统

在三维空间中智能地感知和探索外部环境一直是个研究热点和难点。图像视觉技术借助强大的计算机视频、图像和深度学习算法取得了超越人类认知的成就，而三维智能视觉则因为算法建模和环境依赖等问题，一直处于正在研究的前沿。近年来，智能视觉技术快速发展，并开始结合深度学习算法，在智能制造、自动驾驶、增强现实（AR）、虚拟现实（VR）、无人机、三维重建、人脸识别等领域取得了优异的效果。图 5.5 以小鹏汽车智能视觉系统为例，展现车载智能视觉系统的主要功能。车内摄像头置于汽车座舱内，能够全天候与驾驶员进行智能交互，通过它可实现面部识别同步个性化配置，实时监控驾驶员注意力和疲劳状态，实时检测驾驶员心跳健康状况等功能。

智能视觉系统任务处理主要包含三步：第一，图像采集和图像成像；第二，图像预处理和特征提取；第三，通过深度学习系统训练模型和输出预测结果。

（1）图像采集和图像成像

图像采集是利用图像采集处理装置将外界的光信号转换为模拟电信号，再经过模数转换

图 5.5　小鹏汽车智能视觉系统

转换成数字信号，并通过输出接口将图像数据传输给控制器进行处理。像素分辨率、帧率和像素深度是衡量图像质量的重要指标。像素分辨率是指图像传感器水平分辨率（水平方向像素点数）和垂直分辨率（垂直方向像素点数）的乘积。通常来讲，像素分辨率越高，可以采集到的图像像素数就越多，图像也就越清晰。帧率是指每秒采集到的图像帧数，用 FPS（Frames Per Second）来表示。对于动态图像数据采集来讲，帧率越高图像显示的连续性就越好。像素深度指的是每个像素的亮度级别的数量，也就是每位像素数据的位数，通常用 bit 位数来表示。像素深度越高，像素的灰阶值越丰富，每个像素能够表示的颜色或亮度变化就越细腻，图像的亮度表现也就越真实。通常来讲像素分辨率、帧率、像素深度越高，图像采集装置的性能就越好，图像表示细节的能力就越强。但高像素分辨率、高帧率、高像素深度意味着采集数据量的增加，需要更高性能的芯片、更高的带宽和存储容量来处理和保存。因此在实际应用中需要根据具体的需求来选择合适的像素分辨率、帧率、像素深度参数进行设计。

　　以无人机视频采集传输系统为例，如图 5.6 所示。整个视频采集传输系统可分为无人机机载终端与地面监控中心两部分。无人机机载终端搭载于无人机上，主要功能是负责高清视频图像的采集、压缩编码、将视频储存于储存器中或者生成适合网络传输的视频数据流，最后由无线传输系统把视频信息发送到地面。无人机机载终端作为系统发送端，是整个设计的重点，工作量较大。无人机机载终端包含多个模块视频采集模块、压缩编码模块、流媒体服务器模块等。地面监控中心是系统的地面组成部分，核心为一台性能较强的 PC 机或服务器，通过无线网络接收到视频流后进行解码还原并播放视频。地面监

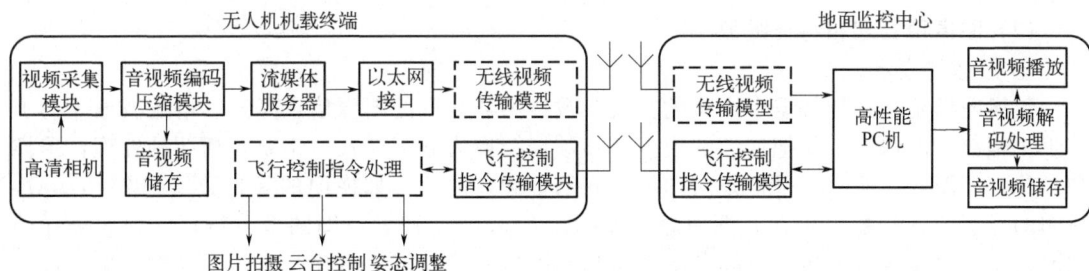

图 5.6　无人机视频采集传输系统

控中心作为系统地面部分，包含无线通信模块，具有视频解码还原、视频播放以及视频储存功能的 PC 平台。

智能视觉系统由两个主要组件构成，分别为：图像采集硬件和图像处理软件。部署智能视觉系统要满足的主要要求之一是测试其鲁棒性，要求系统应该能够适应环境变化（如照明、方向和缩放比例的变化），并能够重复执行其设计任务。为了满足这些要求，可能有必要将一些环境约束应用于视觉系统的硬件或软件，例如添加远程控制照明环境约束。从硬件设备获取图像后，可以使用多种方法在软件系统中以数字方式表示颜色（色彩空间）。两种最著名的色彩空间是 RGB（红色，绿色，蓝色）和 HSV（色调，饱和度，值）。使用 HSV 色彩空间的主要优点是在仅考虑 HS 分量时可以使系统照明保持不变。

图像成像设备的种类很多，与视觉感知相关的设备，从消费数码相机、视频摄像机、雷达望远镜到 RGBD 深度相机、全景相机和航拍无人机等。其他图像成像设备还有医学诊断成像、工业 X 光成像、显微镜系统等，这里不做讨论。16 世纪发明的最早的照相机暗箱模型并没有镜头，而是使用一个针孔将光线聚焦到墙上或半透明的屏幕上。几百年来，针孔已被各种镜头代替，如各种定焦镜头、变焦镜头、增倍镜头、鱼眼镜头等。但是这些成像过程仍然是通过记录光照射到感光器底板的每一个小区域的光强度实现的。

相机将三维世界中的坐标点映射到二维图像平面的过程能够用几何模型进行描述，其中最简单的是针孔模型，也被称为理想的透视模型，它描述了一束光线通过针孔之后，在针孔背面投影成像的关系。这一过程可以简单表述成物理课小孔实验，在一个暗箱的前方放着一支点燃的蜡烛，蜡烛的光透过暗箱上的一个小孔投影在暗箱后方平面上，形成一个倒立的蜡烛图像。

物体的空间坐标和图像坐标之间是线性关系，相机的成像过程涉及四个坐标系：世界坐标系、相机坐标系、图像坐标系和像素坐标系，以及这四个坐标系的转换。

① 世界坐标系：是客观三维世界的绝对坐标系，也称客观坐标系。通常用世界坐标系这个基准坐标系描述拍摄相机的物理位置，并且用它来描述安放在此三维拍摄环境中其他任何物体的位置。

② 相机坐标系（光心坐标系）：以相机的光心为坐标原点，X 轴和 Y 轴分别平行于图像坐标系的 X 轴和 Y 轴，相机的光轴为 Z 轴。

③ 图像坐标系：以图像传感器的图像平面中心为坐标原点，X 轴和 Y 轴分别平行于图像平面的两条垂直边。图像坐标系是用物理单位（如 mm）表示像素在图像中的位置。

④ 像素坐标系：以图像传感器图像平面的左上角顶点为原点，X 轴和 Y 轴分别平行于图像坐标系的 X 轴和 Y 轴。数码相机采集的图像首先是形成标准电信号的形式，然后通过模数转换变换为数字图像。每幅图像的存储形式是数组，行列的图像中每一个元素的数值代表的是图像点的灰度。这样的每个元素叫像素，像素坐标系就是以像素为单位的图像坐标系。

（2）图像预处理和特征提取

① 图像的表示。

数字图像是从感知数据中产生的。大多数传感器获取的图像信息是连续电压波形，为了产生一幅数字图像，需要把连续的模拟感知数据转换为数字形式，主要包括两种处理：采样和量化，如图 5.7 所示。采样是对图像空间的坐标离散化，如横向的像素数（列数）为 M，纵向的像素数（行数）为 N，图像总像素数为 $M \times N$ 个像素，即图像分辨率。图像采样的间隔越小，总像素数越多，空间分辨率越高，图像质量越好。量化是对图像亮度级别的数字化，如灰度图像从白到黑用 [0，255] 范围内的 256 个数字表示。量化等级越多，图像层次越丰富，越能展现出画面明暗细节。

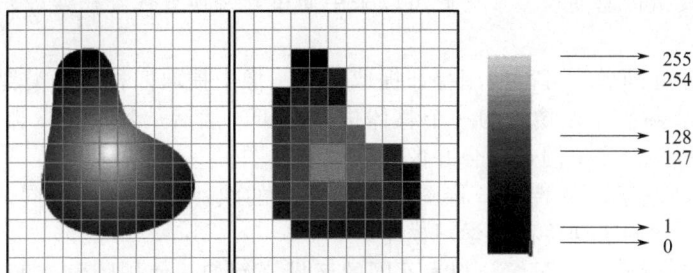

图 5.7　图像的表示：采样和量化

② 图像的描述。

描述图像的一种方式是使用数字来表示图像的内容、位置、大小和几何形状。大多数情况下，用一组描述子来表征图像中被描述物体的某些特征。描述子可以是一组数据或符号，定性或定量说明被描述物体的部分特性，或图像中各部分彼此间的相互关系，为图像分析和识别提供依据。图像的数字表示这里主要从色彩数字化角度讨论，分为黑白图像、灰度图像和彩色图像。

黑白图像：指图像的每个像素只能是黑色或者白色，没有中间的过渡，即像素值为 0、1，故又称为二值图像。

灰度图像：指每个像素的信息由一个量化的灰度级来描述的图像，没有彩色信息，常见的是 [0,255] 的等级量化值，或者规范化后 [0,1] 区间的数值。

彩色图像：是指每个像素的信息由 RGB 三原色构成的图像，其中 RGB 是由各自色彩不同的灰度级来描述的，例如 R 从红色过渡到白色取值 [0,255] 的等级量化值，G 从绿色过渡到白色取值 [0,255] 的等级量化值，B 从蓝色过渡到白色取值 [0,255] 的等级量化值。如图 5.8 说明了彩色图像，其每个像素对应的 R、G、B 具体数值。

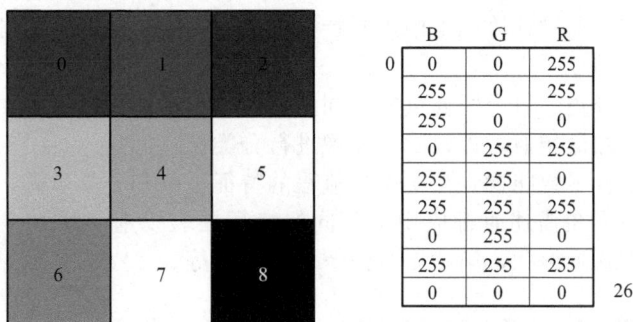

图 5.8　彩色图像的像素色彩信息

③ 点运算符和区域操作。

对图像进行点运算的一般方法包括：强度归一化、直方图均衡化和阈值处理。通常使用点运算符来帮助更好地可视化人类视觉图像，但不一定为计算机视觉系统提供任何优势。

从原始图像中获取一组点，以便在图像操作时重新得到一个像素点。这种类型的操作通常通过使用卷积来完成。为了获得操作后的结果，可以使用不同类型的内核与图像进行卷积，如直接平均、高斯平均和中值滤波器。对图像进行卷积运算可以减少图像中的噪波量并改善平滑度（尽管这也会导致图像稍微模糊）。由于使用一组点来在新图像中创建单个新点，因此新图像的尺寸将必然小于原始图像的尺寸。解决此问题的一种方法是应用零填充（将像素值设置为零）或通过在图像的边界使用较小的模板。使用卷积的主要限制之一是在处理尺寸较大的模板时其执行速度较慢，对此可以采用傅里叶变换替代卷积处理。

④ 提取特征。

对图像进行预处理后，可以使用特征提取器从图像中提取四种主要类型的特征形态：

• 全局特征：将整个图像作为一个整体进行分析，然后从特征提取器中提取单个特征向量。全局特征的一个简单例子是合并像素值的直方图。

• 基于网格或基于块的特征：将图像分为不同的块，并从每个不同的块中提取特征。这种类型的特征通常用于训练机器学习模型。

• 基于区域的特征：将图像分割为不同的区域（例如，使用阈值或 K-Means 聚类等技术，然后分解成不同的连通域），然后从每个区域中提取特征。可以通过使用区域和边界描述方法（如"矩"和"链码"）来提取特征。

• 局部特征：在图像中检测到多个单个兴趣点，并通过分析邻近兴趣点的像素来提取特征。可以从图像中提取的感兴趣的像素点主要有两种类型：角点和斑点。可以使用诸如 Harris、Stephens Detector 和 Gaussians 的 Laplacian 之类的方法来提取它们。最后，可以使用诸如 SIFT（尺度不变特征变换）之类的技术从检测到的兴趣点中提取特征。通常使用局部特征来匹配图像以构建全景图或者进行 3D 重建，以及从数据库中检索图像。

(3) 深度学习模型训练并预测

在计算机视觉中用于对图像进行分类的常用工具之一是视觉单词袋（Bag of Visual Words，BoVW）。为了构造视觉单词袋，首先需要通过从一组图像中提取所有特征（例如，使用基于网格的特征或局部特征）来创建词汇表。接下来，可以计算提取的特征在图像中出现的次数，并根据结果构建频率直方图。使用频率直方图作为基本模板，可以通过比较图像的直方图来对图像是否属于同一类进行分类。

首先，通过使用特征提取算法（如 SIFT 和 Dense SIFT）从图像数据集中提取不同的特征来构建词汇表。

然后，使用 K-Means 或 DBSCAN 等算法对词汇表中的所有特征进行聚类，并使用聚类质心来总结数据分布。通过计算词汇中不同特征出现在图像中的次数，可以从每个图像构建频率直方图。

最后，通过对要分类的每个图像重复相同的过程，然后使用任何分类算法，找出词汇表中哪个图像与测试图像最相似，可以对新图像进行分类。

深度学习算法结合了智能视觉系统工作流程的特征提取和分类步骤。使用卷积神经网络时，神经网络的每一层在描述时都应用了不同的特征提取技术。例如，第 1 层执行检测边缘，第 2 层在图像中找到形状，第 3 层对图像进行分割等。

5.2　智能视觉模型和关键技术

人工智能、图像识别、文字识别等领域的不断优化、不断发展都跟深度学习有联系，深度学习已经在很多领域取得突破性进展。2012 年以来，深度学习技术极大推动了图像识别的研究进展，突出体现在 ImageNet 大规模视觉识别挑战赛（ILSVRC）和人脸识别，而且正在快速推广到与图像识别相关的各个问题。深度学习的本质是通过多层非线性变换，从大数据中自动学习特征，从而替代手工设计的特征。深层的结构使其具有极强的表达能力和学习能力，尤其擅长提取复杂的全局特征和上下文信息，而这是浅层模型难以做到的。一幅图像中，各种隐含的因素往往以复杂的非线性方式关联在一起，而深度学习可以使这些因素分级开，在其最高隐含层不同神经元代表了不同的因素，从而使分类变得简单。

深度模型并非黑盒子，它与传统的计算机视觉系统有着密切联系，但是它使得这个系统的各个模块（即神经网络的各个层）可以联合学习，整体优化，从而性能得到大幅度提升。与图像识别相关的各种应用也在推动深度学习在网络结构、层的设计和训练方法各个方面的快速发展。可以预见在未来的数年内，深度学习将会在理论、算法和应用各方面进入高速发展的时期，期待着越来越多精彩的工作对学术和工业界产生深远的影响。

本小节将对深度学习框架以及其在基础图像处理、计算机视觉方面的具体技术应用做一个详细的总结和说明。

5.2.1　深度学习模型

深度学习利用卷积神经网络模型来实现抽象表达的过程，其体系结构是简单模块的多层栈，所有（或大部分）模块的目标是学习，还有许多计算非线性输入/输出的映射。一个典型的卷积神经网络结构（见图 5.9）是由一系列过程组成的。最初的几个阶段是由卷积层（Convolution Layer）和池化层（Pooling Layer）组成，卷积层的作用是探测上一层特征的局部连接，然而池化层的作用是在语义上把相似的特征合并起来。实际训练中，池化层一般有两种方式：最大池化（Max Pooling）和平均池化（Average Pooling）。

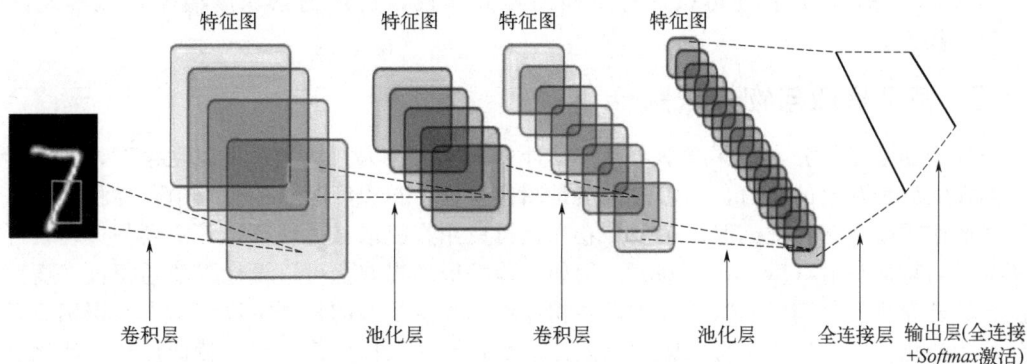

图 5.9　一个典型的卷积神经网络结构

卷积层的单元被组织在特征图中，在特征图中，每一个单元通过一组叫作滤波器的权值被连接到上一层的特征图的一个局部块，然后这个局部加权和被传给一个非线性函数，如ReLU。全连接层在整个卷积神经网络中起到"分类器"的作用。如果说卷积层、池化层等操作是将原始数据映射到隐层特征空间的话，全连接层则起到将学到的"分布式特征表示"映射到样本标记空间的作用。通过这一层之后可接自定义的一层结构用来做分类或者回归问题。

（1）深度学习在图像去噪算法上的应用

由于环境、人为等因素的影响，致使采集到的图像带有噪声，直接使用带噪声图像会影响下游任务的效果，这时需要对图像进行去噪处理。利用深度学习模型能够有效地从被噪声污染的图像中恢复出清晰、高质量的原始图像。卷积神经网络（CNN）因其强大的特征捕捉能力成为图像去噪任务中的首选工具。CNN 可以通过其特有的卷积层对图像进行逐层分析，学习到含噪声图像与干净图像之间的复杂映射关系。这些模型不仅可以在训练过程中适应特定类型的噪声模式，如高斯噪声、椒盐噪声等，而且还能泛化至不同场景下的未知噪声，展现出良好的鲁棒性和灵活性。此外，为了进一步提高去噪效果，研究者们还探索了各种改进策略，例如引入跳跃连接以保留更多空间信息、采用残差学习框架加速收敛、优化激活函数提升表达能力等。同时，随着无监督学习、生成对抗网络、自编码器等新兴技术的发展，深度学习在图像去噪领域的应用正变得更加多样化和高效。

（2）深度学习在图像分类算法上的应用

图像分类算法一般包括区域划分、特征提取和分类器识别分类三个步骤。其中特征提取是关键的一步，有效的特征提取关系着对下一步分类的结果，而反过来结合深度学习进行图像分类的算法设计能够进一步提高特征提取的性能。例如，可以分别从单标记图像和多标记图像两个方面研究深度学习在图像分类算法上的应用，运用主成分分析算法先实现对单标记图像特征进行降维处理，然后结合不同类型的分类器进行分类，从而通过降维处理优化图像分类的性能，这样可以实现多标记图像复杂分类的特征提取。

基于深度神经网络进行图像分类的研究成果越来越实用化。搜索引擎百度公司应用神经网络技术进行的图像分类识别，精确度已经达到90%以上。百度引擎的广泛应用，预示了基于深度学习的图像分类算法是一个目前以及未来还会继续研究的方向。

（3）深度学习在图像增强算法上的应用

作为图像处理的必需阶段，图像增强的结果能够突出图像中的特征区域，完善图像的视觉效果，使得增强后的图像能够更好地为人类和机器进行识别。例如，将图像超分辨率技术结合深度学习理论进行图像增强处理，对卷积神经网络和快速卷积神经网络的超分辨率算法进行改进；还可以针对不同的场景建模，运用场景深度模型可以实现图像的去模糊操作。

5.2.2 特征提取与物体识别

作为机器学习的分支，深度学习首当其冲的是学习能力。从计算机视觉角度，让机器具有人类视觉识别观察的能力，学习的当然是图像特征。在深度学习的过程中，卷积层和池化层的主要作用就在于特征提取，某一个卷积核可以用来提取某一特征，一次卷积过程就可得到某特征的特征映射（Feature Map），例如人脸特征的提取，可以设计眼睛卷积核、嘴部卷积核、鼻子卷积核分别对人脸图像进行卷积操作，深度学习的特征可以用于人脸识别或者人脸分类。池化层的作用在于将一幅大的图像缩小，同时又保留最重要的特征信息。池化后可以继续进行卷积过程，结合人脸特征的提取，对池化层多个特征映射的操作称为多通道卷积。

以图像识别字母"X"还是"O"为例详细说明卷积操作过程。标准的"X"和"O"，字母位于图像的正中央，并且比例合适，无变形，如图5.10所示。在计算机的"视觉"中，一幅图看起来就像是一个二维的像素数组，每一个像素位置对应一个数字。这个例子使用黑白图像，像素值"1"代表白色，像素值"0"代表黑色。对于计算机来说，只要图像稍稍有一点变化，就可能出现判断误差。那么如何识别手写非正规的字母呢？按照传统图像处理特征提取的方法，可以计算像素的连通域，也可以计算图像的特征角点，例如有像素交叉的可认为是字母"X"，否则是字母"O"。角点和连通域的计算是图像的特征提取过程。深度学习方法如何实现呢？

深度学习网络通常将一幅图像进行分割，从中找出小块图像作为特征。对于图5.10所示的字母识别问题，通过观察可以将字母"X"的图像进行粗分割，无论是标准体还是手写体，都可以找出。如图5.11所示的三个特征像素块，特征1、特征2和特征3。这三个特征图像块分别对应三个卷积核，这些特征很有可能就是匹配任何含有字母"X"的图中字母X的四个角和它的中心。然后用这三个卷积核对待识别图像分别进行卷积运算，最后得到三个特征映射。在特征映射中，越接近1表示对应位置和卷积核代表的特征越接近。一般来讲，特征映射体现出来的特征矩阵维度较大，这样需要进行池化处理，得到维度较小的特征。如果采用最大池化滤波模板，是采用滤波版块中像素的最大值作为池化结果。

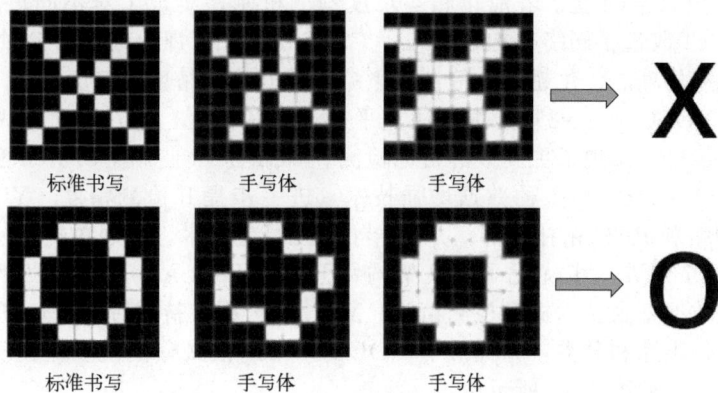

图 5.10 字母的黑白二值化图像

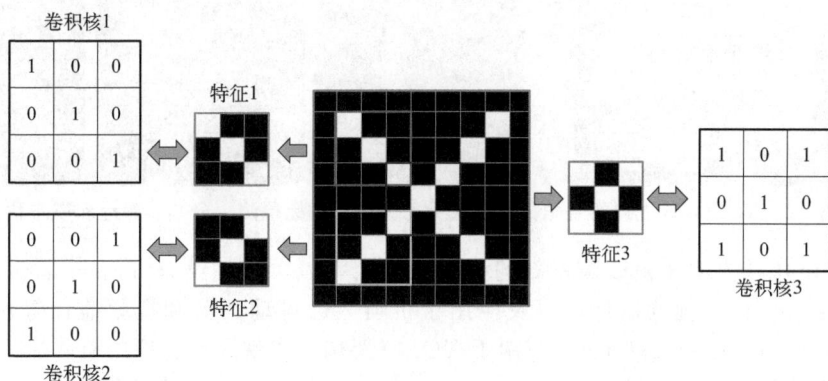

图 5.11 字母图像的特征提取

最大池化保留了每一个小块内的最大值，相当于保留了这一块最佳的匹配结果（因为值越接近 1 表示匹配越好）。这也就意味着它不会具体关注窗口内到底是哪一个地方匹配成功。深度学习能够发现图像中是否具有某种特征，而不用在意到底在哪里具有这种特征。这也就能够帮助解决之前提到的计算子像素连通域逐一像素匹配的死板做法。通过加入池化层，相当于一系列输入的大图变成了一系列小图，很大程度上减少了计算量，降低机器负载。

将以上卷积和池化步骤依次增加多次，也就是增加了神经网络的学习深度，简单来说得到了深度学习网。

5.2.3 YOLO 模型

(1) YOLO 发展历程

YOLO 框架自 2016 年首次发布以来，经历了多个版本的迭代，始终致力于在速度和精度之间寻求平衡，成为实时目标检测领域的佼佼者。早期版本（YOLO v1 和 YOLO v2）主要侧重于速度，通过单次回归和全卷积网络实现快速检测，但也存在精度不足的问题。YOLO v1 利用单次卷积网络直接预测目标位置和类别，虽然速度快，但精度受限，难以预测距离较近的目标，且对未见过目标类型的识别能力较差。YOLO v2 在 YOLO v1 的基础上进行了改进，引入了锚框机制，通过预先定义的锚框来匹配目标形状，并预测每个锚框的中心坐标和类别概率，从而提高了目标定位的准确性。

中期版本（YOLO v3 和 YOLO v4）则更加注重检测精度，通过引入更深的骨干网络、多尺度预测和更精细的特征提取等手段，显著提升了检测精度。YOLO v3 引入了 Darknet-53 骨干网络，并通过 SPP 空间金字塔池化和多尺度预测机制，实现了对不同尺度目标的检测。YOLO v4 则进一步改进了网络架构，引入了 CSPDarknet53 骨干网络和 PANet 颈部，并结合对抗性训练和遗传算法优化超参数等训练策略来提升检测精度和速度。

近期版本（YOLO v5～v8）则更加注重平衡速度和精度，通过改进的网络架构、数据增强技术和训练策略，实现了更高效的目标检测。YOLO v5 使用 PyTorch 实现，并引入了自动锚框（AutoAnchor）和多种数据增强技术，进一步提升检测精度。YOLO v6 引入了 RepVGG 骨干网络和 PAN 拓扑颈部，并结合了增强量化技术，实现更快的检测速度和更高的精度。YOLO v7 则进一步优化了网络架构，引入了 E-ELAN 层聚合网络和模型缩放技术，并通过多种数据增强技术提升检测精度。YOLO v8 则支持多种视觉任务，如目标检测、分割、姿态估计、跟踪和分类，并提供了 YOLO v8-Seg 语义分割模型，实现了更全面的目标检测和语义理解，如图 5.12 所示。

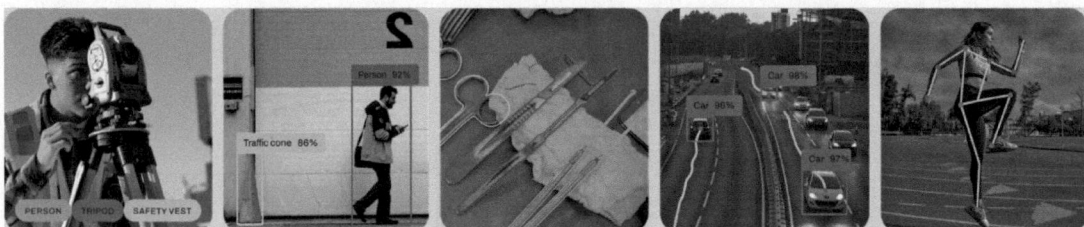

图 5.12　YOLO v8 支持的视觉任务依次为：分类、目标检测、分割、跟踪和姿态估计

此外，YOLO 模型还积极探索新的技术和应用领域，例如结合 Transformer 技术进行视频目标跟踪和 3D 关键点估计，以及应用于机器人、自动驾驶和视频监控等场景。ViT-YOLO 模型将 Vision Transformer 应用于 YOLO 架构，实现了更鲁棒的检测能力；YOLO-SD 模型则通过多尺度卷积和特征 Transformer 模块，提升了合成孔径雷达图像中小船的检测精度。

随着技术的不断进步，YOLO 框架将继续演进，为实时目标检测领域带来更多创新和可能性。未来，YOLO 模型将更加注重效率和可扩展性，并结合更多先进技术，如元学习、元架构搜索和可解释性，以应对更复杂的应用场景和挑战。

（2）YOLO v8 简介

YOLO v8 是由 Ultralytics 公司开发的最新版本，结构如图 5.13 所示，继承了 YOLO 系列模型的特点，即实时、开源、单次检测和 Darknet 框架，同时引入了多项创新，进一步提升检测精度和效率。其主要改进包括：

改进的骨干网络：YOLO v8 使用了类似 YOLO v5 的 CSPDarknet53 骨干网络，但进行了改进，引入了 C2f 模块。C2f 模块通过跨阶段部分瓶颈连接和两个卷积层，将高级特征与上下文信息相结合，从而提高了检测精度。

解耦头部：YOLO v8 的头部采用了解耦设计，分别处理目标性评分、类别概率和目标框坐标，使得每个分支可以专注于其任务，提高整体精度。

改进的损失函数：YOLO v8 使用了 CIoU（距离交并比）和 DFL（分布式焦点损失）损失函数，这两种损失函数在处理小目标和重叠目标时表现更优，进一步提升了检测精度。

语义分割模型：YOLO v8 还提供了一个名为 YOLO v8-Seg 的语义分割模型，其骨干网络也是 CSPDarknet53，但颈部使用 C2f 模块，并包含两个分割头部，可以预测输入图像的语义分割掩码，实现更全面的目标检测和语义理解。

多种模型尺寸：YOLO v8 提供了五种不同的模型尺寸，包括 YOLO v8n(nano)、YOLO v8s(small)、YOLO v8m(medium)、YOLO v8l(large) 和 YOLO v8x(extra large)，以满足

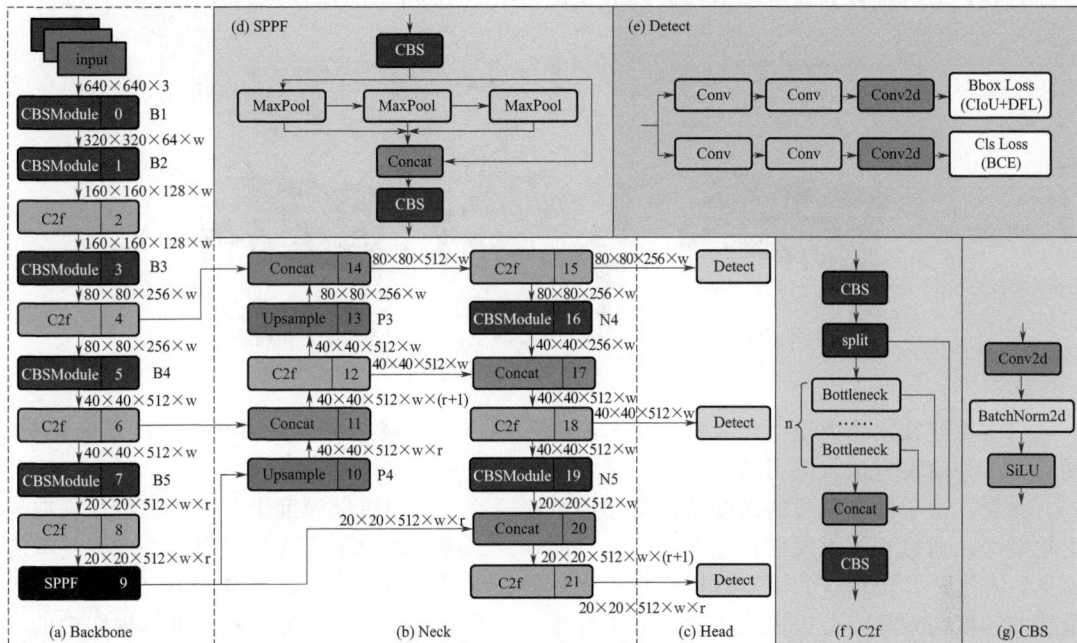

图 5.13　YOLO v8 框架

不同应用场景和硬件需求，性能对比的官方数据如表 5.1 所示。表 5.1 数据中，测试图像的大小为 640×640，mAP50-95(val) 表示在验证集上模型在 IoU（预测框和真实框的交集面积）阈值从 0.5 到 0.95 范围内的平均精度，速度对比包括在 CPU 上使用 ONNX 运行时进行推理的速度，及在 NVIDIA A100 GPU 上使用 TensorRT 进行推理的速度。

表 5.1　YOLO v8 五种模型尺寸

模型	图像大小/像素	mAP50～95(val)	速度/ms（CPU ONNX）	速度/ms（A100 TensorRT）	参数量 M	算力 B
YOLO v8n	640	37.3%	80.4	0.99	3.2	8.7
YOLO v8s	640	44.9%	128.4	1.20	11.2	28.6
YOLO v8m	640	50.2%	234.7	1.83	25.9	78.9
YOLO v8l	640	52.9%	375.2	2.39	43.7	165.2
YOLO v8x	640	53.9%	479.1	3.53	68.2	257.8

高精度：通过改进的网络架构、损失函数和解耦头部设计，YOLO v8 在保持实时性能的同时，实现了更高的检测精度，尤其是在处理小目标和重叠目标方面表现更优。

高效性：YOLO v8 的 C2f 模块和模型缩放技术，使得模型在保持精度的情况下，进一步提高了检测速度，更适用于实时应用场景。

灵活性：YOLO v8 支持多种视觉任务，并提供多种模型尺寸，可以根据不同的应用场景和硬件平台进行选择和优化。

5.2.4　三维视觉技术

随着深度学习在计算机视觉中的应用，许多学者开始研究基于三维数据的深度学习。三维数据与二维数据最大的区别即在于数据的表现形式。众所周知，二维数据可以表示为一个二维矩阵，但三维数据通常有多种表现形式，如图 5.14 所示的体素、点云、网格等。

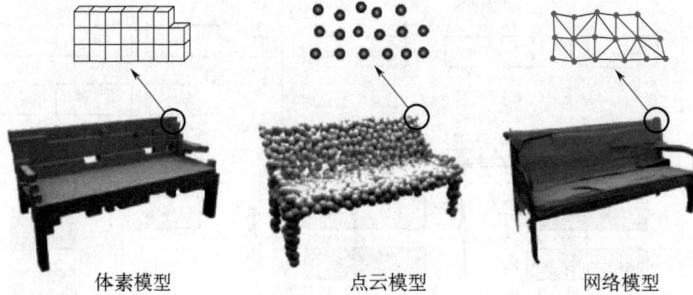

体素模型　　　　　　　　点云模型　　　　　　　　网络模型

图 5.14　三维数据的表现形式

三维重建技术作为现代计算机视觉与图形学的核心领域之一，其深度与广度不断拓展，涵盖了多种前沿方法与应用场景。这一技术主要围绕三大支柱展开。

首先，基于深度学习的深度估计与结构重建，这一方向借助深度学习强大的特征提取与泛化能力，通过训练大规模神经网络模型，能够从二维图像中精准地预测出每个像素的深度信息，并进一步根据这些深度数据恢复出物体的三维形状与结构。这种方法不仅提高了三维重建的精度与效率，还极大地拓宽了应用场景，如自动驾驶中的环境感知、虚拟现实中的场景构建等。

其次，基于 SFM(Structure from Motion) 的运动恢复结构技术，它通过分析一系列连续拍摄的二维图像序列中物体的运动变化，结合相机的内外参数估计，间接推导出场景的三维结构。SFM 技术无须额外的深度传感器，仅依靠图像间的视差与运动线索，即可实现复杂场景的三维重建，是计算机视觉研究中的经典与重要分支。该技术广泛应用于影视特效制作、文化遗产数字化保护以及城市三维建模等领域。

最后，基于 RGB-D 深度摄像头的三维重建技术，则直接利用集成了深度测量功能的摄像头获取场景的深度图像与彩色图像，通过融合这两类信息，快速生成高质量的三维模型。RGB-D 摄像头能够实时提供丰富的深度与色彩信息，为三维重建带来了前所未有的便捷性与准确性，特别适合于机器人导航、室内环境测绘以及人机交互等领域的应用。

三维数据的表现形式多种多样，具体选择往往取决于应用需求。例如，在计算机图形学领域，为了进行高效渲染与逼真建模，网格化数据因其能够精确表达物体表面细节且便于计算而备受青睐；而在需要对空间进行精细划分与分析的场合，如医学成像、地质勘探等，体积数据则成为首选，它能全面记录空间内的三维信息；此外，在三维场景理解任务中，点云数据因其能够灵活捕捉复杂场景中的几何与纹理信息，成为连接二维图像与三维世界的重要桥梁，广泛应用于自动驾驶、机器人导航以及智慧城市等领域。

三维点云在深度学习中的表示及处理方法大体分为如下几种：

基于投影的方法通常将非结构化的点云投影至中间的规则表示（即不同的表示模态），接着利用 2D 或者 3D 卷积来进行特征学习，实现最终的模型目标。目前表示模态包括：多视角表示、鸟瞰图表示、球状表示、体素表示、超多面体晶格表示以及混合表示。

基于点的方法直接在原始数据上进行处理，并不需要体素化或是投影。基于点的方法不引入其他的信息损失且变得越来越流行。根据网络结构的不同，这类方法可以被分为以下几类：点光滑的多层感知机（Multilayer Perceptron，MLP）；基于卷积的方法；基于图的方法；基于数据索引的方法以及其他网络。

5.3　智能视觉典型应用案例

本节将从两个实例入手，分别了解和学习智能视觉领域图像的生成和三维场景的重建过程。

5.3.1　文本生成图像

（1）问题描述

文本生成图片的目的是根据给定的文本条件（Text）准确地生成一张真实可信、贴近语义信息且清晰度足够高的图像（Image）。图 5.15 是 AttnGAN 对给定三句文本描述分别生成了七张图像，三句描述之间只是改动了一些鸟的特点。生成的图片比较清晰，在改动文本描述时，生成图像也要随之符合新的语义信息。

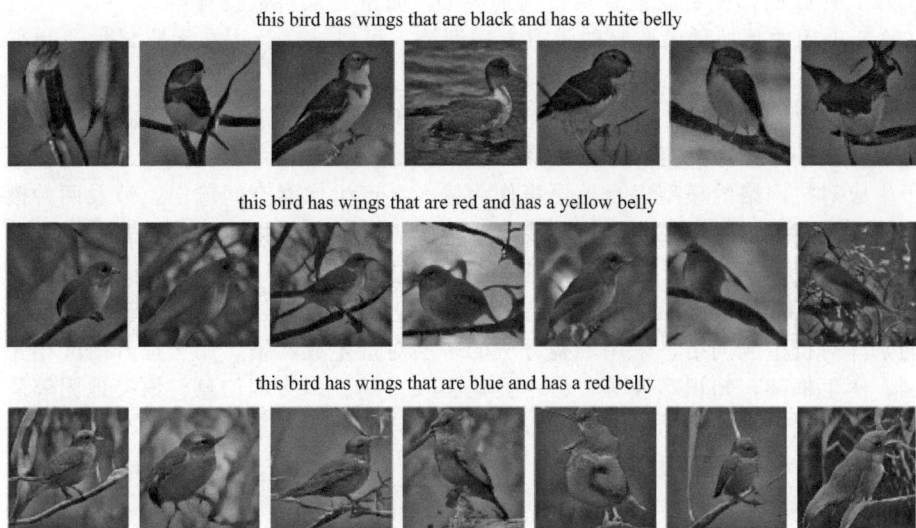

图 5.15　问题描述-从文本到图像的示例

图像生成是人工智能中一个重要的研究领域，现在的图像生成效果已经能够达到以假乱真的地步，传统的图像生成只是简单地通过学习模拟真实图像的分布，再经过优化处理从而生成和真实图像相似的图像，相当于一个判别任务（生成图像能够和真实图像分到一类中即可），而文本生成图像却要困难得多，需要在满足传统图像生成既定的以假乱真的需求之外，还需要满足贴近文本信息的所有细节的要求。在深度学习中，这项文本生成图像的任务相较判别任务更加具有难度。

因此，文本生成图像（Text-to-Image，T2I）是近年来研究最多的课题，大量的研究致力于这一任务。根据用于生成模型类型的不同，可以将这项任务的实现分为四种方法，分别是基于能量的模型（Energy-Based Model），基于自回归的模型（Auto-Regressive Model），基于变分自编码（Variational Auto Encoder，VAE）的模型，基于生成对抗网络（Generative Adversarial Network，GAN）的模型。其中，基于生成对抗网络的模型能够比基于变分自编码的模型生成更清晰、质量更高的图像，且不需要进行基于自回归模型所要求的序列处理，故基于生成对抗网络的 T2I 模型是该领域研究最多的方法。

（2）基于生成对抗网络的生成模型

原始的生成对抗网络最早是在 2014 年时由蒙特利尔大学的学者提出的，其原理的实现方式是构建两个深度学习网络，让其相互竞争。其中一个网络叫作生成器网络（G，Generator Network），它不断捕捉训练库中的数据，从而产生新的样本。另一个网络叫作判别器网络（D，Discriminator Network），它根据相关数据，去判别生成器生成的数据到底是不是足够真实。

G 网络是一个生成式的网络，它的输入是一个随机的噪声 z（随机数），输出是生成图像。D 是一个判别网络，旨在判别一张图片是否"真实"。D 的输入是一张图像 x，输出 $D(x)$ 代表 x 为真实图片的概率，如果为 1，就代表 100% 是真实的图片；若输出为 0，就代表不可能是真实的图片。训练过程中，生成网络 G 的目标就是尽量生成真实的图片去欺骗判别网络 D。而 D 的目标就是尽量辨别出 G 生成的假图像和真实的图像。这样，G 和 D 构成了一个动态的"博弈过程"，最终的平衡点即纳什均衡点。

GAN 的特点：

① 存在两个不同的网络，而不是单一的网络，并且训练方式采用的是对抗训练方式。

② GAN 中 G 的梯度更新信息来自判别器 D，而不是来自数据样本。

③ GAN 采用的是一种无监督的学习方式训练，可以被广泛用在无监督学习和半监督学习领域。

④ 相比其他所有模型，GAN 可以产生更加清晰、真实的样本，可以应用于图像风格迁移、图像超分辨率、图像补全、图像去噪等领域。

基于生成对抗网络的模型以自然语言作为输入，产生像素空间输出，涉及两种模态之间对同一实体特征的表示，需要巧妙设计模型结构实现高质量效果。为此，在过去几年中，在原始 GAN 问世后，学者们研究出各种基于 GAN 的技术。第一大类是文本直接生成图像，在 GAN 模型的基础上加入各种方法来改进生成质量，方法包含但不局限于文本信息作为生成条件的条件对抗生成网络，采用堆叠方法的多层对抗生成网络，用于提升语义相关度的注意力机制，孪生框架，知识蒸馏等；另一类是引入布局、多文本信息、语义地图等监督，以便在复杂数据上生成更好的结果。

(3) 构建 GANs 网络学习框架

① 训练数据集。

花图像特征学习的数据库来自牛津大学的 102 类花数据库，该数据库收集有英国国内常见的 102 类花朵，每类花包含 40～258 幅数量不等的图像，这些图像广泛采集自花朵的不同姿态角度和不同的光线条件。图 5.16 分别从花形旋转不变选择特征和 HSV 颜色空间两方面对数据库中的花图像可视化关联。

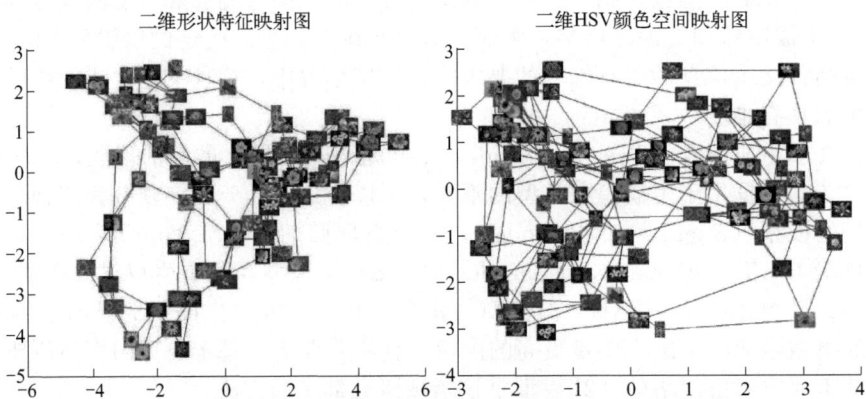

图 5.16　102 类花数据库的图像特征关联可视化

鸟类图像生成的学习数据库来自加州理工学院的鸟类细粒度数据训练集，这个数据库也是目前细粒度分类识别研究的基准图像数据集。该数据集共有 11788 张鸟类图像，包含 200 类鸟类子类，其中训练数据集有 5994 张图像，测试集有 5794 张图像，每张图像均提供了图像类标记信息，图像中鸟的边界框图，鸟的关键部位信息，以及鸟类的属性信息。

② 问题关键点和解决方案。

T2I 的解决关键可以总结为两个：一个是理解自然语言，生成的图像细节与语义信息一致；另一个是利用图像的特征合成真实可信的物体图像。文本到图像的生成问题是一种融合高维特征的多模态描述，换句话说，是利用数量巨大的像素配置组合来正确的表达反应文本信息。对第一个关键点的解决方法在于文本信息特征正确提取，可以采用的方法如句子拆分、语法分析、关键词提取、句意理解等；第二个关键点的解决方法是图像合成。

整个 GAN 网络的构建方案如图 5.17 所示。在生成过程中，将预处理的文本信息编码得到的特征表达和噪声向量拼接在一起作为生成器 G 的输入，输出一幅生成的图像。在判别过程中，判别器 D 首先要判断图像是否是真实可信的，然后将图像和文本投影到联合潜在空间里判断图像与文本之间是否符合。

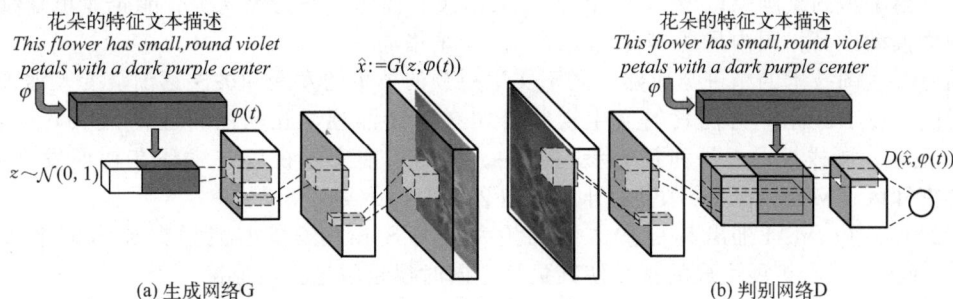

图 5.17 基于 CNN 的 GAN 结构

最直接的训练方法是将输入的文本及其对应图像特征的数据对 pairs(text,image) 看作一个联合的观察，深度训练的目的是判断这个数据对是真或假。由于判别网络输入的数据对存在任意的文本和合成的图像两种输入，因此需要把文本的理解误差和合成的图像误差作为两类误差加以区分。这样增加了网络学习的复杂性，因此在实际的训练阶段，除了图像和文本数据，研究人员增加了第三种数据输入，即图像为真但其匹配文本为假的数据，也就是网络除了学习并判别图像真或假，文本理解真或假，还要学习并判别图像为真但匹配文本有误的问题。整个训练目标是通过构造文本训练和图像训练的统一损失构造函数完成的。读者可以参见相关论文的具体函数表达。

利用该方法最终训练得到了人肉眼可以接受的分辨率的图像，但是生成图像中缺乏逼真的细节和图像中对象的一些主要部位，如鸟的眼睛和鸟喙。该模型只有简单的一个 GAN 结构，如果盲目地增加采样提高图像分辨率，会导致 GAN 训练不稳定，最终产生无意义的输出结果。后来有研究人员采用两个堆叠的 GAN 网络提升图像生成效果，该生成图像清晰显示出鸟类的眼睛和鸟喙信息。

当每个图像具有单个对象时，从文本到图像的生成取得了较好的实验效果，然而当一个图像中设计多个复杂对象的情况下，该模型表现较差。其中的一个合理原因是模型没有对图像场景中的对象分类识别，只学习图像的整体特征。模型并不真正理解图像，只是把整幅图像当成了一个对象。

（4）基于大模型的文生图、文生视频等技术

近些年来，由于大模型的出色效果，基于大模型的文生图模型也在飞速发展。

2022 年 2 月，在 Google Colab 上运行的代码开源工具 AI 绘画工具 Disco Diffusion 发布，原理是使用了 CLIP-Guided Diffusion，只需要输入文本提示，就能生成对应的图片。同年 4 月，OpenAI 发布了 Dall-E2，能够生成更高分辨率和真实性的图像。同时，AI 绘画工具 Midjourney 发布。Google 在 2022 年 5 月、6 月分别发布 AI 作画的技术——Imagen 和 Parti。7 月，Stability AI 在 LAION 5B 开源数据集上训练了文生图扩散模型 Stable Diffusion，生成的图像形象逼真，画质细腻。

各大技术的开源，极大地推动了图像生成领域的发展。2022 年 8 月，在美国科罗拉多州举办的新兴数字艺术家竞赛中，参赛者提交了使用模型生成的绘画作品《太空歌剧院》，获得了"数字艺术/数字修饰照片"类别一等奖。参赛者并没有绘画基础，通过 AI 绘图软件 MidJourney 耗时 80 个小时创作了该作品。这意味着 AI 绘画的质量已经达到专业水平。

进入 2023 年，AI 绘画继续井喷式发展。2023 年 3 月，百度发布的文心一言支持了文本生成图像，Adobe 也发布了 AI 工具 Firefly。也是在 3 月，MidJourney V5 发布，生成质量更高，而且支持自然语言的描述输入，使得 AI 绘画的门槛进一步降低。阿里巴巴于 2023 年 7 月推出了新的绘画 AI "通义万相"。科大讯飞、商汤、华为等人工智能企业也陆续推出文生图大模型产品，国内呈现"百模大战"的竞争格局。

随着文生图技术的精进与成熟，对于文生视频的技术的发展和关注逐渐演变及增加，近三年时间，以 Runway 为代表的文生视频公司在不断涌现，互联网行业的巨头，如谷歌、Meta、微软，同样投入人员和精力参与其中。国内目前文生视频技术还在初期发展阶段，目前魔搭社区（Model Scope）里的开源模型 ZeroScope 表现亮眼。

2024 年，OpenAI 推出其首款文生视频大模型 Sora。该模型能根据提示词生成长达 1min 的视频，或者扩展生成的视频使其更长，同时视觉质量相当惊艳。

相比以往的视频模型，Sora 不仅对文本理解更深刻，而且能在一个生成的视频中创建多个镜头，准确地保留角色和视觉风格。Sora 在细节处理上做得非常出挑，能够理解复杂场景中不同元素之间的物理属性及其关系。除了支持文本指令输入外，该模型支持生成图像，也支持将现有静止图像变成视频，能对现有视频进行扩展，将两个视频衔接并填充缺失的帧。

OpenAI 首个文生视频大模型 Sora 是一个在可变持续时间、分辨率、宽高比的视频和图像上联合训练的文本条件扩散模型。使用 Transformer 架构，扩展性很强大，能一次生成时长 1 分钟的视频，或者扩展生成的视频使其更长。

5.3.2　三维场景重建

（1）问题描述

以室内场景为例，使用深度相机在场景中移动并进行连续扫描，能够自动生成精确完整的三维模型。室内场景是指一个封闭区域或者居住空间，其中可能存在各种各样的物体。同时，要求达到实时重建，即相机可以边扫描边查看三维模型。如图 5.18 所示，深度相机在室内连续拍摄记录，以一定的频率持续获取深度数据流和彩色图像数据流，经过三维重建过程，实时得到重建好的三维场景模型，即整个扫描拍摄过程，三维场景模型实时动态更新。

（2）重建数据采集

深度相机（RGB-D）分为彩色相机和深度相机两部分，R、G、B 分别代表红色（Red）通道、绿色（Green）通道和蓝色（Blue）通道，D 代表深度（Depth）通道。彩色相机获取

输入：深度数据　　　　　　输入：颜色图像

输出：重建的3D模型

图 5.18　深度相机对室内场景的重建问题

被测物体的几何信息和纹理信息。深度相机获取深度图，深度图中的每个像素记录了被测量的物体到传感器像平面的距离。因此，RGB-D 相机能够同时获取场景中的纹理信息、几何信息和深度信息，非常适合用于三维重建领域。

RGB-D 相机拍摄时会受到红外距离的限制，如 Kinect 2 深度相机支持缺省模式下的拍摄距离为 0.8～4m，数据采集时易产生空洞，一般适合于室内场景，但是 Kinect2 需要连接电脑和电源，在实际应用中不够方便。为方便拍摄，成立于莫斯科的 Occipital 公司 2019 年发布了第二代深度传感器，该深度传感器包含了两个红外相机，一个激光投影模组，一个 160°FoV（视场角）的可见光摄像头，一个 85°FoV（视场角）的 RGB 摄像头，能够同时捕捉彩色以及深度图像。接口方面，该设备配备一个 USB Type C 3.0 接口。将该深度传感器夹牢，连接在平板电脑上，即可组成用于手持拍摄的深度相机，如图 5.19 所示。

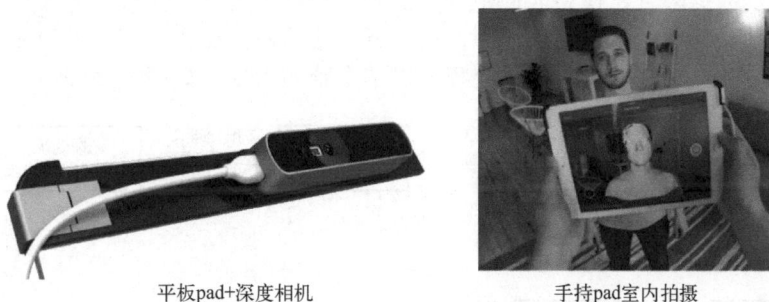

平板pad+深度相机　　　　　　手持pad室内拍摄

图 5.19　平板电脑＋深度传感器的数据采集方法

进行数据采集拍摄时，打开相机程序，手持平板电脑，缓慢扫描室内场景，即可同时获得深度图像数据流和彩色图像序列数据流。为了获取足够多的图像，需要变换不同的角度进行拍摄，以保证包含场景的全部信息。

（3）重建过程

① 问题分析和理解。

精细化的三维模型的应用范围非常广泛，在物体造型、增强现实、虚拟现实、文物保护、游戏和电子商务等领域需求量增长迅速。室内精细化三维模型的智能获取、精细化、应用等相关研究是近年来计算机视觉的研究热点。尽管应用市场各种类型的重建系统层出不穷，但真正达到消费电子级别，能够做到实时准确、精度较高、易于非专业人员操作掌握的重建系统几乎没有。从三维模型的应用需求角度来看，其主要难度可以总结为以下几个方面：

a. 高质量的模型表面重建。用户需要的是无噪声、纹理色彩精美的三维模型，用以满足标准的三维图形应用，这里的标准可以理解为由建模软件手工制作的三维模型标准，这是对建模质量的要求。

b. 多光源和光照变化的处理。真实环境中的光线复杂多变，如何在不同的光照条件下都能获得高质量的三维模型，是当前研究的一个重要课题。多光源环境下的反射、折射和阴影处理需要高级的算法来模拟。

c. 复杂几何结构的建模。在室内环境中，存在着大量复杂的几何结构，如弯曲的管道、异形的家具等，这些结构的建模需要精细的几何处理技术和曲面建模方法。

d. 整体模型的连接问题。室内机器人导航系统中，既需要视野较大范围景物的建模，又需要室内小物体细节的建模，而将两类模型做到无缝连接，比较困难。

e. 可靠的相机标定。手持相机边走边拍，相机晃动较大，相机位置不断改变，为相机位置的实时准确计算和图像序列的实时畸变矫正带来困难。

f. 动态模型（on-the-fly model）更新。除了可靠的相机位置标定，不断输入的新数据流需要实时集成到已有的三维模型，不断更新得到新的三维模型，这可以看作一类难题。

g. 保证系统实时建模。在解决以上所有问题的基础上，优化算法，提高系统运行效率，做到流畅的实时建模也是必须解决的问题。

综上所述，不难看出，三维重建方面的研究和应用涉及采集设备的高性能、具体相关算法的优化、系统集成及整体系统的运行效率优化等方面，是一项系统研究，同时也是一个跨学科、多技术融合的领域，需要计算机视觉、图形学、机器学习等多个领域的技术支持。随着云计算、5G专网、人工智能技术的发展，必将迎来崭新的发展。

② 一般的三维重建过程。

利用深度相机实现三维重建，对于单个景物，一般经过数据流采集、深度图像增强、点云计算与配准、数据融合、模型表面生成等步骤，把真实场景转化成符合计算机逻辑表达的数学模型。对拍摄输入的每一帧深度图像均进行上述前六步操作，直到处理完若干帧，最后完成纹理映射。整个场景重建的具体流程，以单个景物为主，如图5.20所示。

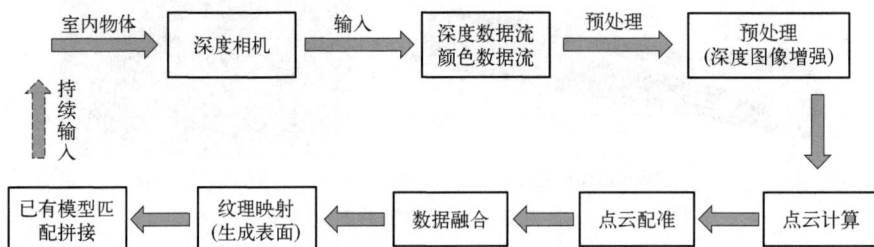

图 5.20 深度相机三维重建的一般流程

a. 预处理。受到深度相机拍摄设备分辨率的限制，深度信息需要算法增强，这里包括对彩色图像去噪声和修复等步骤。除了彩色图像，深度相机输出的深度图也存在很多问题，例如对于光滑物体表面反射、半/透明物体、深色物体、超出量程等都会造成深度图缺失。深度值的大面积缺失会影响重建数据的准确性和重建的视觉效果，相关的深度值增强研究被称为深度补全，这也是计算机视觉重建领域近年来的研究热点之一。2018年计算机视觉顶级国际会议，CVPR发表了一项深度补全方面的研究成果，效果非常好。这个方法包括两个分别训练好的深度网络（一个是针对RGB图表面法线的深度学习网络，一个是针对物体边缘遮挡的深度学习网络），智能预测彩色图像中所有平面的表面法线和物体边缘遮挡。最后用深度图作为正则化，求解一个全局线性优化问题，最终得到补全的深度图。

b. 点云计算。点云是一种描述三维模型的数据形式，它通过收集物体表面每个采样点的空间坐标来构建。预处理后的深度图像具有二维信息，像素点的值是深度信息，表示物体表面到深度相机传感器之间的直线距离，以毫米为单位。以摄像机成像原理为基础，根据相机的外部位置参数和内部成像参数，计算出世界坐标系与图像像素坐标系之间的具体转换关系，形成点云数据。

c. 点云配准。对于多帧通过不同角度拍摄的景物图像，各帧之间包含一定的公共部分，需要对图像进行分析，求解各帧之间的变换参数。深度图像的配准是以场景的公共部分为基准，把不同时间、角度、照度获取的多帧图像叠加匹配到统一的坐标系中。计算出相应的平移向量与旋转矩阵，同时消除冗余信息。点云配准除了会影响制约三维重建的速度，也会影响到最终模型的精细程度和全局效果。因此提升点云配准算法的性能是最为关键的一步。三维深度信息的配准按不同的图像输入条件与重建输出需求分为三类：

- 粗糙配准（Coarse Registration），通过提取特征点和特征方程，实现初步的点云配准，将多帧深度图像的点云转换到同一尺度参考坐标系中。
- 精细配准（Fine Registration），精细配准以迭代最近点（ICP）算法为代表，通过不断迭代优化，提高点云配准的精度，常用于自由形态曲面的配准。
- 全局配准（Global Registration），直接计算图像间的转换矩阵，对多帧图像进行整体配准，分为序列配准和同步配准，可以减少迭代累积误差，但需要较大的内存和计算资源。

d. 数据融合。经过配准后的深度信息仍为空间中散乱无序的点云数据，仅能展现景物的部分信息。因此必须对点云数据进行融合处理，以获得更加精细的重建模型。通常的处理方法是以深度传感器的初始位置为原点构造体积网格，网格把点云空间分割成极多的细小立方体，这种立方体叫作体素（Voxel）。通过为所有体素赋予 SDF（Signed Distance Field，有效距离场）值，来隐式地模拟表面。SDF 值等于此体素到重建表面的最小距离值。当 SDF 值大于零时，表示该体素在表面前；当 SDF 值小于零时，表示该体素在表面后。SDF 值越接近于零，表示该体素越贴近于场景的真实表面。数据融合的问题在于体素占用大量存储空间，数据融合过程会消耗极大的空间用来存取数目繁多的体素。为了解决体素占用大量空间的问题，Curless 等人提出了 TSDF（Truncated Signed Distance Field，截断符号距离场）算法，该方法只存储距真实表面较近的数层体素，而非所有体素。

e. 生成表面。表面生成的目的是构造物体的可视等值面，常用体素级方法直接处理原始灰度体数据。学者 Lorensen 提出了经典体素级重建算法：MC（Marching Cube，移动立方体）法。移动立方体法首先将数据场中八个位置相邻的数据分别存放在一个四面体体元的八个顶点处。对于一个边界体素上一条棱边的两个端点而言，当其值一个大于给定的常数 T，另一个小于 T 时，则这条棱边上一定有等值面的一个顶点。然后计算该体元中十二条棱和等值面的交点，并构造体元中的三角面片。所有的三角面片把体元分成了等值面内与等值面外两块区域。最后连接此数据场中所有体元的三角面片，构成等值面。合并所有立方体的等值面便可生成完整的三维表面。

（4）重建结果

三维场景重建技术可以让人们随时随地观察到不同场景的真实三维结构，极大推进了计算机视觉领域的发展。随着社会办公需求增长与宅文化的兴起，室内场景应用与日俱增，虚拟现实应用、文物保护重建、房屋租售与餐厅服务等领域呈现巨大的应用需求，如图 5.21 所示。为了满足科技生活需求，提高室内场景生活与工作质量，对室内场景进行三维重建具有重要的研究意义与实现价值。

(a) 虚拟现实　　　　　　　　　　　　　　(b) 文物保护

(c) 房屋租售　　　　　　　　　　　　　　(d) 餐厅服务

图 5.21　室内三维重建应用场景

在这里，室内场景的三维重建过程采用基于深度传感器的数据采集方案。将深度传感器夹牢连接在 pad 平板电脑上连续移动扫描场景进行数据采集，采集到的图像数据流和深度数据流通过无线网络传输给配备 GPU 的台式机。在台式机上，采用先进的算法对传输过来的数据进行处理，包括匹配、优化和重建等步骤。研究算法每一帧数据的处理时间小于 30ms，确保高效性，同时保持了重建结果的高质量。实验所用的台式机配备了两个高性能 GPU（Titan X 和 Titan Black），这为数据处理提供了强大的计算支持。最终，经过重建的室内场景三维模型通过无线网络回传至平板电脑上进行展示。通过这种配置，研究确保了数据处理的实时性和系统的互动性，同时充分发挥了 GPU 强大的并行处理能力。

该方法得到较好的实验结果，但室内场景的三维重建方法研究依然有值得改进和关注的地方。

① 由于成像传感器存在噪声，彩色图像稀疏关键点匹配可能产生小的局部误匹配。这些误匹配可能会在全局优化中传播，导致误差累积。

② 文中测试数据是公开的深度相机数据流的测试库，实际应用中，重建效果和所使用深度相机的性能、待重建场景的纹理丰富程度关系很大。例如办公室这种简洁风格的场景，纹理特点不明显，效果会下降很多。

③ 深度传感器在采集数据时可能会遇到遮挡问题，导致部分区域的数据不完整或不准确。这可能会影响最终的三维重建质量，尤其是在场景中有移动物体时。

习题

一、选择题

1. 计算机视觉领域中主要依赖于哪种技术来实现高级视觉任务？（　　）

A. 传统数字图像处理技术　　　　　　　　B. 深度学习模型

C. 简单的边缘检测算法　　　　　　　　　D. 图像处理滤波器

2. 下列哪项技术不属于传统的数字图像处理技术范畴？（　　）

A. 图像滤波　　　　B. 边缘检测　　　　C. 特征提取　　　　D. 图像分类

3. YOLO 模型在计算机视觉中主要用于哪种任务？（　　　）

A. 文本生成图像 　　　　　　　　　　　B. 三维场景重建

C. 实时物体检测 　　　　　　　　　　　D. 图像特征匹配

4. 在智能视觉系统中，特征提取与物体识别的关键技术通常依赖于哪种技术或模型？

（　　　）

A. 传统的图像处理算法 　　　　　　　B. 深度学习框架

C. 简单的阈值分割 　　　　　　　　　　D. 傅里叶变换

5. 下列哪个应用案例是计算机视觉技术在三维空间中的典型应用？（　　　）

A. 文本生成高质量的图像 　　　　　　B. 对图像进行色彩校正

C. 三维场景重建 　　　　　　　　　　　D. 图像的自动裁剪和缩放

二、问答题

1. 在理解基础上，简述视觉感知和视觉认知。

2. 简述计算机视觉中的多层次视觉理论。

3. 简述计算机视觉的定义。

4. 简述计算机视觉和人工智能的关系。

5. 简述相机的成像过程，理解其相关的四个坐标系：世界坐标系、相机坐标系、图像坐标系、像素坐标系。

6. 简述立体视觉的概念。

7. 简述数字直方图的概念。

8. 简述图像卷积的概念，解释图像卷积的过程。

9. 理解并描述一个典型的卷积神经网络结构。

10. 简述三维视觉重建的基本步骤。

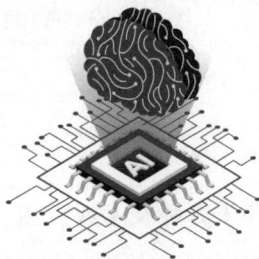

## 第 6 章

自然语言处理

本章导读

　　自然语言处理技术是一项强大的工具，它让计算机能够理解和处理人类语言，从而实现文本分析、机器翻译、智能问答等功能。本章将引领读者深入探讨自然语言处理（NLP）的基础概念与核心技术。首先，从语言学的角度出发，概述语言的基本组成部分，包括语法结构、词汇学、语义分析等，帮助读者理解NLP背后的语言学基础。随后，详细介绍文本预处理的常用技术，涵盖从文本清洗、分词到特征工程的整个流程，帮助读者掌握将语言转化为可用数据的基本步骤。

　　在本章的核心部分，将探讨词嵌入技术、注意力机制和文本生成技术等前沿技术，同时关注到主要下游任务，包括命名实体识别（NER）、文本分类与情感分析、问答系统（QA）和机器翻译等。这些任务是NLP应用的实际落地场景，通过案例和算法实现帮助读者了解NLP在真实世界中的价值和应用。

　　本章将学习以下内容：
- 语言学基础
- 文本预处理
- 相关模型与技术
- 下游任务

6.1　语言学基础

6.1.1　语言学的核心概念

　　语言学是以人类语言为研究对象的学科，它探索语言的性质、功能、结构、运用和历史发展，以及其他与语言有关的问题。它揭示语言的本质，探索语言的共同规律，研究客观存在的语言事实。不管是什么语言，虽然它们所表达出来的意义是带有主观性的，但是其所传递出来的语言信息是可以被别人共同理解的。

　　语言学的核心包括三个方面，分别是形式、意义和使用。语言学作为一门科学，它带来的研究成果对改进语言教学、语言技术应用（如机器翻译、语音识别）以及社会学等领域提供了重要的理论支持。

6.1.2　语法与句法结构

　　在自然语言处理（Natural Language Processing，NLP）领域，理解和生成语言的关键在于对句法结构和语法规则的掌握。句法结构揭示了词语之间的关系和层次，而语法规则为系统提供了生成和解析句子的框架。无论是机器翻译、语法纠错，还是文本生成，句法与语法的应用为 NLP 系统赋予了处理自然语言的能力，并提升了语言理解的精度和效率。

在语言学中，语法指的就是语言的规则体系，它规定了单词、短语和句子在语言中如何排列，以便表达得更有意义。语法规则可以帮助 NLP 系统正确生成和理解语言，来确保生成的句子符合语言的规范。例如，在自动语法纠错、自然语言生成等任务中，系统依赖语法规则来判断句子的合法性并进行修正。语法规则也可以与深度学习结合，现代 NLP 通过大数据自动学习语法和句法规则，这使得系统能够处理更复杂的语言现象。

句法能够帮助我们更好地理解和造句，并确保句子是符合语法规则的。例如用英文写的"The cat（主语）chases（动词）the dog（宾语）"和中文的"猫（主语）追（动词）狗（宾语）"，它们的句法结构是类似的，都是主谓宾结构。句法分析有助于理解句子的整体结构和语法规则，是构建高级 NLP 任务的基础。常见的句法分析算法有依存句法分析和短语结构分析。

句法分析用于揭示词语间的关系和句子的层次结构，帮助系统理解句子的语义。例如词性标注，它是为每个词分配语法类别（如名词、动词、形容词等）的过程，这是 NLP 系统理解句子结构和内容的基础步骤。还有依存语法，它关注句子中词语之间的依赖关系，强调词与词之间的直接连接和依存。在机器翻译、问答系统等应用中，句法结构使得 NLP 系统能够捕捉语言的深层含义。句法分析的具体流程如图 6.1 所示。

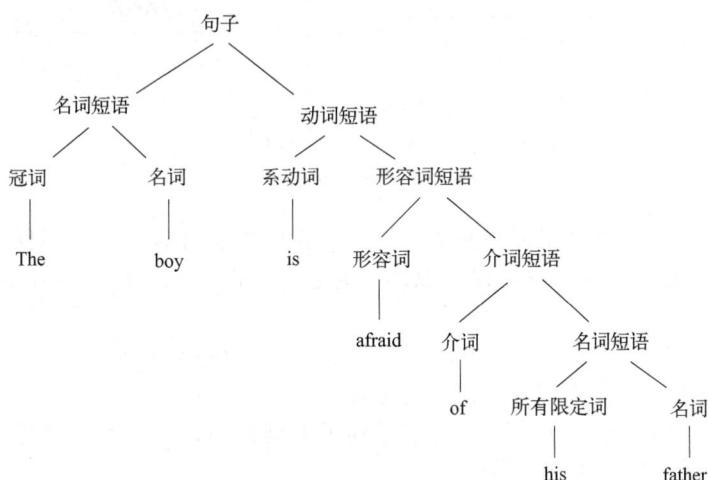

图 6.1　句法分析流程

总的来说，语法分析和句法分析在自然语言处理（NLP）中是密不可分的，它们共同构成了语言理解与生成的基础。两者相互依赖，语法分析为句法分析提供规则和框架，而句法分析帮助识别语法分析中的潜在错误，二者相互结合，使得语言处理更加有效，推动了智能系统的发展。

6.1.3　语义与语用分析

在自然语言处理（NLP）中，语义分析和语用分析是理解和处理人类语言的关键步骤。语义分析帮助机器理解语言的字面含义，而语用分析则着眼于语言在特定语境中的实际使用和隐含意义。这两种分析方法共同作用，使 NLP 系统不仅能准确解释语言的表面意思，还能理解背后的交流意图，从而提升机器翻译、对话系统、情感分析等任务的性能。

语义可以简单地看作数据所对应的现实世界中事物所代表的概念的含义，以及这些含义之间的关系，是数据在某个领域上的解释和逻辑表示。语义分析主要研究语句的含义、关系等语义特性，它的目标是理解语句所表达的实际意义，为后续的语用分析提供基础。

语用学研究话语在使用中的语境意义，或者是在特定语境条件下的交际意义，它考虑的是语言在实际交流中的语境和社会规范等。语用分析是自然语言处理的最高层次，主要研究语言的使用、语境、言外之意等语用特性。语用分析的目标是理解语句在特定语境中的含义和作用，以及说话者的意图和态度。语用分析在智能助手、情感分析等领域有广泛应用。

语义分析在 NLP 中起到了至关重要的作用，它可以帮助机器理解语言的字面含义以及深层含义。它的作用主要表现为以下几个方面：

（1）解决词义分歧。语义分析可以帮助机器解决同一个词在不同环境下有不同意义的问题。例如，英语单词"bank"既可以表示"河岸"，也可以表示"银行"。

（2）语义角色标注。语义分析通过识别句子的语义角色，帮助机器理解句子中不同成分的功能。例如，在句子"John kicked the ball"中，"John"是施事者（动作的执行者），"the ball"是受事者（动作的接受者），如图 6.2 所示。

（3）语义关系分析。语义分析在 NLP 中还可以分析语义关系，如同义词、反义词等。

（4）语义网络与知识图谱。通过语义分析，机器能够构建词与词之间的关联网络，将词汇、概念、实体之间的关系系统化，形成结构化的知识图谱。

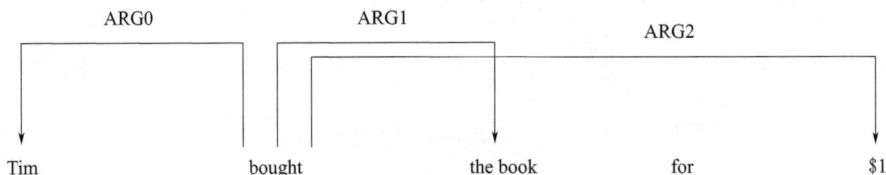

图 6.2　语义角色标注

语用分析在 NLP 中帮助机器理解语言的实际使用和隐含含义，它不仅关注语言的字面意思，还更多地关注上下文、语境以及说话者的意图。以下是语用分析在 NLP 中的几个重要作用：

① 语境理解。在自然语言中，单词和句子的意义往往依赖于上下文。语用分析则可以帮助 NPL 系统根据上下文来理解话语的实际含义。

② 对话管理。语用分析在对话管理中起到了关键作用，特别是在多轮对话中。它帮助 NLP 系统保持对话的连贯性和逻辑性。

③ 隐含意义和言外之意。很多时候，语言的真正意图并不体现在字面上，语用分析可以将其识别出来，帮助 NLP 系统能够更加准确地感知用户的情感和态度。

语义和语用的结合在 NLP 中具有重要的实际意义。它们共同作用，相互结合，使 NLP 系统能够从简单的词汇理解扩展到更复杂的、基于上下文的深层次推理，使系统不仅能理解语言的字面意义，还能够根据语境和用户意图进行深入理解。它们在机器翻译、情感分析、问答系统、推荐系统等很多 NPL 任务中发挥重要作用。

6.1.4　词汇学与词典学简介

词汇学与词典学是语言学的重要分支，前者研究语言中的词汇及其结构、意义和变化，后者则关注词典的编纂与使用。随着自然语言处理（NLP）的迅速发展，词汇学与词典学在实现机器理解和生成自然语言中发挥了不可或缺的作用。通过深入研究词汇的构成和演变，NLP 系统能够更好地处理语义、进行文本分析、实现准确翻译和构建智能对话系统。

本节将探讨词汇学和词典学的基本概念、彼此的联系以及在 NLP 中的实际应用，旨在揭示它们在语言技术中的重要性。

词汇学研究语言中的词汇，即词的构成、发展、功能及其相互关系。现代词汇学着重理论模式的建立，力求把前期词汇学已有的分类放在符号与公式的基础上，提高它的精密性和可验证性。词汇学在自然语言处理（NLP）中扮演着重要角色，它可以帮助系统提高理解、生成和交互能力。例如，词性标注将每个词汇分配到其对应的词性，可以帮助系统识别词汇。命名实体识别（NER）则是通过区分专有名词来提高信息提取的效率。此外，词汇学原理在词汇生成、情感分析和语料库构建中同样重要，它能确保生成文本自然流畅并且能够评估情感倾向。总的来说，词汇学为 NLP 提供了理论基础，推动了人机交互的自然与高效。

词典学是研究按什么范围收词，按什么原则释义和针对什么目标编辑词典的学科，它是词汇学的一个应用领域，专注于词汇的编纂，解释词语的定义、用法等。词典学同样在自然语言处理（NLP）领域中起着重要作用，它通过不同的功能来提升系统的性能和理解能力。例如词汇资源的构建，使系统在处理文本时能够更好地理解词汇之间的关系。再例如自动词典生成，它利用大规模文本数据提取新词和新义，不仅加快了词典更新的速度，还能反映语言的最新发展和变化。总之，词典学为 NLP 提供了丰富的词汇知识和语义资源，通过优化词义的理解、提升语境分析能力和推动自动化词典的生成，在促进人机交互自然化与智能化方面发挥重要作用。图 6.3 表示了词典学在情感分类中的一个应用。

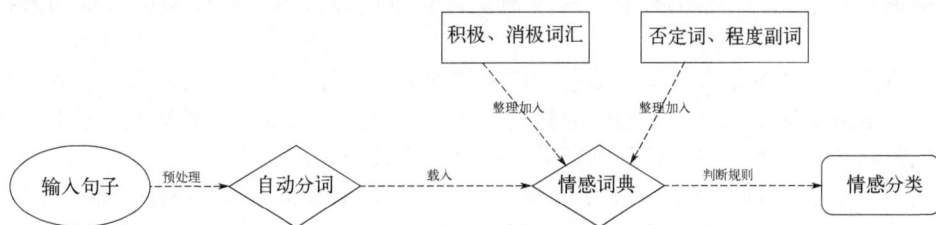

图 6.3　词典学在情感分类中的应用

词汇学和词典学在自然语言处理（NLP）中密切相关，互为支持。前者的研究成果为后者的编纂提供理论基础，后者将这些理论转化为易于查询的词典条目，为 NLP 系统提供必要的词汇信息。此外，NLP 技术可以自动提取新词并动态更新词典，反映实际语言使用情况。两者的结合优化了语言处理，推动了语言技术的发展。

6.1.5　语言多样性

语言多样性是自然语言处理（NLP）中的一个重要挑战，例如在处理中文和英文两种语言时，由于它们在语法、词汇和表达方式上的差异，NLP 模型需要针对各语言特性进行不同的调整和优化。理解并处理语言多样性有助于提升机器翻译、情感分析、文本生成等多语言任务的表现，为开发更加智能的语言应用奠定基础。下面以中文和英文为例，分析自然语言处理如何应对语言多样性的挑战。

首先是二者之间的结构差异，中文是没有明显的词性变化的，也没有时态、复数标记等，词语之间也没有空格来分隔。所以词语切分成为中文处理的一个挑战。英文则有明确的时态、单复数变化以及词类标记，拼写规则比较清晰。所以在处理中文时，模型必须具备强大的上下文理解能力和词汇切分能力；在处理英文时，模型侧重于词形变化和时态推理。

其次是语法与句法的差异。中文以短语和上下文为主，句子可以省略主语，主谓结构灵活。英文则句法结构明确，语序严格，尤其是在主语、谓语、宾语方面表现明显。中文句法解析往往依赖语境和前后文，英文则需要根据固定的句法规则来进行解析。所以在 NLP 中，要通过规则解析、深度学习等方法来对其进行处理，确保不同语言的解析效果。

最后是语义和语用的差异。中文依赖语境，词义多义现象严重，语用复杂。英文词义较为直接和固定，句子意义易于通过明确的词汇和语法传递。所以，在中文处理中，NLP模型需要对歧义词、隐喻等进行更复杂的语义消歧；在英文处理中，语义解析更多集中于词形变化和固定搭配。

在NLP中，语法与句法的差异是处理多语言任务的关键挑战。通过多语言适应性、依存句法解析、词法与形态分析以及上下文理解能力，NLP系统能够有效解析和处理中英文等不同语言的复杂句法结构，确保准确的语言理解和生成。在实际应用中，这些能力相辅相成，推动了机器翻译、文本分析等领域的发展。

6.2　文本预处理

6.2.1　文本清洗与规范化

在自然语言处理（NLP）任务中，原始文本数据往往包含噪声、不完整或不规范的内容。这些问题会干扰后续的分析和模型训练，影响结果的准确性和性能。因此，文本清洗作为数据预处理的关键步骤，可以通过去除无关信息、规范文本格式，为后续的文本处理和模型建立奠定坚实的基础。一个有效的文本清洗过程可以极大地提高模型的表现和数据的可用性。

文本清洗是指通过删除无用的信息、修复错误和噪声等方式，将文本数据变得更加整洁和规范。文本清洗的主要目的是确保数据的一致性和可用性，以便于后续的处理和分析。

首先我们来看一下一些比较常见的噪声类型，大致分为以下几种：

① 停用词。停用词是指在文本中频繁出现但是不具有实际意义的单词，如"的""了"等。这些单词会降低处理文本的效率，需要被删除。

② 拼写错误。在一些文本数据中，可能会包含拼写错误的单词，为了提高文本分析的准确性，我们需要对这些拼写错误进行处理。

③ 缩写和语气词。在一些社交媒体和聊天应用中，人们经常使用缩写和语气词，如"OMG""哈哈"等。这些缩写和语气词在文本分析中可能会导致误解，因此需要进行处理。

文本清洗的过程如图6.4所示。

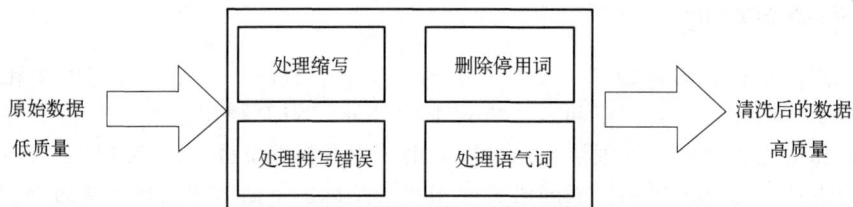

图6.4　文本清洗过程

既然我们已经知道了要处理的问题，接下来就看一下这些问题的解决方法。在Python中，对于特殊字符，我们可以使用replace（）方法或正则表达式来替换。对于拼写错误，则可以使用第三方库，如PyEnchant和autocorrect处理。对于缩进和语气词，可以使用正则表达式或自然语言处理技术来识别和处理。

下面提供一些简单的示例代码，来展示使用正则表达式和字符串处理方法进行文本清洗：

```
import re
def clean_text(text):
    # 去除 HTML 标签
    text= re.sub(r'<[^>]+>','',text)
    # 去除特殊字符
    text= re.sub(r'[^a-zA-Z0-9\s]','',text)
    # 去除多余空白
    text= re.sub(r'\s+','',text).strip()
    return text
raw_text= "<p>This is a<b>test</b>text!   </p>"
cleaned_text= clean_text(raw_text)
print(cleaned_text)  # 输出:This is a test text
```

文本规范化是自然语言处理（NLP）中的重要步骤。由于语言的复杂性，同一个概念可能会以大小写变化、词形变化、缩写等不同的形式出现，所以需要文本规范化来减少数据的多样性，使模型更容易识别有用的模式，从而提升分析的准确性和模型的泛化能力。

文本规范化是指将不同格式、不同来源的文本数据转化为统一的格式和标准。通过规范化，可以减少文本中的变异性，提高后续处理的准确性。

文本规范化的过程可以包括以下几个方面：

① 字符集的转换。计算机系统不同，字符集的编码方式就有可能不同，我们需要将不同编码方式的字符转换为相同的编码方式来确保文本的一致性和可读性。

② 单词的统一化。文本数据中包含各种形式的单词，如大小写不同，缩写形式、时态不同等，我们要将其转化为统一的格式来使文本的处理和分析更加方便。

③ 标点符号和特殊字符的处理。例如逗号、句号、换行符等，这些字符在文本分析和处理中通常是无用的，需要被删除或替换为特定的符号。

④ 时间和日期的统一化。在一些文本数据中，可能包含时间和日期的信息，如 2022 年 5 月 6 日或 2022-05-06。为了方便时间的处理和比较，我们需要将这些时间信息转化为统一的格式。

然后我们看一下这些问题的解决方法。在 Python 中，可以通过以下方式进行处理：

① 使用 encode() 和 decode() 方法实现字符集的转换。

② 使用 lower() 方法将所有单词转化为小写形式，或者使用正则表达式进行更为复杂的处理。

③ 使用 replace() 和正则表达式来实现标点符号和特殊字符的处理。

④ 使用 datetime 模块来实现时间和日期的处理。

下面提供一些简单的示例代码，来展示如何进行文本规范化处理：

```
def normalize_text(text):
    # 转换为小写
    text= text.lower()
    # 去除标点符号
    text= re.sub(r'[^\w\s]','',text)
    return text
normalized_text= normalize_text(cleaned_text)
print(normalized_text)  # 输出:this is a test text
```

总的来说，文本清洗与规范化是自然语言处理（NLP）中至关重要的基础步骤，它能确保数据干净、统一，减少噪声和不一致性。这个过程为接下来的模型训练以及文本分析提供了高质量的基础，提高了模型的学习效率和结果的准确性。

6.2.2 分词与词性标注

分词与词性标注是自然语言处理（NLP）中的基础步骤，直接影响文本理解和处理的质量。分词是将连续的文本划分为独立词语的过程，尤其是在像中文这样的语言中至关重要。而词性标注则为每个词赋予相应的语法类别（如名词、动词等），有助于揭示句子的结构和语义关系。这两项任务为后续的文本分析、信息抽取和机器翻译等复杂应用提供了重要支持，确保模型能够更准确地理解和处理自然语言数据。

分词是自然语言处理（NLP）中的基础步骤。在许多语言（如英语）中，单词之间有空格作为分隔符，分词相对简单；但在中文等语言中，单词之间没有明确的分隔符，因此分词是解析文本的重要任务。分词可以为机器学习模型提供结构化的输入，提高处理效率。分词也是后续特征提取、词频统计、情感分析等任务的前提，可以影响模型的表现。同时，分词任务也面临着很多挑战：

① 词语歧义。同一个短语可能存在多种分词方式。

② 多义词。同一个词可能在不同上下文中具有不同的词性和含义。

③ 新词识别。随着语言的发展和新词的产生，许多词典中没有的新词（如网络热词）需要动态识别。

常见的分词方法有以下几种：

① 基于规则的分词。通过依赖词典和规则对文本进行切分，常用方法包括正向最大匹配法（MM）和逆向最大匹配法（RMM）。

② 基于统计的分词。通过训练统计模型来预测词语边界，常用的模型包括隐马尔可夫模型（HMM）、条件随机场（CRF）等。这类方法利用大量标注语料学习词语之间的关联，提高了分词的准确性。

③ 基于深度学习的分词。使用双向长短期记忆网络、BERT 等预训练模型，结合条件随机场（CRF）来处理分词任务。深度学习模型能够更好地理解上下文，适应复杂的语言结构。还可以使用 Jieba、NLTK、spaCy、Stanford NLP 等工具进行分词。

下面提供一些简单的示例代码，来展示分词操作：

```
import jieba
text= "我爱自然语言处理"
# 使用 Jieba 的精确模式分词
words= jieba.cut(text,cut_all= False)
print(list(words))  # 输出:['我','爱','自然','语言','处理']
```

词性标注（Part-of-Speech Tagging，POS Tagging）是自然语言处理中的基础任务之一，是在给定句子中判断每个词的语法范畴，确定其词性并加以标注的过程。词性标注是句法分析、信息抽取、机器翻译等任务的前提，可以帮助计算机理解句子的结构和词语的作用。

同样地，词性标注也面临着一些问题。首先是多义词的词性歧义，一些词在不同的语境中可能有不同的词性。例如，"看"在"我看书"和"他很看重"中分别是动词和形容词。还有复杂的句子结构，一些复杂的句法结构、长句和嵌套句子使得词性标注更加困难。

词性标注也有很多常用的方法。第一个是基于规则的词性标注，使用预定义的词典和语言规则进行标注。第二个是基于统计模型的词性标注，它使用概率模型对词语进行标注，常见的方法有隐马尔可夫模型（HMM）和条件随机场（CRF）。也可以利用 NLTK、SpaCy

等方法进行词性标注。

下面提供一些简单的示例代码，来展示词性标注操作：

```
import nltk
nltk.download('averaged_perceptron_tagger')
# 输入英文文本
sentence= "Natural language processing is fascinating. "
tokens= nltk.word_tokenize(sentence)
# 使用NLTK进行词性标注
tags= nltk.pos_tag(tokens)
print(tags)
# 输出:[('Natural','JJ'),('language','NN'),('processing','NN'),('is','VBZ'),('fas-
cinating','VBG')]
```

分词与词性标注是NLP的基础步骤，这两项任务在文本分类、情感分析、信息抽取等应用中起关键作用。结合规则、统计模型和深度学习方法，以及Python中的Jieba、NLTK、SpaCy等工具，可以高效地完成分词和词性标注，为后续的NLP任务提供坚实的支持。

6.2.3 停用词与词干提取

在自然语言处理（NLP）中，停用词和词干提取是文本预处理的重要步骤。停用词是指那些对语义贡献较小的常用词，去除它们可以减小文本的维度并提高处理效率。词干提取则将词语还原为其基本形式，帮助减少数据冗余并增强文本分析的准确性。这两者在提升文本分类和信息检索等任务的表现方面发挥着重要作用。

去除停用词有助于减少文本中的噪声，从而提高文本处理的效率。它可以减少计算资源消耗，降低模型处理文本时的计算负担，减少存储需求和提高算法运行速度，使模型更加专注于关键内容，从而提升准确性。去除停用词后，保留的词汇更能反映文本的主题和核心思想，使分析结果更具可解释性。

许多NLP库（如NLTK、SpaCy等）提供了预定义的停用词列表。这些列表包含了常见语言的停用词。在某些特定任务中，可能需要根据数据集的特性自定义停用词表。例如，对于某些专业领域的文本，某些词可能被视为重要词汇，而在其他上下文中却是停用词。

词干提取（Stemming）用于将单词还原为其词干或基础形式。它通过删除词尾的后缀或词缀来实现这一目标。词干提取的目的是减少同义词的变体，使得不同形态的词（如"running""ran""runner"）可以归为同一类别，便于后续的文本分析和处理。

词干提取在自然语言处理中扮演着重要角色，它可以通过将同义词和词形变化的单词归类为同一词干，显著减少特征空间的维度，使模型更简洁。在文本分类、信息检索和主题建模等任务中，词干提取有助于提高处理速度和算法性能，降低计算资源的消耗。它还可以使不同形态的词能够被视为相同，增强文本间相似性的匹配，提升信息检索的准确性。

词干提取有多种算法和方法，例如Porter词干提取法，它使用一系列规则来去除单词的后缀，适用于英语。再例如Lancaster词干提取法，它与Porter法相比更为激进，删除后缀时更加严格，因此常常将词干简化得更多。还有Snowball词干提取法，它是Porter词干提取法的扩展，提供多种语言的词干提取功能。

停用词去除和词干提取在自然语言处理（NLP）中常常协同使用，以优化文本的表示形式、简化数据处理，并提升模型性能。二者紧密相连，共同作用于去除不必要的噪声，减少词形变化带来的冗余，并帮助模型更专注于文本的核心含义。例如在文本分类中，停用词去除无用信息，词干提取简化文本结构，二者结合减少了特征空间，使分类模型能够更高效地学习文本中的关键信息，提升分类的准确率和计算效率。

6.2.4 文本向量化与特征工程

文本向量化与特征工程是自然语言处理中将非结构化的文本数据转化为机器学习模型可处理的数值形式的关键步骤。文本向量化将文本表示为向量，使得词语的频率或语义可以量化，而特征工程则通过提取或选择最具代表性的特征，帮助模型更好地理解文本的结构和意义。合适的向量化和特征工程不仅能提高模型的表现，还能减少数据的复杂性和训练时间，是文本分析任务中不可或缺的环节。

文本向量化是将文本数据转换为数值形式的过程，以便于计算机能够理解和处理。由于计算机无法直接处理文本数据，因此必须将文本转化为数值向量。通过向量化，可以将文本表示为向量，使其能够输入到机器学习模型中进行训练和预测。有效的向量化方法也能够保留文本中的重要信息，如词义、词序和上下文关系。文本向量化为特征工程提供了基础，后续可以对向量进行各种处理和分析，如特征选择和特征缩放。

在进行文本向量化时，可以根据不同的需求选择合适的方法。例如词袋模型，它的原理是将文本表示为单词出现的频率，不考虑单词的顺序。对于每个文本样本，构建一个包含所有词汇的词典，并统计每个单词在样本中出现的次数。还有 TF-IDF（词频-逆文档频率），TF-IDF 结合了词频（TF）和逆文档频率（IDF）。TF 表示某个词在文档中出现的频率，而IDF 则衡量该词在整个语料库中的重要性。

以下是进行文本向量化的示例代码：

```
from sklearn.feature_extraction.text import CountVectorizer
# 示例文本数据
documents= [
    "I love programming.",
    "Python is my favorite language.",
    "I enjoy learning new things."
]
# 使用 CountVectorizer 进行词袋模型向量化
vectorizer= CountVectorizer()
X= vectorizer.fit_transform(documents)

print(vectorizer.get_feature_names_out())  # 输出词汇表
print(X.toarray())                          # 输出向量化结果
```

特征工程是数据科学和机器学习中的一个关键过程，涉及从原始数据中提取、选择和转换特征，以提高模型的性能和可解释性。其主要目标是构建有效的特征集，使机器学习模型能够更好地理解数据中的模式和关系。

文本向量化在特征工程中发挥着关键作用，尤其是在处理自然语言数据时。通过将文本数据转化为数值形式，向量化使得后续的特征处理和机器学习模型训练变得可行。例如在文本分类任务中（如垃圾邮件检测、情感分析），使用向量化方法（如 TF-IDF 或 Word2Vec）将文本转换为特征向量，从而帮助模型进行有效分类。在情感分析中，通过向量化，将用户评论或社交媒体帖子转化为数值特征，利用机器学习模型分析文本中的情感倾向（积极、消极或中性）。文本向量化的过程如图 6.5 所示。

将文本向量化与特征工程整合是提升模型性能的关键步骤。可以将文本向量化结果与其他特征（如用户属性、行为数据）进行融合，形成一个多维特征向量，以提升模型的准确

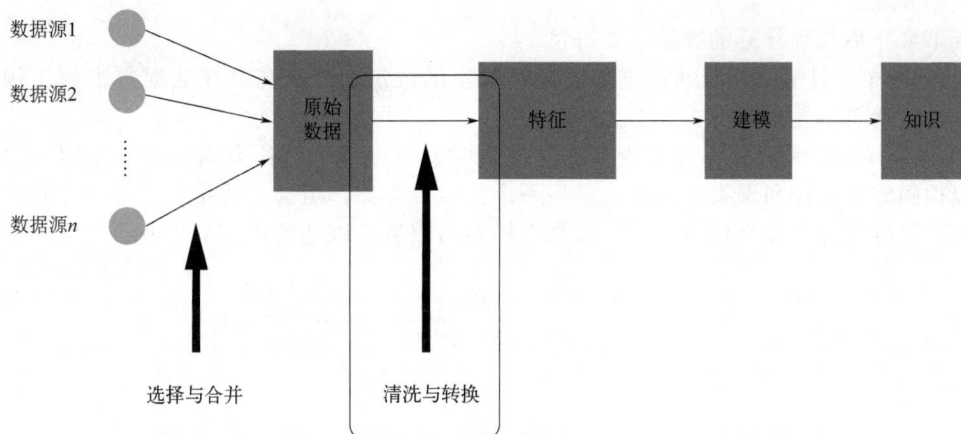

图 6.5　文本向量化过程

性。在向量化后的特征集中，可以通过特征选择技术（如 L1 正则化、递归特征消除等）筛选出最具信息量的特征来减少维度，提高模型效率。在实际应用中，通常将文本向量化与其他特征工程步骤（如数据预处理、特征选择和模型训练）组合成一个完整的管道，确保整个过程的自动化和高效性。它们的有效结合不仅增强了特征表达能力，还提高了模型在文本分类、情感分析和信息检索等任务中的表现，为数据科学家和工程师应对复杂文本数据分析提供了有力工具。

6.2.5　数据增强与平衡策略

在机器学习中，数据的质量和数量都会直接影响模型性能。现实数据集常常存在不平衡的问题，导致模型偏向多数类。为解决此问题，数据增强通过生成新样本或变换现有样本来扩展训练集，而数据平衡策略则调整类别样本比例以缓解不平衡带来的影响。本节将探讨这两者的定义、方法及其在提高模型性能中的作用。

数据增强也叫数据扩增，是在没有实质性增加数据的情况下，让有限的数据产生等价于更多数据的价值；是通过对现有数据进行变换或生成新样本，来扩展训练数据集的过程。数据增强在很多方面都发挥着重要作用。例如通过增加样本的多样性，可以帮助模型更好地适应不同的输入，从而提高在未见数据上的表现。通过丰富训练数据，可以降低模型对特定样本的依赖，减小在训练集上的过拟合现象。在数据有限的情况下，通过增强方法生成更多样本，可以提高模型的学习效果。

在机器学习和深度学习中，数据增强是提升模型性能的重要手段。针对不同的数据类型会有不同的数据增强方法。图像数据增强通过对图像进行各种变换来生成新的样本，可以显著提升模型的准确性，主要方法包括旋转、平移、缩放和翻转等；文本数据增强旨在生成语义相似的新样本，可以增强模型对不同表达方式的理解能力，常用方法包括同义词替换、随机插入、随机删除等；音频数据增强也是提升模型表现的有效手段，主要方法包括时间拉伸、音调变化等。图 6.6 中展示了几种在 NLP 中数据增强的方式。

数据平衡是通过调整数据集中各个类别样本的比例，以达到相对均衡的状态。这一过程对于机器学习模型的训练至关重要，有以下几个原因：在不平衡的数据集中，模型容易忽视少数类，从而导致较低的整体准确性。通过平衡数据，模型能更好地学习到每个类别的特征；数据平衡可以减少模型对多数类的偏倚，使其在面对未见数据时更具鲁棒性；在某些应用场景中（如医疗诊断），模型对所有类别的识别能力同等重要，数据平衡有助于实现更公平的模型表现。

接下来介绍几种常见的数据平衡方法。

① 过采样。过采样是指通过增加少数类样本的数量，以提高其在数据集中的比例，常见的方法包括简单复制和 SMOTE。

② 欠采样。欠采样是通过减少多数类样本的数量，以平衡各类别样本的比例，常见的方法包括随机欠采样和聚类欠采样。最后一个是组合方法，组合方法结合了过采样和欠采样的优点，通过增加少数类样本并减少多数类样本的数量，以达到更好的平衡效果。

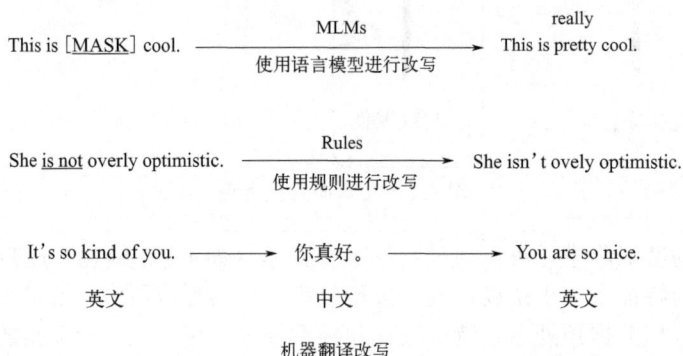

图 6.6 NLP 中数据增强的几种方式

数据增强与平衡策略是提升机器学习模型性能的关键手段，尤其是在处理不平衡数据集时。通过数据增强（如图像旋转、文本同义词替换等）扩展训练数据，可以提高模型的泛化能力和鲁棒性；同时，数据平衡方法（如过采样和欠采样）确保模型充分学习所有类别的特征，避免对多数类的偏倚。合理运用这些策略能够有效提高模型的准确性和公平性，提升其在实际应用中的表现。

6.3 相关模型与技术

6.3.1 词嵌入技术

词嵌入（Word embedding）是自然语言处理中语言模型与表征学习技术的统称。从概念上而言，它是指把一个维数为所有词的数量的高维空间嵌入到一个维数低得多的连续向量空间中，每个单词或词组被映射为实数域上的向量。

在最初 NLP 任务中，非结构化的文本数据转换成可供计算机识别的数据形式使用的是独热编码模型（One-Hot Encoding），它将文本转化为向量形式表示，并且不局限于语言种类，也是最简单的词嵌入方式。传统的独热编码方法是将一个词表示成一个很长的向量，如图 6.7 所示向量的维度是整个词表的大小。对于某一个具体的词，在其独热表示的向量中，除了表示该词编号的维度为 1，其余都为 0。假如词 Rome 的编号为 1，则在其独热编码中，仅有维度 1 是 1，其余都是 0。这种表示方法虽然简单，但是可以看出其并没有编码语义层面的信息，稀疏性非常强，当整个词典非常大时，编码出向量的维度也会很大。

词袋模型（Bag-of-Words，BoW）是一种对文本中词的表示方法。如图 6.8 所示，该方法将文本想象成一个装词的袋子，不考虑词之间的上下文关系，只考虑所有词出现的频率，简单地说，就是分好的词放到一个袋子中，每个词都是独立的。具体方法是：先收集所有文本的可见词汇并组成一个词典，再对所有词进行编号，对于每个文本，可以使用一个表示每个词出现次数的向量来表示，该向量每一个维度的数字表示该维度所指代的词在该文本中出现的次数。

Rome Paris Italy France … Word k

Rome = [1, 0, 0, 0, 0, 0, …, 0]

Paris = [0, 1, 0, 0, 0, 0, …, 0]

Italy = [0, 0, 1, 0, 0, 0, …, 0]

France = [0, 0, 0, 1, 0, 0, …, 0]

k=词典大小

图 6.7　独热编码

Rome Paris Italy France … Word k

doc_1 = [32, 14, 1, 0, …, 6]

doc_2 = [2, 12, 0, 28, …, 12]

… …

doc_N = [13, 0, 6, 2, …, 0]

图 6.8　词袋模型

词袋模型虽然实现简单，并且比独热编码模型增加了词频的信息，但仍然存在缺陷。由于词袋模型只是把句子看作单词的简单集合，忽略了单词出现的顺序，可能导致顺序不一样的两句话在机器看来是完全相同的语义。

词嵌入（Word Embedding）是自然语言处理中的一个核心技术，它能够将词汇表中的单词或短语转换为连续的实数向量。这些向量捕捉了词汇间的语义和句法关系，使得相似的词汇在向量空间中彼此靠近。词嵌入技术克服了传统词袋模型和 TF-IDF 模型中词汇表示的稀疏性和维度灾难问题。其中最著名的模型之一是 Word2Vec，由 Google 团队在 2013 年提出，它有两种训练模式：CBOW(Continuous Bag of Words）和 Skip-Gram。CBOW 使用小型神经网络根据单词的上下文来计算单词嵌入，而 Skip-Gram 则是相反，通过一个词来预测其上下文词。

CBOW 模型的核心思想是：在一个句子中遮住目标单词，通过其前面以及后面的单词来推测出这个单词 $\boldsymbol{w}$。首先规定词向量的维度 V，对数据中所有的词随机赋值为一个 V 维的向量，每个词向量乘以参数矩阵 $\boldsymbol{W}$(VN 维矩阵)，转换成 N 维数据，然后要对窗口范围内上下文的词向量相加取均值作为输入层输入到隐藏层，隐藏层将维度拉伸后全连接至输出层，然后做一个 Softmax 的分类从而预测目标词。最终用预测出的 $\boldsymbol{w}$ 与真实的 $\boldsymbol{w}$ 作比较计算误差函数，然后用梯度下降调整参数矩阵。如图 6.9 左图所示，其中 $\boldsymbol{w}_n$ 是中心词，$\boldsymbol{w}_{n-2}$，$\boldsymbol{w}_{n-1}$，$\boldsymbol{w}_{n+1}$，$\boldsymbol{w}_{n+2}$ 为该中心词上下文的词。将上下文词的独热表示与词向量矩阵 $\boldsymbol{E}$ 相乘，提取相应的词向量并求和得到投影层，然后再经过一个 Softmax 层最终得到输出，输出的每一维表达的就是词表中每个词作为该上下文中心词的概率。整个模型在训练过程就像是一个窗口在训练语料上进行滑动，所以被称为连续词袋模型。

Skip-gram 的思想与 CBOW 恰恰相反，其考虑用中心词来预测上下文词。如图 6.9 右图所示，先通过中心词的独热表示从词向量矩阵中得到中心词的词向量得到投影层，然后经过一层 Softmax 得到输出，输出的每一维中代表某个词作为输入中心词的上下文出现的概率。

在训练好的词向量中可以发现一些词的词向量在连续空间中的一些关系，如图 6.10 所示。

$$\text{vec(Rome)} - \text{vec(Italy)} \approx \text{vec(Paris)} - \text{vec(France)}$$

可以看出，Rome 和 Italy 之间有 is-capital-of 的关系，而这种关系恰好也在 Paris 和 France 之间出现。通过两对在语义上关系相同的词向量相减可以得出相近的结果，可以猜

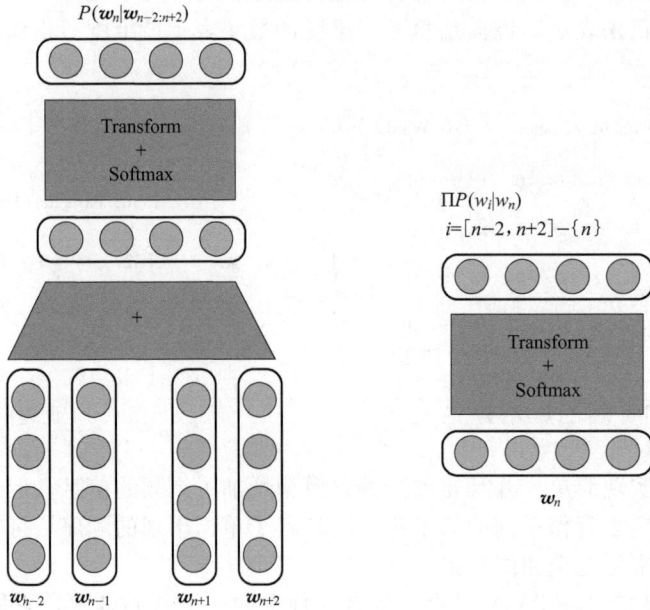

图 6.9　CBOW 模型

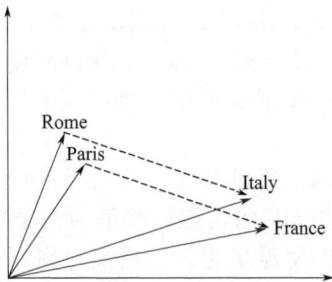

图 6.10　词向量在连续空间中的关系

想出 Rome 和 Italy 的词向量通过简单的相减运算，得到了一种类似 is-capital-of 关系的连续向量，而这种关系的向量可以近似地平移到其他具有类似关系的两个词向量之间。这也说明了经过训练带有一定语义层面信息的词向量具有一定的空间平移性。

GloVe 模型是由斯坦福大学的教授 Manning、Socher 等人于 2014 年提出的一种词向量训练模型。上文讲的 Word2vec 模型只考虑到了词与窗口范围内邻接词的局部信息，没有考虑到词与窗口外的词的信息，没有使用语料库中的统计信息等全局信息，具有局限性。GloVe 模型则使用了考虑全局信息的共现矩阵和特殊的损失函数，有效解决了 Word2vec 的部分缺点。

6.3.2　注意力机制

注意力机制是深度学习领域中的一种重要技术，尤其是在自然语言处理（NLP）任务中表现出色。它模仿了人类在处理信息时能够集中关注某一部分的能力，从而帮助模型在处理长序列数据时更加高效和准确。下面将从几个方面详细介绍注意力机制。

在深度学习中，注意力机制（Attention Mechanism）是一种能够自动聚焦于输入数据中最相关部分的技术，最早应用于自然语言处理领域，但现在已广泛应用于各种任务，如计算机视觉、时间序列分析等。注意力机制的核心思想是，不再对输入序列中的每个元素赋予相同的权重，而是根据上下文信息为不同元素分配不同的权重，以实现信息的动态选择。从向量角度理解，如图 6.11 所示，$a_1 \sim a_4$ 是输入（也可以作为中间层的输入），对其进行变换得到考虑了整个输入序列的输出 $b_1 \sim b_4$。也就是说，b_1 包含了 a_1 与其他所有输入的相关程度，$b_2 \sim b_4$ 同理。

Transformer 架构是在 2017 年由 Vaswani 等人提出的，它彻底改变了自然语言处理领

注意力（attention）

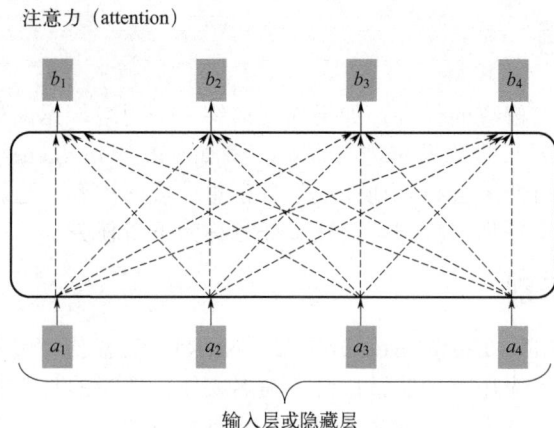

图 6.11　词向量在连续空间中的关系

域。传统的 RNN 依赖于顺序处理信息，而 Transformer 则完全摒弃了循环结构，转而依靠自注意力机制（Self-Attention Mechanism）来处理输入序列。这种机制使得模型可以在处理序列中的每一个位置时，考虑到整个序列的信息。Transformer 的核心在于多头注意力（Multi-Head Attention），它允许模型在不同表示子空间中进行并行计算，增强了模型对不同位置信息的捕捉能力。其中，位置编码（Positional Encoding）也是 Transformer 的一个关键组成部分，它通过给输入序列添加固定的编码来引入位置信息，从而使模型能够区分序列中的不同位置。

6.3.3　文本生成技术

目前 NLG 技术可以用来低成本快速生成文本内容。例如自动生成相似问句，用 NLG 技术去扩充标注数据实现新业务领域的快速冷启动，从而降低 AI 训练和运营本身的成本。更进一步，"看图说话"的能力也是 NLG 技术的一大亮点应用。针对目标图片，NLG 技术可以生成相关的图片描述，在电商领域的商品描述生成以及盲人辅助场景具有实际意义。

NLG 模型的本质，实际上是根据输入的序列信号来生成（预测出）输出的序列信号。因此这类模型原理上是与自然语言无关的。例如它可以用来进行数学运算公式的输出、时间序列的预测等。只是自然语言恰好也是一种序列信号，因此 NLG 模型可以被用在自然语言的生成任务上。而关于自然语言生成任务又可以分为许多不同的细分任务，如文本翻译、文本摘要、文本风格迁移、文本感情变换、问答生成等，这些任务都属于自然语言生成的范畴，而在具体的侧重点上则不尽相同。

广义来说，NLG 任务属于 Sequence to Sequence（Seq2Seq）的一种，即从一个序列变换到另一个序列，其标准的架构是 Encoder-Decoder 模式，如图 6.12 所示。

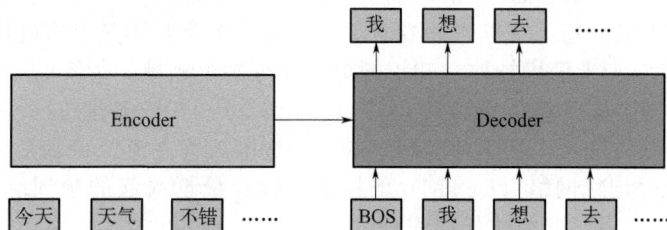

图 6.12　词向量在连续空间中的关系

6.4 下游任务

下游任务是真正想要解决的任务。如果你想训练一个网络，无论是生成任务还是检测任务，你可能会使用一些公开的数据集进行训练，例如 coco、imagenet 之类的公共数据集进行训练，而这些数据集可能不会很好地完成你真正想完成的内容，这就意味着在要解决实际问题的数据集上微调这个预训练模型，而这个任务称为下游任务。

6.4.1 命名实体识别

命名实体识别（Named Entity Recognition，NER），又称作"专名识别"，是自然语言处理中的一项基础任务，应用范围非常广泛。命名实体一般指的是文本中具有特定意义或者指代性强的实体，通常包括人名、地名、机构名、日期时间、专有名词等。例如从一句话中识别出人名、地名，从电商的搜索中识别出产品的名字，识别药物名称等。传统的公认比较好的处理算法是条件随机场（CRF），它是一种判别式概率模型，是随机场的一种，常用于标注或分析序列资料，如自然语言文字或是生物序列。简单来说，在 NER 中应用是，给定一系列的特征去预测每个词的标签，如图 6.13 所示。

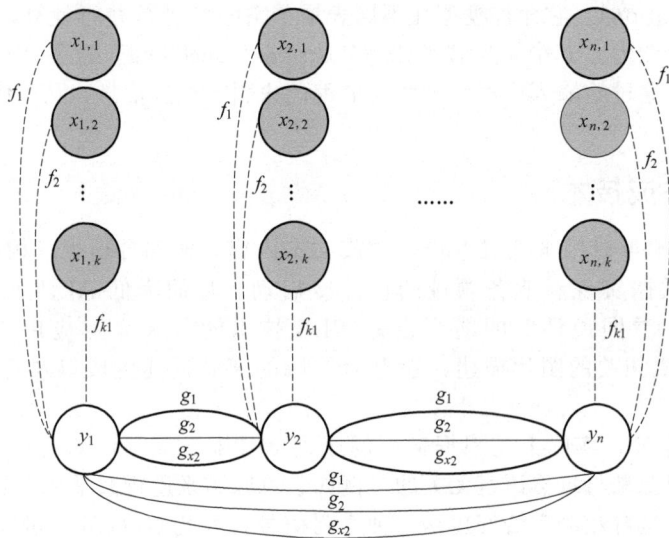

图 6.13　命名实体识别特征处理过程

X 可以看作一句话的每个单词对应的特征，而 Y 可以看作单词对应的标签。这里的标签就是对应场景下的人名、地名等。重点在 X 的理解上面，什么是特征呢？通常我们都会取的特征是词性，如名词、动词等，但是有人会反问，知道了词性就能学习出标签吗？显然是不够的，可能需要更多的特征来完成我们的学习。但是这些特征需要根据不同的场景去人工抽取，例如抽取人名的特征往往可能看看单词的第一个字是不是百家姓等。

NER 技术广泛应用于信息抽取、知识图谱构建等多个领域。传统的 NER 方法依赖于手工设计的特征和规则，以及诸如最大熵模型（MaxEnt）、支持向量机（SVM）等机器学习模型。随着深度学习的发展，基于神经网络的方法逐渐成为主流，特别是结合了卷积神经网络（CNN）和长短时记忆网络（LSTM）的模型，以及最近兴起的预训练模型，如 BERT，它们在 NER 任务上取得了非常优异的表现。

6.4.2　文本分类与情感分析

文本分类（Text Classification）和情感分析（Sentiment Analysis）都是文本挖掘的重要应用方向。文本分类是指根据预定义的类别对文本进行自动分类，而情感分析则是判定文本中所表达的情感倾向，如正面、负面或中立。

如表 6.1 所示，模型根据输入的句子来判断后面输出的词是"正向"还是"负向"，就完成了感情分析任务。对于这两项任务，最初的方法主要是基于特征工程和传统的机器学习算法，如朴素贝叶斯（Naive Bayes）、支持向量机（SVM）。近年来，随着深度学习技术的发展，卷积神经网络（CNN）和循环神经网络（RNN）成为处理此类任务的有效工具。特别是结合了注意力机制的模型，如 BERT 等预训练语言模型，已经在多种基准测试中达到最先进的水平。

表 6.1　文本感情分类

分析文本	反馈
今天天气真好	正向
今天天气让我太难受了	负向

6.4.3　问答系统

在人工智能和自然语言处理（NLP）技术快速发展的今天，问答系统已成为人机交互的重要方式。本节将深入探讨自然语言处理问答系统的工作原理、关键技术、应用场景以及未来发展趋势。

问答系统（Question Answering System，QAS）旨在自动回答用户提出的问题。根据应用场景的不同，问答系统可以分为闭域问答（Closed-Domain QA）和开域问答（Open-Domain QA）。闭域问答通常涉及特定领域的知识，而开域问答则需要从大量信息源中寻找答案。早期的问答系统多采用基于检索的技术，即从已有文档中查找与问题相关的答案片段。随着深度学习的进步，特别是 Transformer 架构的应用，基于生成的问答系统变得越来越流行。这类系统可以直接生成答案文本，而不仅仅是提取已有的句子作为答案。

如图 6.14 所示，整个框架从顶层的语义意图开始，将其分为面向目标和非面向目标两大类。面向目标的查询包括具体的任务或信息需求，细分为问答型和任务型。问答型指的是用户提出具体问题，期望获得明确的答案；任务型则涉及用户希望通过系统完成某项具体任务。非面向目标的查询主要是语聊型，即用户希望通过对话进行交流，而不是解决特定问题。此外，每个大类下还进一步区分为明确意图和隐式意图。明确意图是指用户的问题或请求清晰明了，系统可以直接理解并回应；而隐式意图则需要系统通过上下文和其他信息来推断用户的真实需求。通过这种多层次的分类，系统能够更精准地识别和满足用户的多样化需求。

6.4.4　机器翻译

机器翻译（Machine Translation，MT）是将一种自然语言自动转换为另一种自然语言的过程。它是一种自动将源语言文本翻译成目标语言的技术。使用特定的算法和模型，尝试在不同语言之间实现最佳的语义映射。例如当你输入"Hello，world!"到 Google 翻译，并将其从英语翻译成法语，你会得到"Bonjour le monde!"。这就是机器翻译的一个简单示例。

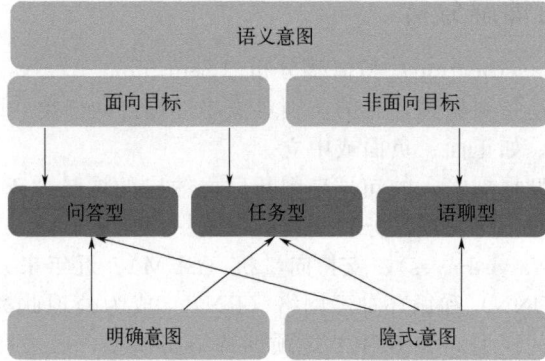

图 6.14 问答语义意图识别

在机器翻译中，单独的单词翻译通常是不够的。上下文对于获得准确翻译至关重要。一些词在不同的上下文中可能有不同的含义和翻译。例如英文单词"bank"可以指"河岸"也可以指"银行"。如果上下文中提到了"money"，那么正确的翻译可能是"银行"。而如果上下文中提到了"river"，则"bank"应该被翻译为"河岸"。

机器翻译的核心是翻译模型，它可以基于规则、基于统计或基于神经网络。这些模型都试图找到最佳的翻译，但它们的工作原理和侧重点有所不同。早期的机器翻译方法主要基于统计模型，如 IBM 模型和隐马尔可夫模型（Hidden Markov Model，HMM）。然而，这些方法受限于语言规则的复杂性和多样性。近年来，基于神经网络的机器翻译（Neural Machine Translation，NMT）成为主流技术，特别是编码器-解码器（Encoder-Decoder）框架加上注意力机制的使用，极大地提高了翻译的准确性和流畅性。

这里主要讲近年来最新的模型，基于神经网络的机器翻译（NMT）模型，特别是递归神经网络（RNN）、长短时记忆网络（LSTM）或 Transformer 结构，以端到端的方式进行翻译。它直接从源语言到目标语言的句子或序列进行映射，不需要复杂的特性工程或中间步骤。

如图 6.15 展示了使用双向编码器做机器翻译任务的过程。首先，源文本"我在周日看了一本书"被输入到模型中。每个词都会被映射到一个向量表中，生成对应的词向量。例如，"我"的词向量是 $[0,0,1,0,0]$。这些词向量会经过一系列计算步骤，如 $x_i = EW_i$ 和 $h_i = \phi(h_{i-1}, x_i)$，其中 W_i 是权重矩阵，ϕ 是非线性激活函数。最后，通过双向编码器，模型可以从左到右和从右到左两个方向上捕捉句子的不同特征，以实现高质量的机器翻译效果。

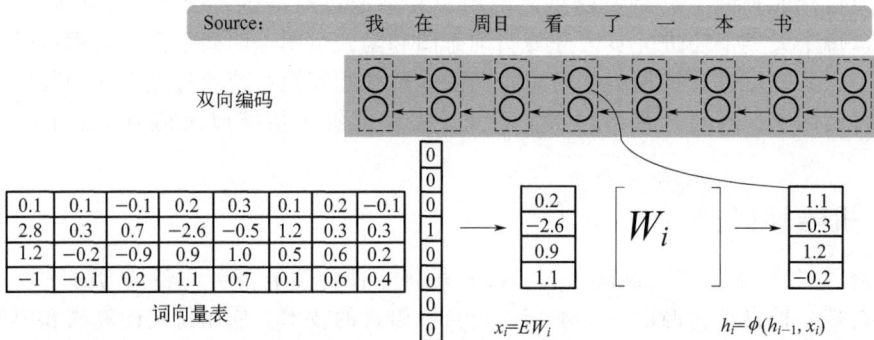

图 6.15 机器翻译实例原理

习题

一、选择题

1. 在自然语言处理中，停用词通常是指（　　）。
A. 无意义的常用词　　　　　　　　　　B. 关键性的实体
C. 情感词汇　　　　　　　　　　　　　D. 动词

2. 文本清洗的目的是什么？（　　）
A. 去除无关字符、噪声和格式错误　　　B. 生成词向量
C. 进行词性标注　　　　　　　　　　　D. 训练机器学习模型

3. 在自然语言处理的上下游任务中，语义角色标注（SRL）主要解决的是（　　）。
A. 文本分类　　　　　　　　　　　　　B. 句子中各成分的角色和关系
C. 机器翻译　　　　　　　　　　　　　D. 情感分析

4. 以下哪个模型用于捕捉序列中各个元素间的长距离依赖关系？（　　）
A. 隐马尔可夫模型（HMM）　　　　　　B. 循环神经网络（RNN）
C. Transformer　　　　　　　　　　　 D. 条件随机场（CRF）

5. 以下哪种技术最适合进行命名实体识别（NER）任务？（　　）
A. 词嵌入　　　　　　　　　　　　　　B. 条件随机场
C. Transformer 架构　　　　　　　　　 D. 循环神经网络

二、问答题

1. 阐述语法和句法结构在语言分析中的作用。
2. 简述文本预处理的主要步骤，并解释每个步骤的作用。
3. 比较条件随机场（CRF）与隐马尔可夫模型（HMM）的异同。
4. 简述 Transformer 架构及其在自然语言处理中的优势。
5. 简要介绍 LSTM 和 GRU 网络与传统 RNN 相比的优势。

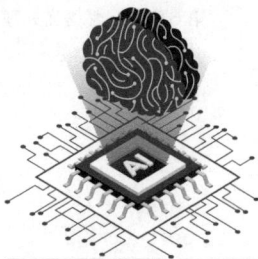

## 第7章

大语言模型

大语言模型（Large Language Models，LLMs）是人工智能领域中专注于自然语言处理的一种核心技术。作为当前人工智能技术的前沿，大语言模型以其在语言理解与生成任务中的卓越表现，引领了自然语言处理的变革。它们的能力不仅体现在技术领域的突破，更在于推动了人机交互体验的革新，为智能对话、文本生成等广泛应用场景奠定了坚实基础。

从早期的语言模型到如今以GPT、BERT、T5为代表的强大模型，LLMs的发展历程体现了数据规模、计算能力和算法创新的共同作用。本章将带领读者回顾这些模型的发展历程，并系统性地分析主流大语言模型的特点与技术细节。同时，我们也将探讨国内外大语言模型之间的特点与差异，为了解这一领域提供全球视野。

训练与优化是构建大语言模型的核心环节，涵盖了数据预处理、分布式训练、模型压缩及评估方法等重要内容。本章将详细介绍这些关键技术，让读者掌握如何从数据到应用完整打造一个高效的语言模型。最后，通过对话系统、信息检索和文本生成等应用案例的讲解，展示大语言模型如何将理论与实践相结合，为社会创造价值。

本章将学习以下内容：
- 大语言模型概述
- 主流大语言模型概览
- 大语言模型的训练与优化
- 大语言模型的应用场景

7.1 大语言模型概述

7.1.1 什么是大语言模型?

在了解大语言模型之前，我们先来看看什么是语言模型。可以想象，语言模型就像一个善于预测下一个词的"语言助手"。例如，当你写"今天天气真好，我想去"时，语言模型能够基于已有的知识，猜测接下来你最可能写的词，如"公园""散步"或"游玩"。

那么，大语言模型又是什么呢？大语言模型（LLMs）可以视为语言模型的"升级版"，它是一种具有庞大规模和强大能力的语言模型，能够通过分析大量文本数据，掌握人类语言的语法、语义和多种知识。简单来说，大语言模型就是能"读懂"并"写出"更加复杂、接近人类水平的文本的 AI 模型。

① 规模更大：大语言模型的参数数量远远超过普通语言模型。以 GPT-3 为例，它拥有 1750 亿个参数，这使得它能够处理更复杂的任务，并深入理解语言的细微差别。

② 能力更强：大语言模型不仅仅能预测下一个词，还可以生成多种类型的文本，包括诗歌、程序代码，甚至进行逻辑严谨的对话。这种能力使得它能够参与到更复杂的任务中，如撰写文章和提供详尽的答案。

③ 知识更丰富：大语言模型通过学习海量的数据，积累了更广泛的知识。这使得它能够回答专业问题，提供准确的信息，为学习和研究提供支持。

大语言模型之所以强大，主要归功于其采用的先进神经网络架构，尤其是 Transformer 架构。该架构能够有效处理和生成文本，通过自注意力机制，捕捉上下文信息，从而更好地理解句子的结构和意义。这些模型的训练过程也是关键。它们通过在大规模文本数据集上进行预训练，学习语言的统计特征和语法规律。预训练后，模型可以根据具体任务进行微调，从而在特定应用场景中表现得更加优越。

大语言模型的崛起标志着自然语言处理技术的重大进步。它们在多个领域都有广泛应用，例如：

① 机器翻译：能够提供高质量的语言翻译，促进不同语言之间的交流。

② 智能客服：通过对用户提问的快速响应，提升客户体验。

③ 文本生成：可用于自动撰写文章、创意写作，甚至帮助编程。

④ 在教育领域，大语言模型也展现出巨大潜力。它们可以根据学生的提问提供个性化的解答，帮助理解复杂概念。同时，还可以辅助写作，提供创意和灵感。

随着技术的不断进步，我们期待大语言模型在准确性和理解能力等方面进一步提升。同时，随着对 AI 伦理和安全性的重视，研究者们正在努力确保这些强大工具的安全使用，减少潜在的误用风险。总的来说，大语言模型的出现不仅为我们提供了强大的语言处理能力，还为我们理解和利用人工智能开启了新视野。通过对大语言模型的认识，我们能够更好地把握人工智能的未来，并在这场技术变革中找到自己的位置。

7.1.2　LLMs 的历史与发展

大语言模型（LLMs）的发展历程是人工智能领域的一段辉煌历史。从最早的简单规则模型到如今庞大的深度学习网络，LLMs 的发展不仅反映了技术的进步，也展示了数据和计算能力的飞跃。

20 世纪中期，人工智能研究的重点主要集中在规则和逻辑推理模型上。虽然这些早期模型在特定任务上取得了一定成功，但它们缺乏对自然语言的深刻理解。随着计算机科学的发展，统计语言模型逐渐取代了基于规则的方法。

20 世纪 90 年代，统计语言模型（Statistical Language Models，SLMs）逐渐兴起。通过大规模语料库的训练，SLMs 能够捕捉语言中的统计规律。这一时期的代表性成果包括 n 元语法（n-grams）模型和隐马尔可夫模型。这些模型虽然在一定程度上提升了自然语言处理的效果，但其性能仍然受到数据和计算能力的限制。

进入 21 世纪，随着计算能力的提升和大规模数据的积累，神经网络和深度学习技术开始崭露头角。2006 年，深度学习的概念被提出，标志着人工智能进入一个新的发展阶段。通过多层神经网络的训练，模型能够捕捉更复杂的语言模式，显著提升了自然语言处理的效果。

2017 年，谷歌提出了 Transformer 模型架构，如图 7.1 所示，这是大语言模型发展的里程碑。该模型采用自注意力机制（Self-Attention），能够并行处理输入数据，捕捉远距离依赖关系，大大提高了模型的训练效率和效果。Transformer 模型的提出为后续的大语言模型奠定了基础。

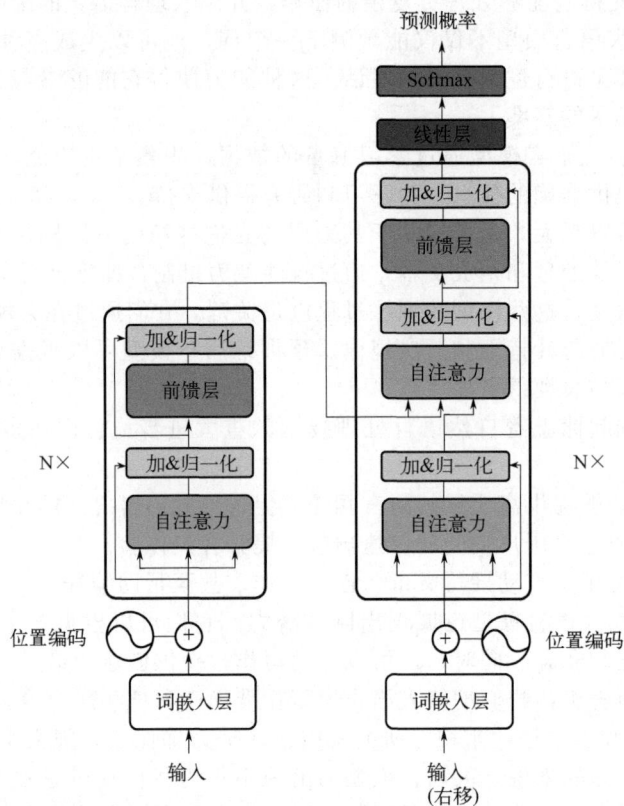

图 7.1 Transformer 模型架构

OpenAI 的 GPT（Generative Pre-trained Transformer）系列是大语言模型发展的重要里程碑。2018 年，GPT-1 发布，展示了预训练与微调架构的强大潜力。2019 年，GPT-2 发布，参数量达到 15 亿，展现了惊人的文本生成能力。2020 年，GPT-3 发布，参数量达到 1750 亿，进一步提升了模型的性能和应用范围，成为当时最强大的大语言模型之一。

与 GPT 系列不同，谷歌开发的 BERT（Bidirectional Encoder Representations from Transformers）模型在理解任务上表现出色。BERT 是第一个实现双向学习的语言模型，通过同时考虑左右上下文来理解词义。BERT 及其变体（如 RoBERTa、ALBERT）在多个自然语言处理任务上取得了优异的成绩。

随着大语言模型在自然语言处理中的成功，研究者开始探索多模态大模型的发展。多模态大模型不仅处理语言数据，还结合视觉、听觉等多种模态的数据，提升模型对多模态信息的理解和生成能力。2020 年，OpenAI 发布了 CLIP（Contrastive Language-Image Pre-training），展示了大语言模型在图像和文本任务上的强大潜力。

大语言模型的发展不断推进，并且已经展现了巨大的潜力。然而，模型的规模和计算资源需求也带来了挑战。未来，大语言模型的发展方向包括模型优化、多模态学习、公平性和可解释性研究，以及绿色 AI 的推进。通过持续的研究和创新，大语言模型将在各个领域发挥更大的作用，推动人工智能技术的进步。

7.2　主流大语言模型概览

7.2.1　GPT 系列大语言模型

GPT 系列是 OpenAI 开发的一系列大语言模型，以其强大的文本生成能力和广泛的应用领域而闻名。这些模型基于 Transformer 架构，通过大量数据的预训练，能够在自然语言处理任务中表现出色。GPT 系列模型的发展，不仅推动了语言生成技术的进步，也引发了对 AI 技术的广泛讨论和关注。

GPT-2 于 2019 年发布，是 GPT 系列的第二代模型。它在多个自然语言处理任务中表现出色，展示了生成高质量文本的能力。GPT-2 拥有 15 亿参数，通过预训练，可以生成上下文连贯且有创意的文本。其强大的生成能力也引发了对潜在滥用的担忧，OpenAI 最初仅发布了部分模型和代码，随后才逐步开放完整版本。

GPT-3 于 2020 年发布，是 GPT 系列的第三代模型，以其庞大的参数规模和强大的能力引起广泛关注。GPT-3 拥有 1750 亿参数，使其成为当时最强大的语言模型之一。与之前的模型相比，GPT-3 在各种语言任务中的表现进一步提升，无须微调即可完成从编写代码到生成诗歌等复杂任务。

GPT-4 是 OpenAI 开发的第四代生成预训练模型，发布于 2023 年。作为 GPT 系列的最新成员，GPT-4 在文本生成和理解能力上实现了显著提升，标志着自然语言处理技术的又一次飞跃。与之前的版本相比，GPT-4 在参数规模和模型架构上进行了优化，具体参数未公开，但其性能在多个任务上表现出色，包括对话生成、内容创作和复杂问题解答等。GPT-4 在上下文理解和生成能力方面更加出色，能够更好地处理复杂的语义关系和多轮对话。

此外，GPT-4 还引入了更强的安全性和控制机制，以减少误用和不当内容的生成，确保生成结果的可靠性。OpenAI 对其进行严格的测试和评估，以应对潜在的滥用风险，力求在推广技术的同时保护用户的安全和利益。

GPT 系列模型在多个领域展现出巨大的潜力和广泛的应用：

① 内容创作：可以用于生成文章、新闻、故事等内容，提高创作效率。

② 对话系统：在智能客服、聊天机器人等对话系统中应用，提供自然流畅的对话体验。

③ 机器翻译：提升了机器翻译的质量和准确性，推动全球交流和沟通。

④ 教育与培训：用于生成教学材料、解答学生问题，辅助教育和培训。

然而，GPT 系列模型的强大能力也引发了对道德和安全问题的关注。如何防止模型被滥用、如何确保生成内容的准确性和公平性，都是需要持续关注和研究的问题。

7.2.2　BERT 及其衍生模型解析

BERT（Bidirectional Encoder Representations from Transformers）是由谷歌于 2018 年发布的一种预训练的语言表示模型。它在自然语言处理任务中取得了显著的进展，其双向编码器架构能够同时考虑上下文信息，使得在理解和生成任务中表现尤为出色。BERT 的提出在自然语言处理领域引发了一场革命，随之出现了许多基于 BERT 的变体模型，如 RoBERTa 和 ALBERT，它们通过各种优化进一步提升了模型性能。

BERT 的核心思想在于使用双向 Transformer 来预训练语言模型。传统的语言模型通常是单向的，即从左到右（或从右到左）逐词进行预测，而 BERT 通过同时考虑一个词的左右上下文信息，能够更好地捕捉语义。BERT 使用双向 transformer 编码器，可以同时利用前后文信息，更加精准地理解文本。

在训练过程中，BERT 随机遮蔽输入文本中的一部分词汇，然后尝试预测这些被遮蔽的词。这种方法使模型能够学习到更加深层次的语义关系。BERT 在训练时还引入了下一句预测任务，即判断两段句子是否在原文中相邻，从而帮助模型理解句子间的关系。

RoBERTa(Robustly optimized BERT approach) 是 Facebook AI 研究院开发的 BERT 的一种改进版本。RoBERTa 在模型架构上与 BERT 保持一致，但通过优化训练过程和使用更大的训练数据，显著提升了模型性能。

RoBERTa(ALiteBERT) 使用了更多、更大规模的数据进行训练，从而提升模型的泛化能力。也增加训练时间，使模型能够学习到更加丰富的语言模式。RoBERTa 还取消了 BERT 的下一句预测任务，专注于掩码语言模型任务，从而提高了训练效率。

ALBERT 是谷歌提出的另一种 BERT 的变体，主要通过参数共享和分解嵌入矩阵等技术，减少了模型的参数量，从而提升了训练和推理的效率。

BERT 及其变体在自然语言处理的多个任务中表现优异，并广泛应用于以下领域。

① 问答系统：通过预训练和微调，BERT 能够准确回答用户提出的问题，大幅提升了问答系统的性能。

② 文本分类：在情感分析、主题分类等任务中，BERT 基于上下文的深度理解能力使其表现出色。

③ 机器翻译：BERT 及其变体可以作为编码器部分，提升翻译质量和准确性。

④ 文本生成：RoBERTa 和 ALBERT 等变体在文本生成任务中也取得了显著的效果，生成更加自然和连贯的文本。

通过对 BERT 及其变体的深入了解，我们不仅可以看到语言模型在结构和训练方法上的创新，也能认识到这些模型在实际应用中的巨大潜力。BERT 的成功为后续的语言模型研究和应用提供了宝贵的经验和参考。

7.2.3 T5、ERNIE、ViT 等先进模型介绍

现代人工智能的发展离不开对 Transformer 架构的深度探索与跨领域应用。本节将重点介绍三种在自然语言处理与计算机视觉领域具有代表性的模型：T5、ERNIE 和 ViT。这些模型通过创新的架构设计和优化的训练方法，展示了 Transformer 框架的广泛潜力和卓越性能。

(1) T5(Text-To-Text Transfer Transformer)

T5 是谷歌于 2019 年提出的一种统一的文本转换模型。其核心思想是将所有自然语言处理任务视为文本到文本的问题，无论是翻译、摘要还是分类，都通过将输入文本转换为目标输出文本来完成。这种统一方法简化了任务处理流程，使模型能够以一致的方式适应多种任务场景，从而提高了模型的通用性和使用效率。T5 的主要特点包括：

① 任务统一性：所有任务均被转化为"文本到文本"的形式，大大降低了任务间的切换复杂度。

② 多任务能力：在大规模预训练后，通过微调适配多种下游任务，展现了高度的灵活性和适应性。

③ 通用性强：适用于机器翻译、文本摘要、文本分类等多种任务，在各类评测中表现优异。

(2) ERNIE(Enhanced Representation through Knowledge Integration)

ERNIE 是百度开发的一系列语言模型，以知识增强为核心创新点，旨在提升模型的语义理解能力。ERNIE 在预训练过程中通过整合知识图谱中的实体与关系信息，将外部知识

融入语言模型中。这种知识融合的策略，极大地强化了模型对文本深层语义的理解能力，使其在诸如知识问答、实体识别等任务中表现尤为出色。ERNIE 的主要特点包括：

① 知识增强：将知识图谱中的实体和关系信息注入模型，显著提升语义理解能力。

② 多版本迭代：从 ERNIE2.0 到 ERNIE3.0，每一代模型都实现了性能提升，支持更复杂的任务。

③ 专注语义理解：在需要知识推理和实体关系处理的任务中具有明显优势。

（3）ViT（Vision Transformer）

ViT 是谷歌于 2020 年提出的首个基于 Transformer 架构的视觉模型，将 Transformer 的成功从自然语言处理扩展到了计算机视觉领域。与传统基于卷积神经网络（CNN）的视觉模型不同，ViT 将图像分割为固定大小的图像块（称为 patch），将这些 patch 序列化后输入 Transformer，以利用自注意力机制捕捉图像的长距离依赖关系。这一创新设计突破了 CNN 的局限性，极大拓展了 Transformer 在视觉任务中的适用范围。ViT 的主要特点包括：

① 全局建模能力：通过自注意力机制捕捉图像的长距离依赖关系。

② 对大规模数据敏感：在大规模图像数据集上表现尤为出色，但需要大量数据来充分训练。

③ 多任务应用：不仅适用于图像分类，还被扩展到目标检测、语义分割等任务。

（4）模型间的共同点与差异点

① 共同点：三种模型均基于 Transformer 架构，充分利用了自注意力机制来建模长距离依赖关系，并且通过预训练与微调结合的方法显著提升了性能。

② 差异点：T5 和 ERNIE 专注于自然语言处理任务，而 ViT 专注于计算机视觉。T5 强调任务的统一性，ERNIE 则通过知识增强扩展语义理解能力，ViT 主要探索 Transformer 在图像处理中的适用性。数据依赖上，ERNIE 的性能与知识图谱质量密切相关，而 T5 和 ViT 更依赖大规模训练数据，详见表 7.1。

表 7.1 模型对比分析

模型	领域	创新点	使用任务	局限性
T5	自然语言处理	统一任务框架，将所有任务转化为文本到文本	翻译、摘要、分类、多任务处理	依赖大规模数据和预训练模型，计算资源需求较高
ERNIE	自然语言处理	引入知识图谱，提升语义理解能力	知识问答、实体识别、信息检索	知识注入依赖高质量知识图谱，部分任务适用性有限
ViT	计算机视觉	使用 Transformer 处理图像序列化数据	图像分类、目标检测、语义分割	对小规模数据不友好，训练资源需求高

T5、ERNIE 和 ViT 的发展体现了 Transformer 在不同领域中的广泛适用性与创新潜力。通过将 Transformer 的自注意力机制灵活应用于文本和图像数据，这些模型分别解决了多任务处理、知识增强和视觉建模的核心问题。它们不仅推动了各自领域的技术进步，也为 AI 技术的跨领域融合提供了重要思路。

7.2.4 国内外大语言模型的特点对比

大语言模型在全球范围内取得了显著进展，国内外的研究机构和企业纷纷推出了自己的大语言模型。这些模型不仅在技术上有所创新，还在应用场景和性能上展现了各自的独特特点，如图 7.2 所示。下面对国内外主要大语言模型的特点进行具体比较。

（1）GPT 系列

GPT 系列是由 OpenAI 开发的生成式预训练 transformer 模型，包括 GPT-2、GPT-3

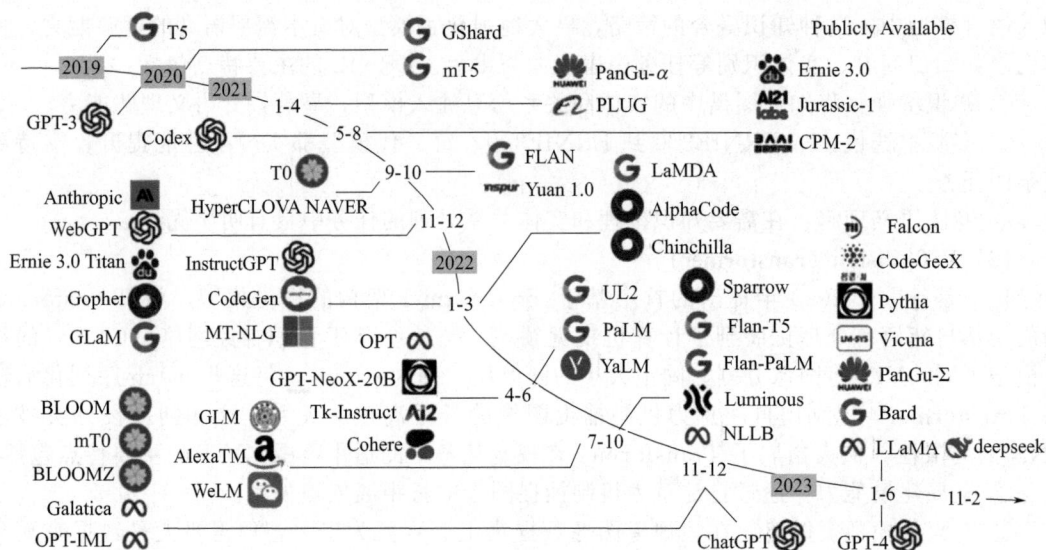

图 7.2　国内外大语言模型概览

等。GPT-3 作为目前最具代表性的模型，拥有 1750 亿参数，展现了强大的文本生成能力。特点如下：

① 参数规模庞大：GPT-3 拥有 1750 亿参数，是目前规模最大的语言模型之一。

② 多任务能力：GPT-3 可以处理多种任务，如文本生成、翻译、代码编写等，展现了极高的灵活性。

③ 生成效果优异：GPT 系列在自然语言生成任务中表现出色，生成的文本流畅自然。

（2）LLaMa 系列（Meta）

LLaMa(Large Language Model Meta AI) 是 Meta 开发的一系列大语言模型，旨在研究和提高自然语言理解与生成的能力。LLaMa 系列通过使用更大的数据集和更深的模型架构，进一步提升了语言模型的性能。

① 改进的架构：LLaMa 采用了多层 transformer 架构，能够捕捉更加复杂的语言模式和上下文关系。

② 大规模数据集：使用了更大规模的数据进行训练，提升了模型的泛化能力和语言理解能力。

③ 优化的训练方法：通过改进的训练方法，LLaMa 在多个自然语言处理任务中表现出色。

（3）谷歌 BERT 和 PaLM

谷歌在大语言模型方面有多项重要贡献，除了 BERT 外，PaLM(Pathways Language Model) 也是其最新的研究成果之一。PaLM 是一个大规模多语言模型，旨在提升语言理解和生成能力。

① 多语言支持：PaLM 支持多种语言，能够处理不同语言之间的翻译和生成任务。

② 高效训练：谷歌通过改进的训练方法，提升了 PaLM 的训练效率和性能。

③ 多任务处理：PaLM 在多个自然语言处理任务中展现了强大的能力，如文本生成、机器翻译和问答系统。

（4）微软 Turing-NLG

微软的 Turing-NLG(Natural Language Generation) 系列是专注于自然语言生成的大语言模型。Turing-NLG 模型通过大规模预训练和微调，在生成任务中表现出色。

① 大规模参数：Turing-NLG 拥有数十亿参数，能够生成高质量的文本内容。

② 多任务适应：模型能够处理多种自然语言处理任务，如对话系统、文本生成等。

③ 优化的生成效果：通过改进的生成方法，Turing-NLG 能够生成连贯且自然的文本。

（5）ERNIE 系列（百度）

ERNIE 系列是百度开发的知识增强预训练模型，通过引入知识图谱信息，提升了对文本的语义理解能力。

① 知识融合：ERNIE 通过引入知识图谱中的实体和关系信息，增强了模型的语义理解能力。

② 多任务学习：在问答、命名实体识别等任务中表现出色。

③ 持续优化：ERNIE 系列不断推出新版，如 ERNIE3.0，性能持续提升。

（6）讯飞的 XLNet

讯飞开发的 XLNet 是一种结合了 BERT 和 Transformer-XL 优点的模型，能够处理更长文本并提升语言理解能力。

① 高效训练：通过改进的训练方法，XLNet 能够更高效地捕捉长文本中的依赖关系。

② 强大的语言理解：XLNet 在多个自然语言处理任务中表现出色，特别是在长文本的理解和生成上。

③ 适应性强：模型能够适应多种语言任务，如文本分类、机器翻译等。

（7）阿里的 AliceMind

AliceMind 是阿里巴巴开发的一系列大语言模型，通过结合多模态信息，提升了模型的理解和生成能力。

① 多模态融合：AliceMind 结合了文本、图像等多种模态的信息，提升了模型的理解能力。

② 多任务学习：在文本生成、图像生成等任务中表现优异。

③ 高效计算：通过优化模型架构和训练方法，提升了计算效率和模型性能。

（8）比较与总结

国外的大语言模型如 GPT-3 和 LLaMa 凭借其庞大的参数规模，展现出强大的生成和理解能力，而国内模型如 ERNIE 和 AliceMind 也在不断扩大参数规模以提升性能。在语言适应性方面，国外模型主要针对英文文本进行优化，而国内模型如 ERNIE 和 XLNet 则更加专注于中文文本，从而增强了对中文语义的理解。此外，技术创新方面，国外模型如 BERT 和 PaLM 在双向编码和任务统一处理上具有显著的突破，而国内模型如 ERNIE 则在知识融合方面展现出独特的优势。无论是国内还是国外的大语言模型，都在多个自然语言处理任务中表现优异，推动了人工智能技术的发展与应用。通过对这些模型的比较，我们能够更清晰地理解它们各自的优势与特点，未来，这些模型将在优化与创新中不断推动自然语言处理领域的更多突破。

7.3 大语言模型的训练与优化

7.3.1 数据准备与预处理

在深度学习领域，数据准备与预处理是模型训练前的关键步骤，它直接影响到模型的性能和最终结果。以下是数据准备与预处理的详细流程。

（1）读取数据集

在解决现实世界问题时，我们通常不会直接从现成的张量格式数据开始，而是从原始数据的预处理着手。首先，我们需要读取数据集。这一步骤可以通过以下方式实现：

① 创建人工数据集：我们可以根据问题的需求，生成一个人工数据集。这通常涉及定义数据的特征和标签，并将这些数据存储在 CSV（逗号分隔值）文件中。CSV 文件是一种常用的数据存储格式，它以表格形式存储数据，每列数据由逗号分隔。

② 读取不同格式的数据：除了 CSV 文件，数据还可能以其他格式存储，如 Excel、JSON、数据库等。对于这些格式，我们可以使用相应的库（如 pandas、numpy 等）来读取数据。例如，使用 pandas 库的 read _ csv 函数可以轻松读取 CSV 文件，而 read_excel、read_json 等函数则可以读取其他格式的数据。

（2）处理缺失值

在实际应用中，数据集往往存在缺失值，这些缺失值通常用 NaN（Not a Number）表示。处理缺失值的方法主要有以下两种，具体使用哪种方法，需要根据数据的特点和业务需求来决定。

① 插值法：这种方法通过一个替代值来填补缺失值。替代值可以是均值、中位数、众数或者使用更复杂的插值算法计算得到的值。在 pandas 库中，可以使用 fillna 函数来实现插值。

② 删除法：当缺失值不多时，可以选择直接删除含有缺失值的行或列。在 pandas 中，可以使用 dropna 函数来删除包含缺失值的行或列。

（3）转换为张量格式

在完成数据清洗和缺失值处理后，我们需要将数据转换为张量格式，以便于深度学习模型的处理。转换步骤如下：

① 确保数据类型为数值：在转换之前，需要检查输入数据和输出数据中的所有条目是否都是数值类型。如果不是，需要先将非数值类型的数据转换为数值类型，例如使用独热编码处理类别数据。

② 转换为张量：当数据均为数值类型后，可以使用深度学习框架（如 TensorFlow 或 PyTorch）提供的函数将数据转换为张量格式。在 TensorFlow 中，可以使用 tf. convert_to_ tensor 函数；在 PyTorch 中，可以使用 torch. tensor 函数。

③ 张量操作：数据转换为张量格式后，可以利用深度学习框架提供的张量操作函数作进一步的处理，如切片、维度变换、数学运算等，为模型训练做好准备。

通过以上步骤，完成了数据准备与预处理工作，为后续的模型训练和评估打下了坚实的基础。

7.3.2 损失函数与优化算法

（1）预训练阶段

在大语言模型的预训练阶段，损失函数的选择对于模型的学习效率和最终性能至关重要。以下是一些常用的损失函数：

① 交叉熵损失函数：这是语言模型中最常用的损失函数，用于衡量模型生成的概率分布与真实数据分布之间的差异。通过最大化真实序列的预测概率，模型学会生成更符合语言规律的文本。

② 困惑度损失函数：困惑度是交叉熵损失的一种变形，用于衡量模型在预测下一个词时的不确定性，注意较低的困惑度表示模型对语言规律的把握更准确。

③ 负对数似然损失函数：在对比学习任务中，模型需要区分正负样本，负对数似然损失函数通过最大化正样本的预测概率和最小化负样本的预测概率来实现这一目标。

④ 三元组损失函数：三元组损失函数用于度量样本之间的相对距离，常用于语义相似度学习等任务，它通过拉近正样本对之间的距离和推远负样本对之间的距离来优化模型。

⑤ 多任务学习损失函数：在多任务学习场景下，模型需要同时优化多个任务的目标。此时，可以采用加权求和的方式将多个任务的损失函数组合成一个整体损失函数，即整体损失＝α * 语言模型损失＋β * 对比损失＋γ * 其他任务损失。其中，α、β、γ 为各任务损失的权重系数。

在大语言模型的预训练阶段，优化算法的选择同样至关重要。以下是一些常用的优化算法：

① 自适应学习率算法。Adam 算法：Adam 算法结合了动量和 RMSProp 的思想，能够自适应地调整每个参数的学习率，适用于大规模数据和复杂模型；AdamW 算法：AdamW 是 Adam 的改进版本，通过引入权重衰减来防止模型过拟合，进一步提高模型的泛化能力。

② 学习率调度算法。学习率预热：在训练初期使用较小的学习率，然后逐渐增加到预设的较大值，这种方法有助于模型在训练初期更稳定地收敛；学习率衰减：在训练过程中逐渐减小学习率，如指数衰减、步进衰减等，这种方法有助于模型在后期更精细地调整参数。

③ 梯度累积与梯度裁剪。梯度累积：在内存有限的情况下，可以将多个小批次的梯度累积起来，然后一起更新模型参数，这种方法可以增加有效的批量大小，提高模型的训练效率；梯度裁剪：为了避免梯度爆炸问题，可以设置一个梯度阈值，将超过阈值的梯度裁剪到预设范围内，这种方法有助于保持模型训练的稳定性。

综上所述，在大语言模型的预训练阶段，可以根据具体任务需求和模型特点选择合适的损失函数和优化算法，以实现更好的训练效果和模型性能。

（2）微调阶段

在深度学习模型优化中，损失函数作为优化目标，其选择对于大语言模型微调阶段的性能至关重要。微调阶段旨在对预训练模型进行精细调整，以适应特定任务的需求。

① 交叉熵损失函数（BCE）：鉴于分类任务在自然语言处理中的普遍性，交叉熵损失函数成为微调阶段的首选。它通过计算实际标签与预测概率之间的负对数似然，有效度量概率分布的差异。对于大语言模型而言，交叉熵损失能够精准捕捉语言序列中的分类错误，并给予较大惩罚，从而促使模型输出更接近真实标签。

② 均方误差损失函数（MSE）：尽管主要用于回归问题，但在某些特定场景下，如文本生成中的数值预测任务，MSE 损失函数同样适用。它通过计算预测值与真实值之间差的平方平均值，提供了一种直观的误差度量方式。然而，由于大语言模型通常处理复杂文本数据，MSE 在微调阶段的应用相对较少。

③ KL 散度损失函数：在知识蒸馏场景中，KL 散度损失函数发挥着重要作用。它通过比较学生模型与教师模型输出概率分布的差异，实现知识的有效传递。同时，结合交叉熵损失，形成硬标签与软标签损失的组合，为大语言模型的微调提供了更为丰富的监督信号。

总体而言，交叉熵损失函数在大语言模型微调阶段占据主导地位，而均方误差和 KL 散度损失函数则在特定任务和场景下发挥补充作用。

优化算法是推动大语言模型微调阶段参数更新的核心动力。选择合适的优化算法不仅关乎模型收敛速度，更直接影响最终性能。

① 梯度下降：作为基础优化算法，梯度下降通过迭代调整参数来最小化损失函数。在大语言模型微调中，梯度下降提供了稳定的参数更新方向，但可能面临收敛速度较慢的问题。

② 随机梯度下降（SGD）：SGD 通过使用单个样本近似梯度，加快了计算速度。然而，其较大的方差可能导致微调过程波动较大，需要谨慎控制学习率。

③ 小批量随机梯度下降：结合了梯度下降和 SGD 的优点，小批量随机梯度下降在保持计算效率的同时，减少了梯度估计的方差，适用于大规模数据集上的大语言模型微调。

④ SGD 算法（带动量）：引入动量概念的 SGD 算法能够累积历史梯度信息，加速学习

过程并有助于跳出局部最小值，在大语言模型微调中表现出更好的收敛性能。

⑤ AdaGrad 算法：通过为每个参数分配自适应学习率，AdaGrad 算法实现了更精细的参数更新。然而，其学习率不断减小的特性可能不适用于大语言模型的长期微调。

⑥ RMSProp 算法：作为 AdaGrad 的改进版本，RMSProp 引入了梯度平方的移动平均，解决了学习率过小的问题，为大语言模型微调提供了更稳定的更新策略。

⑦ Adadelta 算法：Adadelta 算法进一步扩展了 RMSProp，同时考虑了梯度平方和参数更新平方的累积，实现了学习率和步长的自动调整，简化了超参数设置。

⑧ Adam 算法：结合动量和 RMSProp 思想的 Adam 算法，在大语言模型微调中表现出色。其自适应学习率调整机制和强大的更新规则，使得 Adam 成为微调阶段的常用优化算法之一。

大语言模型微调阶段的关键在于选择合适的损失函数和优化算法。交叉熵损失函数因其适用于分类任务而成为主流选择，而均方误差和 KL 散度损失函数则在特定场景下提供补充。在优化算法方面，梯度下降及其变体提供了多种更新策略，其中 Adam 算法因其自适应性和高效性而广受欢迎。

7.3.3 分布式训练与模型并行化

在深度学习领域，随着模型规模的不断扩大和数据量的激增，单个 GPU 的计算能力已经无法满足训练需求。因此，将模型训练任务从单个 GPU 扩展到多个 GPU，甚至多个服务器中的 GPU 集群，已经成为一种趋势。在这个过程中，分布式并行训练算法的复杂度也在不断提高。

(1) 数据并行化

当从一个 GPU 迁移到多个 GPU，再进一步迁移到包含多个 GPU 的多个服务器时，分布式并行训练算法需要做出相应的调整。由于现代 GPU 拥有大量内存，数据并行化的训练方法在分布式架构中尤为适用。简而言之，只要 GPU 内存足够大，数据并行化就是一种非常便捷的训练方式。数据并行化的一般流程如下。

① 在任何一次迭代训练中，将给定的随机小批量样本分成多个部分，均匀地分配到各个 GPU 上。

② 每个 GPU 根据分配给它的小批量子集，计算模型参数的损失和梯度。

③ 将多个 GPU 中的局部梯度进行聚合，以获得当前小批量的随机梯度。

④ 将聚合后的梯度重新分发到每个 GPU 中。

⑤ 每个 GPU 使用这个小批量随机梯度，更新它所维护的完整模型参数集。

通过这种方式，并行化开销的相关性较小，大大提高了模型的可伸缩性。

(2) 模型并行化

要实现分布式训练与模型并行化，以下步骤是必不可少的。

① 在所有设备上初始化网络参数：确保每个 GPU 上的模型参数初始值一致。

② 在数据集上迭代时，将小批量数据分配到所有设备上：保证数据在各个 GPU 上均匀分布。

③ 跨设备并行计算损失及其梯度：每个 GPU 分别计算分配给自己的数据部分的损失和梯度。

④ 聚合梯度，并相应地更新参数：将所有 GPU 上的局部梯度进行聚合，然后更新全局模型参数。

⑤ 并行地计算精度和发布网络的最终性能：在所有 GPU 上同时计算模型的精度，汇总结果以评估网络性能。

只有以上几个基本功能得到有效执行，才能实现计算的高效并行，从而提高模型训练的速度和效果。总之，分布式训练与模型并行化是深度学习领域应对大规模数据和复杂模型的重要手段。通过合理地利用数据并行化和模型并行化，可以有效地提高训练效率，缩短模型迭代周期，为人工智能技术的发展和应用提供有力支持。在实际应用中，我们需要根据具体情况选择合适的并行化策略，以实现最佳训练效果。

7.3.4 模型压缩与轻量化技术

（1）降维技术

现实情况中，在高维空间出现数据样本稀疏、距离计算困难等问题，无疑是所有机器学习算法所面临的共同问题，也被称为级数灾难。降维作为有效缓解级数灾难难题的重要技术之一，通过数学变换将之前的高维度属性空间转换为低维度属性子空间，从而大大提高低维度属性子空间中的样本密度，进而显著降低空间距离计算复杂度。

一般来说，要想将高维度属性空间转换为目标低维度属性子空间，最简单的方法是对高维度属性空间进行线性变换。而通过线性变换进行降维的方法称为线性降维，其中最常用的方法叫作主成分分析（PCA）；反之，通过非线性变换进行降维的方法称为非线性降维，其中最常用的方法叫作核主成分分析（KPCA）。如图 7.3 所示，使用降维技术不仅解决了高维空间中数据样本稀疏的问题，还在一定程度上缓解了高维空间中距离计算困难所带来的挑战，随着深度学习的迅速发展，后来也广泛推广到深度学习领域中进行模型压缩以实现轻量化。

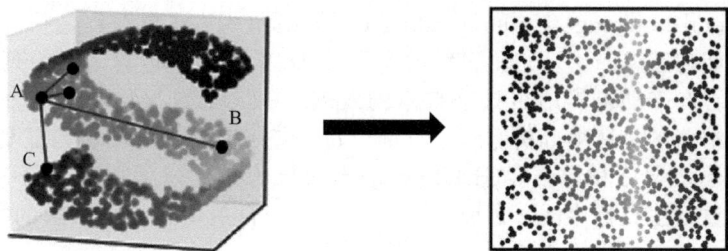

图 7.3　降维技术示意图

（2）剪枝技术

剪枝（Pruning）作为决策树学习算法应对过拟合现象的主要方法，如图 7.4 所示，通常可以通过主动去掉一些分支来降低过拟合的风险。一般来说，决策树剪枝的基本方法包括预剪枝（Pre-pruning）和后剪枝（Post-pruning），二者均能使决策树的分支不同程度地减少。因此，使用剪枝技术不仅可以降低过拟合的风险，还可以显著减少决策树的训练时间开销和测试时间开销，后来也广泛推广到深度学习领域中进行模型压缩以实现轻量化。

（3）知识蒸馏技术

知识蒸馏（Knowledge Distillation，KD）是一种将复杂教师模型的知识转移到简单学生模型的压缩技术，是目前有效的模型压缩与轻量化技术之一。如图 7.5 所示，将一个大型、复杂、训练良好的模型，即教师模型的知识传递给一个较小的模型

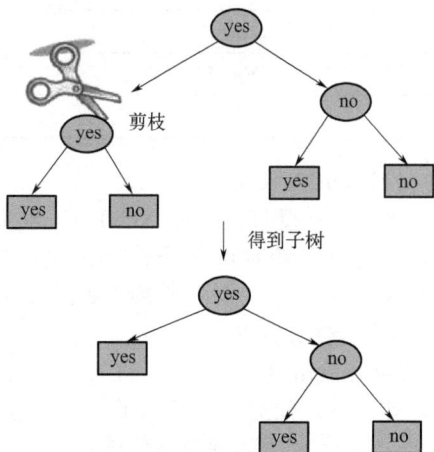

图 7.4　剪枝技术示意图

即学生模型。这样可以在保证简单学生模型性能与复杂教师模型性能相似的前提下，显著降低模型的复杂度和计算时间。如今，知识蒸馏技术已经在自然语言处理、计算机视觉等领域中广泛应用。

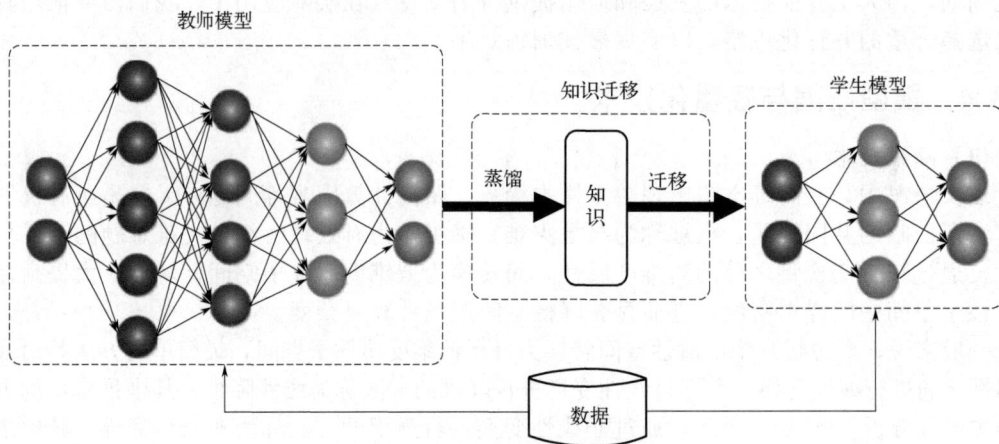

图 7.5　知识蒸馏技术示意图

7.3.5　评估方法与指标

　　GLUE(General Language Understanding Evaluation) 基准数据集是一个用于评估自然语言理解模型性能的基准测试。它由纽约大学于 2018 年提出，包含了一系列多样化的自然语言理解任务，旨在推动自然语言处理技术的发展。GLUE 数据集包含 9 个任务，涵盖了句子相似度、文本蕴涵、情感分析等多个方面。每个任务都有训练集、验证集和测试集，方便研究人员进行模型训练和评估。GLUE 数据集的目的是让模型在多个任务上表现良好，从而提高模型的通用性和鲁棒性。目前，GLUE 已成为自然语言处理领域的重要评测基准。GLUE 基准任务评价指标见表 7.2。

表 7.2　GLUE 基准任务评价指标

GLUE 基准任务	评价指标
CoLA	马修斯相关系数
SST-2	准确性
SQuAD	准确性
MNLI	准确性
RTE	准确性

（1）CoLA 任务

　　语言可接受性语料库（CoLA）的完整形式由来自 23 种语言学出版物的 10657 个句子组成，由其原作者对可接受性（语法）进行专业注释。该数据集包含属于训练和开发集的 9594 个句子，不包括属于保留测试集的 1063 个句子。

（2）SST-2 任务

　　Sentiment Treebank(SST-2) 数据集是电影中的句子集合评论和人类对他们情感的注解，其任务是预测给定的句子情绪，并通过准确性进行评估。它包括 11855 个句子的解析树中 215154 个短语的细粒度情感标签，并为情感组合性提出了新的挑战。为了解决这些问题，我们引入了递归神经张量网络。在新的 Treebank 上训练时，此模型在多个指标上优于之前的所有方法。它是唯一一个可以准确捕捉对比连词和否定的效果及其在各种树级别上对积极和消极短语的范围的模型。

（3）SQuAD 任务

Stanford Question Answering Dataset（SQuAD）是一个阅读理解数据集，由众包工作者对一组维基百科文章提出的问题组成，其中每个问题的答案都是来自相应阅读段落的文本片段或跨度，或者问题可能无法回答。

（4）MNLI 任务

MNLI 数据集是一个包含文本蕴涵注释句子对的集合。给定一个前提句和一个假设句子，任务是预测是否有前提，包含假设（蕴涵）、反驳假设（矛盾）或两者都不是（中立），并且通过匹配和不匹配部分的准确性来评估的测试数据。

（5）RTE 任务

文本蕴涵用于捕获许多 NLP 应用程序中的主要语义推理需求，如问答、信息检索、信息提取和文本摘要。在给定两个文本片段的情况下，这项任务需要识别一个文本的含义是否与另一个文本有关。

GLUE 数据集通过多任务评估，旨在提高模型的通用性和鲁棒性，目前已成为自然语言处理领域中评测模型性能的重要基准。

7.4　大语言模型的应用案例

7.4.1　对话系统

① 客户服务机器人：大型语言模型（LLMs）在客户服务领域的应用大大提升了服务的效率和质量。例如，客户服务机器人能够理解用户的咨询，无论是关于产品信息、服务细节，还是处理投诉等复杂问题，都能提供给用户即时、准确的回应。同时，这些机器人还能够不间断工作，减少了客户的等待时间，并确保了服务的一致性。

② 虚拟助手：如苹果的 Siri、亚马逊的 Alexa 等，这些虚拟助手利用 LLMs 实现了与用户的自然语言交互，它们不仅能够理解用户的语音指令，还能在理解上下文的基础上提供帮助。用户可以通过这些助手进行日程管理、获取天气预报、进行语音搜索等服务，极大地便利了日常生活。

③ 智能聊天机器人：在社交媒体、论坛等在线社区中，智能聊天机器人能够与用户进行人性化的互动交流。它们不仅能提供有趣、实用的信息，还能通过学习用户的偏好和行为模式来实现个性化的对话内容，大大增强用户体验。

7.4.2　信息检索

① 智能搜索：LLMs 在搜索引擎中的应用使得搜索结果更加精准和符合用户意图。通过深入理解查询语句背后的丰富语义，LLMs 帮助搜索引擎返回相关度更高、质量更高的搜索结果，从而提升了用户的搜索体验。

② 问答系统：例如百度公司发布的"小度"问答系统，利用 LLMs 来理解用户的提问，并从大量信息中快速检索出准确的答案。这样的系统大大减少了用户寻找答案的时间，并提高了信息获取的便捷性。

③ 文档检索：在企业内部办公环境中，LLMs 可以用于高效地从海量文档中检索出与用户查询相关的信息。这不仅减轻了员工的工作负担，也提高了信息检索的速度和精确度，进而提升了整体的工作效率。

7.4.3　文本生成

①　内容创作：LLMs 在内容创作领域扮演着重要角色，它们能够辅助编辑、记者等创作者生成文章、报告等文本内容。这些模型可以根据输入的关键词或大纲，快速生成草稿，创作者在此基础上进行修改和完善，从而极大地提高创作效率。

②　数据分析报告：利用 LLMs 从大量数据中提取关键信息，并生成易于理解的可视化报告，为企业决策提供了有力的数据支持。这使得非专业人士也能轻松解读复杂数据，大大提高了决策的效率和质量。

③　机器翻译：LLMs 在翻译领域的应用极为广泛，它们能够快速、准确地翻译多种语言，无论是书面翻译还是口语翻译，LLMs 都展现出了接近专业翻译人员的水准，这无疑为跨语言交流提供了极大的便利。

/习题/

一、选择题

1. 以下选项中，哪一项最准确地定义了大语言模型（LLMs）的核心目标？（　　）

A. 提高图像识别的准确性　　　　　　B. 模拟人类的语言理解与生成能力

C. 进行数据存储与检索　　　　　　　D. 提供实时语音转文字功能

2. GPT 系列模型的核心架构是什么？（　　）

A. RNN　　　　　　B. CNN　　　　　　C. Transformer　　　　D. SVM

3. 以下关于 BERT 模型的描述，哪项是正确的？（　　）

A. BERT 是一种仅用于文本生成的模型

B. BERT 是双向编码的预训练语言模型

C. BERT 的训练不依赖于掩码语言模型（MLM）任务

D. BERT 是一种基于卷积神经网络的模型

4. 以下哪项技术常用于大语言模型的压缩与轻量化？（　　）

A. 数据增广　　　　B. 权重量化　　　　C. 蒸馏训练　　　　D. 以上均是

5. 评估大语言模型性能时，下列哪一项不是常用的指标？（　　）

A. 模型参数数量　　B. 准确率　　　　C. BLEU 分数　　　D. 推理速度

二、问答题

1. 什么是大语言模型？请简述其定义、核心目标以及在自然语言处理中的重要性。

2. 比较 GPT 和 BERT 模型的主要区别，包括其训练目标、结构特点和应用场景。

3. 在大语言模型的训练过程中，数据预处理有哪些关键步骤？请结合具体实例进行说明。

4. 分布式训练如何提升大语言模型的训练效率？请简要分析其工作原理和面临的挑战。

5. 列举一个实际应用场景，并分析大语言模型在该场景中的工作流程及带来的影响。

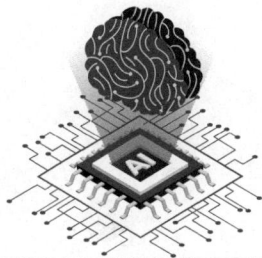

知识图谱作为人工智能和数据科学领域的前沿技术，正广泛应用于搜索引擎、推荐系统、智能问答和知识管理等领域。通过将现实世界中的实体和关系结构化为计算机可理解的形式，知识图谱在支持信息组织、语义搜索和推理方面展现出强大的能力。知识图谱通过结构化处理现实世界中的复杂关系，展现了显著的优势，为人工智能领域的许多创新提供了重要的技术基础。

知识图谱起源于语义网和本体工程的研究，其核心思想是通过图结构来表示知识，捕捉实体之间复杂的关系及其语义信息。随着互联网的飞速发展，数据的规模和复杂性急剧增加，传统的数据存储和检索方式逐渐无法满足需求。知识图谱作为一种融合了语义建模与大规模数据处理的技术，开始从理论研究走向工业应用。如今，知识图谱被视为连接大数据与人工智能的重要桥梁，其技术发展不断推动着知识表达、知识推理和知识管理的进步，为实现更智能化的世界奠定了基础。

本章将学习以下内容：
- 知识图谱的演变
- 图结构与图查询
- 知识图谱构建技术
- 知识图谱表示学习
- 知识图谱推理与应用

8.1 知识图谱的演变

知识图谱是一种用图模型来描述知识和建模世界万物之间的关联关系的技术方法。知识图谱由节点和边组成。如图 8.1 所示，节点可以是实体，如一个人、一本书等，或是抽象的概念，如人工智能、知识图谱等；边可以是实体的属性，如姓名、书名，或是实体之间的关系，如朋友、配偶。知识图谱起源于人工智能和 Web 的发展。从人工智能角度来看，它经历了符号推理、神经网络、深度学习等阶段后，最终形成了基于知识表示和推理的知识图谱技术。从 Web 角度来看，知识图谱的发展可以追溯到语义网（Semantic Web）和万维网（World Wide Web）的概念发展，其最初设想是把基于文本链接的万维网转化成基于实体链接的语义网。语义网旨在使 Web 上的信息具有明确的语义，从而让计算机能够理解和处理这些信息，而知识图谱正是实现这一目标的关键技术之一。

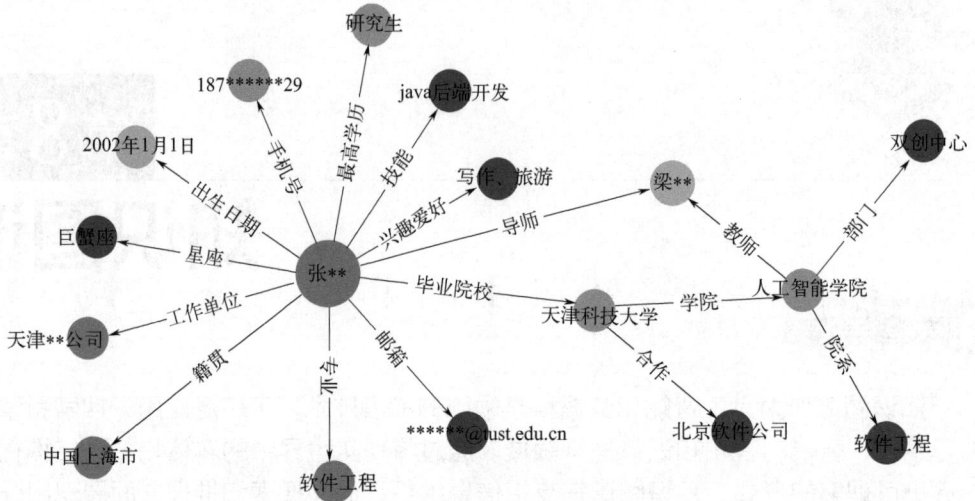

图 8.1　知识图谱示例

1989 年，Tim Berners-Lee 提出构建一个全球化的以"链接"为中心的信息系统（Linked Information System），任何人都可以通过添加链接把自己的文档链入其中。他认为，相比基于树的层次化组织方式，以链接为中心和基于图的组织方式更加适合互联网这种开放的系统。这一思想逐步被人们实现，并演化发展成为今天的万维网。

1994 年，Tim Berners-Lee 又提出 Web 不应该仅仅只是网页之间的互相链接。实际上，网页中描述的都是现实世界中的实体和人脑中的概念。网页之间的链接实际包含语义，即这些实体或概念之间的关系。然而，机器却无法有效地从网页中识别出其中蕴涵的语义。他于 1998 年提出了 Semantic Web 的概念。Semantic Web 仍然基于图和链接的组织方式，只是图中的节点代表的不只是网页，还是客观世界中的实体（如人、机构、地点等），而超链接也被增加了语义描述，具体标明实体之间的关系（如出生地是、创办人是等）。相对于传统的网页互联网，Semantic Web 的本质是数据的互联网（Web of Data）或事物的互联网（Web of Things）。

在 Semantic-Web 被提出之后，出现了一大批新兴的语义知识库，如作为谷歌知识图谱后端的 Free base，作为 IBM Waston 后端的 DBpedia 和 Yago，作为 Amazon Alexa 后端的 True Knowledge，作为苹果 Siri 后端的 Wolfram Alpha，以及开放的 Semantic Web Schema——Schema. ORG，目标成为世界最大开放知识库的 Wiki data 等。尤其值得一提的是，2010 年谷歌收购了早期语义网公司 Meta Web，并以其开发的 Freebase 作为数据基础之一，于 2012 年正式推出了称为知识图谱的搜索引擎服务，宣告了知识图谱的正式诞生。知识图谱的起源与发展脉络如图 8.2 所示。

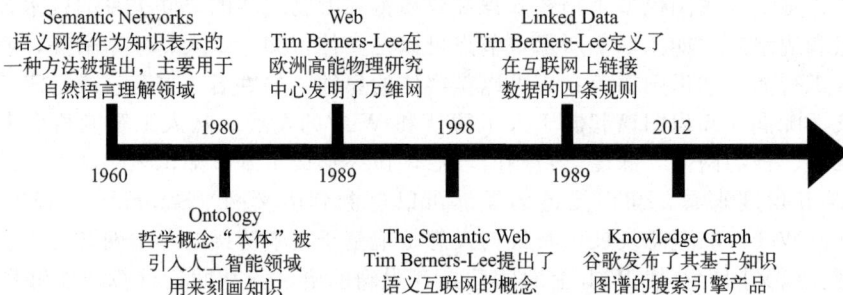

图 8.2　知识图谱的起源与发展脉络

8.2　图结构与图查询

世界上许多事物以及它们之间的关系都可以用图形直观地表示，用节点表示事物，用边表示它们之间的联系。这种特点使得图结构成为知识图谱的核心组成部分，其图结构和图查询机制共同构成了知识图谱的基础框架和应用能力。图结构是一种比线性表和树更为复杂的数据结构，它用于表示数据元素（顶点）之间的多对多关系，由一个非空的有限个节点的集合和一个连接节点集合中任意两个节点间的边的集合构成。

在图论中，图（Graph）的符号往往用 G 表示，图被定义为一个多元组，核心元素为顶点（Vertex）集 V 以及边（Edge）集 E，即 $G=(V,E)$。例如，图 G 包含 5 个顶点（A，B，C，D，E）和 6 条边（(A,B)，(B,C)，(C,E)，(E,D)，(D,B)，(D,A)），如图 8.3 所示。

从数据的角度，顶点可以理解为针对实体、对象的建模，边则用于描述两个顶点间的关联或交互。给定两个顶点 u 和 v，用 (u,v) 表示两点间的边。此外，图的多元组中往往还有标签函数 L（指向点边的标签）、属性函数 P（指向点边的属性）以及点边类型函数 T 等。例如，社交网络中异常的账号可能有暴力、赌博等标签；账号可以有注册时长的属性、所属用户年龄属性等；而好友关系的边则可以有好友建立时间点的属性。

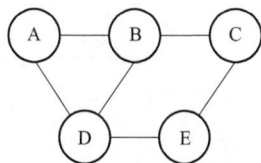

图 8.3　包含 5 个顶点和 6 条边的图 G

在理解了图的基本构成元素和概念之后，我们可以进一步探讨知识图谱这一更为复杂和丰富的数据结构。知识图谱是一种结构化的语义知识库，它的强大之处在于其能够将这些结构化的元素结合起来，形成一个互联互通的信息网络。例如，在社交网络的知识图谱中，我们不仅能够识别出各个用户账号（实体），还能够通过边来表示用户之间的好友关系，并通过标签、属性等信息来进一步描述这些关系和实体的特征。这种结构不仅使得信息的检索和分析变得更加高效，也为机器学习和人工智能提供了丰富的数据基础，使其能够从中提取出有价值的洞见和知识。RDF 图和属性图是知识图谱的两种主要图数据模型，它们在知识图谱的构建和表示中发挥着重要作用。

8.2.1　RDF 图

RDF 图，又称三元组图，是一种使用标准的图数据模型来表示资源及其相互关系的结构。在 RDF 图中，资源、属性和属性值被组合成三元组的"主-谓-宾"结构（subject-predicate-object），其中 subject 和 object 代表资源，通常由统一资源标识符（Uniform Resource Identifier，URI）或国际化资源标识符（Internationalized Resource Identifiers，IRI）来标识，而 predicate 则描述了 subject 和 object 之间的关系。

RDF 图由节点（Node）和边（Edges）两种元素构成。其中，节点对应图中的顶点，可以是具有唯一标识符的资源，也可以是字符串、整数等有值的内容。所以 RDF 表达的知识图谱数据可以天然地转换成一个有向图。在这个图中，每个实体或者属性值构成图上的点，每个三元组可以视为连接主体及客体的有向边，而三元组中的谓词可以视作有向边上的标签。相比于将知识图谱数据视作三元组集合，知识图谱的图模型更利于展示通过语义关联建立起来的全局结构。

图 8.4 展示了与"柏拉图"人物相关的知识图谱三元组数据的 RDF 图形式，其中知识图谱可以表示成一个有向图。其中，圆形表示实体，矩形表示属性值，每个有向边表示一个三元组的谓词。

这种有向图模型是实际中最常用的知识图谱表示模型。现有的大部分知识图谱都是基于有向图模型的，如百科图谱 DBpedia 和 CN-DBpedia、药品知识图谱 Drugbank、蛋白质知识图谱 UniPort、地理信息知识图谱 LinkedGeoData 等。

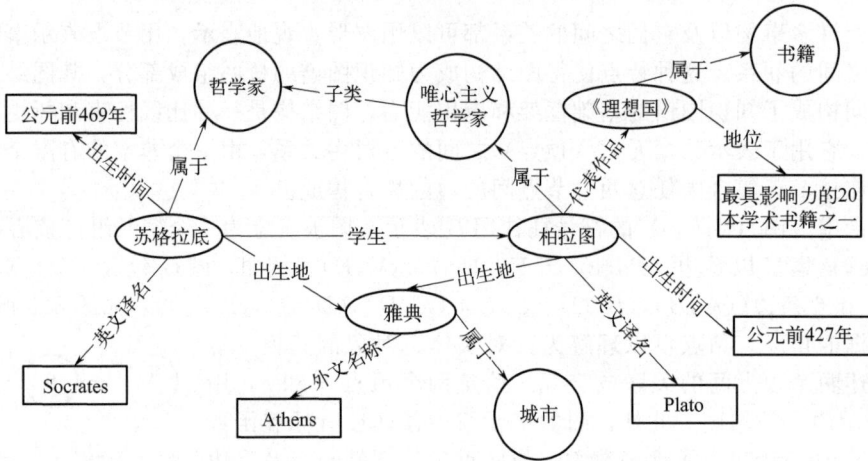

图 8.4　与"柏拉图"人物相关的知识图谱 RDF 图

8.2.2　属性图

属性图是另一种管理知识图谱数据时常用的数据模型。与 RDF 相比，属性图对于节点属性和边属性具备内在的支持。目前，属性图被图数据库业界广泛采用。属性图是一种图数据表示方式，其中节点（Node）和关系（Relationship）除了具有标签（Label）外，还包含丰富的属性（Property）信息。这些属性为节点和关系提供了附加的描述性信息，使得图数据能够更全面地表达现实世界的实体和它们之间的关系。

图 8.5 是与"柏拉图"人物相关知识所构成的属性图。在属性图中，每个节点和边都具有唯一标识符；节点和每条边均具有类型标签（如节点 V2 上的类别标签为"唯心主义哲学家"，边 θ2 上的类型标签为"出生地"），用来标识实体或关系的类型；节点和边均具有多组属性，每个属性由属性名和属性值组成（如节点 V2 上的属性为"英文译名＝Plato"、边 θ2 上的属性为"时间＝公元前 427 年"）。可以看出，属性图能表达丰富的信息，而且没有改变图的整体结构。

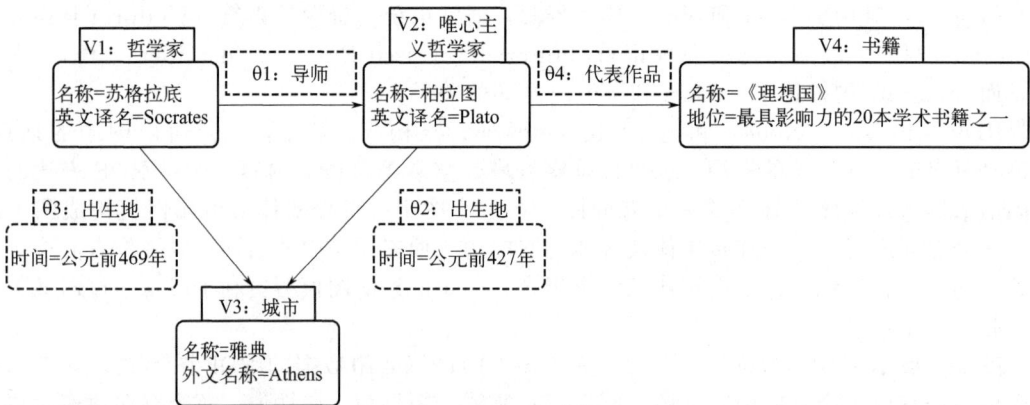

图 8.5　与"柏拉图"人物相关的知识图谱属性图

8.2.3 图查询语言

为了更好地管理和使用知识图谱，一个关键的任务就是对知识图谱进行查询。知识图谱上的查询需要解决两个基本问题：查询的表达和查询的执行。由于知识图谱本质上也是一种图数据，因此知识图谱上的查询与传统图数据上的查询有着密切的联系；同时由于知识图谱所特有的结构和语义信息，二者又有一定的区别。

（1）SPARQL 语言

为了提升查询的表达能力，即充分表达实际应用中的语义信息和结构约束，国际标准化组织 W3C 提出了针对 RDF 知识图谱的标准化查询语言 SPARQL。

SPARQL 是一种针对资源描述框架（Resource Description Framework，RDF）数据的查询语言，它的全名是 SPARQL Protocol and RDF Query Language(SPARQL 协议与 RDF 查询语言)。2008 年 1 月 15 日，SPARQL 正式成为万维网联盟（W3C）推荐的针对 RDF 数据的标准查询语言，它类似于面向关系型数据库的查询语言 SQL。和 SQL 一样，SPARQL 也是一种声明式的结构化查询语言，即用户只需要按照 SPARQL 定义的语法规则描述其想查询的信息即可，不需要明确指定计算机实现查询的步骤。SPARQL 提供了一套完整的查询操作符，包括选择、排序、聚集等操作符，且无须声明额外的模式定义。通常在处理 RDF 时，使用 SPARQL 语言。

SPARQL 通常用于 RDF 图数据库，如 Apache Jena 或 RDF4J 支持的数据库。SPARQL 提供了四种不同形式的查询：SELECT、ASK、DESCRIBE 和 CONSTRUCT。其中，SELECT 是最常用的查询形式，它用于标准查询，并以标准的 SPARQL XML 结果格式返回查询结果。在 SELECT 查询中，查询语句通常包括序言、SELECT 子句、WHERE 子句以及可选的结果修饰符（如 ORDER BY、LIMIT、OFFSET 等）。序言部分可能包含可选的 BASE 定义和一些前缀定义，这些定义有助于简化查询中的 URI 引用。SELECT 子句指定了要查询的变量，而 WHERE 子句则表达了描述目标结果的图模式。结果修饰符则用于对查询结果进行排序、限制返回结果的数量等。假设 RDF 图数据库中有关于柏拉图及其代表作的信息，SPARQL 查询可以使用如下方法：

```
SELECT ?representativeWork
WHERE{
  ?person foaf:name "柏拉图"@zh.
  ?person dbo:representativeWork ?representativeWork.
}
```

其中，foaf 是 "Friend of a Friend" 的缩写，该前缀通常用于引用该本体中定义的属性和类，例如 foaf：name 表示名称，foaf：Person 表示人这一类别。dbo 通常是 "Database Ontology" 或特定数据库（如 DBpedia）中定义的词汇集的前缀。

（2）Cypher 语言

随着数据规模的不断扩大和数据结构的日益复杂，传统的关系型数据库已经无法满足所有场景的需求。图数据库作为一种新型的数据存储和查询方式，逐渐受到开发者的青睐。而 Cypher 作为一种专门为图数据库设计的查询语言应运而生。

Cypher 语言最初由 Neo4j 图形数据库提出，是一种声明式的图数据库查询语言。它借鉴了 SQL 和 SPARQL 等查询语言的优点，并结合图数据库的特点进行了创新。Cypher 语言的设计目标是提供一种简洁、直观、易懂的查询方式，让开发者能够轻松地查询和操作图数据库。

自诞生以来，Cypher 语言不断发展和完善。其语法逐渐精简，表现力日益强大，能够精准且高效地对图数据进行查询和更新。Cypher 语言支持创建、更新、删除节点和关系，通过模式匹配来查询和修改节点和关系，以及管理索引和约束等。在 Cypher 中，MATCH 子句用于从图中检索与指定模式匹配的数据。它允许用户指定一个或多个节点和关系，并基于这些节点和关系之间的连接来检索数据。例如，用户可以使用 MATCH 子句来查找具有特定属性的节点，或者查找两个节点之间通过特定关系类型连接的路径。同样，假设 Neo4j 图数据库中有关于柏拉图及其代表作的节点和关系，Cypher 查询方法如下：

```
MATCH(p:Person{name:'柏拉图'})-[:HAS_REPRESENTATIVE_WORK]->(w:Work)
RETURN w.title AS representative Work
```

其中：

- （p：Person｛name：'柏拉图'｝）表示查找名为"柏拉图"的 Person 节点；
- -[:HAS_REPRESENTATIVE_WORK]->（w:Work）表示查找从柏拉图节点出发，通过"HAS_REPRESENTATIVE_WORK"关系指向的 Work 节点；
- RETURN w.title AS representative Work 表示返回 Work 节点的标题，并将其重命名为 representativeWork。

8.3　知识图谱构建技术

知识图谱可分为自顶向下和自底向上两种构建方式。所谓自顶向下构建，是指借助百科类网站等结构化数据源，从高质量数据中提取本体和模式信息，加入知识库中。所谓自底向上构建，则是借助一定的技术手段，从公开采集的数据中提取出资源模式，选择其中置信度较高的新模式，经人工审核之后，加入知识库中。

在知识图谱技术发展初期，多数参与企业和科研机构都是采用自顶向下的方式构建基础知识库，例如，Freebase 项目就是采用维基百科作为主要数据来源。随着自动知识抽取与加工技术的不断成熟，目前的知识图谱大多采用自底向上的方式构建，其中最具影响力的例子就是谷歌的 Knowledge Vault 和微软的 Satori 知识库，都是以公开采集的海量网页数据为数据源，通过自动抽取资源的方式来构建、丰富和完善现有的知识库。因此，本节主要介绍自底向上的知识图谱构建技术，按照知识获取的过程分为三个层次：信息抽取、知识融合以及知识加工。

① 信息抽取：即从各种类型的数据源中提取出实体（概念）、属性以及实体间的相互关系，在此基础上形成本体化的知识表达。

② 知识融合：在获得新知识后，需要对其进行整合，以消除矛盾和歧义，例如某些实体可能有多种表达，某个特定称谓也许对应于多个不同的实体等。

③ 知识加工：对于经过融合的新知识，需要经过质量评估之后（部分需要人工参与甄别），才能将合格的部分加入知识库中，以确保知识库的质量。新增数据之后，可以进行知识推理，拓展现有知识，得到新知识。

8.3.1　信息抽取

从图模型的角度来看，信息抽取（Information Extraction）是知识图谱构建的第一步，其中的关键问题是如何从异构数据源中自动抽取信息得到候选知识单元。信息抽取是一种自动化地从半结构化和无结构数据中抽取实体、关系以及实体属性等结构化信息的技术。涉及的关键技术包括：实体抽取、关系抽取和属性抽取。

（1）实体抽取

实体抽取（Entity Extraction），也称实体识别，是自然语言处理中一种关键技术，旨在从非结构化文本（如文章、网页、社交媒体）中识别和提取出具有独立意义的实体，通常包括人名、地名、组织名、时间和其他名词性短语。在知识图谱的构建过程中，实体抽取帮助识别并构建图谱中的节点，是构建结构化语义网络的第一步。

早期对实体抽取方法的研究主要面向单一领域（如特定行业或特定业务），关注如何识别出文本中的人名、地名等专有名词和有意义的时间等实体信息。然而这是一种基于规则的方法，具有明显的局限性，不仅需要耗费大量人力，而且可扩展性较差，难以适应数据的变化。随后，人们开始尝试采用统计机器学习方法辅助解决命名实体抽取问题。

随着命名实体识别技术不断取得进展，学术界开始关注开放域（Open Domain）的信息抽取问题，即不再限定于特定的知识领域，而是面向开放的互联网，研究和解决全网信息抽取问题。为此，需要首先建立一个科学完整的命名实体分类体系，一方面用于指导算法研究；另一方面便于对抽取得到的实体数据进行管理。然而，互联网中的内容是动态变化的，Web 2.0 技术更进一步推动了互联网的概念创新，采用人工预定义实体分类体系的方式已经很难适应时代的需求。面向开放域的实体抽取和分类技术能够较好地解决这一问题，该方法的基本思想是对于任意给定的实体，采用统计机器学习的方法，从目标数据集（通常是网页等文本数据）中抽取出与之具有相似上下文特征的实体，从而实现实体的分类和聚类。

（2）关系抽取

关系抽取（Relation Extraction，RE）是自然语言处理中的一种技术，旨在从文本中识别出不同实体间的关系。例如，在句子"张三在北京大学工作"中，通过关系抽取可以识别出"张三"和"北京大学"之间的"就职"关系。关系抽取的目的是构建知识图谱中的"边"，将抽取出的实体之间的语义关联系统化，从而实现数据的语义化表示。

在知识图谱的构建中，关系抽取是从非结构化文本或其他数据源中识别实体之间关系的一项关键技术。关系抽取为知识图谱提供了基础结构，使得图谱不仅由孤立的实体构成，还能反映出实体之间的复杂关联，增强了信息的可用性与语义深度。关系抽取使知识图谱中的节点（即实体）通过特定关系连接在一起，从而形成丰富、结构化的语义网络。

早期的关系抽取研究方法主要是通过人工构造语法和语义规则，据此采用模式匹配的方法来识别实体间的关系。这种方法有两点明显的不足：一是要求制定规则的人具有良好的语言学造诣，并且对特定领域有深入的理解和认知；二是规则制定工作量大，难以适应丰富的语言表达风格，且难以拓展到其他领域。为此学术界开始尝试采用统计机器学习方法，通过对实体间关系的模式进行建模，替代预定义的语法和语义规则。

随后，出现了大量基于特征向量或核函数的有监督学习方法，关系抽取的准确性也不断提高，但是问题是这类方法需要预先定义实体关系类型，如雇佣关系、整体部分关系以及位置关系等。然而在实际应用中，要想定义出一个完美的实体关系分类系统是十分困难的。为了解决这一制约关系，学者们开始提出面向开放域的信息抽取方法框架。由于面向开放域的关系抽取方法在准确率和召回率等综合性能指标方面与面向封闭领域的传统方法相比仍有一定的差距，因此有部分学者开始尝试将两者的优势结合起来。

（3）属性抽取

在知识图谱的构建过程中，属性抽取用于从非结构化文本中识别并提取实体的具体属性或特征。属性抽取不仅为知识图谱中的节点（实体）提供描述性信息，还增强了图谱的表达能力，使其在回答问题和知识推理中更具实用性。属性抽取的目标是从不同信息源中采集特定实体的属性信息。例如针对某个公众人物，可以从网络公开信息中得到其昵称、生日、国籍、教育背景等信息。属性抽取技术能够从多种数据来源中汇集这些信息，实现对实体属性的完整勾画。

值得注意的是，由于可以将实体的属性视为实体与属性值之间的一种名词性关系，因此也可以将属性抽取问题视为关系抽取问题。

百科类网站提供的半结构化数据是当前实体属性抽取研究的主要数据来源，像 DBpedia 是目前世界上最庞大的多领域本体知识库之一。尽管可以从百科类网站获取大量实体属性数据，然而这只是人类知识的冰山一角，还有大量的实体属性数据隐藏在非结构化的公开数据中。如何从海量非结构化数据中抽取实体属性是值得关注的理论研究问题。一种方法是基于百科类网站的半结构化数据，通过自动抽取生成训练语料，用于训练实体属性标注模型，然后将其应用于对非结构化数据的实体属性抽取；另一种方法是采用数据挖掘的方法直接从文本中挖掘实体属性与属性值之间的关系模式，据此实现对属性名和属性值在文本中的定位。

8.3.2　知识融合

通过信息抽取，实现了从非结构化和半结构化数据中获取实体、关系以及实体属性信息的目标，然而，这些结果中可能包含大量的冗余和错误信息，数据之间的关系也是扁平化的，缺乏层次性和逻辑性。因此有必要对其进行清理和整合，即将提取的实体、关系和属性整合到知识图谱中。知识融合能够确保信息的准确性和一致性，使知识图谱成为高度结构化和逻辑清晰的语义网络。知识融合主要分为以下几个步骤。

（1）实体对齐

实体对齐是知识融入的第一步，旨在识别不同数据源中表示相同实体的不同名称，并将它们整合为一个唯一的节点。例如，在整合电影领域的数据时，可能会遇到 "Robert Downey Jr." 和 "小罗伯特·唐尼" 两个不同的名称指向同一演员。这种情况在知识图谱中可能会导致重复实体节点，影响信息的一致性和查询的准确性。为解决此问题，知识融入中通常使用实体对齐算法，如基于相似度的字符串匹配算法、机器学习模型，或借助已有知识库（如维基百科）进行辅助对齐。这一过程不仅确保同一实体统一标识，还帮助知识图谱消除冗余，从而提升图谱的结构化程度和查询效率。

（2）关系归并

不同数据源可能描述了相同实体之间的相似关系，但表达方式不同。在关系归并过程中，需要对这些关系进行统一和简化。例如，从两个不同的新闻来源分别提取了 "比尔·盖茨创办了微软" 和 "微软由比尔·盖茨于 1975 年创办" 的关系，尽管措辞不同，但二者描述的实质内容是相同的。这种情况下，通过关系归并可以将这两条关系统一为一条，即 "比尔·盖茨—创办—微软"。关系归并不仅简化了图谱结构，还能减少关系的冗余，并提升图谱的查询性能。此外，关系归并过程中可以应用聚类算法或关系相似度计算，以确保合并的是语义一致的关系，而不会误将不相关的关系归并在一起。这种方法特别适用于人物关系、地理信息和企业创始信息等有明确逻辑关系的领域。

（3）属性融合

在知识图谱中，每个实体可能拥有多种属性描述，这些属性通常来源于不同数据源并可能存在差异。例如，关于 "纽约市" 这个实体，不同数据源可能提供了其人口、面积、气候等信息。有的来源标注纽约市人口为 "800 万"，而另一些来源则可能标注为 "850 万"。此外，不同来源可能对某些属性的度量单位不同，例如面积可能会以平方英里或平方公里表示。在属性融合过程中，可以通过数据转换和归一化处理，将不同单位转换为同一标准，同时在属性值冲突时选用可信度更高的数据来源或使用数据平均的方法来合并。属性融合不仅能够提升图谱信息的全面性，还可以在图谱查询中提供更详细和精确的结果。此外，一些高置信度的属性值可以通过自动打标签的方式，以便标识其来源的可靠性，从而帮助用户更好地理解属性数据的准确性。

（4）数据清洗与冲突消解

数据清洗和冲突消解是在知识融入过程中处理数据质量问题的关键步骤。在不同数据源中获取的数据通常包含噪声、冗余信息或存在矛盾。例如，有的新闻文章可能会错误地将"乔治·华盛顿"描述为"美国第三任总统"。如果将这种错误信息直接融入知识图谱，会导致图谱质量下降，影响下游应用的准确性。为此，数据清洗通过去除冗余、修正错误、处理缺失值等步骤，确保数据的完整性和准确性。而冲突消解则依赖规则或算法来选择置信度最高的数据。例如，对于"乔治·华盛顿"的职务信息，如果在多个来源中出现矛盾描述，可以通过权重算法（基于来源的可靠性）选择主流来源中的正确信息，并剔除错误描述。这一过程确保知识图谱的数据准确且清晰，从而提升其应用的可信度。

（5）知识验证与更新

知识图谱的构建和维护是一个动态过程。信息的时效性是图谱有效性的关键之一，因为很多知识会随着时间推移而更新。例如，对于某公司实体（CEO、财务状况、上市信息等）可能随时间发生变化，因此知识验证与更新尤为重要。知识验证通过定期检查现有图谱内容的正确性，确保图谱中没有过期或错误的信息。此外，知识更新可以借助自动化更新流程，通过周期性地获取新数据或整合新闻资讯，及时补充或修改图谱中的信息。例如，在知识图谱中关于"苹果公司"的 CEO 信息，可以设置自动更新机制，一旦数据源监测到变更信息（如库克卸任），即自动将图谱内容更新为最新数据。通过知识验证与更新，不仅能保证图谱的内容时刻保持新鲜，也让其在快速变化的领域（如金融、科技）中具备了长期的应用价值。

8.3.3　知识加工

通过信息抽取，可以从原始语料中提取出实体、关系与属性等知识要素，为知识图谱奠定了基础。然而，仅靠信息提取的事实还不够，事实本身并不等于知识。要想实现更高层次的知识应用，必须通过知识融合进一步清理、合并数据，例如消除实体指称项与实体对象之间的歧义，使来自不同来源的相似信息得到一致表达，从而获得可靠的事实表达。但为了从事实到知识体系，还需要进一步的知识加工，从而建立结构化、网络化的知识体系。知识加工主要包括本体构建、知识推理和质量评估三个方面。本体构建为知识图谱提供语义结构和分类框架；知识推理则能够从已有信息中推导出新知识，使图谱具备推理能力；而质量评估则保障知识图谱的准确性和可靠性。这些步骤共同构成了知识图谱从数据到知识的核心路径，使其在复杂的智能应用中真正发挥作用。

（1）本体构建

本体（Ontology）是对概念进行建模的规范，描述客观世界的抽象模型，以形式化方式定义概念及其之间的联系。它的核心特点在于共享性，本体中反映的知识是各主体之间的共识。在知识图谱中，本体位于模式层，用于描述知识库中知识的概念模板。

本体的构建可以通过人工编辑或计算机辅助的方式进行。人工构建的方法常依赖领域专家和众包方法，而对于跨领域的全局本体库，人工方式不仅工作量巨大，还难以找到符合要求的专家。因此，许多全局本体库产品是从特定领域的现有本体库出发，利用数据驱动的自动化构建技术进行扩展。例如，微软的 Probose 本体库采用统计机器学习算法，从网页文本数据中提取概念之间的"IsA"关系，生成了超过 270 万个概念，准确率达到 92.8%。数据驱动的自动化本体构建过程主要分为三个阶段：

① 实体并列关系相似度计算：这是评估两个实体在多大程度上属于同一概念分类的指标。相似度越高，表明两个实体越可能属于同一语义类别。例如，"中国"和"美国"作为国家名称的实体，具有较高的并列关系相似度。

② 实体上下位关系抽取：用于确定概念之间的隶属关系（IsA 关系）。例如，"导弹"是"武器"的下位词。在这方面，主流的研究方法包括基于语法模式的抽取（如 Heuristic 模式）。

③ 本体生成：对已识别的概念进行聚类，并为其指定公共上位词。例如，在处理"猫"和"狗"时，可以确定它们都属于"宠物"这一上位词。

目前的并列关系相似度计算方法包括模式匹配法和分布相似度法。模式匹配法通过预定义的实体对模型计算关键字组合在同一语料单位中共同出现的频率，而分布相似度方法则通过将每个实体表示为 N 维向量来测量相似度。向量的每个维度表示一个上下文环境，元素值表示该实体出现在各上下文中的概率。除了数据驱动的方法，跨语言知识链接方法也是构建本体库的有效手段。这种方法能够提高不同语言之间关系的预测准确度。

在本体生成方法的研究中，实体聚类是一个重要方向。主要挑战在于经过信息抽取得到的实体描述较短，缺乏上下文信息，导致许多统计模型无法适用。例如，基于主题的层次聚类方法和贝叶斯模型已经被提出，用于从大量关键词中高效提取特定领域的本体。

（2）知识推理

知识推理通过从知识库中已有的实体和关系出发，借助计算推理建立新关联，拓展知识网络。推理方法主要分为基于逻辑的推理和基于图的推理。基于逻辑的推理包括一阶谓词逻辑和描述逻辑。前者通过个体和谓词表示实体关系，如将"朋友"关系作为谓词表示人物间的关系。描述逻辑则适用于复杂关系推理，利用概念和事实集（TBox 和 ABox）进行一致性检验，从而简化推理过程。基于描述逻辑的推理通常需配合规则语言来增强推理能力，如利用 SWRL 对概念层次扩展功能。基于图的推理常用神经网络模型或 PathRanking 算法。前者将实体表示为词向量，利用神经张量网络进行推理，实现对开放本体库的高精度关系推断；后者通过图上节点和边的随机游走，推测实体间可能存在的关系。知识推理是知识图谱构建的重要手段，可以从现有知识中发现新的信息，知识推理的具体内容将会在 8.5 节详细介绍。

（3）质量评估

质量评估是知识库构建中的重要步骤，用于保证知识的准确性和一致性。由于开放域信息抽取可能导致错误（如实体识别或关系抽取错误），推理所得的知识质量往往不稳定，因此在入库前需要进行质量评估。评估的作用在于量化知识的可信度，通过排除置信度较低的知识确保知识库的可靠性。为解决知识库间的冲突，质量评估方法可以根据需求定制，并通过综合考评确定知识的最终质量评分。一些项目，如谷歌的 Knowledge Vault，采用频率评分和先验知识修正来评估数据可信度，降低错误判断的可能性，从而提高知识质量。用户贡献的知识则通过评估贡献历史、领域和问题难度来计算可信度，以便快速确认知识质量，这种方法的准确率和召回率较高。

（4）知识更新迭代

知识更新是知识图谱构建中持续迭代的关键过程，涵盖了概念层和数据层的更新。概念层更新指的是在新增数据后添加新的概念，而数据层更新涉及实体、关系和属性值的新增或修改。数据层更新需考虑数据源的可靠性和一致性，目前主要依靠可信的百科类网站作为数据源，通过数据频率筛选出较为可靠的内容。知识更新也可以采用众包模式，增量更新则以新增数据为输入，不断添加新知识，尽管仍需规则定义等人工干预。

8.3.4 跨语言知识图谱构建

随着知识图谱技术在英语领域的快速发展，各语种的知识库建设也在迅速推进，跨语言知识图谱的构建逐渐成为研究热点。对于我国学者而言，可以在中文信息处理方面发挥优势，积极应对相关挑战并贡献力量。构建跨语言知识图谱的意义在于：一是融合多语言知识，弥补了单语种知识库的局限；二是利用不同语言的表达方式互补，提高知识覆盖率和共享度；三是跨语言图谱构建可通过对比不同语言的知识表述，帮助筛除错误和过时信息。因此，需要在多语间实现知识的融合，建立多语种知识间的映射关系。跨语言知识图谱可应用于多语言信息检索、机器翻译和跨语言知识问答等领域，因其广阔的应用前景而备受学界和业界关注。构建跨语言知识图谱的关键问题包括：跨语言本体的构建；跨语言知识抽取；跨语言知识链接。跨语言本体构建可参考本体构建方法，分别为各语种建立本体库。

8.4 知识图谱表示学习

在前面第 2 章中我们介绍过知识表示是一种系统化的手段，它用于描述人脑中的知识结构，其目标在于将人类丰富而复杂的认知过程转化为计算机能够理解和处理的形式。知识表示是知识图谱的核心问题，决定了知识的存储形式、语义表达以及推理能力。

8.4.1 知识图谱嵌入的概念

受词向量的启发，将知识图谱中的实体和关系映射到连续的向量空间，并包含一些语义层面的信息，可以使得在下游任务中更加方便地操作知识图谱，如问答任务、关系抽取等。对于计算机来说，连续向量的表达可以蕴涵更多的语义，更容易被计算机理解和操作。把这种将知识图谱中包括实体和关系的内容映射到连续向量空间方法的研究领域称为知识图谱嵌入（Knowledge Graph Embedding，KGE）或知识图谱的表示学习（Knowledge Graph Representation Learning，KGRL）。

知识图谱嵌入也是通过机器学习的方法对模型进行学习，与独热编码、词袋模型的最大区别在于，知识图谱嵌入方法的训练需要基于监督学习。在训练过程中，可以学习一定的语义层信息，词向量具有的空间平移性也简单地说明了这点。类似于词向量，经典的知识图谱嵌入模型 TransE 的设计思想就是，如果一个三元组 (h,r,t) 成立，那么它们需要符合 $h+r \approx t$ 关系，例如：

$$vec(Rome)+vec(is-capital-of) \approx vec(Italy)$$

所以，在知识图谱嵌入的学习过程中，不同的模型从不同的角度把相应的语义信息嵌入知识图谱的向量表示中，如图 8.6 所示。

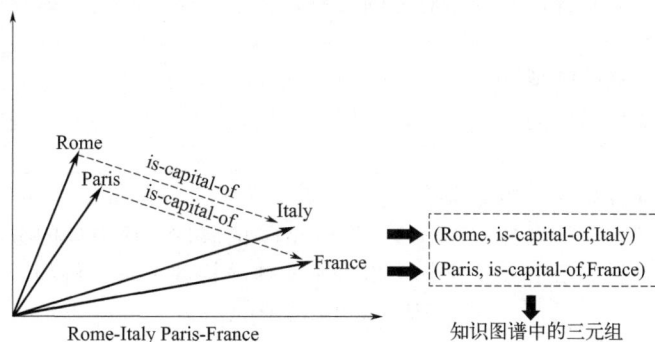

图 8.6 语义信息嵌入知识图谱的向量表示中

8.4.2 知识图谱嵌入的主要方法

多数知识图谱嵌入模型主要依靠知识图谱中可以直接观察到的信息对模型进行训练，也就是说，根据知识图谱中所有已知的三元组训练模型。对于这类方法，常常只需训练出来的实体表示和矩阵表示满足被用来训练的三元组即可，但是这样的结果往往并不能完全满足所有的下游任务。所以，当前也有很多研究者开始关注怎么利用一些除知识图谱之外的额外信息训练知识图谱嵌入。这些额外的信息包括实体类型（Entity Types）、关系路径（Relation Paths）等。目前，知识图谱嵌入的方法可分为平移距离模型、语义匹配模型等。

（1）平移距离模型

平移距离（Translational Distance）模型的主要思想是将衡量向量化后知识图谱中三元组的合理性问题，转化成衡量头实体和尾实体的距离问题。正如词与词在向量空间的语义层面关系，可以拓展到知识图谱中头实体和尾实体在向量空间的关系。也就是说，同样可以考虑把知识图谱中的头实体和尾实体映射到向量空间中，且它们之间的联系也可以考虑成三元组中的关系。TransE 便是受到词向量中平移不变性的启发，在 TransE 中，把实体和关系都表示为向量，对于某一个具体的关系（head,relation,tail），把关系的向量表示解释成头实体的向量到尾实体的向量的转移向量（Translation Vector）。也就是说，如果在一个知识图谱中，某一个三元组成立，则它的实体和关系需要满足关系 head＋relation≈tail。这一方法的重点是如何设计得分函数，得分函数常常被设计成利用关系把头实体转移到尾实体的合理性的函数。

（2）语义匹配模型

相比于平移距离模型，语义匹配（Semantic Matching）模型更注重挖掘向量化后的实体和关系的潜在语义。该方向的模型主要是 RESCAL 以及它的延伸模型。

RESCAL 模型的核心思想是将整个知识图谱编码为一个三维张量，由这个张量分解出一个核心张量和一个因子矩阵，核心张量中每个二维矩阵切片代表一种关系，因子矩阵中每一行代表一个实体。由核心张量和因子矩阵还原的结果被看作对应三元组成立的概率，如果概率大于某个阈值，则对应三元组正确，否则不正确，其得分函数可以写成

$$f_r(\boldsymbol{h},\boldsymbol{t})=\boldsymbol{h}^\top \boldsymbol{M}_r \boldsymbol{t}=\sum_{i=0}^{d-1}\sum_{j=0}^{d-1}[\boldsymbol{M}_r]_{ij}\cdot[\boldsymbol{h}]_i\cdot[\boldsymbol{r}]_j$$

DistMul 通过限制 $\boldsymbol{M}_r$ 为对角矩阵简化 RESCAL 模型，也就是说其限制 $\boldsymbol{M}_r=\mathrm{diag}(\boldsymbol{r})$。但因为是对角矩阵，所以存在 $\boldsymbol{h}^\top \mathrm{diag}(\boldsymbol{r})\boldsymbol{t}=\boldsymbol{t}^\top \mathrm{diag}(\boldsymbol{r})\boldsymbol{h}$，也就是说这种简化的模型只天然地假设所有关系是对称的，显然这是不合理的。ComplEx 模型考虑到复数的乘法不满足交换律，所以在该模型中实体和关系的向量表示不再依赖实数而是放在了复数域，从而其得分函数不具有对称性。也就是说，对于非对称的关系，将三元组中的头实体和尾实体调换位置后可以得到不同的分数。

（3）考虑附加信息的模型

除了仅仅依靠知识库中的三元组构造知识图谱嵌入的模型，还有一些模型考虑额外的附加信息进行提升。

实体类型是一种容易考虑的额外信息。在知识库中，一般会给每个实体设定一定的类别，例如 Rome 具有 city 的属性、Italy 具有 country 的属性。最简单的考虑实体类型的方法是在知识图谱中设立类似于 IsA 这样的可以表示实体属性的关系，例如：

$$(Rome,IsA,city)$$

$$(Italy,IsA,country)$$

这样的三元组。当训练知识图谱嵌入时，考虑这样的三元组就可以将属性信息考虑到向量表示中。也有一些方法考虑相同类型的实体需要在向量表示上更加接近。

关系路径也可以称为实体之间的多跳关系（Multi-hop Relationships），一般就是指可以连接两个实体的关系链，例如：

$$(\text{Rome},\text{is-capital-of},\text{Italy})$$
$$(\text{Italy},\text{is-country-of},\text{Europe})$$

从 Rome 到 Europe 的关系路径就是一条 is-capital-of→is-country-of 关系链。当前很多方法也尝试考虑关系路径来提升嵌入模型，这里的关键问题是考虑如何用相同的向量表达方式来表达路径。在基于路径的 TransE，也就是 PTransE 中，考虑了相加、相乘和 RNN 三种用关系表达关系路径的方法：

$$p = r_1 + r_2 + \cdots + r_l$$
$$p = r_1 \times r_2 \times \cdots \times r_l$$
$$c_i = f(W[c_{i-1};r_i])$$

在基于 RNN 的方法中，令 $c_1 = r_1$ 并且一直遍历路径中的关系，直到最终 $p = c_n$。对于某一个知识库中存在的三元组，其两个实体间的关系路径 p 需要和原本两个实体间关系的向量表示相接近。

文本描述（Textual Descriptions）指的是在一些知识图谱中，对实体有一些简要的文本描述，如图 8.7 所示，这些描述本身具有一定的语义信息，对提高嵌入的质量有一定的提升。除了某些知识库本身具有的文本描述，也可以使用外部的文本信息和语料库。

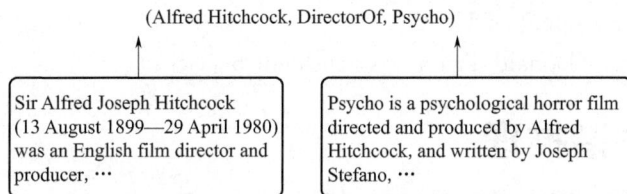

图 8.7　文本描述示例

逻辑规则（Logical Rules）也是常被用来考虑的附加信息，例如使用霍恩子句的简单规则 $\forall x,y : \text{IsDirectorOf}(x,y) \Longrightarrow \text{BeDirectedBy}(y,x)$，说明了两个不同的关系之间的关系。

除目前提到的表示学习方法，还有很多其他思路的表示学习方法，例如采用基于神经网络方法的 NTN、ConvE 等，这里不再赘述。

8.4.3　知识图谱嵌入的下游任务

在知识图谱嵌入的发展中，也有很多的相关应用一起发展起来，它们和知识图谱嵌入之间有着相辅相成的关系。本节将简单介绍一些典型的应用。

（1）链接预测

链接预测（Link Prediction）指通过一个已知的实体和关系预测另一个实体，或者通过两个实体预测关系。简单来说，也就是 $(h,r,?),(?,r,t),(h,?,t)$ 三种知识图谱的补全任务，被称为链接预测。

当知识图谱的嵌入被学习完成后，知识图谱嵌入就可以通过排序完成。例如需要链接预测（Roma，is-capital-of，?），可以将知识图谱中的每个实体都放在尾实体的位置上，并且放入相应的知识图谱嵌入模型的得分函数中，计算不同实体作为该三元组的尾实体的得分，也就是该三元组的合理性，得分最高的实体会被作为链接预测的结果。

链接预测也常被用于评测知识图谱嵌入。一般来说，会用链接预测的正确答案的排序评估某种嵌入模型在链接预测上的能力，比较常见的参数有平均等级（Mean Rank）、平均倒数等级（Mean Reciprocal Rank）和命中前 n(Hist@n)。

（2）三元组分类

三元组分类（Triple Classification）指的是给定一个完整的三元组，判断三元组的真假。这对于训练过的知识图谱向量来说非常简单，只需要把三元组各个部分的向量表达代入相应的知识图谱嵌入的得分函数，三元组的得分越高，其合理性和真实性越高。

(3) 实体对齐

实体对齐（Entity Resolution）也称为实体解析，任务是验证两个实体是否指代或者引用的是同一个事物或对象。该任务可以删除同一个知识库中冗余的实体，也可以在知识库融合时从异构的数据源中找到相同的实体。一种方法是，如果需要确定 x、y 两个实体指代同一个对象有多大可能，则使用知识图谱嵌入的得分函数对三元组 $(x, \text{EqualTo}, y)$ 打分，但这种方法的前提是需要在知识库中存在 EqualTo 关系。也有研究者提出完全根据实体的向量表示判断，例如设计一些实体之间的相似度函数来判断两个实体的相似程度，再进行对齐。

(4) 问答系统

利用知识图谱完成问答系统是该任务的一个研究方向，该任务的重心是对某一个具体的通过自然语言表达的问题，使用知识图谱中的三元组对其进行回答，如下：

A：Where is the capital of Italy?

Q：Rome(Rome, is-capital-of, Italy)

A：Who is the president of USA?

Q：Donald Trump(Donald Trump, is-president-of, USA)

8.5 知识图谱推理

知识图谱推理指的是从给定知识图谱推导出新知识或者检测知识图谱的逻辑冲突。针对知识图谱特有的三元组存储形式，其知识推理被定义为对三元组缺失部分的预测，更主要的是对实体和关系进行的预测，一般在<实体-关系-实体>三元组中进行。实体预测指通过已知实体和关系预测另一个实体的过程；关系预测则是给定头尾两实体，预测两者之间的关系。包括知识图谱补全和知识图谱去噪，其核心技术手段主要可分为两大类：一是演绎系列，如基于描述逻辑语言、逻辑规则的符号推理；二是归纳系列，如基于嵌入表示学习、规则学习的统计推理。本章重点介绍几种基于归纳的知识推理方法。

基于归纳的知识推理主要是通过对知识图谱已有信息的分析和挖掘进行推理的，最常用的信息为已有的三元组。按照推理要素的不同，基于归纳的知识推理可以分为以下几类：基于图结构的推理、基于规则学习的推理和基于表示学习的推理。下面分别介绍这三类推理的主要方法。

8.5.1 基于图结构的推理

对于自底向上构建的知识图谱，其信息主要由表示实体间关系的事实三元组组成。图形化表示时，这些三元组可以视为有向图，其中实体作为节点，关系作为有向边，每条边从起始实体指向目标实体，如图 8.8 所示。

在有向图中，丰富的图结构体现了知识图谱所包含的复杂语义信息，其中最常见的结构之一是两个实体之间的路径。例如，之前的例子展示了不同人物之间的关系以及职业信息，路径代表了实体之间的连接关系。例如：

$$王旷 \xrightarrow{\text{妻子是}} 卫夫人 \xrightarrow{\text{孩子有}} 王羲之$$

说明了王旷的妻子是卫夫人，他们的孩子是王羲之。这条由"妻子是"和"孩子有"组

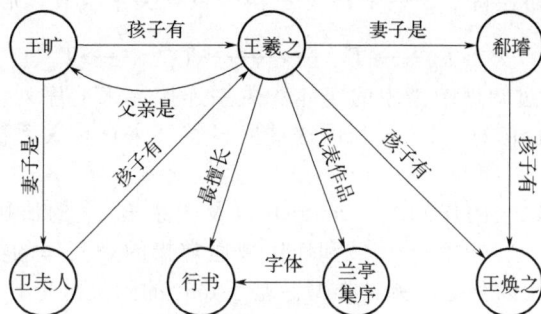

图 8.8　知识图谱中的实体关系

成的路径揭示了王旷和王羲之之间的父子关系，同时也包含了三元组：

$$王旷 \xrightarrow{\text{孩子有}} 王羲之$$

而这个推理过程不仅仅存在于这个包含王旷、卫夫人和王羲之的子图中，同样也存在于王羲之、郗璿和王焕之的子图中，而路径 $A \xrightarrow{\text{妻子是}} B \xrightarrow{\text{孩子有}} C$ 和三元组 $A \xrightarrow{\text{孩子有}} C$ 是常常同时出现在知识图谱中的。

其中 A、B、C 是三个代表关系的变量，由"妻子是"和"孩子有"两种关系组成的路径与关系"孩子有"在图谱中是经常共现的，且实体 A、B、C 可以代表任意人物，路径中的关系"妻子是"和"孩子有"经常在不同的图谱中共现。由此可见，路径不仅是知识推理的重要线索，也是一种常用的图结构，能够揭示实体之间的复杂联系。除了路径以外，实体周围的邻居节点以及它们之间的关系也提供了丰富的信息，用来描述某个实体。例如在上例中关于"王羲之"的 7 个三元组鲜明地描述了王羲之这个人物，包括（王羲之，父亲是，王旷），（王羲之，最擅长，行书）以及（王羲之，妻子是，郗璿）等。一般而言，离实体越近的节点对描述这个实体的贡献越大，在知识推理的研究中，常考虑的是实体一跳和两跳范围内的节点和关系。

当将知识图谱视作有向图时，重点通常放在事实三元组上，这些三元组用来表示两个实体之间的直接关系。然而，知识图谱中的本体和上层结构（Schema）往往被忽略，因为本体中的很多逻辑信息难以简单地转化为图的结构来表现。接下来将介绍几种基于图结构的推理算法，这些算法能够有效地从图结构中提取关系信息并进行推理。

典型的基于图结构的推理方法有 PRA(Path Ranking Algorithm)，利用了实体节点之间的路径当作特征，从而进行链接预测推理。

① 基于知识图谱路径特征的 PRA 算法。

PRA 算法处理的是关系推理问题，具体包含两个核心任务：一是给定关系 r 和头实体 h，预测可能的尾实体 t 是什么，这个任务称为尾实体链接预测，即在给定头实体和关系的情况下，判断哪个三元组 (h, r, t) 成立的可能性最大；二是给定关系 r 和尾实体 t，推测可能的头实体 h，这一任务称为头实体链接预测。

PRA 主要面向自动化构建、噪声较多的知识图谱，如 NELL（Never-Ending Language Learning）这种图谱。针对这些图谱中的关系推理问题，将其形式化为一个排序问题。针对每个关系，PRA 单独训练头实体和尾实体的排序模型。PRA 将知识图谱中的路径当作特征，通过计算每条路径的特征值，最终利用这些特征来训练一个逻辑回归分类器，以实现关系的推理。

在 PRA 算法中，每条路径可以视作对当前关系判断的一个独立"专家"，每条路径从不同角度来评估关系的存在性与否。因此，路径的特征对于推理至关重要。PRA 通过随机

游走路径排序算法生成路径特征，一个路径 P 由一系列关系组成，形式为

$$P = T_0 \xrightarrow{r_1} T_1 \xrightarrow{r_2} \cdots \xrightarrow{r_{n-1}} T_{n-1} \xrightarrow{r_n} T_n$$

其中，路径 P 是通过知识图谱中的实体和关系连接起来的序列。每条路径描述了从头实体到尾实体的潜在路径信息，PRA 利用这些路径特征来评估关系的合理性，从而进行关系推理。

上式中，T_n 为关系 r_n 的作用域（range）以及关系 r_{n-1} 的值域（domian），即 $T_n =$ range$(r_n) =$ domain(r_{n-1})，关系的值域和作用域通常指的是实体的类型，分别表示关系中的实体是从何种类型开始以及通向哪种类型。基于路径的随机游走算法定义了一个关系路径分布，并计算每条路径的特征值 $s_{h,P(t)}$，$s_{h,P(t)}$，可以理解为沿着路径 P 从 h 开始能够到达 t 的概率。具体的随机游走操作如下：

在随机游走的初始阶段，如果 $e = h$，$s_{h,P(e)}$ 初始化为 1，否则初始化为 0。在随机游走的过程中，$s_{h,P(e)}$ 的更新原则如下：

$$s_{h,P(e)} = \sum_{e' \in \text{range}(P')} s_{h,P'(e')}(e') P(e | e'; r_l)$$

式中，$P(e|e';r_l) = \dfrac{r_l(e',e)}{|r_l(e',\cdot)|}$ 表示从节点 e' 出发沿着关系 r_l 通过一步的游走能够到达节点 e 的概率。对于关系 r，在通过随机游走得到一系列路径特征 $P_r = \{P_1, P_2 \cdots, P_n\}$ 之后，PRA 利用这些路径特征为关系 r 训练一个线性的预测实体排序模型。

每个训练样本，即头实体和尾实体的组合，会通过以下方式计算其得分：

$$\text{score}(h,t) = \sum_{p_i \in P_r} \theta_i s_{h,p_i(e)} = \theta_1 s_{h,p_1(e)} + \theta_2 s_{h,p_2(e)} + \cdots + \theta_n s_{h,p_n(e)}$$

该得分表示的是每条路径特征在实体组合上的权重加权和，其中 θ_i 是路径特征 p_i 对应的权重，$s_{h,p_i(e)}$ 是路径 p_i 的特征值。

在计算了每个样本的得分后，使用逻辑斯蒂函数计算每个样本具有关系 r 的概率：

$$p(r_i = 1 | \text{score}(h_i, t_i)) = \frac{\exp(\text{score}(h_i, t_i))}{1 + \exp(\text{score}(h_i, t_i))}$$

随后，通过一个线性变换并结合最大似然估计，定义损失函数如下：

$$l_i(\theta) = w_i [y_i \ln p_i + (1 - y_i) \ln(1 - p_i)]$$

式中，y_i 为训练样本 (h_i, t_i) 是否具有关系 r 的标记，如果 (h_i, r, t_i) 存在，则标记为 1；如果不存在，则标记为 0。

在路径特征搜索过程中，PRA 增加了一些有效路径特征的约束，以减少搜索空间并提高模型效率。主要约束条件如下：

- 路径在图谱中的支持度（support）必须大于某一设定比例 α；
- 路径的长度必须小于或等于设定的最大长度；
- 每条路径至少有一个正样本存在于训练集中。

在路径采样过程中，PRA 使用了低方差采样（Low-Variance Sampling，LVS）的方法，这种方法能够有效提升采样效率并确保采样结果的代表性。通过结合有效采样和随机游走，PRA 能够快速、有效地利用知识图谱中的路径结构进行关系推理，是一种典型的基于图结构的知识推理算法。

② PRA 的演化算法。

在 PRA 中的路径是连续的且在路径中的关系是同向的，这种路径特征可以理解为一种简单的霍恩规则（Horn Rule），但是在知识图谱中，有很多种路径是含有常量的。例如，由路径"研究领域是"到"获得奖项是"的推理可以得到三元组（"Alan Turing"，"研究领

域是"，"计算机科学"），这类含有常量的路径特征是 PRA 无法捕捉的。又如，直接推理中将"John von Neumann"设置为关系"研究领域"的特定值域（如"计算机科学"），这种明显的推理特征也是 PRA 无法捕捉的。所以，CoR-PRA（Constant and Reversed Path Ranking Algorithm）通过改变 PRA 的路径特征搜索策略，促使其能够涵盖更多种语义信息的特征，主要是包含常量的图结构特征。给定关系 r 下的训练样本 (h, t)，Co-PRA 中搜索图结构特征的步骤如下：

a. 生成初步的路径。通过路径搜索算法生成以 h 为起点的小于长度 l 的路径集合 P_h；通过路径搜索算法生成以 t 为起点的小于长度 l 的路径集合 P_t。

b. 通过 PRA 计算路径特征的概率。对于路径 $\pi_h \in P_h$，计算沿着路径 π_h 正向地由 h 到达 x 的概率 $P(h \to x; \pi_h)$，以及沿着路径 π_h 逆向地由 h 到达 x 的概率 $P(h \leftarrow x; \pi_h^{-1})$；同理，对路径 $\pi_t \in P_t$，计算沿着路径 π_t 正向地由 t 到达 x 的概率 $P(t \to x; \pi_t)$，以及沿着路径 π_t 逆向地由 t 到达 x 的概率 $P(t \leftarrow x; \pi_t^{-1})$，并将所有的 x 放入常量候选集 N 中。

c. 生成候选的常量路径。对每一个 $(x \in \mathbf{N}, \pi \in P_t)$ 的组合，如果 $P(t \to x | \pi_t) > 0$，那么生成路径特征 $P(c \leftarrow t; \pi_t^{-1})$，其中 $c = x$，并且将路径特征对应的覆盖度值（coverage）加 1，即 $\text{coverage}(P(c \leftarrow t; \pi_t^{-1})) += 1$；同理，对每一个 $(x \in \mathbf{N}, \pi \in P_t)$ 的组合，如果 $P(t \leftarrow x | \pi_t^{-1}) > 0$，那么生成路径特征 $P(c \to t; \pi_t)$，其中 $c = x$，并且将路径特征对应的覆盖度值加 1，即 $\text{coverage}(P(c \to t; \pi_t)) += 1$。

d. 生成更长的路径特征候选集（Long Concatenated Path Candidates）。对每一个可能的组合 $(x \in \mathbf{N}, \pi_h \in P_h, \pi_t \in P_t)$，如果 $P(s \leftarrow x | \pi_s) > 0$ 且 $P(t \leftarrow x | \pi_t^{-1}) > 0$，就生成路径 $P(h \to t; \pi_s, \pi_t^{-1})$ 并且更新其覆盖度，即 $\text{coverage}((h \to t; \pi_s, \pi_t^{-1})) += 1$，同时更新其准确度，即 $\text{precision}((h \to t; \pi_s, \pi_t^{-1})) = P(s \leftarrow x | \pi_s) P(t \leftarrow x | \pi_t^{-1}) / n$。反向同理。

从路径搜索过程可以看出，相比 PRA，CoR-PRA 最重要的不同有两方面，一是增加了带有常量的路径特征的搜索，二是搜索过程由单项搜索变成了双向搜索。

尽管 PRA 采用了随机游走策略来缩小搜索空间，但在关系丰富且节点连接密集的知识图谱中，依然存在路径特征爆炸的问题。为了提高 PRA 在路径搜索中的效率并增加特征的多样性，SFE（Subgraph Feature Extraction）模型通过改变 PRA 的路径特征搜索过程，优化了该算法的性能。

SFE 的关键改进是去除了路径特征的概率计算，这一计算通常非常耗费资源。SFE 不再计算路径存在的概率，而是简化为二值特征，仅记录路径是否存在于两个实体之间。具体而言，SFE 首先通过随机游走采集每个实体在给定步数内的子图特征，并记录下子图中所有的结束节点实体 e。对于某个关系的训练样本实体对 (h, t)，如果实体 e_i 同时存在于实体 h 和实体 t 的结束节点集中，那么 e_i 将作为链接节点，并生成连接 h 和 t 的路径。这一过程减少了计算开销，同时提高了搜索效率。

为了进一步提升路径搜索的效率，并避免冗余和无意义的路径特征，SFE 在处理某些特殊关系时进行了优化。例如，当图中一个节点通过相同的关系 r_i 连接到多个不同的节点时，继续沿着这个关系进行路径搜索会显著扩大子图规模。为了解决这一问题，SFE 选择停止对该关系的深度优先搜索，将该节点标记为结束节点，从而避免了路径爆炸的情况。

此外，为了增强子图特征的丰富性，SFE 引入了多种新特征形式：

二元路径特征：SFE 增加了类似于自然语言处理中的二元组（bigram）路径特征，即将两个相关联的关系组合在一起，形成新的复合关系。例如，"BIGRAM：对齐实体/妻子是"表示两个关系的结合，从而捕捉到更多的语义信息。

单向路径特征（One-sided Path Feature）：SFE 还增加了单向路径特征，即从起始节点开始的路径，但并不一定终止于目标节点。这种路径类似于 Co-PRA 中的常量路径特征，能够捕捉到复杂的语义结构。

SFE 还通过比较两个节点之间的单向路径特征来进一步增强特征的表达能力。如果两个节点在某个关系 r_i 下具有相同的连接，如"性别是"，SFE 会将这些关系和连接的实体记录下来。如果两个节点通过相同的关系 r_i 连接到相同的实体，PRA 可以捕捉到这一特征；但如果连接的实体不同，只有 SFE 能够捕捉到这一差异。

为了增加特征的灵活性，SFE 还引入了关系的向量表示。通过利用预训练的关系向量，SFE 可以将已有路径特征中的关系替换为向量空间中最相似的关系。这样，系统能够更好地理解语义相似的关系，从而丰富路径特征。此外，SFE 还引入了一个新的通用关系符号 ANYREL，用来表示任意关系。这一特征进一步增加了路径特征的多样性。

总体而言，SFE 在 PRA 的基础上做了显著改进，提升了路径特征搜索的效率，并增加了特征的多样性。通过引入子图、二元路径特征、单向路径特征和关系向量表示，SFE 能够更好地捕捉知识图谱中的复杂关系，提高了关系推理的效果。

8.5.2　基于规则学习的推理

基于规则的推理具有精确且可解释的特性，规则在学术界和工业界的推理场景都有重要的应用。规则是基于规则推理的核心，所以规则获取是一个重要任务。在小型的领域知识图谱上，规则可以由领域专家提供，但在大型、综合的知识图谱方面，人工提供规则的效率比较低，且很难做到全面和准确。所以，自动化的规则学习方法应运而生，旨在快速有效地从大规模知识图谱上学习置信度较高的规则，并服务于关系推理任务。

规则一般包含两个部分，分别为规则头（head）和规则主体（body），其一般形式为

$$rule:head \leftarrow body$$

解读为由规则主体的信息可推出规则头的信息。其中，规则头由一个二元的原子（Atom）构成，而规则主体由一个或多个一元原子或二元原子组成。原子是指包含了变量的元组，例如 isLocation(X) 是一个一元原子，表示实体变量 X 是一个位置实体；hasWife(X,Y) 是一个二元原子，表示实体变量 X 的妻子是实体变量 Y。二元原子可以包含两个或一个变量，例如 liveIn(X, Hangzhou) 是一个只含有一个实体变量 X 的二元原子，表示了变量 X 居住在杭州。在规则主体中，不同的原子是通过逻辑合取组合在一起的，且规则主体中的原子可以以肯定或否定的形式出现，例如如下规则：

isFatherOf(X,Z)←hasWife(X,Y) $\wedge$ hasChild(Y,Z) $\wedge \neg$ usedDivocied(X) $\wedge \neg$ usedDivocied(Y)

这里的规则示例说明了如果任意实体 X 的妻子是实体 Y，且实体 Y 的孩子有 Z 且 X 和 Y 都不曾离婚，那么可以推出 X 的孩子也有 Z。这条规则里的规则主体就包含了以否定形式出现的原子。所以，规则也可以表示为

$$rule:head \leftarrow body^+ \wedge body^-$$

其中，$body^+$ 表示以肯定形式出现的原子的逻辑合取集合，而 $body^-$ 表示以否定形式出现的原子的逻辑合取集合。如果规则主体中只包含有肯定形式出现的原子而不包含否定形式出现的原子，称这样的规则为霍恩规则。霍恩规则是被研究得比较多的规则类型，可以表示为以下形式：

$$a_0 \leftarrow a_1 \wedge a_2 \wedge \cdots \wedge a_n$$

其中，每个 a_i 都为一个原子。在知识图谱的规则学习方法中，另一种被研究得比较多的规则类型叫作路径规则（Path Rules），路径规则可以表示为如下形式：

$$r_0(e_1, e_{n+1}) \leftarrow r_1(e_1, e_2) \wedge r_2(e_2, e_3) \wedge \cdots \wedge r_n(e_n, e_{n+1})$$

其中，规则主体中的原子均为含有两个变量的二元原子，且规则主体的所有二元原子构

成一个从规则头中的两个实体之间的路径，且整个规则在知识图谱中构成一个闭环结构。这几种不同规则的包含关系如下：

$$路径规则 \in 霍恩规则 \in 一般规则$$

即路径规则是霍恩规则的一个子集，而霍恩规则又是一般规则的一个子集，从规则的表达能力来看，一般规则的表达能力最强，包含各种不同的规则类型，而霍恩规则次之，规则路径的表达能力最弱，只能表达特定类型的规则。

在规则学习过程中，对于学习到的规则一般有三种评估方法，分别是支持度（support）、置信度（confidence）、规则头覆盖度（head coverage）。下面分别介绍这三种评价指标的计算方法。

对于一个规则（rule），在知识图谱中，其支持度（support）指的是满足规则主体和规则头的实例个数，规则的实例化指的是将规则中的变量替换成知识图谱中真实的实体后的结果。所以，规则的支持度通常是一个大于或等于 0 的整数值，用 support(rule) 表示。一般来说，一个规则的支持度越大，说明这个规则的实例在知识图谱中存在得越多，从统计角度来看，也越可能是一个比较好的规则。

规则的置信度（confidence）的计算方式为

$$\text{confidence(rule)} = \frac{\text{support(rule)}}{\# \, \text{body(rule)}}$$

即规则支持度和满足规则主体的实例个数的比值，即在满足规则主体的实例中，同时也能满足规则头的实例比例。一个规则的置信度越高，一般说明规则的质量也越高。由于知识图谱往往具有明显的不完整性，而前文介绍的规则置信度计算方法间接假设了不存在知识图谱中的三元组是错误的，这显然是不合理的。所以，基于部分完全假设（Partial Completeness Assumption，PCA）的置信度（PCA Confidence）也是一个衡量规则质量的方法，且考虑了知识图谱的不完整性。PCA 置信度的计算方法为

$$\text{confidence(rule)} = \frac{\text{support(rule)}}{\# \, \text{body(rule)} \wedge r_0(x, y')}$$

从上面的式子可以看出，和前文介绍的置信度计算方法相比，PCA 置信度最大的区别是分母中需要多考虑一个条件 $r_0(x, y')$，这里 $r_0(x, y)$ 是规则头的条件，而 $r_0(x, y')$ 说明在知识图谱中，只有当规则头中的头实体 x 通过关系 r_0 连接到除 y 以外的实体时才能算进分母的计数，否则不作分母计数。这样考虑的原因是，知识图谱的不完全假设，$r_0(x, y)$ 只是在知识图谱中缺失而不是错误的三元组，所以，不应该将这类实例化例子计算在分母中，否则会降低规则的置信度。所以，在 PCA 置信度中排除了来自这类实例对置信度值的负向影响。

规则头覆盖度（Head Coverage）的计算方法为

$$\text{HC(rule)} = \frac{\text{support(rule)}}{\# \, \text{head(rule)}}$$

即规则支持度和满足规则头的实例个数的比值，即在满足规则头的实例中，同时也满足规则主体的实例比例。一个规则的头覆盖度越高，一般说明规则的质量也越高。

规则的支持度、置信度以及头覆盖度从不同的角度反映了规则的质量，但三者之间没有必然的关联关系。例如，置信度高的规则，其头覆盖度并不一定高，所以在规则学习中通常会结合这三个评价指标综合衡量规则的质量。

有一种典型的规则学习方法是 AMIE（Association rule Mining under Incomplete Evidence），其能挖掘的规则形如

$$\text{fatherOf}(f, c) \leftarrow \text{motherOf}(m, c) \wedge \text{marriedTo}(m, f)$$

AMIE 是一种霍恩规则，也是一种闭环规则，即整条规则可以在图中构成一个闭环结构。在规则学习的任务中，最重要的是如何有效搜索空间，因为在大型的知识图谱上简单地遍历所有可能的规则并评估规则的质量效率很低，几乎不可行。AMIE 定义了三个挖掘算子（Mining Operators），通过不断在规则中增加挖掘算子来探索图上的搜索空间，并且融入了对应的剪枝策略。三个挖掘算子如下：

① 增加悬挂原子（Adding Dangling Atom）。即在规则中增加一个原子，这个原子包含一个新的变量和一个已经在规则中出现的元素，可以是出现过的变量，也可以是出现过的实体。

② 增加实例化的原子（Adding Instantiated Atom）。即在规则中增加一个原子，这个原子包含一个实例化的实体以及一个已经在规则中出现的元素。

③ 增加闭合原子（Adding Closing Atom）。即在规则中增加一个原子，这个原子包含的两个元素都是已经出现在规则中的变量或实体。增加闭合原子之后，规则就算构建完成了。

AMIE 的规则学习算法如下：

Algorithm 1 Rule Mining

1：**function** AMIE(KB $\mathcal{K}$)
2：　$q = \langle [] \rangle$
3：　Execute in parallel：
4：　**while** $\neg q.isEmpty()$ **do**
5：　　$r = q.dequeue()$
6：　　**if** r is closed $\wedge$ r is not pruned for output **then**
7：　　　Output r
8：　　**end if**
9：　　**for all** operators o **do**
10：　　　**for all** rules $r' \in o(r)$ **do**
11：　　　　**if** r' is not pruned **then**
12：　　　　　$q.enqueue(r')$
13：　　　　**end if**
14：　　　**end for**
15：　　**end for**
16：　**end while**
17：**end function**

在规则学习过程中，AMIE 通过 SPARQL 在知识图谱上的查询对规则的质量进行评估。无论采用哪种挖掘算子来增加规则中的原子，每一个原子都伴随着需要选择一个知识图谱中的关系。在选择增加实例化算子时还涉及选择一个实体方面，为了满足选出来的实体和关系组成的原子，在添加到规则中后，能够满足事先设置的头覆盖度的要求，AMIE 用对知识图谱的查询来筛选合适的选项，例如：

$$\text{SELECT } ?\, r \text{ WHERE } a_0 \wedge a_1 \wedge \cdots \wedge a_n \wedge ?\, r(X, Y)$$
$$\text{HAVVING COUNT}(a_0) = \text{k}$$

这样经过查询筛选得到的关系候选项满足了一定符合头覆盖度的要求。

8.5.3 基于表示学习的推理

基于图结构的推理和基于规则学习的推理，都显式地定义了推理学习所需的特征，而基于表示学习的推理让算法在学习向量表示的过程中自动捕捉、推理所需的特征，通过训练学习，将知识图谱中离散符号表示的信息编码在不同的向量空间表示中，使得知识图谱的推理能够通过预设的向量空间表示之间的计算自动实现，不需要显式的推理步骤。Trans 系列模型通过嵌入表示和关系模式学习等方法，在知识图谱推理中发挥了重要作用。这里仅介绍几个比较典型的模型。

TransE 是经典的基于平移距离模型表示学习模型，它将一个三元组表示成 (h, r, t)，其中 h 表示头实体（head entity），r 表示关系（relation），而 t 表示尾实体（tail entity）。在 TransE 中，知识图谱中的每个实体和关系都被表示成了一个向量，按照词向量的启示，TransE 将三元组中的关系看作从头实体向量到尾实体向量的平移或翻译（Translation），并对知识图谱将要映射到的向量空间做了如下假设，即在理想情况下，对每一个存在知识图谱中的三元组都满足

$$h + r = t$$

式中，h 是头实体的向量表示；r 是关系的向量表示；t 是尾实体的向量表示。TransE 假设在任意一个知识图谱中的三元组 (h, r, t)，头实体的向量表示 h 加上关系的向量表示 r 应该等于尾实体的向量表示 t。在需要映射到的向量空间中，TransE 将关系看作从头实体向量到尾实体向量的翻译，即头实体向量通过关系向量的翻译得到尾实体，则说明这个三元组在知识图谱中成立。等式 $h + r = t$ 是一个理想情况的假设，根据这个假设，TransE 在训练阶段的目标是

对正样本三元组：　　　　　　　　　　$h + r \approx t$

对负样本三元组：　　　　　　　　　　$h + r \not\approx t$

$h + r$ 和 t 之间的近似程度可以用向量相似度衡量，TransE 采用欧氏计算两个向量的相似度，所以 TransE 的三元组得分函数设计为

$$f(h, r, t) = \| h + r - t \|_{L_1 / L_2}$$

对于正样本三元组，得分函数值尽可能小；而对于负样本三元组，得分函数值尽可能大。然后通过一个正负样本之间最大间隔的损失函数，设计训练得到知识图谱的表示学习结果，其损失函数为

$$L = \sum_{(h, r, t) \in S} \sum_{(h', r', t') \in S'_{(h, r, t)}} \left[\gamma + f(h, r, t) - f(h', r', t') \right]_+$$

式中，S 表示知识图谱中正样本的集合；$S'_{(h, r, t)}$ 表示 (h, r, t) 的负样本，在训练过程中三元组 (h, r, t) 的负样本通过随机替换头实体 h 或者尾实体 t 得到；$[x]_+$ 表示 $\max(0, x)$；γ 表示损失函数中的间隔，是一个需要设置的大于零的超参。TransE 的训练目标是最小化损失函数 L，可以通过基于梯度的优化算法进行优化求解，直至训练收敛。

实践证明，TransE 由于其有效合理的向量空间假设，是一种简单高效的知识图谱表示学习方法，并且能够完成多种关系的链接预测任务。TransE 的简单高效说明了知识图谱表示学习方法能够自动且很好地捕捉推理特征，无须人工设计，很适合在大规模复杂的知识图谱上推广，是一种有效的知识图谱推理手段。

尽管有效，TransE 依然存在着表达能力不足的问题，例如按照关系头尾实体个数比例划分，知识图谱中的关系可以分为四种类型，分别为一对一（1-1）、一对多（1-N）、多对一（N-1）以及多对多（N-N），TransE 能够较好地捕捉一对一（1-1）的关系，却无法很好地表示一对多（1-N）、多对一（N-1）以及多对多（N-N）的关系。例如，实体"中国"在关系"拥有省份"这个关系下有很多个尾实体，根据 TransE 的假设，任何一个省份的向量表示都满足 $v(省份\ x): v(中国) + v(拥有省份) = v(省份\ x)$，这将会导致 TransE 无法很好地区分各个省份。所以，TransH 就提出了在通过关系将头实体向量翻译到尾实体向量之

前，先将头实体和尾实体向量投影到一个和当前关系相关的平面上，由于向量空间中的不同向量在同一个平面上的投影可以是一样的，这就帮助 TransE 从理论上解决了难以处理一对多（1-N）、多对一（N-1）以及多对多（N-N）关系的问题，TransE 和 TransH 的对比向量空间假设对比如图 8.9 所示。

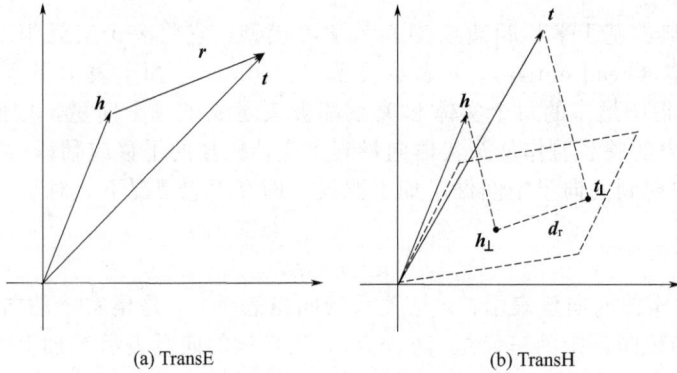

(a) TransE   (b) TransH

图 8.9   TransE 和 TransH 对比向量空间假设对比

TransH 为每个关系 r 都设计了一个投影平面，并用投影平面的法向量 w_r 表示这个平面，h 和 t 的投影向量的计算方法如下：

$$h_\perp = h - w_r^\top h w_r, \quad t_\perp = t - w_r^\top t w_r$$

然后，利用投影向量进行三元组得分的计算，即

$$f(h,r,t) = \|h_\perp + r - t_\perp\|_{L_1/L_2}$$

TransH 通过设计关系投影平面提升了 TransE 表达非一对一关系的能力；TransR 则通过拆分实体向量，表示空间和关系向量表示空间来提升 TransE 的表达能力。由于实体和关系在知识图谱中是完全不同的两种概念，理应表示在不同的向量空间而不是同一个向量空间中，所以 TransR 拆分了实体表示空间和关系表示空间，如图 8.10 所示。

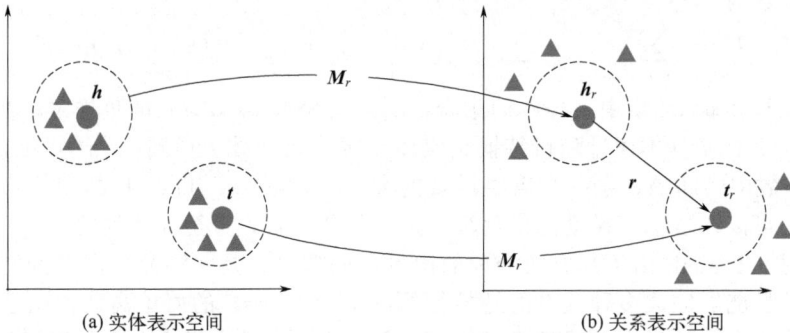

(a) 实体表示空间   (b) 关系表示空间

图 8.10   TransR 的实体表示空间和关系表示空间

TransR 设定所有的计算都发生在关系表示空间中，并在计算三元组得分之前首先将实体向量通过关系矩阵投影向关系表示空间，即

$$h_r = hM_r, \quad t_r = tM_r$$

然后，利用投影到关系表示空间的头实体向量和尾实体向量进行三元组得分的计算：

$$f(h,r,t) = \|h_r + r - t_r\|_{L_1/L_2}$$

TransR 通过区分实体和关系表示空间增加了模型的表达能力，并提升了表示学习结果，但是在 TransR 中，每个关系除拥有一个表示向量外，还对应了一个 $d \times d$ 的矩阵，这相比

起 TransE 增加了很多参数。为了减少 TransR 的参数量且同时保留其表达能力，TransD[ ]提出用一个与实体相关的向量以及一个与关系相关的向量通过外积计算，动态地得到关系投影矩阵，如图 8.11 所示。

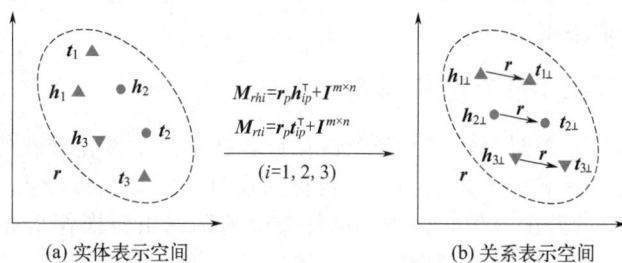

图 8.11　TransD 实体表示空间和关系表示空间

其动态矩阵的计算如下：

$$M_{rh_i} = r_p h_{ip}^\top + I^{m \times n}, \quad M_{rt_i} = r_p t_{ip}^\top + I^{m \times n}$$

式中，m、n 为关系和实体的向量表示维度；m、n 可以相等也可以不相等。TransD 通过动态计算投影矩阵，不仅可以显著减少关系数量较大且实体数量不多的知识图谱中的参数，而且增加了 TransD 捕捉全局特征的能力，使得其在链接预测任务上的表现比 TransR 更好。

8.6　知识图谱的应用

知识图谱作为一种结构化的知识表示技术，具有广泛的应用价值。通过知识图谱，不仅可以将互联网的信息表达成更接近人类认知世界的形式，而且提供了一种更好的组织、管理和利用海量信息的方式。

8.6.1　智能语义搜索问答系统

知识图谱最初主要是为了提升用户搜索的准确率和效率等性能指标。在智能语义搜索应用中，当用户发起查询时，搜索引擎会借助知识图谱对用户查询的关键词进行解析和推理，将其映射到知识图谱中的一个或一组概念之上，然后根据知识图谱的层次结构返回图形化的知识结构（包含指向资源页面的超链接信息），这就是我们在谷歌和百度的搜索结果中看到的知识卡片。

在深度问答应用中，系统同样首先借助知识图谱对用户使用自然语言提出的问题进行语义和语法分析，转化为结构化查询语句后在知识图谱中查询答案。查询通常使用基于图的查询语句（如 SPARQL），过程中基于知识图谱对查询语句进行等价变换。例如，当用户提问"如何判断自己是否恋爱了？"，该查询可被等价转换为"恋爱中的男女都有哪些表现？"然后形成等价的三元组查询语句，如（恋爱，行为，？）和（恋爱，态度，？）等，通过知识图谱查询得到答案。若知识库中缺少现成答案，可用知识推理技术解答，若仍无法解答，则深度问答系统会借助搜索引擎反馈结果，并根据结果更新知识库，为后续问题回答做好准备。

基于知识图谱的问答系统大致分为基于信息检索和基于语义分析两类。基于信息检索的问答系统将问题转化为知识库结构化查询，从知识库中抽取与问题中实体相关的信息生成候选答案，最终识别出正确答案。例如，系统识别疑问词、问题焦点词（暗示答案类型）、问题主题词（知识库中的实体），识别问题中关系词，并将关系词映射成知识库中的关系谓词，再找到问题主题词对应的节点和相关节点，以生成候选答案。系统遍历相关节点的属性和关系，识别出与关系词对应的节点作为答案。基于语义分析的问答系统则通过语义分析准确理解问题含义，将问题转化为知识库的精准查询，直接找到正确答案。例如，系统将问题分解为小问题逐一解答并合并答案；另一方法则通过对齐规则将问题中实体、关系词、疑问词映射到知识库中的实体与关系谓词，通过桥接相邻实体和谓词，生成新的谓词，取交集形成精确查询语句后直接获取答案。

8.6.2　基于知识图谱的个性化推荐

如今，人们生活的方方面面都离不开个性化推荐技术。个性化推荐的任务可以形式化地描述为：给定一个用户 u 和一组候选物品（也称为项目或资源）集合 I，为 I 中每个候选物品 i 计算出 u 会喜好 i 的匹配分值，然后根据匹配分值筛选出要推荐给 u 的物品。在此，用户的"喜好"可根据具体场景表现为购买、点评、浏览等行为。对于推荐任务来说，无论使用何种算法，推荐任务都需基于用户已知的历史信息。然而，在实际应用中，用户信息的收集往往无法满足推荐算法的需求。知识图谱因其丰富的语义信息，提供了优良的知识表示和处理方法，能够显著提升推荐系统的准确性和可解释性。

在个性化推荐系统中，传统方法主要依赖于用户历史行为数据和项目特征的分析。然而，这些方法在数据稀疏性和冷启动问题上常常面临挑战。知识图谱的引入为个性化推荐带来了新的机遇。知识图谱不仅能够提供丰富的语义信息，还能在用户和物品之间建立更为复杂的关系，从而提高推荐系统的准确性和可解释性。

（1）知识图谱的构建

知识图谱的构建过程通常涉及多个步骤，包括实体识别、关系抽取和本体构建。通过对各种数据源（如社交媒体、百科全书和用户生成内容）的整合，知识图谱能够形成一个多层次的知识网络。每个实体不仅包含基本属性，还包含与其他实体的关系，这使得推荐系统能够理解物品之间的相互关联。例如，在电影推荐中，一个用户可能喜欢某部电影，知识图谱可以通过关联分析，发现该电影的导演、演员及相关类型，从而推测出用户可能喜欢的其他电影。

（2）语义推理与个性化推荐

知识图谱的一个重要特性是其语义推理能力。通过推理技术，推荐系统可以基于用户的兴趣和行为模式，推导出潜在的偏好。例如，如果用户观看了多部由同一导演执导的电影，系统可以推测用户对该导演的偏好，并向其推荐其他同导演的作品。此外，知识图谱能够处理复杂的查询和多层次的推荐逻辑，提供更为准确的推荐结果。

（3）解决数据稀疏性与冷启动问题

在推荐系统中，数据稀疏性问题常常导致推荐效果不佳。知识图谱通过引入丰富的上下文信息，可以在用户与物品之间建立更多的联系，从而缓解这一问题。例如，当用户的新兴趣点与已有兴趣点在知识图谱中有交集时，系统可以有效利用这些交集进行推荐，从而提升推荐的相关性和准确性。

（4）个性化推荐的可解释性

知识图谱的另一个重要优势在于其增强的可解释性。当推荐系统提供某个物品时，知识图谱能够清晰地展示推荐的原因，例如，您可能喜欢这部电影，因为它由您喜欢的导演执导，并且与您之前观看的电影在类型上相似。这种可解释性不仅提升了用户的信任感，还有助于用户理解自己的偏好。

在实际应用中，许多企业已开始利用知识图谱增强其个性化推荐系统。例如，在线购物平台通过构建商品知识图谱，能够根据用户浏览历史和购买行为，精准推送相关商品；视频流媒体服务则利用知识图谱分析用户观看习惯，推荐与其口味相符的新电影和剧集。基于知识图谱的个性化推荐系统不仅提升了推荐的准确性和用户满意度，还解决了传统推荐方法中的许多问题。通过丰富的语义信息和推理能力，知识图谱为个性化推荐开辟了新的可能性，未来将在更多领域中发挥更大的作用。冷启动问题是另一个常见的挑战，尤其是在用户或物品信息不足的情况下。知识图谱提供了一种解决方案，通过对新用户的兴趣进行推测（如通过用户的社交网络分析），以及对新物品的特征进行丰富的背景描述（如基于相似物品的知识推理），可以帮助推荐系统更快地生成有效的推荐结果。

8.6.3　多模态与跨语言知识图谱

多模态知识图谱是一种通过整合图像、文本、视频等多种数据来源来构建和应用的知识图谱形式。传统知识图谱主要依赖文本数据来构建实体与实体之间的关系，而多模态知识图谱则进一步扩展了知识图谱的表示能力，通过融合不同类型的数据，提高了应用场景中的表现效果，特别是在视觉问答、图像理解、多模态搜索等任务中表现尤为突出。

我们最为熟悉的电商平台中，多模态知识图谱被用于开发智能的视觉问答系统。例如，当用户上传一张商品图片并询问有关产品的特定信息时，系统不仅能识别图像中的物品，还能从知识图谱中抽取相关的商品信息。例如，一位用户上传一双鞋子的照片并询问："这双鞋有哪些配色？"视觉问答系统通过图像识别技术确定鞋子的品牌和型号，同时从知识图谱中提取该鞋款的其他颜色选项及其具体描述，将完整的信息返回给用户。通过这种方式，平台提高了信息的可获得性，并增强了用户体验。

在新闻领域也应用多模态知识图谱以实现内容的多样性和准确性。例如，在全球媒体监测中，系统将新闻文本、图片、视频等资源汇集到多模态知识图谱中。当一个事件发生时，图谱能够综合文字报道、事件照片及视频资源，为用户生成一个更全面、准确的新闻概述。例如在某一体育赛事的报道中，系统不仅能展示新闻文章，还能提供运动员的照片、比赛的实时视频剪辑和赛事统计数据，让用户在同一平台获取更多维度的资讯。这种多模态支持的新闻图谱已逐渐被一些新闻聚合平台和数据分析公司采用，提升了信息传递的生动性和准确性。

学术领域中，跨语言知识图谱用于整合多语言学术资源，特别适用于科学家和学者的文献检索需求。学术研究中，不同语言的资源往往分布不均匀，导致研究成果的传播受限。通过跨语言知识图谱，学术机构能够将多语言学术文献、研究项目、专利等信息关联起来。例如在生物医学领域，跨语言知识图谱可以将来自英语和法语的科研文献进行整合，当用户搜索"癌症治疗"时，无论资料是法语还是英语，系统都能显示相关的文献和专利摘要。这种多语言资源整合不仅帮助研究人员获取更广泛的信息，还支持了科研合作与资源共享。

跨语言知识图谱在旅游行业中的应用，可以帮助来自不同国家的用户找到所需的旅行信息。例如，一个多语言旅游推荐系统基于跨语言知识图谱，可以将不同语言的旅游资源（如中文的"故宫"和英文的"Forbidden City"）关联起来，并通过知识图谱呈现各语言的内容。在实际应用中，当一位意大利用户输入"紫禁城"进行检索时，系统会自动关联到"Forbidden City"的相关内容，并显示以意大利语呈现的景点介绍、旅行注意事项、游客评价等信息，这使得不同语言的用户能够跨越语言障碍，获得所需的多语言信息，极大地提升了旅游体验。

8.6.4　知识图谱增强 AI 系统的语义理解

知识图谱在增强 AI 系统语义理解方面发挥了关键作用，使得系统能构建出更为精准的上下文关联和细致的多轮对话体验。AI 系统（如智能客服、语音助手等）在应用知识图谱后能够整合和关联更广泛的信息，从而更好地识别和理解用户的意图，并根据对话的上下文持续做出自然且连续的回应。

智能客服中，知识图谱的引入可以有效提升语义理解和上下文处理能力。例如，在银行客服系统中，当用户提出一系列复杂的金融问题时，系统可以借助知识图谱从"储蓄""理财产品""利率"等节点中快速定位相关信息。通过对"利率波动"的上下文跟踪和"理财风险"的信息联结，系统能够理解用户关注的关键点并提供准确的答案。若用户的提问变换成"现在还有其他稳健的投资方式吗？"，客服系统能够识别出这是一个与"理财产品"关联的意图，进一步推荐适合的投资方式。这样，知识图谱帮助系统跨越单一的问题理解，实现连续、相关的信息联想，使对话更流畅、交互更自然。语音助手通常需要在多轮对话中跟踪上下文。例如，当用户与语音助手讨论旅行计划时，可能会从"推荐城市"到"当地酒店"再到"景点预订"进行不同层次的提问。知识图谱通过构建"旅游目的地-酒店-景点-预订选项"等节点关系，帮助语音助手将不同意图关联起来，从而理解用户的实际需求。例如，当用户询问"有推荐的景点吗？"后又问"附近有没有酒店？"时，系统不仅能理解这个语境下的"酒店"是指"景点附近的住宿"，还能够关联到预定选项，从而提供一站式服务。通过知识图谱带来的关联性，语音助手的理解能力得到显著增强，提供的服务更符合用户意图。

现如今，大语言模型如 ChatGPT 展现出了其极强的智能化能力。知识图谱可以显著增强该系统的语义理解和信息查询能力。知识图谱不仅为模型提供了结构化、关联化的信息源，还能够帮助 ChatGPT 在信息抽取和多轮对话方面实现更高的精确性与一致性。

例如当用户与 ChatGPT 讨论关于"新能源电动汽车"的话题时，可能涉及多个分支，如"电动汽车的续航能力""充电站的分布""充电时长"等。通常，传统的语言模型在每轮对话后对上下文的依赖性有限，容易忽略前后关联。而通过知识图谱的支持，ChatGPT 可以将与电动汽车有关的各方面信息——如品牌、续航数据、能源供应等——有机地联系起来。在对话中，即使用户连续切换话题，如从"充电桩"跳到"特定车型的续航"，ChatGPT 也能维持对电动汽车整体知识的理解，不会因话题跳转而失去上下文，从而实现更自然、流畅的对话体验。

知识图谱还使 ChatGPT 在专业领域的知识问答中具备更高的准确性。例如，在医疗领域，知识图谱中的结构化医学信息能够让 ChatGPT 识别疾病、症状、药物之间的关系。当用户问"流感的常见症状有哪些？"以及后续问题如"可以用哪些药物？"时，知识图谱会关联出与流感相关的症状节点和对应的治疗药物推荐，并对可能的药物禁忌进行警示。这种多层次的语义理解和信息交叉验证，确保了 ChatGPT 给出的答案具有更高的准确性和安全性。

大语言模型有时因训练数据的局限无法涵盖最新信息，而知识图谱能够不断更新并添加新知识。例如，当有新冠疫苗相关政策或最新科学研究结果发布时，知识图谱会立即更新节点和关联关系，确保系统在回答疫苗相关的问题时能够以最新、准确的知识回应用户。例如，若用户询问"目前哪些疫苗对变种有效？"，ChatGPT 能够通过知识图谱提供最新的疫苗效果研究信息，避免因模型滞后而带来不准确的回答。

知识图谱大幅提升了 AI 系统在语义理解、信息关联及上下文对话中的表现，尤其是在 ChatGPT 这类大语言模型中的应用尤为显著。无论是多轮对话中的流畅联结，还是专业问答的准确性保障，知识图谱为 AI 系统实现真正智能化提供了重要支撑。知识图谱的加入使得大模型从简单的文本处理工具进化为可以真正理解、关联并持续学习的新型智能体，从而更好地满足用户需求。

习题

一、选择题

1. 在图结构中，以下哪种概念用于表示实体之间的关系？（　　）

A. 节点　　　　　　　　B. 边　　　　　　　　C. 属性　　　　　　　　D. 标签

2. 知识图谱的构建中，关系抽取的主要任务是什么？（　　）

A. 从文本中提取实体　　　　　　　　B. 从数据中发现模式

C. 识别并提取实体之间的关系　　　　D. 数据清洗和去重

3. 以下哪种方法不属于知识图谱构建中常用的数据来源？（　　）

A. 爬取网页　　　　B. 手动标注数据　　　　C. 云存储文件　　　　D. 随机生成数据

4. 以下哪种技术可以用于知识图谱中的自动知识推理？（　　）

A. 规则系统　　　　B. 深度学习　　　　C. 基因算法　　　　D. 以上都是

5. 知识图谱中，知识的表示通常使用什么形式来表达？（　　）

A. 向量　　　　B. 图的三元组形式　　　　C. 二维矩阵　　　　D. 字符串

二、问答题

1. 知识图谱的核心作用是什么？试分析其在语义检索中的具体应用。

2. 知识图谱构建中的关系抽取面临哪些挑战？如何解决这些问题？

3. 知识图谱的可解释性在人工智能系统中的重要性是什么？请举例说明。

4. 在大规模知识图谱中，如何有效地进行知识更新和一致性维护？

5. 结合实际场景，讨论知识图谱在隐私保护和伦理方面的挑战与解决策略。

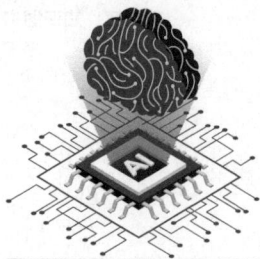

## 第9章

智能语音

本章导读

　　智能语音技术是人工智能领域的重要研究方向之一，致力于让计算机通过语音与人类进行自然的交互。这一技术在近年来取得飞速发展，尤其是深度学习的引入，使语音识别和语音合成的准确性和效率得到显著提升。本章将带领大家全面了解智能语音技术的基础知识、关键技术、典型应用以及未来发展趋势。

　　首先，我们将从智能语音概述入手，回顾智能语音技术的发展历程，了解从传统的GMM-HMM模型到深度学习模型的技术演进。接着，我们将深入探讨智能语音的两大核心技术：语音识别技术和语音合成技术，并解析深度学习如何在这些技术中发挥关键作用。随后，我们将通过典型应用案例，了解语音增强技术如何在复杂环境中处理噪声信号，为语音识别和语音通信提供支持。最后，我们会展望智能语音发展趋势，分析其在技术进步、应用场景扩展和产业生态完善方面的潜力，同时探讨面临的挑战和未来的可能发展方向。

　　本章的学习将帮助我们深入理解智能语音技术的核心原理与实践应用，感受这一技术在推动人机交互和人工智能领域发展中的重要作用。

　　本章将学习以下内容：
- 智能语音定义
- 智能语音技术
- 智能语音发展趋势

9.1　智能语音概述

　　随着人工智能技术的飞速发展，智能家居已成为现代生活的新趋势。其中，智能音箱作为智能家居的重要组成部分，通过智能语音技术实现了人机交互的新境界。用户只需简单的语音指令，就能控制音箱播放音乐、查询天气、设置闹钟等，极大地提升了生活的便捷性和趣味性，如图9.1所示。

　　智能语音技术是人工智能领域中一个极具挑战性和前景广阔的方向。它致力于让计算机理解和模拟人类的语音交互能力，使人机之间可以通过最自

图9.1　智能音箱

然的语音方式进行沟通。近年来，随着深度学习的兴起，智能语音技术取得了突飞猛进的发展，在学术界和工业界都引起了广泛关注。让我们先了解一下智能语音技术的发展历程。2009 年之前，语音识别主要依赖于高斯混合模型（Gaussian Mixture Model，GMM）和隐马尔可夫模型（Hidden Markov Model，HMM）的结合。这种方法将语音信号视为由一系列声学状态生成，每个状态对应一个高斯混合模型。虽然 GMM-HMM 模型在当时取得了不错的效果，但仍然存在许多局限性。

2009 年，深度学习的概念被引入语音识别领域，掀起了一场技术革命。深度学习模型，特别是深度神经网络（Deep Neural Network，DNN），能够自动从海量数据中学习复杂的特征表示，大大提高了语音识别的准确率。以 TIMIT 数据集为例，深度学习模型将错误率从传统 GMM-HMM 的 21.7% 降低到 17.9%，这一巨大进步立即引起了学术界和工业界的广泛关注。

为了帮助大家更直观地理解深度学习带来的变革，我们来看一个实际的例子。想象一下，你正在使用智能手机上的语音助手。在深度学习之前，当你说"今天天气怎么样？"时，系统可能会误解为"今天天气真不错"或"今天气温多少度"，因为传统模型难以准确捕捉语音的细微差别。但是，采用深度学习后，语音助手能够更精确地理解你的问题，大大减少了这类误解的发生。深度学习在语音识别中的成功，很快引发了一系列连锁反应。从 2010 年到 2014 年，在语音识别领域的两大顶级学术会议 IEEE-ICASSP 和 Interspeech 上，深度学习相关的论文呈现出逐年递增的趋势。与此同时，工业界也迅速跟进，纷纷将深度学习应用到自己的产品中。例如，谷歌的 Google Now、苹果的 Siri、微软的 Xbox 和 Skype 等广受欢迎的语音产品，都采用了基于深度学习的语音识别算法。

2009 年，谷歌刚刚启动语音识别应用时，还在使用传统的 GMM-HMM 模型。仅仅三年后的 2012 年，他们就全面转向了深度学习模型。这一转变带来的效果是惊人的，谷歌语音识别的错误率一下子降低了 20%，这个进步幅度超过了此前很多年的总和。深度学习之所以能带来如此巨大的突破，主要得益于它强大的特征学习能力。传统方法需要语音专家手工设计特征，这个过程不仅耗时耗力，而且很难全面捕捉语音信号的复杂特性。相比之下，深度学习模型可以直接从原始语音信号中自动学习有效的特征表示，大大提高了系统的性能和适应性。让我们用一个形象的比喻来理解这个过程：想象语音识别是一个复杂的拼图游戏，我们需要将零散的声音片段拼接成完整的语句。传统方法就像是我们事先给出一些拼图的规则和技巧，而深度学习则是让计算机自己从大量的拼图实例中学习如何更快更准确地完成拼图。显然，后者更有可能找到最优的解决方案。深度学习在语音识别中的应用经历了几个重要阶段。最初，研究人员使用受限玻尔兹曼机（Restricted Boltzmann Machine，RBM）进行无监督预训练，然后用于初始化深度神经网络。这种方法在 TIMIT 数据集上将音素级别的错误率从约 26% 降低到 20.7%，展现了深度学习的潜力。随后，研究重点转向了大规模词汇量的语音识别任务。这不仅包括识别音素，还需要识别大规模词汇的序列，难度大大增加。然而，深度学习模型依然表现出色。研究人员开始尝试各种新的网络结构和训练技巧，如使用整流线性单元（ReLU）激活函数、Dropout 正则化等，进一步提升了模型性能。

随着带标签的大规模数据集的出现，以及各种网络结构和训练方法的改进，研究人员发现无监督预训练不再必要。这一发现推动了端到端深度学习语音识别系统的研究。其中最具代表性的突破是使用深度长短时记忆（LSTM）循环神经网络（图 9.2），结合 CTC（Connectionist Temporal Classification）损失函数，在 TIMIT 数据集上将音素错误率降低到了创纪录的 17.7%。这种端到端的方法彻底改变了语音识别的范式。传统的 GMM-HMM 系统需要分别训练声学模型、语言模型和发音词典，而端到端系统可以直接从语音信号学习到文本转录，大大简化了系统架构，提高了灵活性。为了更好地理解端到端语音识别的工作

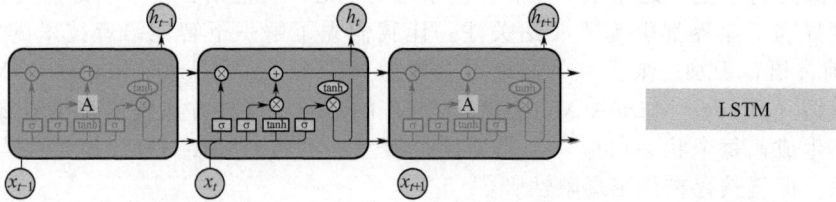

图 9.2　深度长短时记忆循环神经网络

原理，我们可以把它比作一个高效的同声传译员。传统方法就像传译员需要先听懂每个单词，再组织成句子，最后表达出来。而端到端方法则像是经验丰富的传译员，能够直接理解整段话的含义，一气呵成地完成翻译。

智能语音技术的进步不仅体现在识别准确率的提升上，还反映在系统的实用性和用户体验的改善上。例如，现代语音助手不仅能准确识别用户的语音指令，还能理解上下文，进行多轮对话。你可以问 Siri "附近有什么好吃的餐厅？" 然后继续问 "帮我导航到第一个"，Siri 会理解你指的是刚才推荐的第一家餐厅。此外，智能语音技术还在不断突破应用场景的限制。早期的语音识别系统往往需要在安静的环境中使用，而现在的系统已经能够在嘈杂的街道、汽车内部等复杂环境中保持较高的识别准确率。这得益于深度学习模型强大的噪声抑制和特征提取能力。

总的来说，智能语音技术的发展历程清晰地展示了深度学习对人工智能领域的巨大推动作用。从最初的 GMM-HMM 模型到现在的端到端深度学习系统，每一步进展都带来了识别准确率的显著提升和应用场景的拓展。随着研究的深入和技术的成熟，我们有理由相信，未来的智能语音系统将会更加智能、自然，为人类的日常生活和工作带来更多便利。

9.2　智能语音关键技术

9.2.1　智能语音识别技术

自动语音识别（ASR）可谓是人工智能的重要入口。从京东和科大讯飞合作的 "叮咚"、百度 "小度" 音箱的相继推出，到阿里巴巴人工智能实验室 "天猫精灵" 入局，互联网巨头掀起的新人机交互大战，赚足了各大媒体和用户的眼球。自动语音识别技术正在慢慢渗入我们的生活，新一代的游戏主机、智能手表、智能手机等智能终端设备已经开始内置语音识别程序。然而语音识别技术的出现已有 20 多年，为何近年来才成为人工智能的主流技术呢？这要得益于深度学习技术，将语音识别领域的准确率提高到足以应用于实际环境中。接下来让我们一起去了解如何使用深度学习进行语音识别。

自动语音识别技术是一种让机器通过识别和理解，把人类的语音信号转变为相应文本的技术过程。早在 20 世纪 90 年代初期，就已经出现众多语音识别领域的研究人员试图利用人工神经网络（ANN）进行自动语音识别方面的研究，可是大部分效果并不理想，原因如下：语音数据有限、神经网络容易过拟合、计算资源有限等。而与此同时，基于概率论的技术在语音识别领域得到蓬勃发展，如高斯混合模型、隐马尔可夫模型等。

经过 20 多年的发展，自动语音识别技术已经发展成固定的框架结构，该模型主要分为编码（Encoder）和解码（Decoder）两个阶段，具体如图 9.3 所示。

- 编码：将音频数据作为输入，转换成音频向量数据。
- 特征提取：通过算法或者音频特征算法提取音频向量，提取后的特征称为 "声纹"。

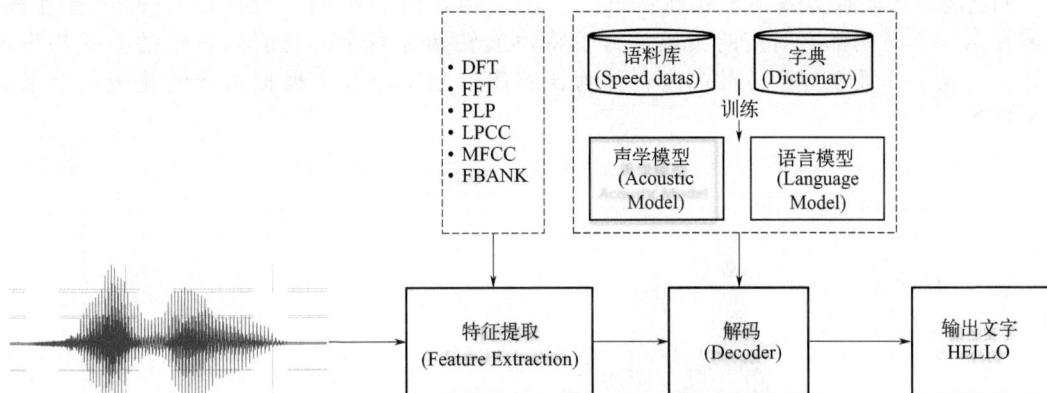

图 9.3 自动语音识别系统的一般框架

例如使用快速傅里叶变换（Fast Fourier Transform，FFT）对音频数据进行时域和频域间的转换。

- 训练：训练阶段是从声纹数据和字典数据中学习固定特征，用于生成声学模型（Acoustic Model）和语言模型（Language Model）。其中声学模型用于识别语音向量，一般可以使用 GMM 或者循环神经网络等方法来识别向量，用 HMM 或者 CTC 来对齐输出的结果；语言模型是根据语法、语义规则对声学模型调整输出的结果，例如修改与调整不符合逻辑规则的词语。
- 字典：在语音识别中大部分模型并不以单词作为基本单位，而是以音素作为基本的语音识别单位。
- 解码：将训练好的声学模型和语言模型进行组合，输入新的声纹特征，最终输出其对应的文本文字。

图 9.4 所示的自动语音识别系统的一般架构仍然有点复杂，本节只关心使用深度学习技术进行语音识别，因此我们会实现一个简单的声学模型（见 9.2.2 节）。从简单的音频数据开始，对其特征提取得到"声纹"，通过循环神经网络模型实现一个声学模型，最后解码输出该音频数据所对应的文本文字。

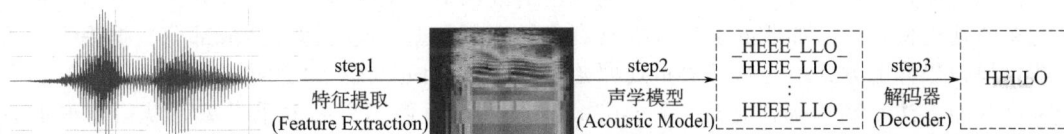

图 9.4 语音识别流程

在图 9.4 中，原始音频数据作为输入，step1 对音频数据进行特征提取，step2 使用声学模型对声纹特征进行处理，step3 对得到的数据进行解码，最终输出该音频数据对应的文本文字。我们知道当说话的语速不同时，说话方式和行为也会不一样。例如，一个人可能会带有疑问地说出"HEEEEEELO?"而另外一个人则可能很开心地说出"HELLOOOOOOOOOOOO!"这样对应同一个单词会产生不同长度的声音文件。而语音识别的任务就是把上面两个声音文件都正确识别为"HELLO"。实践证明，把各种不同长度的音频文件自动对齐到一个固定长度的文本是一件很困难的事情。

为了解决上述问题，我们会使用些特殊的技巧，例如在特征提取阶段进行对齐操作或者在输出阶段对音素进行对齐操作等。接下来我们会先学习与深度学习无关，但是对于语音识别至关重要的技术。语音识别的第一步是将声波输入计算机中，然而声音以波的形式进行传播，如何将声波转换为数字形式呢？图 9.5 所示为作者说出的"HELLO"的声音片段，声波在每一个时间都有对应的波幅。为了将声波转换为数字，我们以等距的方式将声波隔开，记录下声波在等距点的高度，称为比特率（数字声音由模拟格式转化成数字格式的采样率）。

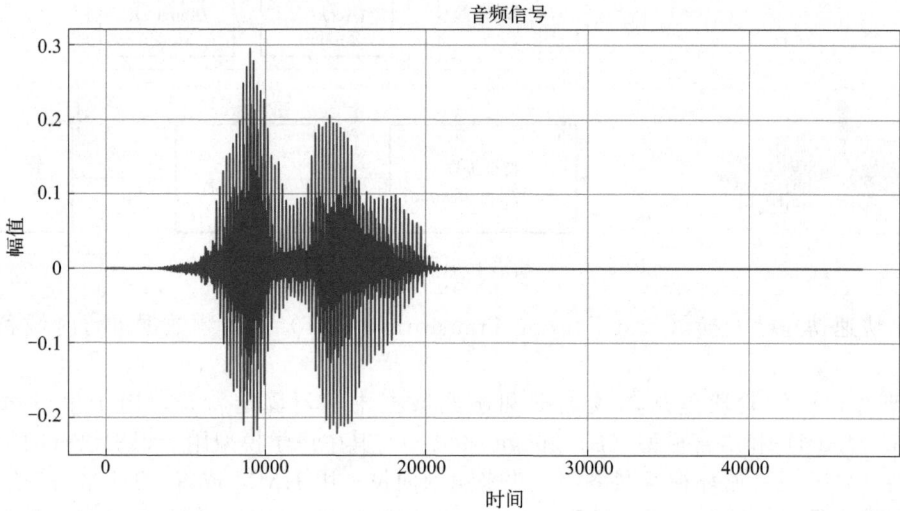

图 9.5　语音"HELLO"的声音片段

有了声波的比特率之后，在规定时间间隔内对声波进行采样（Sampling），假设每秒读取数万次（以达到硬件物理限制），并把声波在这个间隔时间内的波幅值记录下来，得到一个未压缩无损的音频文件。例如标准 CD 格式就是 44.1kHz 的采样频率（每秒采样 44100 次）。

由于人的发声频率在 100（男低音）～10000Hz（女高音）范围内，正常人能够听见 20～20000Hz 的声音，而老年人的高频声音减少到 10000Hz（或可以低到 6000Hz）左右。因此，对于语音识别系统，我们只需 2.6kHz 采样频率（每秒采样 16000 次）就足以覆盖人类语音的频率范围。与此同时，声波的采样频率是对原始声波间歇性地读取，如图 9.6 所示，左图为原始声波，右图对声波进行间歇性的读取值，某种程度上可以认为是对原始声波进行粗略地近似估计。如此的采样方式与真实的音频数据之间必然会造成部分数据丢失。既然数字模拟采样的方式不能够完美重现原始声波，那应该怎么处理这些时间上的间距呢？一个很直观的方法是利用采样定理（Nyquist Theorem），使用更高的采样率，获得更好的音频质量，因此通过提高比特率和采样频率来近似还原原始声波。然而在实际处理过程中，使

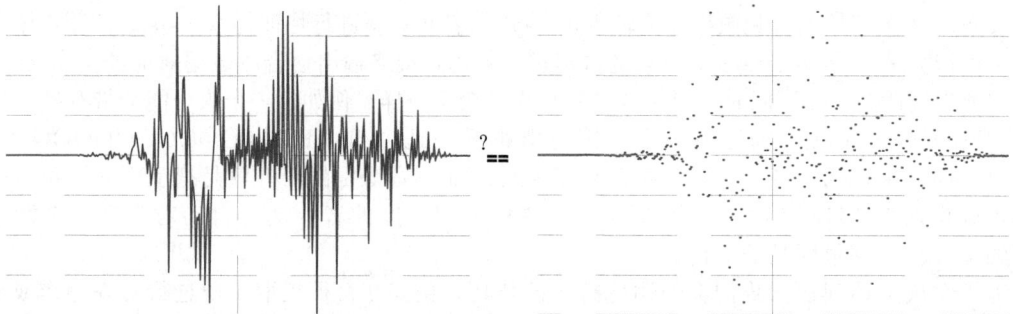

图 9.6　音频采样方式

用更高的采样率并不一定能够获得更好的效果。相反我们可以通过对音频数据进行一些预处理来使问题变得更加简单。

　　语音特征提取，首先把音频分成每份 20ms 长的音频块（window＝20），即对应音频上的一帧数据。假设以每秒 16000 次的采样频率，将 320 个采样数据进行图形化显示，得到在 20ms 内声波的大致形状如图 9.7 所示。

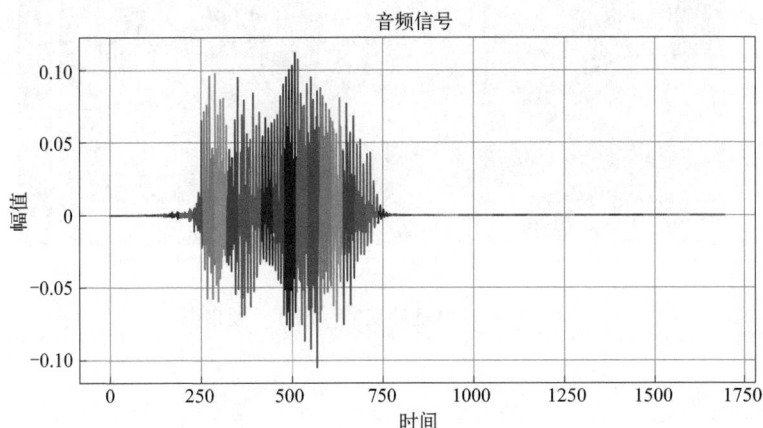

图 9.7　音频采样片段

　　图 9.7 中所示的音频帧虽然只有短短的 20ms，但即使较短的音频片段也是由不同频率的声音交织而成的，其中包括低音、中音和高音。正是这样不同频率的声音组合，才有了我们听到的音频数据文件。

　　这里引入一个问题，语音识别的一个重要特点是待识别的语音内容是不定长时序。也就是在进行语音识别之前，我们不知道当前一个音素有多长，对声学模型输入语音特征时，我们很难判断输入的一个时间片段应该截取为 20ms 还是 50ms，才能更好地包含一个音素，从而给声学模型进行识别；另外一个原因是大部分声学模型都不方便处理维度不确定的输入特征。

　　针对上述问题，我们可以用傅里叶变换（Fourier Transform，FT）来实现，傅里叶变换能够将复杂的声波分解为简单的声波。一旦有了这些单独的声波，将每一份频段（Frequency Band）所包含的能量值相加，就能形成新的音频片段特征。以快速傅里叶变换（FFT）为例，最终得到的音频特征表示的是从低音到高音每个频段范围的重要程度。继续 20ms 的音频所包含的能量值从低频到高频进行数值输出，同时将 20ms 的采样数据进行图形化显示，得到如图 9.8 所示的声纹特征。

图 9.8　经过快速傅里叶变换（FFT）得到的片段声纹

　　在一段音频数据中，每次移动 10 个时间序列、截取 20 个时间片段（step＝10，window＝20）进行快速傅里叶变换，最终可以获得如图 9.9 所示的频谱图。

　　声学模型（Acoustic Model）用于识别语音向量，这里采用深度神经网络作为声学模型。现在我们有了在格式上易于神经网络模型处理的音频特征数据，可以将其作为深度神经网络的输入。深度神经网络的输入是以 20ms 为单位的一帧，每一帧作为一个时间序列，深度网络尝试找到当前音素对应的字母。使用"HELLO"的音频文件经过声学模型的前馈计算，可以得到每一帧音频对应的英文字母，如图 9.10 所示。（为了方便实现，本例中声学模型的输出使用了英文字母 a～z 作为音素的代替。）

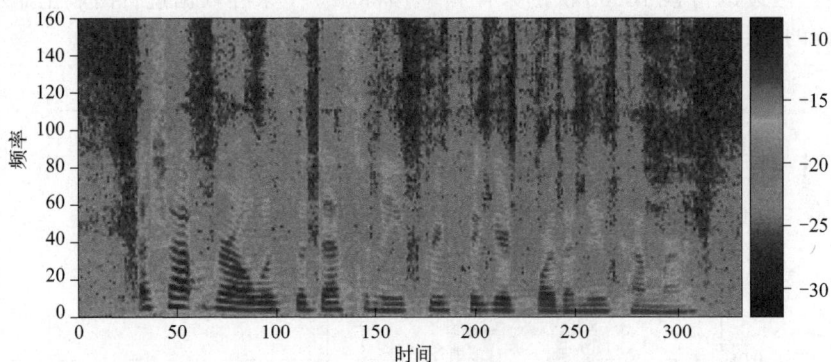

图 9.9　快速傅里叶变换（FFT）频谱图

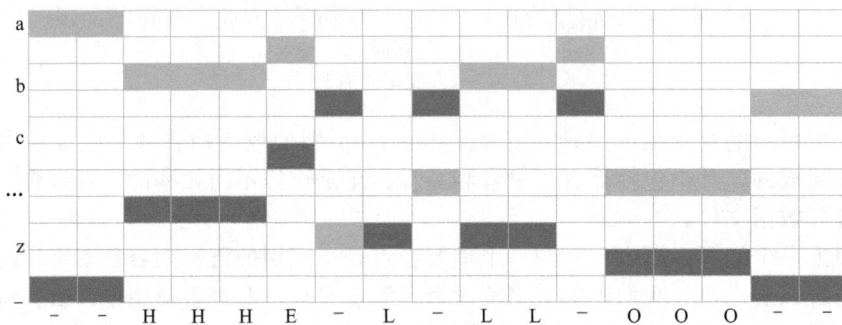

图 9.10　声学模型的输出

　　使用卷积神经网络模型对每一帧音频特征进行高维特征提取，然后把提取到的高维数据作为循环神经网络模型的输入，循环神经网络模型使用三层的 GRU 网络模型，如图 9.11 所示。之所以使用循环神经网络模型，是因为其拥有记忆功能，用于影响未来时间序列的输出。例如对"HELLO"进行语音识别，到目前为止我们已经说"HEL"，那么接下来很有可能会说"LO"，而不太可能说出"XYZ"之类的音素。

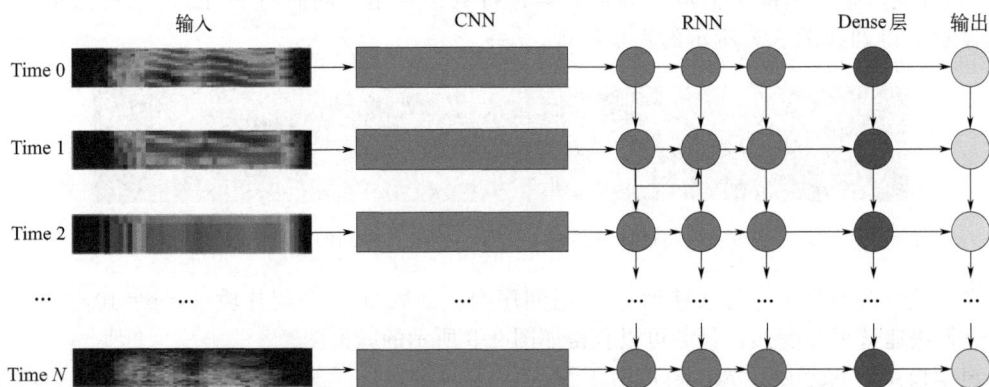

图 9.11　卷积神经网络与循环神经网络结合的声学模型

图 9.11 中的声学模型使用 FFT 作为音频提取特征，每一个时间维度的频谱数据作为声学模型的时间序列输入；经过一维的卷积神经网络后，接一个三层的循环卷积神经网络，经过 Dense 层后输出。

加载数据，声学模型的例子使用大量的语音数据（动辄需要几十甚至几百 GB 的硬盘空间），并且需要对语音数据进行特殊的特征提取才能作为网络的输入。因此对于声学模型输入数据，为了高效利用有限的存储资源，要进行分批加载和分批特征转换。

首先将指定批量中的数据内容分批加载到内存中，并完成训练时的加载任务。与此同时，记录当前数据内容加载的索引号，便于下一次每批量大小为间隔的索引位置加载数据。其中值得注意的是输入对齐问题。由于每一个音频的特征中能量值数量是不固定长度的（假设使用快速傅里叶变换进行转换，窗口和步长大小相同下得到相同的时间序列），另外每一个音频的文本长度都是不固定的，因此需要记录最长的数值，把较短的数据特征放入固定大小的特征向量中，对于没有数值的向量值使用默认值来填充补齐。例如在一次 batch 数据中，最短文本为 "hello"，最长文本为 "hello my chicken wings"。以英文字母作为输出的 label，最长文本数为 22，把其余位置以 "28" 进行填充补齐（28 索引为空 "-"）。

```
[ h e l l o - - - - - - - - - - - - - - - - - ]
[ 9 6 13 13 16 28 28 28 28 28 28 28 28 28 28 28 28 28 28 28 28 28 ]
[ h e l l o _ m y _ c h i c k e n _ w i n g s ]
[ 9 6 13 13 16 2 14 26 2 4 9 10 14 12 6 15 2 24 10 15 8 20 ]
```

最后输入声学模型的 data 和 label 分别为音频特征向量和上述的单词向量。同时在每一次 epoch 迭代结束后，把训练集或者验证集的数据打乱并重新排序，使得下一次训练的数据与上一次训练的数据不同，增加了深度神经网络的鲁棒性。

语音识别声学模型的训练属于监督学习，需要知道每一帧对应的 label 标签才能进行有效的训练。在传统的语音识别声学模型中，在对语音模型进行训练之前，往往要求语音与文本进行严格的对齐操作。例如语音音频 "hello my chicken wings" 采用时间段 5000～10000 对应文本 hello，时间段 12000～30000 对应文本 my。以此类推，文本与语音音频需要把采样时间段逐一对齐。然而在上面例子中的输入对齐中，并不是一种严格的对齐方式，而是较为宽松的对齐方式。虽然现在已经有了很多较为成熟的开源语音对齐工具可供使用，但是随着深度学习的发展，我们希望让深度神经网络自己去学习对齐的方式，因此连接时序分类（Connectionist Temporal Classification，CTC）应运而生。

CTC 可以理解为基于神经网络的时序分类，目的是在神经网络中将语音音频和文字对应起来，解决时序上输入、输出不对称的问题。其带来的好处有两点：不需要将语音音频数据与文本数据进行一一标注对齐，CTC 可以直接输出时间序列预测的概率，不需要额外的处理。输入时序数据经过循环神经网络的处理后，得到 Softmax 的输出，输出的时间序列特征数据并不一定与最终的文本序列一一对称。CTC 层通过计算，使得输入与输出对应起来，减少了大量的标注时间，并使得声学模型能够做到端到端的训练。

我们经历了了解语音识别框架，准备语音数据，提取语音数据特征，建立数学模型，并解决了输入对齐和输出对齐的问题后，就可以开始训练自己的声学模型了。网络的优化算法使用随机梯度下降 SGD 算法。值得注意的是，每个批量读取一批数据内容提供给网络进行训练，迭代次数 epochs 选择 100。在经过多次训练该声学模型后，语音识别率有所提高，其次是增加了声学模型中的神经元 node 数，并相应地增加训练集中的数据量，最终使得训练的损失值不断下降，提高训练准确率，最终拿出训练结果最好的一个（训练、损失值最小的一个）。

9.2.2 语音合成技术

实际上，人在发出声音之前要进行一段大脑的高级神经活动，即先有一个说话的意向，然后围绕该意向生成一系列相关概念，最后将这些概念组织成语句发音输出。日本学者 Fujisaki 按照人在说话过程中所用到的各种知识，将语音合成由浅到深分成三个层次（见图 9.12）：按规则从文本到语音的合成（text-to-speech）、按规则从概念到语音的合成（concept-to-speech）、按规则从意向到语音的合成（intention-to-speech）。目前语音合成的研究还只是局限在从文本到语音的合成上，即通常所说的 TTS 系统。

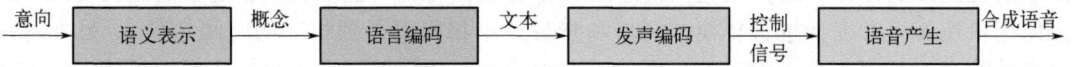

图 9.12 语音合成的三个层次

语音合成是一个"分析—存储—合成"的过程。一般是选择合适的基元，将基元用一定的参数编码方式或波形方式进行存储，形成一个语音库。合成时，根据待合成的语音信息，从语音库中取出相应的基元进行拼接，并将其还原成语音信号。在语音合成中，为了便于存储，必须先将语音信号进行分析或变换，因而在合成前还必须进行相应的反变换。其中，基元是语音合成系统所处理的最小的语音学基本单元，待合成词语的语音库就是所有合成基元的集合。根据基元的选择方式以及其存储形式的不同，可以将合成方式笼统地分成波形合成方法和参数合成方法。

就目前的技术水平，仅采用上述的"分析—存储—合成"的思想是不可能合成任一语种无限词汇量的语音的。因而国际上很多研究者都在努力开发另一类无限词汇量的语音合成方法，就是所谓的"按语言学规则从文本到语言"的语音合成法（Text to Speech Synthesis by Rule），简称"规则合成方法"。人们期望通过这项研究能合成出高自然度的语音来，尽管目前为止尚未获得这样的效果。实际上，无论是哪一种合成方法，在将基元做相应的拼接时，都要按照合成规则对基元做不同的调整，使合成语音达到一定的自然度。上述三种方法中，波形合成方法和参数合成方法都进入了实用阶段，而像规则合成这种以小单位进行合成的方法，是极其复杂的研究课题，目前应用还较少。无论是哪种语音合成方法，合成基元的选择都是一个关键问题。基元选择与语音合成所占用的存储空间、合成质量以及所应用的规则数量等密切相关。

参数合成方法，人类的发音能力是一种非常普通的能力，但语音的产生机理却是一个非常复杂的过程，无法用解析式对其进行精确的描述。同时，语音的产生是激励源和声道共同作用的结果。激励源信号经过声道的调制作用后，经过模拟唇部辐射作用的辐射模型，形成最后的合成语音。这个语音合成过程可以用图 9.13 所示的简化模型表示。

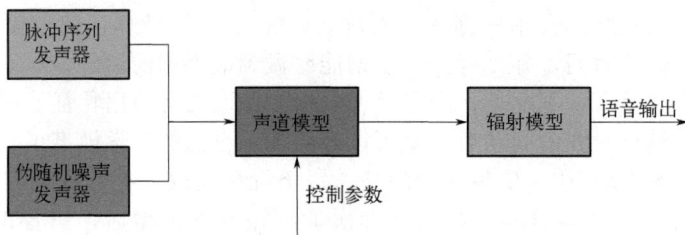

图 9.13 语音合成简化模型

一般在参数合成中，根据声道特性的描述方式不同，可以分为线性预测合成方法和共振峰合成方法。

线性预测合成方法：线性预测合成是一种应用比较广泛和实用的语音合成方法。它是基于全极点声道模型的假定，采用线性预测分析的原理来合成语音信号。关于线性预测合成模型，它是一种"源-滤波器模型"，其激励参数由增益常数、浊/清音开关信息和基音频率 F0 组成。而声道参数用具体的 LPC 参数来控制。尽管 LPC 模型的极点主要反映了声道的谐振特性，但也不可避免地包含了声门激励源的干扰。因此，LPC 全极点模型是反映声道响应、声门激励和辐射等综合效应的模型。

一般线性预测合成系统中不允许使用混合激励形式，清音激励全部采用白噪声序列，可以通过改变浊音激励来提高合成语音的质量。

共振峰合成方法：与线性预测方法相同，共振峰合成方法也是对声源—声道模型的模拟，但它更侧重于对声道谐振特性的模拟。它把人的声道视为一个谐振腔，腔体的谐振特性决定所发出的语音信号的频谱特性，即共振峰特性。音色各异的语音有不同的共振峰模式，用每个共振峰以及其带宽作为参数可以构成一个共振峰滤波器。将多个共振峰滤波器组合起来模拟声道的传输特性，根据这个特性对声源发生器产生的激励信号进行调制，经过辐射模型后，可以得到合成语音。大多数共振峰合成器模型的内部结构和发音过程并不完全一致，但在终端处，即语音输出上是等效的。

这种方法可以通过改变滤波器参数近似地模拟出实际语音信号的共振峰特性，同时这种合成方法具有很强的韵律调整能力，无论是音长、短时能量、基音轮廓线还是共振峰轨迹都可以自由地修改。实际上，语音学的研究结果也表明，决定语音感知的声学特征主要是语音的共振峰，因此若合成器的结构和参数指定正确，则这种方法能够合成出高音质、高可懂度的语音。长期以来，共振峰合成器也一直处于主流地位。

波形拼接合成技术：当合成一种语言时，只有使合成单元的音段特征和超音段特征都与自然语言相近，合成出的语音才能清晰、自然，二者缺一不可。就现有合成技术来讲，参数合成技术在语音合成中能灵活地改变合成单元的音段特征和超音段特征，从理论上讲是最合理的。但是由于参数合成技术过分依赖于参数提取技术的发展，并且由于至今对语音产生模型的研究还不够完善，因此合成语音的清晰度往往达不到实用程度。与此相反，波形拼接语音合成技术是直接把语音波形数据库中的波形级联起来，输出连续语流。这种语音合成技术用原始语音波形替代参数，而且这些语音波形取自自然语音的词或句子，它隐含了声调、重音、发音速度的影响，合成的语音清晰自然，其质量普遍高于参数合成。

用波形拼接技术合成语音时，能很好地保持拼接单元的语音特征，因而在有限词汇合成中得到广泛的应用，例如语音表、公共汽车报站器，以及用于文语转换系统中。但是，在简单的波形拼接技术中，合成单元一旦确定就无法对其做任何改变，当然也就无法根据上下文来调节其韵律特征。因此将这种方法用于合成任意文本的文语转换系统时，合成语音的自然度不高。20 世纪 80 年代末，由 F. CharPentier 等人提出的基音同步叠加技术（Pitch Synchronous OverLap Add，PSOLA），既能保持原始发音的主要音段特征，又能在拼接时灵活调节其音高和音长等韵律特征，给波形拼接技术带来了新生。

PSOLA 算法是波形拼接技术的一种，其主要特点是：在语音波形片断拼接之前，首先根据语义，用 PSOLA 算法对拼接单元的韵律特征进行调整，使合成波形既保持了原始语音基元的主要音段特征，又使拼接单元的韵律特征符合语义，从而获得很高的可懂度和自然度。在对拼接单元的韵律特征进行调整时，它以基音周期（而不是传统的定长的帧）为单位进行波形的修改，把基音周期的完整性作为保证波形及频谱平滑连续的基本前提。PSOLA 算法使语音合成技术向实用化迈进一大步。当前，越来越多的人研究波形拼接语音合成技术，并设计了相应的算法和系统。目前已经用这种方法至少实现了七八种语言语音合成系统。这个算法以频率、带宽和谱密度为参数，灵活地变化共振峰频率，克服了语音多样性的限制，合成出不同音质的男声、女声、小孩声或沙哑声。

由于韵律修改所针对的侧面不同，PSOLA 算法可以有 TD（Time Domain）-PSOLA 和 FD（Frequency Domain）-PSOLA 等几种不同的方法。

9.3 语音增强方法

9.3.1 语音信号增强

语音信号作为最普遍、最直接的表达方式，在许多领域具有广泛的应用前景。现实生活中的语音不可避免地要受到周围环境的影响，很强的背景噪声如机械噪声、其他说话者的语音等均会严重影响语音信号的质量；此外传输系统本身也会产生各种噪声，因此接收端的信号为带噪语音信号。混叠在语音信号中的噪声按类别可分为加性噪声（环境噪声等）和乘性噪声（残响及电器线路干扰等）；按性质可分为平稳噪声和非平稳噪声。因此，在现实环境下语音信号处理的关键是抗噪声技术，噪声的削减对语音识别、低码率符号化等有很强的实用价值。

语音降噪主要研究如何利用信号处理技术消除信号中的强噪声干扰，从而提高输出信噪比以提取出有用信号的技术。消除信号中噪声污染的方法通常是让受污染的信号通过一个能抑制噪声而有用信号相对不变的滤波器，此滤波器从信号不可检测的噪声场中取得输入，将此输入加以滤波，抵消其中的原始噪声，从而达到提高信噪比的目的。

然而，由于干扰通常都是随机的，从带噪语音中提取完全纯净的语音几乎不可能。在这种情况下，语音增强的目的包括：改进语音质量，消除背景噪声，使听者乐于接受，不感觉疲劳，这是一种主观度量；提高语音可懂度，这是一种客观度量。但是两者往往不能兼得，所以实际应用中总是视具体情况而有所侧重。

语音增强不仅涉及信号检测、波形估计等传统信号处理理论，而且与语音特性、人耳感知特性密切相关。在实际应用中，噪声的来源及种类各不相同，从而造成处理方法的多样性。因此，要结合语音特性、人耳感知特性及噪声特性，根据实际情况选用合适的语音增强方法。

根据语音和噪声的特点，出现了很多种语音增强算法。比较常用的算法包括谱减法、维纳滤波法、卡尔曼滤波法、自适应滤波法等。此外，随着科学技术的发展又出现了一些新的增强技术，如基于小波变换的语音增强方法、梳状滤波法、基于语音模型的语音增强方法等。当前语音增强方法主要根据人耳感知特性、语音特性和噪声特性。

（1）人耳感知特性

人耳感知特性对降噪研究具有重要意义，因为人耳的主观感觉是对降噪效果的最终度量。人耳是一个十分巧妙精密的器官，具有复杂的功能和特性，了解其机理有助于降噪技术的研究发展。人耳的感知问题涉及语言学、语音学、心理学、生理学等学科，通过国内外学者的研究，目前有以下几种结论可以用于降噪。

① 人耳感知语音主要是通过语音信号的频谱分量的幅度，而对相位不敏感，并且语音的响度与频谱幅度的对数成正比。

② 人耳对 100Hz 以下的低频声音不敏感，对高频声尤其是 2000～5000Hz 的声音敏感，对 3000Hz 的声音最敏感。

③ 人耳对于频率的分辨能力受声强的影响，过强或者太弱的声音都会导致对频率的分辨力降低。

④ 人耳具有掩蔽效应。听觉掩蔽效应是指当同时存在两个声音时，声强较低的频率成分会受到声强较高的频率成分的影响，不易被人耳感知到。

⑤ 人类听觉具有选择性注意特性，即在嘈杂的环境下，能将注意力集中在感兴趣的声音上而忽略掉背景中的噪声或其他人的谈话。人耳的这种功能可以使人把注意力相对集中于某一说话内容，大大提高了人耳在噪声中提取有效信息的能力。

（2）语音特性

语音信号是一种非平稳的随机信号。语音的生成过程与发音器官的运动过程密切相关，考虑到人类发声器官在发声过程中的变化速度具有一定限度而且远小于语音信号的变化速度，因此可以假定语音信号是短时平稳的，即在 $10 \sim 30 \mathrm{ms}$ 的时间段内语音的某些物理特性和频谱特性可以近似看作是不变的，从而应用平稳随机过程的分析方法来处理语音信号，并可以在语音增强中利用短时频谱时的平稳特性。

任何语言的语音都有元音和辅音两种音素。根据发声的机理不同，辅音又分为清辅音和浊辅音。从时域波形上可以看出浊音（包括元音）具有明显的准周期性和较强的振幅，它们的周期所对应的频率就是基音频率；清辅音的波形类似于白噪声并具有较弱的振幅。在语音增强中可以利用浊音具有的明显的准周期性来区别和抑制非语音噪声，如梳状滤波器，而清辅音和宽带噪声就很难区分。

语音信号作为非平稳、非遍历随机过程的样本函数，其短时谱的统计特性在语音增强中有着举足轻重的作用。根据中心极限定理，语音短时谱的统计特性服从高斯分布。但是，实际应用中只能将其看作在有限帧长下的近似描述。

（3）噪声特性

噪声可以是加性的，也可以是非加性的［非加性噪声往往可以通过某种变换（如同态滤波）转为加性噪声］。加性噪声通常分为冲激噪声、周期噪声、宽带噪声、语音干扰噪声等；非加性噪声主要是残响及传送网络的电路噪声等。

① 冲激噪声。放电、打火或爆炸都会引起冲激噪声，它的时域波形是类似于冲激的窄脉冲。

② 周期噪声。最常见的有电动机、风扇之类周期运转的机械所发出的周期噪声，$50 \mathrm{Hz}$ 交流电源也是周期噪声，在频谱图上它们表现为离散的窄谐。

③ 宽带噪声。说话时同时伴随着呼吸引起的噪声、随机噪声源产生的噪声以及量化噪声等都可以视为宽带噪声，近似为高斯噪声或白噪声。消除宽带噪声一般需要采取非线性处理方法。

④ 语音干扰。干扰语音信号和待传语音信号同时在一个信道中传输所造成的干扰称为语音干扰。

⑤ 传输噪声。传输噪声是传输系统的电路噪声，与背景噪声不同，它在时间域里是语音和噪声的卷积。

9.3.2　语音质量评价

语音质量评价标准，通常，语音质量的评价标准可分为两大类：主观测量和客观测量。前者是建立在人的主观感受上的；而后者主要包括一些客观的物理量，如信噪比等。

主观评价是以人为主体来评价语音的质量，是人对语音质量的真实反映。语音主观评价方法有很多种，主要指标包括清晰度或可懂度和音质两类。清晰度一般是针对音节以下（如音素，声母、韵母）语音测试单元，可懂度则是针对音节以上（如词、句）语音测试单元的；音质是指语音听起来的自然度。前者是衡量语音中的字、单词和句的可懂程度，而后者则是对讲话人的辨识水平。这不是完全独立的两个概念。一个编码器有可能生成高清晰度的语音但音质很差，声音听起来就像是机器发生的，无法辨别出说话者。当然，一个不清晰的语音是不可能成为高音质的。此外，很悦耳的声音也有可能听起来很模糊。

针对主观评价方法的不足，基于客观测度的语音客观评价方法相继被提出。客观评价必然要借鉴主观评价的那种高度智能和人性化的过程，但是不可能找到一个绝对完善的测度和十分理想的测试方法，只能尽量利用所获信息做出基本正确的评价。一般地，一种客观测度的优劣取决于它与主观评价结果统计意义上的相关程度。目前所用的客观测度分为时域测度、频域测度和在两者基础上发展起来的其他测度。主要的客观评价方法有：基于信噪比的评价方法，如信噪比（Signal-to-Noise，SNR）、分段信噪比（segmental SNR，segNR）等，把信噪比作为评价语音质量的指标；基于谱距离的评价方法，如加权谱斜率测度（Weighted Spectral Slope measure，WSS），主要比较语音信号之间的平滑谱；基于听觉模型的评价方法，如语音质量感知评价方法（Perceptual Evaluation of Speech Quality，PESQ），以人对语音的感知特性为基础。

客观评定方法的特点是计算简单，缺点是客观参数对增益和延迟都比较敏感，而且最重要的是，客观参数没有考虑人耳的听觉特性，因此客观评定方法主要适用于速率较高的波形编码类型的算法。而对于低于 16kbit/s 的语音编码质量的评价通常采用主观评定的方法，因为主观评定方法符合人类听话时对语音质量的感觉，因此主观评估参数就显得非常重要，特别是许多低码率算法都是基于人耳的感知标准设计的，故而应用较广。

9.4 智能语音发展趋势

智能语音技术作为人工智能领域的重要分支，近年来随着深度学习技术的突破和算力的提升，取得了长足的发展。它不仅在语音识别、语音合成等核心技术上取得了显著进步，还在应用场景、产业生态和未来发展方向上展现出强大的潜力。以下从技术进步、应用场景拓展、产业生态发展以及未来挑战和机遇四个方面探讨智能语音的发展趋势。

（1）技术进步：从深度学习到多模态融合

智能语音技术的核心在于语音识别和语音合成，而深度学习的引入极大地推动了这些技术的进步。近年来，基于深度神经网络（DNN）、长短时记忆网络（LSTM）以及 Transformer 架构的语音模型，使得语音识别在复杂场景下的准确率显著提高。例如，端到端的语音识别系统通过直接从语音信号到文本的转换，简化了传统的声学模型、语言模型和发音词典的复杂架构，提升了系统的灵活性和效率。

在语音合成方面，基于深度学习的模型（如 Tacotron、WaveNet 等）能够生成更加自然和富有情感的语音，接近人类语音的真实感。这些技术的应用，不仅提升了语音助手的交互体验，也为影视配音、个性化语音生成等场景提供了新的可能。

（2）应用场景的拓展与深化

智能语音技术的应用场景正在从传统的语音助手和智能音箱，向更多垂直领域和复杂场景扩展。在医疗、教育、金融等行业，语音技术的潜力正在被深度挖掘。

① 医疗领域：语音识别技术用于电子病历录入、语音诊断和健康监测，提升了医疗工作的效率。例如，医生可以通过语音直接记录病历，而无须手动输入。

② 教育领域：语音技术被广泛应用于语言学习、智能评测和个性化教学。通过语音识别和分析，教育系统可以为学生提供实时反馈，帮助他们提高语言表达能力。

③ 金融领域：智能语音客服、语音身份验证和语音数据分析等应用正在逐步普及，为用户提供更高效和安全的金融服务。

此外，随着物联网（IoT）的快速发展，智能语音技术与 IoT 设备的结合也在不断加深。智能家居、车联网和可穿戴设备的广泛应用，使语音交互成为人机交互的重要入口。例如，智能音箱已经成为智能家居的控制中枢，用户可以通过语音命令控制灯光、空调等设备。未来，随着 5G 和边缘计算技术的成熟，语音技术将在更多实时性和高可靠性的场景中发挥作用，如无人驾驶、工业控制和智慧城市等。

（3）产业生态的完善与市场规模的扩大

智能语音技术的快速发展带动了整个产业生态的完善。从技术研发到硬件制造，再到应用开发和服务提供，智能语音产业链正在形成完整的生态体系。全球范围内，亚马逊、谷歌、苹果等科技巨头在语音技术领域持续投入，推动了技术的创新和应用的普及。国内企业如百度、阿里巴巴、腾讯和科大讯飞，也在语音技术和产品上取得了显著进展。

根据市场研究机构的预测，全球智能语音市场规模将在未来几年保持高速增长，涵盖智能音箱、语音助手、语音识别软件和语音合成服务等多个细分领域。特别是在中国市场，随着智能家居、车联网和智慧城市建设的推进，智能语音技术的需求将进一步扩大。

与此同时，开源平台和工具的兴起也在降低智能语音技术的开发门槛。例如，谷歌的 TensorFlow、Facebook 的 PyTorch 以及百度的 PaddlePaddle 等深度学习框架，为开发者提供了丰富的语音技术开发工具。此外，开源语音数据集的增加也为智能语音技术的研究和应用提供了重要支持。

（4）面临的挑战与未来展望

尽管智能语音技术取得了显著进步，但仍然面临一些挑战：

① 复杂环境下的识别准确率：在嘈杂环境、多语种和方言场景下，语音识别的准确率仍有待提升。

② 情感化和个性化的语音交互：尽管语音合成技术已经接近人类语音，但在情感表达和语音风格多样性方面仍需改进。

③ 隐私与安全问题：语音数据的隐私保护和安全性问题日益受到关注，如何在保护用户隐私的同时提升语音技术性能，是未来需要重点解决的问题。

未来，智能语音技术的发展将更加注重个性化和情感化。个性化语音助手将根据用户的习惯和偏好，提供更加贴合需求的服务；情感化语音交互将使得人机对话更加自然和富有温度。此外，随着脑机接口技术的进步，语音技术可能与脑电波识别技术相结合，进一步拓展人机交互的边界。

习题

一、选择题

1. 机器感知是人工智能研究的内容，下列不属于机器感知领域的是（　　）。

A. 使机器具有视觉、听觉、触觉、味觉、嗅觉等感知能力

B. 让机器具有理解文字的能力

C. 使机器具有能够获取新知识、学习新技巧的能力

D. 使机器具有听懂人类语言的能力

2. 研究促进人与计算机之间通信和交互方法的人工智能领域是（　　）。

A. 自然语言处理　　　　　　　　　　B. 符号处理

C. 决策支持　　　　　　　　　　　　D. 机器人学

3. 语音识别系统主要包含（　　）四大组成部件。

A. 特征提取、声学模型、语言模型、解码搜索

  B. 语法模型、语义模型、语法结构、识别算法

  C. 特征提取、声学模型、语法结构、语义模型

  D. 语法模型、语义模型、语言模型、解码搜索

  4. 自然语言处理（NLP）是人工智能的一个分支，用于分析、理解和生成自然语言，以方便人和计算机设备进行交流，以及人与人之间的交流。以下哪一项不属于自然语言处理的基本任务？（ ）

  A. 中文分词   B. 词性标注

  C. 依存句法分析   D. 语义网络表示

  5.（多选）如果项目目标是开发一个算法，能自动地对给定的每一篇中文文章进行频道分类，例如分为"体育类""财经类""旅游类"等，涉及的技术会有（ ）。

  A. 中文分词   B. 文本特征表示和特征选择技术

  C. Word2Vec算法   D. 机器学习的分类算法

  6.（多选）文本处理的常见任务有（ ）。

  A. 机器翻译   B. 文本分类

  C. 自动摘要   D. 自动问答

二、问答题

  1. 简述智能语音技术的发展历程及其关键技术的演变过程。

  2. 在语音识别技术中，深度学习是如何提升语音识别准确率的？请结合传统方法进行对比说明。

  3. 语音增强技术的主要目标是什么？它是如何处理复杂环境中的噪声信号的？

  4. 智能语音技术在未来的发展趋势有哪些？请从技术进步和应用场景两个方面进行分析。

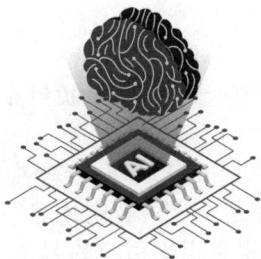

第10章

无人驾驶与无人机

本章导读

随着智能技术的不断飞跃，无人驾驶作为当前智能交通系统的前沿技术之一，其应用范围正迅速拓宽，已渗透至人们出行的方方面面。当前，无人驾驶不仅在个人出行领域展现出了巨大潜力，还在物流配送、农业耕作、空中拍摄等多个行业发挥着重要作用。此外，在紧急救援、环境监测等特定场景下，无人驾驶技术的精准执行与高效响应更是令人瞩目。本章介绍了我国在无人驾驶领域的诸多先进成果，充分体现了我国科技创新的硬实力，更展现了我国在新一轮科技革命和产业变革中的引领地位。这些成果为推动经济高质量发展、提升国际竞争力提供了重要支撑，也为全球科技进步贡献了中国智慧和中国方案。

本章的主要内容有：无人驾驶技术的基本原理，包括无人驾驶系统的组成、核心技术（如传感器融合、计算机视觉、路径规划、自主导航等）以及它们的工作原理；无人驾驶技术如何与物联网、大数据、人工智能等系统中的其他组件相互作用，共同构建高效、智能、自主的无人驾驶生态系统；如何针对特定的无人驾驶应用场景（如城市通勤、货物运输、空中拍摄等）选择合适的无人驾驶技术方案，包括无人驾驶汽车的自动驾驶功能开发和无人机的自主飞行任务规划，以及传感器配置、算法选择、能源管理等。

本章将学习以下内容：
- 无人驾驶的起源与定义
- 无人驾驶的关键技术
- 无人机的关键技术与应用场景

10.1 无人驾驶系统概述

10.1.1 无人驾驶的起源与发展背景

(1) 1961—2000 年：人工智能开始登上历史舞台

在"车随路动"走入成本高昂的死胡同之后，"单车智能"的概念开始随着人工智能的发展逐渐登上历史舞台。1956 年，"人工智能"的概念首次在达特茅斯会议上被提出，此后人工智能学科的发展逐渐形成了符号主义、连接主义和行为主义三大流派。其中行为主义结合控制论和"感知-动作"型控制系统，专注于有机体行为的研究，典型应用领域为机器人和自动驾驶汽车。然而，首批显著的成果却自然而然地涌现于当时大国间激烈竞争的关键领域——航天事业之中。

1961 年，斯坦福大学的詹姆斯·亚当斯研制出了"斯坦福推车"（Stanford Cart），如图 10.1 所示，它装有一个摄像头，并通过编程，可以自动探测并跟踪地面上的特定线路行驶。这不仅是自动驾驶汽车首次使用摄像头，也是今天自动驾驶汽车视觉识别系统的起点。这辆车的设计目的是在月球上行驶，但是后续因为经费原因没有实际投入使用。

1969 年，斯坦福大学人工智能研究中心的尼尔斯·尼尔森教授研发了一款名为"Shakey"的车型机器人，如图 10.2 所示。这是世界上第一台可以自主移动的机器人，它被赋予有限的自主观察和环境建模能力，控制它的计算机巨大，甚至需要填满整个房间。制造 Shakey 的目的是用以证明机器可以模拟生物的运动、感知和障碍规避。

图 10.1　自动驾驶小车

图 10.2　Shakey 车型

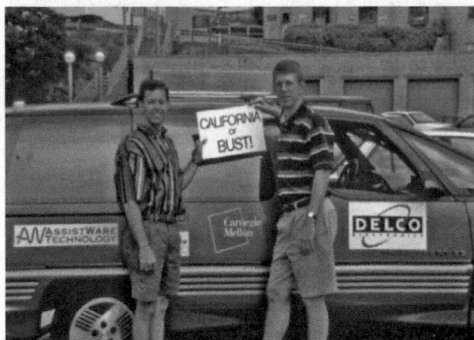

图 10.3　卡内基梅隆大学的 NavLab 5

在这之后，自动驾驶车辆的研究开始从 20 世纪 80 年代加速，结合视觉系统的车辆运行速度也开始逐步加快，引起学术界和社会各界的认真思考：一旦这种汽车上路，在复杂的交通环境下，是否足够安全？

20 世纪 80 年代，美国国防部开始通过国防高级研究计划局（DARPA），支持自动驾驶汽车的研究工作。1995 年，卡内基梅隆大学的 NavLab 5（见图 10.3）从匹兹堡一路驰骋到加州的圣地亚哥，完成了 2850 英里（1 英里 ＝ 1.61 公里）的旅程，其中自动驾驶超过 98% 的时间。

在这个阶段，人工智能开始替代传统的远程控制或者电磁引导等方式，成为自动驾驶的主流技术。但是，这个阶段所谓的"自动驾驶"，更多的是"实时数据采集——既定规则分析——做出逻辑决策"的过程，还难以对千变万化的路况做到实时的自我决策和处理。同时由于数据和算力的限制，也无法实现更高的速度。

正如在低谷中逐步走出的人工智能技术一样，自动驾驶也在这个时期积累了足够的势能，为在新世纪的爆发性发展做好了充分的准备。

（2）2001—2023 年：百花齐放，路线纷争

到 21 世纪初，随着人工智能技术开始逐步进入"快车道"，以深度学习为代表的神经网络在算力和数据的推动下，体现出一马当先的绝对优势，自动驾驶汽车也开始日趋成熟。

2004 年起，美国国防高级研究计划局（DARPA）在 2004 年、2005 年和 2007 年举办了三届"DARPA 无人驾驶机器人挑战赛"（DARPA Grand Challenge），以大额奖金鼓励自动驾驶和无人车的研发。第一届比赛要求车辆在 150 英里的沙漠道路上自动导航，结果没有一辆车抵达终点。但是在 2007 年的第三届中，以 60 英里长的城市环境作为赛道，有四辆车完赛。图 10.4 为获得第三届冠军的 Tartan Racing 车型，由卡耐基梅隆大学研制。

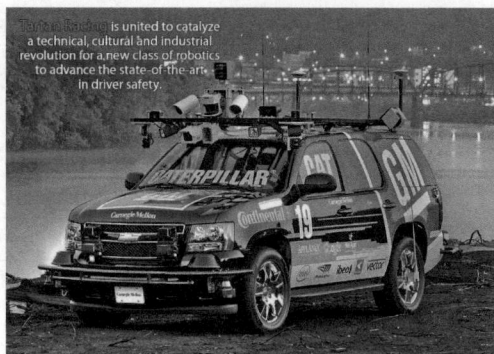

图 10.4　Tartan Racing 车型

相对于在沙漠和山路中进行的前两届比赛，第三届要求参赛车辆要能遵守交通法规，还能检测和避让其他车辆。这意味着车辆必须根据其他车辆的行为实时做出"智能"决策。这标志着基于人工智能的自动驾驶车辆开始具备了真正的商用潜力。

这些研究成果很快就被商业公司所吸收和应用，谷歌公司于 2016 年将无人车部门独立出来，设立了 Waymo 公司。它成为世界上首个获得美国机动车管理局合法车牌，可以在公共道路上实现 L4 级别无人驾驶（即无需安全员）的商业化企业。当然，大家更加耳熟能详的是特斯拉公司，马斯克在 2024 年 4 月宣布，搭载其无人驾驶系统（FSD）的车辆总行驶里程已经超过 10 亿英里。

10.1.2　无人驾驶的定义

自动驾驶也被称为无人驾驶，指交通工具在没有人类操作的情况下也能够完成环境的感知与导航，顺利到达目的地。无人驾驶主要依靠车内以计算机系统为主的智能驾驶仪来实现无人驾驶的目的。无人驾驶依靠人工智能、视觉计算、雷达、监控装置和全球定位系统协同合作，让电脑可以在没有任何人类主动的操作下，自动安全地操作机动车辆。无人驾驶技术是传感器、计算机、人工智能、通信、导航定位、模式识别、机器视觉、智能控制等多门前沿学科的综合体。无人驾驶技术板块如图 10.5 所示。

图 10.5　无人驾驶技术板块

自动驾驶相关的标准和法律也在逐步完善。SAE（美国汽车技术协会）在 2016 年更新了对于自动驾驶等级的界定，目前已经被广泛应用于世界各国的行业监管之中，具体划分如表 10.1 所示。

表 10.1　自动驾驶等级划分

等级	名称	转向、加减速控制	周边监控	接管	应用场景
L0	人工驾驶	驾驶员	驾驶员	驾驶员	无
L1	辅助驾驶	驾驶员＋系统	驾驶员	驾驶员	限定场景
L2	部分自动驾驶	系统	驾驶员	驾驶员	限定场景
L3	条件自动驾驶	系统	系统	驾驶员	限定场景
L4	高度自动驾驶	系统	系统	系统	限定场景
L5	完全自动驾驶	系统	系统	系统	所有场景

未自动驾驶（L0）：驾驶员完全掌控车辆，没有电子干预和数据分析等自动驾驶辅助功能。

辅助自动驾驶（L1）：具备一种以上自动化控制功能（如自适应巡航和车道保持系统等），基本能够达到简单地解放双脚的程度。

部分自动驾驶（L2）：以汽车为主体执行多种操作功能，达到解放双手的地步。能够完成某些驾驶任务但驾驶员需要监控驾驶环境，完成剩余部分。假如行驶过程中出现问题，随时进行接管，如低速自动跟车、高速路快速行车和驾驶员在车内的自动泊车等。在这个层级，自动系统的错误感知和判断需要有驾驶员随时纠正。

有条件自动驾驶（L3）：从这个级别开始才算进入到自动驾驶真正的大门。L3 级自动驾驶系统可以完成某些驾驶任务，系统可以接管驾驶，驾驶员可以"开个小差"，当系统检测到驾驶环境不妥时驾驶员就需要重新介入了，所以在该层级下驾驶员仍无法进行睡觉或者深度的休息，人类驾驶员需要保持注意力以备不时之需。

高度自动驾驶（L4）：L4 级算是特定场景下的完全自动驾驶，在一定条件下，汽车由系统完全接管，驾驶员此时可以放任自流且无须担忧重新接管车辆系统，可以完成车辆驾驶任务并实时监控驾驶环境作出反应。

完全自动驾驶（L5）：就是完全不需要驾驶员的自动驾驶终极形态，在这个等级，驾驶员不需要执行任何操作，只需要告诉车辆目的地，真正地解放驾驶员，让驾驶员"动动嘴，就可以出发了"。

目前，国内共有 10 家车企获得了 L3 级自动驾驶测试牌照，除了奔驰、宝马，还有比亚迪、智己、深蓝、阿维塔、极狐、问界、极越和广汽埃安。还有部分企业在限定空间内开展了 L4 级别的测试，"萝卜快跑"就是其中的例子。

自动驾驶需要哪些技术呢？要实现自动驾驶，需要做到四点：地图、感知、决策、控制。

① 获得地图位置信息。大家都知道，全球定位系统（GPS）是自动驾驶不可或缺的技术，另外有通信技术 V2X（Vehicle To Everything），保证车辆与外界网络信息的高效交换。另外一项技术，叫作惯性测量单元（IMU），可以弥补 GPS 的误差，并且根据加速度来判断自身的运动方向。

② 感知周围情况。要感知汽车周围的状况就需要各种传感器，最常用的是视觉传感器，即摄像头。它的精确性差一些，相比之下，激光传感器具有很高的速度和精确性，但成本不低。此外，雷达传感器在防止车辆碰撞方面也有很大的作用。图 10.6 所示为汽车传感器感

知可视图。

③ 做出决策。人类驾驶做决策依靠的是大脑，自动驾驶做决策依靠的是人工智能（AI）。通过海量数据与深度学习网络训练出来的算法，可以为汽车的各种行动做出有效决策，如什么时候加速、什么时候转弯、什么时候刹车等。

④ 决策转化为行动。自动驾驶系统要把算法做出的决策传递给汽车的各个零件，需要通过控制器。目前，车载控制器领域比较成熟的解决方案是域控制器（DCU）。

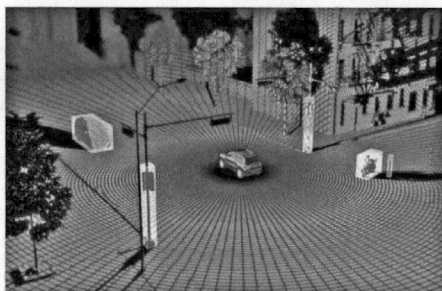

图 10.6　汽车传感示意图

10.1.3　无人驾驶应用场景

（1）城市公共交通

交通事故频发是影响人们生活的重要问题。在汽车技术开发领域，人们普遍认为技术比人类更可靠，较完备的无人驾驶技术在交通安全方面有重大需求。自动驾驶技术的应用在城市公交领域可以带来诸多便利。通过配备自动驾驶汽车可以定时、精确地抵达目的地，提高市民搭乘的乘坐体验。同时，自动驾驶技术可以提高公共交通运输的效率，让运营商和用户都受益，为城市发展和生态建设做出更大的贡献。

（2）智能化交通体系

自动驾驶技术在智能化交通体系的应用，可以实现道路交通的智能化管理。通过该技术可以智能调控车辆的数量和流量，更好地计划路径和交通流向，增强交通路线的通行效率，减少因污染和人为原因导致的交通拥堵，降低汽车的油耗等。车联网通常是指车与车（Vehicle-to-Vehicle，V2V）、车与路面基础设施（Vehicle-to-Infrastructure，V2I）、车与人（Vehicle-to-Person，V2P）、车与传感设备的交互，实现车辆与公众网络通信的动态移动通信系统。无人驾驶与车联网结合有利于形成智能交通系统。智能交通系统能够为无人驾驶汽车提供相应信息，提高无人驾驶汽车的识别效率和准确率，促进无人驾驶汽车的安全可靠运行，通过通信将交通标志的信息主动发给无人驾驶车辆，可以实现准确交通标志的识别。无人驾驶技术与车联网相结合形成一个庞大的移动车辆车联网络，再加上现有的智能交通系统提供的丰富的道路交通信息，反过来将形成更加智能的交通系统。

（3）物流配送

自动驾驶技术在物流配送行业方面的应用具有重大优势。通过自动驾驶技术可以实现物流车辆的智能配送等，如图 10.7 所示。自动驾驶技术配合物流公司的生产计划，可以大大提高物流运输的效率，提升物流行业的效益。2022 年 1 月，厦门港海润码头全智能化改造试投产仪式举行，这标志着全国首个传统码头全流程智能化改造项目正式试投产。西井科技参建了该项目，通过无人驾驶和新能源技术，助力厦门港用户成为全球首个 IGV（无人驾驶智能平板车）与有人驾驶集卡混行作业的新标杆。

（4）矿区应用

矿山无人驾驶系统，可以与矿山管理系统进行集成，实现生产调度的智能化。如图 10.8 所示，为无人驾驶矿车和铲车的协同作业场景，这种情况可以有效地减少整个采矿过程中事故的发生率，还可以降低开支，提高生产率。例如，在一些大型矿山中，无人驾驶系统可以根据矿石的产量和质量要求，自动调整矿车的运输路线和装载量，实现生产调度的最优化。无人驾驶系统还可以通过大数据分析和人工智能技术，预测矿山设备的故障和维护需求，提前安排维修计划，减少设备停机时间，提高矿山的生产连续性。

图 10.7　无人物流仓库

图 10.8　无人驾驶车辆与铲车协同作业

另外，矿山无人驾驶系统，可以为矿山的安全管理提供有力支持。通过实时监测矿山的环境参数和设备运行状态，无人驾驶系统可以及时发现潜在的安全隐患，并发出预警信号。例如，在一些矿山中，无人驾驶系统可以监测矿车的行驶速度和距离，当发现两车距离过近或车速过快时，自动发出预警信号，提醒工作人员采取相应的措施，避免发生碰撞事故。

无人驾驶系统还可以与矿山的应急救援系统进行联动，在发生事故时，自动启动应急救援程序，为救援人员提供准确的事故位置和现场情况信息，提高救援效率和成功率。

存在的问题：

① 技术不够成熟。实现自动驾驶仍然是一项极其复杂的系统工程，既涉及政策法规、应用场景、安全性、市场接受度等，也与自动驾驶技术环境感知能力、决策制定与算法优化等软硬件技术息息相关。例如，在极端恶劣天气、光线不足或面对违反交通规则的行为时，自动驾驶系统可能无法做出正确判断。2022 年一辆百度萝卜快跑无人驾驶测试车发生车祸，类似事件在全球范围内并非孤例，从谷歌 Waymo 到特斯拉、通用旗下自动驾驶 Cruise 等事故，都表明自动驾驶技术的成熟与完善仍有很长的路要走。

② 安全与责任界定。自动驾驶系统在紧急情况下的决策和行为可能引发安全和责任方面的担忧。例如当面临不可避免的碰撞时，如何做出最优决策以保护乘客、行人及其他道路使用者的安全，目前还没有统一的标准。此外，一旦发生事故，责任的界定也较为复杂，涉及车辆制造商、软件开发者、运营商等多个方面。

③ 数据安全与隐私保护。自动驾驶涉及大量的数据，包括传感器获取的数据、高精度地图数据、行车记录数据及车内乘客的娱乐数据等，这些数据的安全和隐私保护至关重要。数据可能被恶意利用或泄露，需要建立完善的数据管理制度，采用加密、分散等技术手段确保其安全。同时，如何保证高精度地图数据的真实性和完整性也是一个挑战，这需要采取数据备份、验证等措施。

④ 成本问题。目前自动驾驶硬件投入较高，且根据相关要求，进行运营测试的自动驾驶"出租车"远程监控人车比不得低于 1∶3，这也带来了一定的人员成本。即使技术成熟后可以大规模商业化落地，从商业逻辑来看，也必须比人工出租车价格便宜才具备竞争力，而目前无人驾驶出租车的商业竞争力还有待考证。

⑤ 法律法规与政策不完善。现有的法律法规和政策可能无法完全涵盖自动驾驶的所有情况。自动驾驶的发展需要相应的法律和监管框架，包括对道路测试、上路规定、车辆保险、生产标准和技术要求、道路基础设施更新等方面的明确规定。此外，对于技术的创新和发展，法律法规也需要不断更新和调整。

10.2　无人驾驶关键技术

无人驾驶系统依赖于人工智能、视觉计算、雷达、GPS 以及车路协同等先进技术，赋予汽车自主感知周围环境、规划行驶路径和控制车辆的能力。这种系统使得汽车能够在计算机的控制下自动行驶。

无人驾驶系统大致可以分为三个层次：感知层、决策层和执行层。如图 10.9 所示，这三个层次分别模拟了人类驾驶过程中的视觉、思考和操作功能。与传统的人工驾驶汽车不同，自动驾驶汽车的核心特点是人工智能技术的应用。在驾驶过程中，机器通过持续收集和分析行驶数据，并进行自我学习，以实现自动化驾驶，这是一个复杂的系统工程。

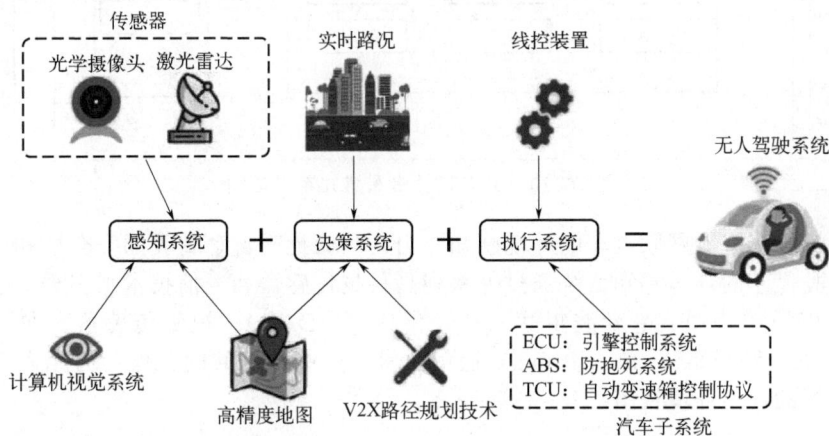

图 10.9　无人驾驶系统技术路线

10.2.1　无人驾驶中的环境感知

无人驾驶汽车的环境感知系统是一种集成了多种传感器技术和计算能力的系统，用于实时监测和感知汽车周围的环境，提高驾驶安全性、改善驾驶体验，并为自动驾驶和高级驾驶辅助系统提供数据支持。

图 10.10 所示为智能网联汽车融合感知系统的架构。该架构展示了从数据源到最终的决策和控制的整个流程。系统从多个传感器和外部数据源获取信息，包括激光点云（激光雷达）、图像（摄像头）、车速、转向、红绿灯状态等。这些数据源通过感知接口输入到系统中，进行初步的处理。

数据经过数据压缩、时间映射和空间映射，以便于后续处理。数据级数据分析服务接口对数据进行初步分析，如数据筛选；从原始数据中提取有用的特征；将不同传感器的特征进行对齐，以便于融合。时空同步服务接口确保不同传感器的数据在时间和空间上同步，以提高数据的一致性，包括联合标定、采集帧率和同步精度。

感知融合服务接口将不同传感器的数据进行融合，以获得更准确的环境感知，包括目标级 ID 对齐和重识别，以确保对同一目标的一致性识别。感知结果包括静态目标（如交通标志）、动态目标（如其他车辆和行人）、可行区域、车道线、自车状态和跟踪信息。这些信息通过服务接口输出，为后续的定位、预测、规划和控制提供支持。系统根据感知输出进行定位、预测、规划和控制，以实现自动驾驶的决策和执行。

整个架构强调了数据的融合和同步，以及从原始数据到最终决策的完整流程。这种融合

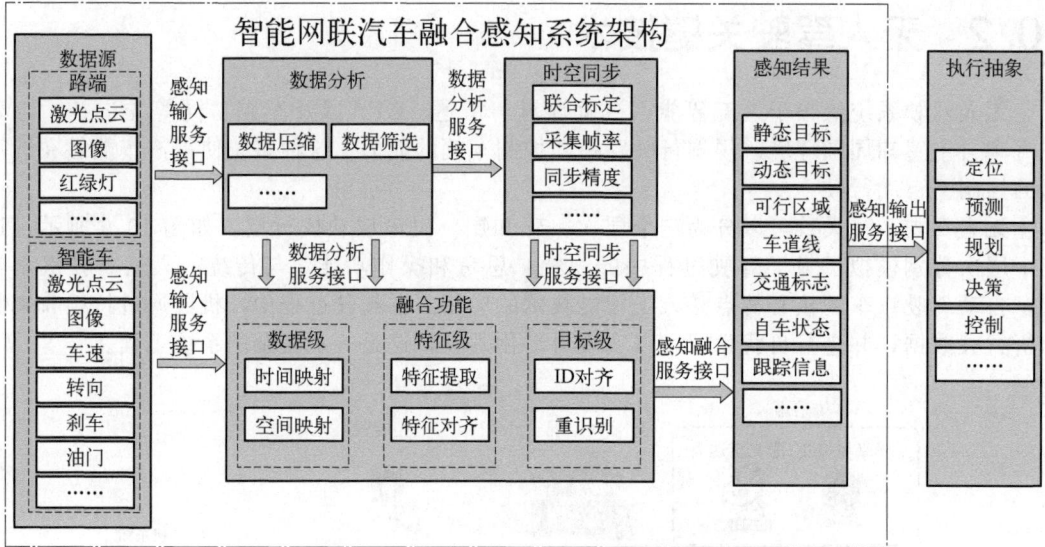

图 10.10　无人驾驶汽车感知系统架构

感知系统能够提高智能网联汽车的环境感知能力，从而提高自动驾驶的安全性和可靠性。

无人驾驶汽车的环境感知系统通过一系列高科技传感器和通信技术来实现。这些传感器包括车载超声波传感器、毫米波雷达、激光雷达（LiDAR）、视觉传感器，如图 10.11 所示，以及 V2X（Vehicle to Everything）通信技术。这些技术共同工作，为无人驾驶车辆提供了一个全面的周围环境视图。

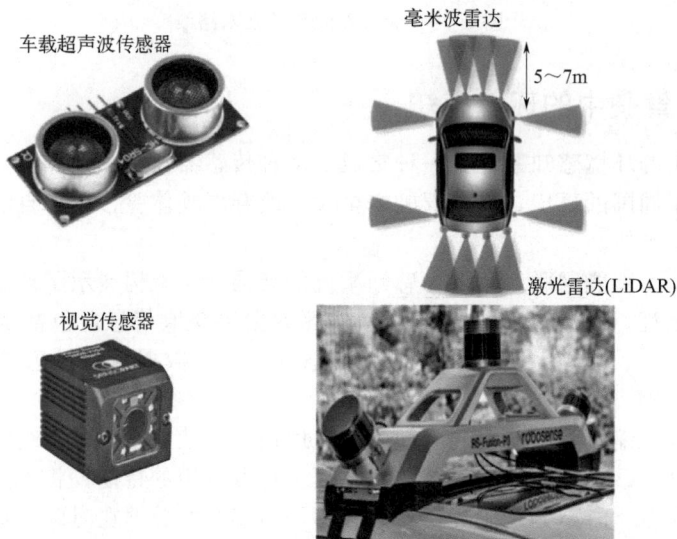

图 10.11　高科技传感器

车载超声波传感器，也称为超声波雷达（USS），是一种价格低廉、检测距离短的传感器，主要用于泊车辅助功能。它通过发射超声波并检测回波来测量距离，适用于短距离的物体检测。

毫米波雷达则工作在毫米波频段，能够探测距离、角度以及通过不同时间的距离计算相对速度。它们通常安装在车辆的前后部，用于自适应巡航控制（ACC）和自动紧急制动

（AEB）等功能。

激光雷达（LiDAR）是一种使用激光进行探测和测距的设备，它能够以极高的精度捕捉周围环境的三维图像。激光雷达系统通过发射激光脉冲并测量反射回来的时间，来确定车辆与周围物体的距离和速度。

视觉传感器，如摄像头，通过图像处理技术来识别道路标志、交通信号灯、行人、车辆等。这些传感器提供了丰富的视觉信息，有助于车辆理解复杂的交通场景。

V2X 通信技术则允许车辆与其他车辆、基础设施、行人以及网络进行信息交换。这种技术提高了车辆的环境感知能力，因为它可以接收来自其他车辆和基础设施的实时数据，从而提高安全性和交通效率。如图 10.12 所示为环境感知传感器的介绍。

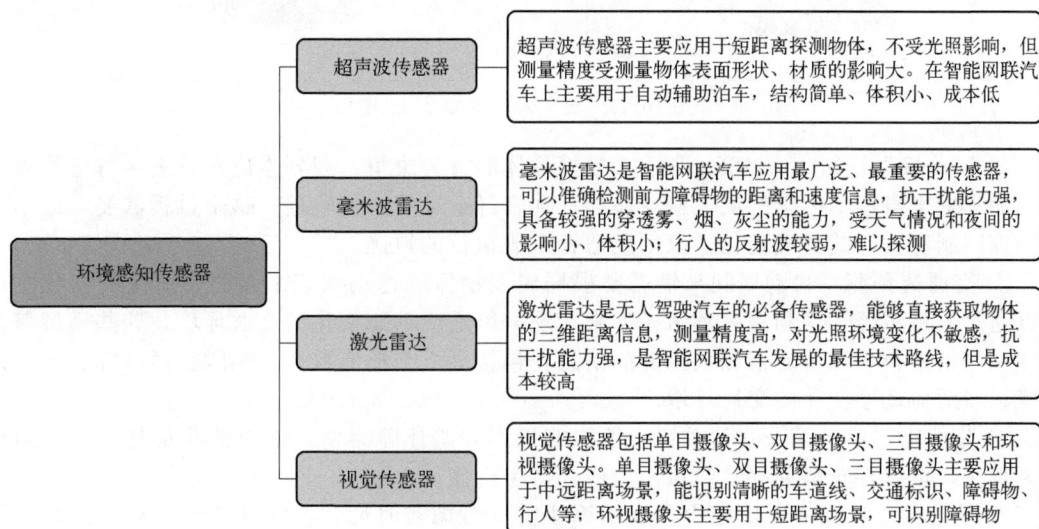

图 10.12　环境感知传感器

无人驾驶汽车的环境感知系统能够感知和识别多种目标，包括但不限于道路、车辆、障碍物、交通标志和信号灯。这些信息被传输给车载控制中心，用于决策和导航，确保车辆的安全和高效行驶。通过这些技术的融合，无人驾驶汽车能够在各种环境条件下，实现对周围环境的精确感知，为车辆的自主控制提供坚实的基础。

10.2.2　无人驾驶中的决策与规划技术

无人驾驶系统的决策与规划技术是确保自动驾驶车辆安全、高效行驶的核心部分。这一过程主要依赖于先进的算法来处理车辆的路径规划、交通流预测、障碍物避让等问题。如图 10.13 所示，具体来说，决策与规划技术可以根据道路交通规则和行驶策略，通过算法决定车辆的行驶路径、时机和速度等，确保自动驾驶车辆能够在复杂的交通环境中安全行驶。

决策与规划技术主要包括以下几个方面：

① 全局路径规划（Route Planning）：在接收到一个给定的行驶目的地之后，结合地图信息，生成一条全局的路径，作为后续具体路径规划的参考。这个过程可以通过各种算法实现，如 Dijkstra 算法、A * 算法等，以确保路径的优化和效率。

② 行为决策层（Behavioral Layer）：在接收到全局路径后，结合从感知模块得到的环境信息（包括其他车辆与行人，障碍物，以及道路上的交通规则信息），做出具体的行为决策（如选择变道超车还是跟随）。这一层次的决策需要考虑多智能体的交互影响，并预测其他参与者的行为。

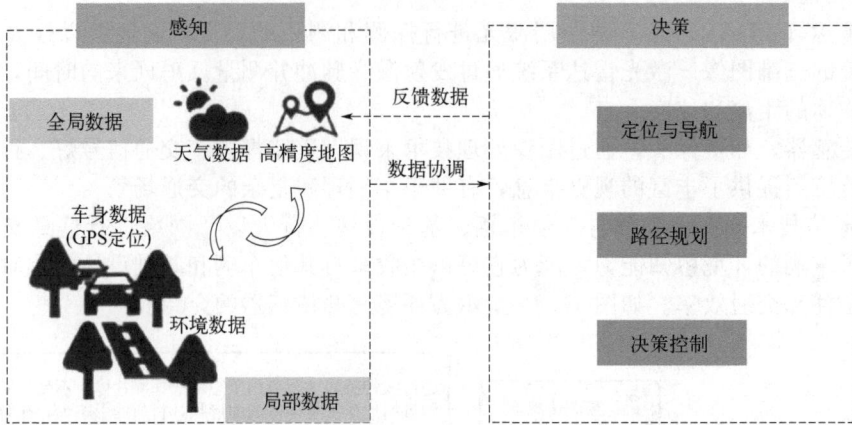

图 10.13　无人驾驶感知 & 决策

③ 运动规划（Motion Planning）：根据具体的行为决策，规划生成一条满足特定约束条件（如车辆本身的动力学约束、避免碰撞、乘客舒适性等）的轨迹。这个过程需要考虑车辆的物理限制和实时的环境变化，以生成适合车辆执行的轨迹。

④ 交通流预测：自动驾驶车辆需要根据周围物体的运动状态来预测交通流的变化，这可以通过各种机器学习和深度学习模型来实现，以适应动态变化的交通环境。这些模型需要处理和分析来自各种传感器和数据源的信息，包括历史交通流数据、实时交通状况、天气条件等，以适应动态变化的交通环境。

⑤ 障碍物避让：无人驾驶系统必须能够识别并避让障碍物，这通常涉及复杂的感知和预测算法，以确保车辆能够及时做出反应，避免碰撞。

⑥ 算法优化：在实际应用中，规划算法需要考虑实时性、稳定性和舒适性，因此，研究人员经常使用简化的路径规划算法，或者结合人类驾驶经验来优化算法，以提高其在实际驾驶环境中的适用性。

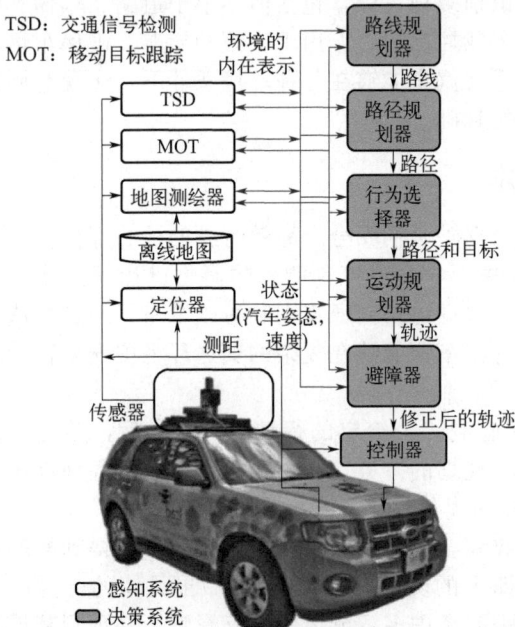

图 10.14　无人驾驶决策的功能模块

⑦ 不确定性处理：在存在不确定性的环境中，如部分可观测马尔可夫决策过程（POMDP）和概率占用栅格图（POGM）等方法被用来处理不确定性问题，以提高自动驾驶系统的鲁棒性。

通过这些高级的决策与规划技术，无人驾驶系统能够实现在复杂交通环境中的安全、高效行驶。

无人驾驶的决策系统是自动驾驶汽车的"大脑"，负责处理感知系统收集的信息，并做出驾驶决策。如图 10.14 所示右侧部分为无人驾驶决策系统部分，它通常由以下几个功能模块组成。

参考路径（Routing）：参考路径模块负责解决从 A 点到 B 点的路线寻径问题，生成的路径规划深入到高精度地图的车道级别。它不仅生成一条参考路径，还可以规划多条具有不同优先级的路径，以表达换道需求。这些路径中优先级高的通常作为目标路径，而优先级低的则作为当前路径。

① 交规决策。交规决策模块根据参考路径找到交通标志和信号灯，并根据这些信息决定是否需要在相应的地方放置虚拟墙，例如在需要停止的地方生成一个虚拟墙以遵守交通规则。

② 路径决策。路径决策模块结合交通标识、信号、虚拟墙和障碍物信息进行路径决策。它首先判断是否需要换道（即是否有优先级更高的参考路径），然后判断是否可以安全换道。如果需要换道且可以安全执行，它会产生路径边界；如果不换道或换道不安全，它会产生车道内的路径边界。

③ 速度决策。速度决策模块在路径边界确定后，通过路径优化器生成平滑的路径，并在此基础上进行速度决策。它会产生速度边界，并将这些边界传递给速度优化器，以得到平滑的速度规划。速度规划过程中会考虑道路限速、减速带、行人等多种速度限制因素。

④ 场景决策。场景可以是地图中具有一定特征的路段，如路口、红绿灯等，也可以是无人车想要完成的一系列复杂动作。场景决策模块负责识别和处理这些特定的驾驶场景，如借道避让、路口通行等，并在这些场景中进行相应的决策和规划。

整个决策系统是一个复杂的信息处理和决策制定过程，涉及多个组件的协同工作。通过这些组件的相互作用，自动驾驶汽车能够在复杂的交通环境中做出快速、准确的决策，确保安全、高效地行驶。

10.2.3　无人驾驶中的控制与执行技术

无人驾驶的两大关键技术是环境感知技术和车辆控制技术，前者为基础技术，后者为核心技术，其具体系统流程如图 10.15 所示。

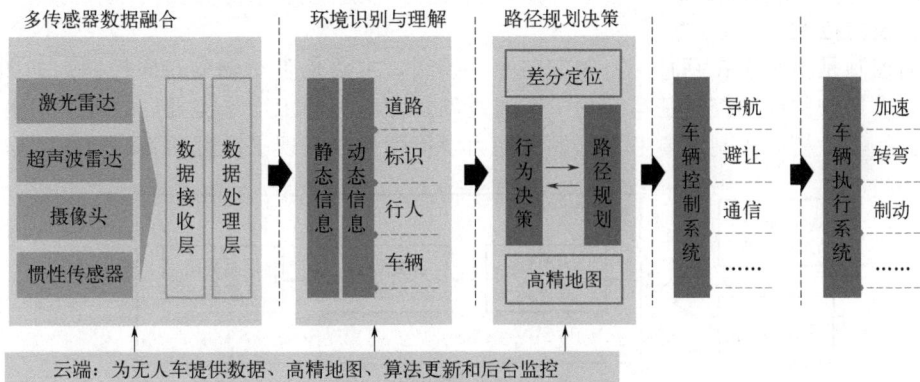

图 10.15　无人驾驶系统流程

无人驾驶的车辆控制技术是确保自动驾驶汽车安全、高效行驶的核心部分。它包括轨迹规划和控制执行两个关键环节，这两个环节相辅相成，共同构成了无人驾驶汽车的关键技术。以下是无人驾驶车辆控制技术的介绍：

（1）轨迹规划

轨迹规划是指在给定环境信息和初始条件的情况下，规划出一条从起点到终点的路径，这条路径需要避开障碍物、遵守交通规则，并考虑车辆的动力学和运动学约束。轨迹规划通常分为两个部分：横向规划和纵向规划。横向规划决定轨迹的形状，而纵向规划则确定车辆在轨迹上的速度和加速度分布。

（2）控制执行

控制执行环节负责将轨迹规划的结果转化为车辆的实际控制动作，如转向、加速和制动。这一环节需要确保车辆能够精确地跟踪规划的轨迹，同时保持车辆的稳定性和舒适性。控制执行技术通常包括经典的控制方法（如 PID 控制）和先进的控制策略（如模型预测控制 MPC）。

无人驾驶控制的核心技术是车辆的纵向控制技术（车辆的驱动与制动控制）和横向控制技术（方向盘角度的调整以及轮胎力的控制），通过电子控制单元（ECU）和执行器，控制车辆的加速、制动、转向等行驶动作，实现精确而灵敏的车辆控制，确保自动驾驶车辆按照决策结果进行准确的行驶操作。

（3）纵向控制

纵向控制涉及车辆在行驶方向上的控制，包括车速控制和车距保持。图 10.16 所示为纵向控制基本结构，它通过控制车辆的油门和制动系统来实现，以确保车辆按照规划的速度和加速度行驶。纵向控制的关键在于响应速度和精确性，以适应不同的驾驶条件和交通环境。

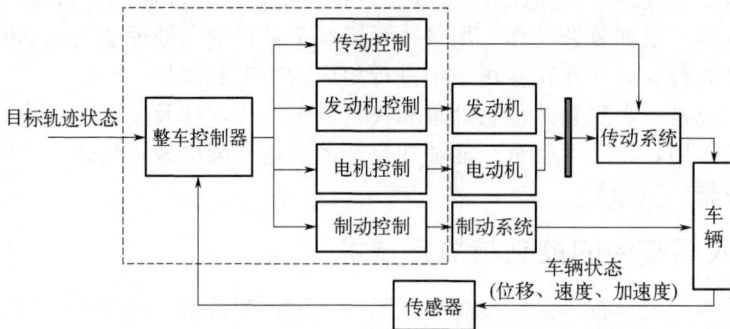

图 10.16 纵向控制基本结构

（4）横向控制

横向控制是指车辆在垂直于行驶方向上的控制，主要负责车辆的转向控制。如图 10.17 所示为无人驾驶的横向控制基本结构，它通过调整方向盘的角度来实现，以确保车辆按照规划的路径行驶。横向控制需要考虑车辆的动力学特性，以实现平滑且准确的转向动作。

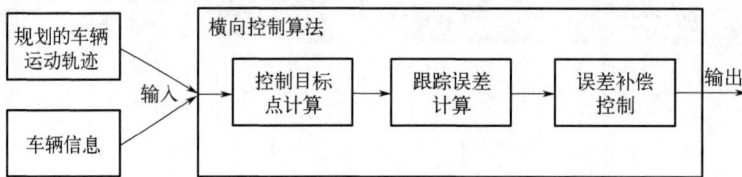

图 10.17 横向控制基本结构

（5）车辆状态估计

车辆状态估计是指对车辆的位置、速度、加速度、姿态等状态进行实时估计。这些信息对于轨迹规划和控制执行至关重要。状态估计通常依赖于车载传感器（如 GPS、IMU、车轮编码器）和先进的算法（如卡尔曼滤波、粒子滤波）。

无人驾驶技术是现代汽车工业和人工智能领域的重要交汇点，它融合了环境感知、决策规划、车辆控制以及车联网等多项关键技术。环境感知技术通过车载传感器如激光雷达、摄像头、毫米波雷达等，实时捕捉车辆周围的环境信息，为车辆提供了"视觉"能力。决策规划技术则基于感知数据，结合交通规则和行驶策略，通过算法决定车辆的行驶路径、时机和速度，确保车辆在复杂的交通环境中安全行驶。车辆控制技术，包括轨迹规划和控制执行，将决策结果转化为具体的车辆控制动作，如转向、加速和制动，以实现精确的路径跟踪和车辆稳定性。车联网技术则通过 V2X 通信，实现了车辆与其他车辆、基础设施、行人以及网络的信息交换，提高了行驶的安全性和效率。无人驾驶技术的快速发展，不仅需要单车智能方面的技术进步，还需要通信端、路端、云端等基础设施与车辆形成协同，以实现更高水平的自动驾驶。随着技术的不断成熟和法规的逐步完善，无人驾驶汽车有望在未来彻底改变我们的出行方式，提高道路安全性，减少交通拥堵，并为人们提供更加便捷、舒适和智能的出行体验。

10.3　无人机概述

10.3.1　无人机起源与发展

随着智能科技的日益发展，世界主要大国都十分注重无人机的技术研发与设计。从无到有，无人机的发展经历了一段漫长的历史。如图 10.18 所示，在无人机的发展史上出现过许多典型事件。1935 年，蜂后无人机的问世标志着无人机时代的真正开始，这款无线电遥控全尺寸靶机，是近现代无人机历史上的"开山鼻祖"。无人机的使用价值不断增加，主要被用于各大战场执行侦察任务。

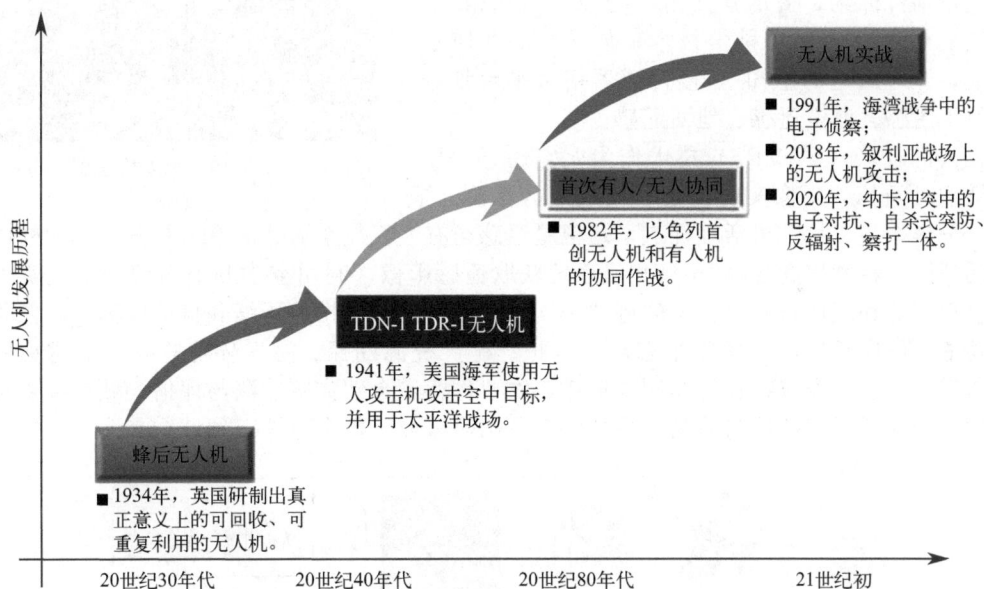

图 10.18　无人机发展历程

20 世纪 50 年代后期，在苏联的帮助下，中国开始进行无人机研究，但由于期间苏联研发力量的撤离，中国无人机转为自主研究，到 1966 年 12 月，中国研制的第一架无人机"长空一号"首飞成功。

随着技术的进步，人类在力学、材料学、电子技术、自动控制、计算机等方面陆续取得进步，这在很大程度上推动了航空航天的进步和发展。无人机研发设计开始从辅战型装备向主战型装备转变。

21 世纪初，由于原来的无人机体积较大，不易携带，所以研制出了迷你无人机，机型更加小巧，性能更加稳定，同时无人机更加进步，智能化的技能催发了民用无人机的诞生。

2006 年，影响世界民用无人机格局的大疆无人机公司成立，先后推出的 phantom 系列无人机，在世界范围内产生深远影响，开启并引领了消费级无人机市场。在之后的几年内，各大无人机企业逐渐崛起，无人机研发水准上升到一个较高水平。

2015年，是无人机飞速发展的一年，各大运营厂商融资成功，为无人机的发展创造了十分有利的条件，无人机技术、产品不断进行迭代升级。同时无人机各大论坛和社区不断涌现出来，提供了技术交流平台，无人机处于日益上升发展的阶段。

人工智能技术带动了无人机的跨越式发展，随着市场的逐渐成熟，无人机在农业、测绘、物流运输、交通执法等多方面深入应用，实用价值不断提升，应用场景也呈现多元化扩张。无人机的研发、生产、制造和应用加速走向繁荣，潜在市场逐步得到释放。同时，为保证无人机行业市场的安全及有序运行，各个国家和地区不断出台并完善无人机相关政策，无人机行业积极健康生长，不断创造更好的社会及经济效益，对提升国家综合治理能力发挥着重要作用。

10.3.2 无人机关键技术

(1) 遥感技术

遥感（RS-Remote Sensing）——不接触物体本身，用传感器收集目标物的电磁波信息，经处理、分析后，识别目标物，揭示其几何、物理性质和相互关系及其变化规律的现代科学技术，如图10.19所示。换言之，即"遥远的感知"，按传感器搭载平台划分，包括航天遥感、航空遥感、地面遥感。

图10.19 无人机遥感

无人机遥感（UAVRS）技术作为航空遥感手段，具有续航时间长、影像实时传输、高危地区探测、成本低、分辨率高、机动灵活等优点，是卫星遥感与有人机航空遥感的有力补充，在国外已得到广泛应用。其利用高分辨CCD相机系统获取遥感影像，利用空中和地面控制系统实现影像的自动拍摄和获取，同时实现航迹的规划和监控、信息数据的压缩和自动传输、影像预处理等功能，可广泛应用于国家生态环境保护、矿产资源勘探、海洋环境监测、土地利用调查、水资源开发、农作物长势监测与估产、农业作业、自然灾害监测与评估、城市规划与市政管理、森林病虫害防护与监测、公共安全、国防事业、数字地球等领域。

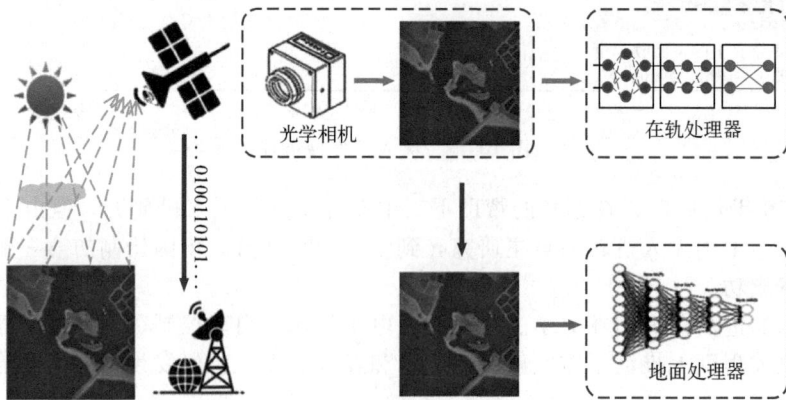

图10.20 无人机遥感技术在测绘测量中的应用

无人机遥感技术由于其快速、宏观、动态的显著特点，可以很好地弥补传统应急方法的缺陷。图10.20所示为无人机遥感技术应用说明。我们既可以从宏观上观测灾区、灾情以及因灾导致的空气、土壤、植被和水质状况，为应急救灾、灾情评估、灾后治理工作提供决策依据，也可以实时快速跟踪和监测突发环境污染事件的发展，及时制定处理措施，减少污染造成的损失。随着遥感技术、信息技术、通信技术的综合应用，遥感技术可在环境突发事件响应、污染源管理、环境质量评价、流域环境监测等多方面为环保部门服务，大幅度提高环保部门的管理、监督和服务水平。

无人机遥感应用广泛（见图 10.21），主要有以下应用：

① 气象监测与预报。无人气象飞机可装载遥感设备对温度、湿度、气压、风速、风向和电场等气象参数进行测量。这方面的研究已取得大量成果，美国、澳大利亚、法国、中国等相继研制了 Perseus 和 Theseus、Aerosonde \ FOX 和 Chacal、TF-1 等 UAV 气象遥感系统。

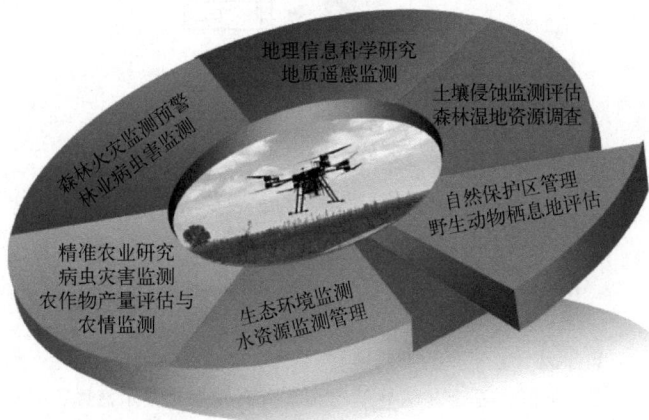

图 10.21　无人机遥感应用领域

② 灾害预报、监测与评估。在灾害预报、监测与评估中，灾害勘查与救援人员往往受制于灾区环境风险，导致一时无法安全抵近的问题，而遥感无疑是一种快速部署、零伤亡的灾情获取技术手段。UAV 灾害遥感监测作为遥感监测的一部分，很好地弥补了卫星遥感、航空遥感等对地观测精度、时效和频度上的不足，健全了对地观测技术在灾害中的应用。

（2）导航技术

导航技术是无人机技术中最关键和最重要的技术之一。无人机拥有 GPS 定位功能，能准确地知道自己要飞到哪里去，自己身处什么地方。它是按照要求的精度，沿着预定的航线在指定的时间内正确地引导无人机至目的地。

① 导航系统的主要功能。通过接收卫星信号（如 GPS、北斗等）或利用惯性传感器（如陀螺仪、加速度计）等，实时计算并显示无人机的当前位置。并且结合多种传感器数据，计算无人机的飞行速度和姿态角（如俯仰角、滚转角、偏航角），以支持精确的飞行控制。然后根据预设的航线或任务需求，引导无人机按照指定路径飞行，并在必要时进行航线修正。

② 导航系统的组成。卫星导航系统：如 GPS、北斗等，利用卫星信号进行定位。这是目前无人机最常用的定位方式之一，具有高精度、全天候、全球覆盖等优点。

惯性导航系统：利用陀螺仪、加速度计等惯性传感器，通过测量无人机的角运动和线运动信息，推算出无人机的位置、速度和姿态。惯性导航系统不依赖外部信号，具有自主性强、隐蔽性好等优点，但长时间使用会产生误差积累。

其他辅助导航系统：包括多普勒导航系统、地形辅助导航系统、地磁导航系统等。这些系统可以根据具体任务需求进行选择和组合使用，以提高导航精度和可靠性。

③ 导航系统的关键技术。

• 多传感器数据融合：将来自不同传感器的数据进行融合处理，以提高导航系统的精度和稳定性。

• 避障技术：包括深度相机避障、声呐系统避障、"视觉＋忆阻器"避障、双目视觉避障、微小型雷达避障等技术。这些技术可以帮助无人机在飞行过程中自主识别和避开障碍物，提高飞行的安全性和可靠性。

随着无人机应用领域的不断拓展和深入，对导航系统的精度、可靠性和抗干扰性能提出了更高的要求。未来，多种导航技术结合将是无人机导航系统发展的方向。图 10.22 所示为无人机与北斗技术的相关结合应用。

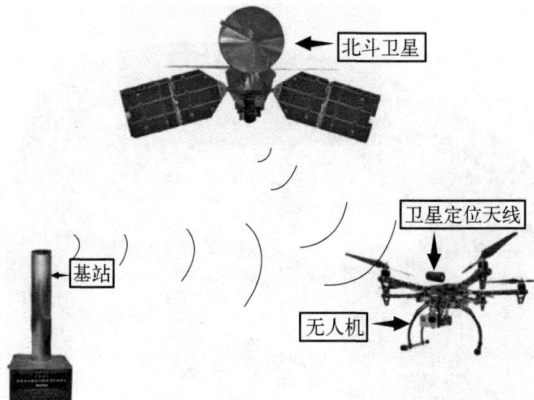

图 10.22　基于北斗导航的无人机高精度定位示意图

（3）多无人机系统

多无人机系统导致了通信领域的范式转变，因为配备先进通信系统的无人机在填补通信空白、扩大通信范围和改善偏远或困难环境下的连接方面具有革命性意义。多无人机系统配备全球定位系统以及加速计、陀螺仪和气压计等传感器，可自动稳定和定位空间位置。此外，一些无人机还能承受成像和红外摄像机等传感器的额外重量。

多无人机系统是指在一个网络中部署多架无人机，这在覆盖大面积地理区域的任务中非常有用，因为单架无人机由于功率和承载能力有限，不足以覆盖大范围。多架无人机系统由多架联网无人机组成，可以覆盖更广的地理区域。联网无人机可从不同的有利位置覆盖广阔区域，从而提高容错能力。

多无人机系统的组成部分包括通信、传感器、调度模块和无人机平台。联网无人机系统的关键属性是耐用性、适应性、可扩展性、协作性、异构性，以及通过整合每架无人机及其导航和通信能力实现的自配置。联网无人机以集中或分散的方式工作。集中式联网无人机从环境中收集信息，根据收集到的数据做出决策，然后集中执行任务。在分散式无人机系统中，单个无人机在不同阶段共享和整理信息，以完成最终目标。因此，多无人机系统的设计涉及整合单个无人机以完成最终目标。

由于不同子系统之间的协调要求，设计一个以网络形式运行的多无人机系统以实现预期目标非常复杂。多无人机系统包括多架无人机，这些无人机可感知环境，并通过无人机网络与其他无人机通信，规划路径和分担任务，以实现最终目标。开发多无人机系统的主要挑战在于设计用于检测、通信、联网的硬件，以及硬件之间的进一步协调。在多无人机系统中，无人机必须观察周围环境、整理信息，并以最有效的方式发动所需的攻击。其主要组成部分如图 10.23 所示。

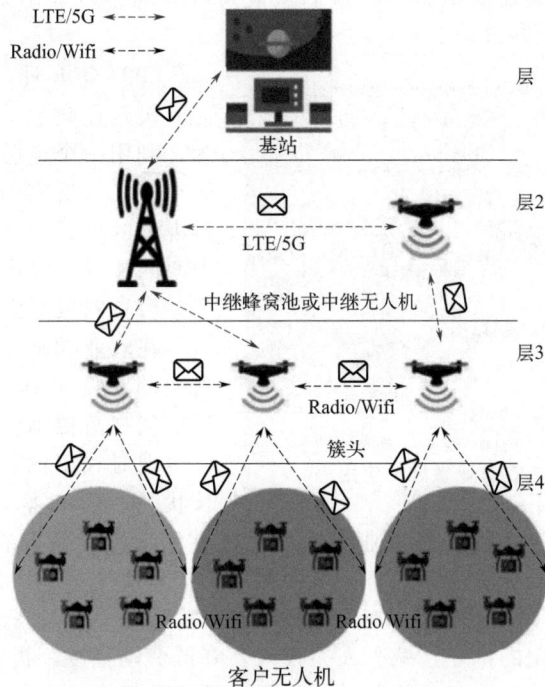

图 10.23　多无人机系统主要组成部分

10.3.3　无人机应用场景

（1）军事用途

随着科技的日新月异，无人机在军事领域的运用越来越多。它凭借高度的机动性、低廉的成本和风险，已然成为现代战争中不可或缺的重要角色。

侦察是无人机在军事领域的重要应用之一。无人机可以搭载各种传感器和侦察设备，如雷达、红外、光学等，对敌方目标进行远距离、高精度的侦察。

监视是无人机在军事领域的另一个重要应用。无人机可以搭载监视设备，如雷达、红外、光学等，对敌方目标进行远距离、高精度的监视。

无人机在军事领域的打击应用也非常广泛。无人机可以搭载各种武器系统，如导弹、炸弹、精确制导武器等，对敌方目标进行远距离、高精度的打击。

无人机在军事领域的通信中继应用也非常广泛，图 10.24 所示为无人机组成的战斗攻击群。无人机可以实现超视距通信、雷达侦察、无线电侦察等任务。无人机在通信中继方面发挥着无可替代的作用，它们像空中桥梁一般，高效地传递信息，显著提升了通信效率。同

图 10.24　无人机战斗攻击群

时，它们也减轻了侦察人员的负担，将他们从危险的环境中解救出来，降低了执行任务的风险。

图 10.25　无人机在农业领域的应用

2024 年 8 月，我国珠海的一家民营无人机企业展示了 AI 无人机蜂群作战理念，利用一个电脑控制台，同时指控 30 架小型无人机实施协同攻击。AI 可以通过视觉的方式自主锁定目标，并在指控中心的授权下对目标发起自杀式攻击。

（2）农业助力

在农业领域，无人机已经成为现代农业的重要工具，如图 10.25 所示。通过搭载高清摄像头和传感器，无人机可以实现对农田的精准监测，包括作物生长状况、病虫害情况、土壤湿度和养分

含量等。这种监测方式大大提高了农业生产的精准性和效率，帮助农民及时发现并解决问题，实现精准施肥、灌溉和防治病虫害，从而提高农作物的产量和质量。

此外，无人机还可以用于播种、施肥、喷洒农药等作业。通过搭载相应的设备，无人机可以实现自动化、智能化的作业，减少人力投入，降低劳动强度，提高作业效率。同时，无人机作业还可以减少农药和化肥的使用量，降低对环境的污染，实现绿色农业的发展。

（3）无人机智能巡视

当前无人机在电网输电线路的日常巡检与精细化巡检作业中广泛应用，在提升工作效率和质量等方面得到电力行业普遍认可。国网公司积极响应数字化转型，整合先进技术，全面推进电网运检管理模式，将传统的"单一人工巡检"模式转为"无人机巡检为主、人工巡视为辅"的新型巡检模式，有效节约了人力资源消耗，降低了恶劣环境对巡检工作的影响，极大程度提升了工作效率和质量。图 10.26 所示为无人机在场外进行智能巡检工作。

图 10.26　无人机智能巡检

无人机智能巡检系统主要由无人机平台、传感器、数据传输和分析系统组成，如图 10.27 所示。无人机搭载高精度摄像头、红外热成像仪、激光雷达等多种传感器，按照预设的飞行路径进行巡检作业。通过无线网络或卫星通信，无人机将采集到的图像和数据实时传输到地面控制中心，由专业软件进行数据处理和分析，生成巡检报告。

① 预设飞行路径。通过使用高精度地图和地理信息系统（GIS），无人机可以预设飞行路径，确保按照既定的路线进行巡检，覆盖所有需要检查的区域。

② 自主导航技术。无人机配备的自主导航技术，如 GPS 和传感器阵列，使其能够稳定飞行，即使在复杂的环境条件下也能保持正确的航线。

③ 实时数据采集与处理。无人机搭载的传感器能够实时收集图像和数据，并通过机载计算机或与云端连接进行即时处理，识别异常或感兴趣的对象。

④ 人工智能与机器学习。利用人工智能和机器学习算法，无人机可以被训练来识别特

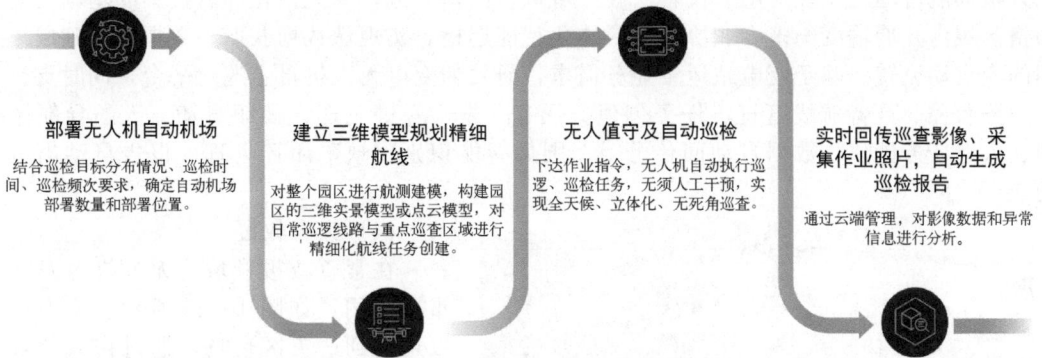

图 10.27 无人机智能巡检过程

定的模式和异常，如结构损坏、热泄漏等，从而提高巡检的准确性和效率。

⑤ 自动返回与充电。自动巡检系统还包括自动返回和充电功能，无人机在完成巡检任务或电量低时，能够自动返回基地进行充电，无须人工干预。

⑥ 集成控制中心。一个集中的控制中心可以远程监控无人机的飞行状态，接收数据，并根据无人机传回的信息做出相应的决策。

无人机网格化自主巡检平台是面向输变配无人机巡检研发的无人机自主控制飞巡系统，以无人机为载体，以智能算法（AI）为核心，其智能巡检示意图如图 10.28 所示。在根据

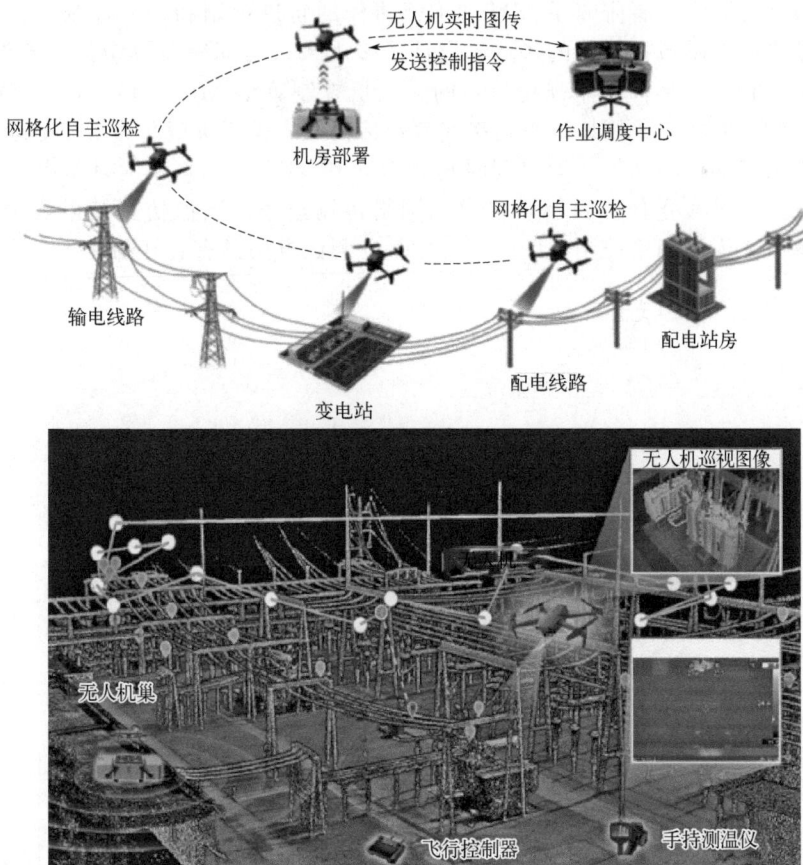

图 10.28 无人机智能巡检

无人机续航可巡检半径对电力设备所在区域进行网格划分，并规模化部署机巢的基础上，对网格区域内开展输变配多专业协同的一体化智能巡检，实现从数据获取、数据分析到成果应用的全自动流转。基于变电站运维业务需求，研发的变电无人机自主巡检平台，同时支持人巡业务管控。具备航线管理、任务创建、任务下发、一键飞巡、视频直播、人巡导航图规划、人巡任务创建、数据自动回传分类、图像智能识别、缺陷闭环管理、报告自动出具等功能。

图 10.29　无人机灾害救助

（4）灾害救援

在紧急救援领域，无人机也发挥着重要作用，如图 10.29 所示。无人机可以迅速到达灾区现场，通过搭载的红外摄像头和热成像仪等设备，实现对被困人员的快速定位和救援。同时，无人机还可以搭载救援物资和设备，为灾区提供及时的援助和支持。在自然灾害、交通事故等紧急情况下，无人机救援可以大大提高救援效率和成功率，减少人员伤亡和财产损失。

在使用无人机（UAV）进行紧急救援、目标搜索和其他任务场景中，中继无人机（RU）和任务无人机（MU）可以在未知环境中协作完成任务。有学者研究了 MU 和 RU 协作的轨迹规划和功率控制问题。考虑 MU 与地面控制站之间多跳数据传输的特点，设计了多无人机协同覆盖模型，如图 10.30 所示。同时，提出了一种基于多智能体强化学习的无人机控制算法 MUTTO。为了解决目标数量和位置信息未知的问题，采用地理覆盖率代替目标覆盖率进行决策。为了更好地合作，分别设计了两种无人机的奖励功能。通过同时规划 RU 和 MU 的轨迹和发射功率，在最小化无人机能耗的同时，最大化任务目标覆盖率和网络传输速率。数值仿真结果表明，MUTTO能够高效地解决无人机网络控制问题，并且比基准测试方法具有更好的性能。

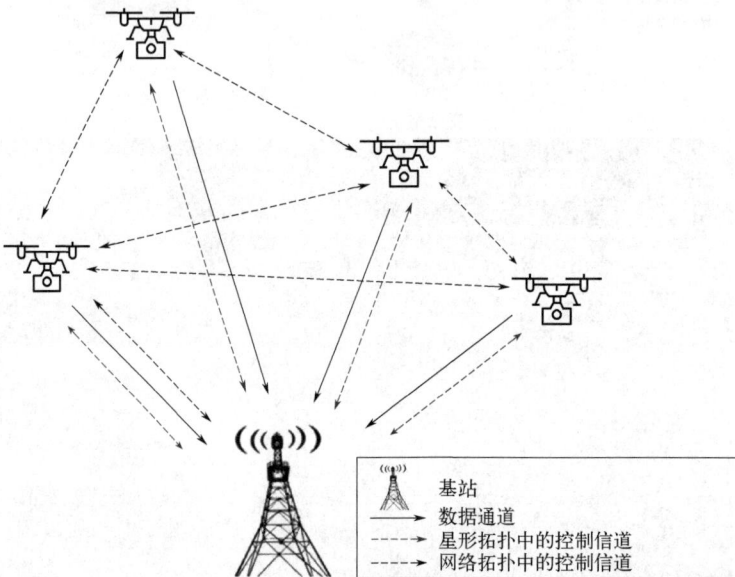

	基站
⟶	数据通道
⤏	星形拓扑中的控制信道
- - -	网络拓扑中的控制信道

图 10.30　多无人机通信

（5）物流配送

随着电商行业的蓬勃发展，物流配送需求日益增加。无人机在物流配送领域的应用也越来越广泛。无人机可以实现快速、准确的配送服务，特别是在偏远地区或交通不便的地方，无人机配送具有显著的优势。无人机可以避开拥堵的交通，减少配送时间，提高配送效率。同时，无人机配送还可以降低物流成本，减少人力投入，为电商企业带来更多的竞争优势。图 10.31 所示为无人机自动配送流程示意图。

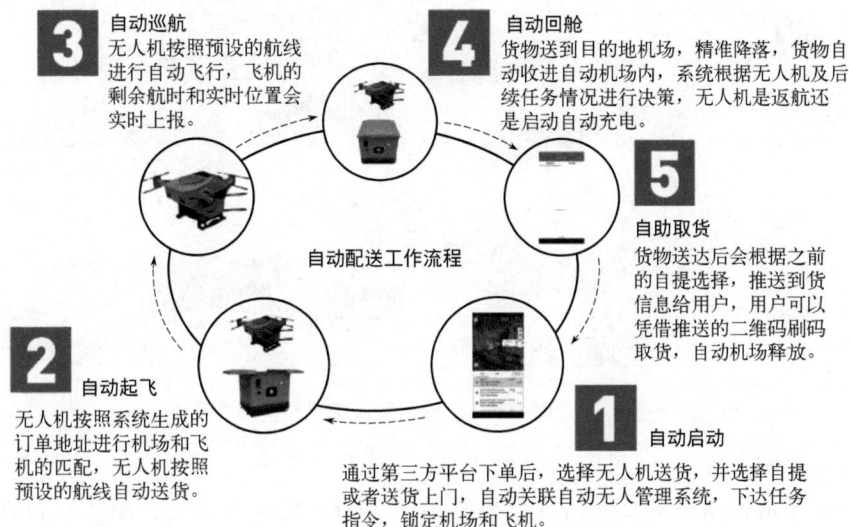

3 自动巡航
无人机按照预设的航线进行自动飞行，飞机的剩余航时和实时位置会实时上报。

4 自动回舱
货物送至目的地机场，精准降落，货物自动收进自动机场内，系统根据无人机及后续任务情况进行决策，无人机是返航还是启动自动充电。

5 自助取货
货物送达后会根据之前的自提选择，推送到货信息给用户，用户可以凭借推送的二维码刷码取货，自动机场释放。

自动配送工作流程

2 自动起飞
无人机按照系统生成的订单地址进行机场和飞机的匹配，无人机按照预设的航线自动送货。

1 自动启动
通过第三方平台下单后，选择无人机送货，并选择自提或者送货上门，自动关联自动无人管理系统，下达任务指令，锁定机场和飞机。

图 10.31　无人机自动配送流程示意图

2024 年 8 月，八达岭长城与美团无人机联合开通北京首条无人机配送航线，如图 10.32 所示，已多次为长城上的游客提供防暑降温、应急药物等的配送服务。该无人机航线配送点位于八达岭长城南城延长线的南九城楼。借助小型无人机，游客以手机扫码的方式在外卖平台下单后，只需数分钟即可收到药品、饮用水、防晒霜和食物等购买的物品。无人机在长城配送货物如图 10.32 所示。

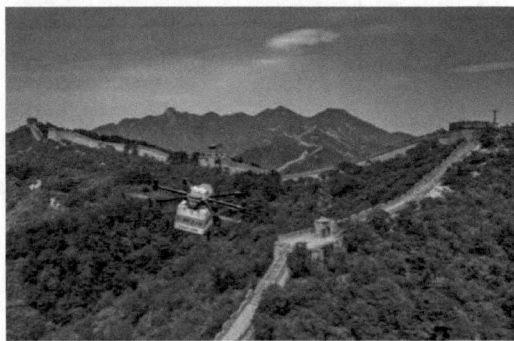

图 10.32　无人机在长城配送货物

2024 年 8 月，深圳市发改委在低空经济高质量发展大会上宣布，计划到 2025 年年底建成 1000 个以上的低空飞行器起降平台，并开通超过 1000 条航线。这一规划将构建一个层次分明、结构合理的低空起降服务体系，涵盖直升机/eVTOL 载客运输、物流运输、社区配送和公共治理服务等多个领域。

深圳市的低空起降服务体系将支持"异构、高密度、高频次、高复杂性"的低空飞行活动，以及"低空＋"新兴业态的发展。截至 2024 年 6 月，深圳已建成 249 个低空起降点，并开通了 207 条无人机航线。

深圳市的低空经济发展规划旨在提升城市交通效率，促进新兴产业发展。通过建设低空飞行器起降平台和航线，深圳将提高城市内部交通效率，为物流运输、社区配送等领域带来变革。同时，公共治理服务也将获得新的解决方案，如紧急救援、环境监测等应用。低空经济组成如图 10.33 所示。

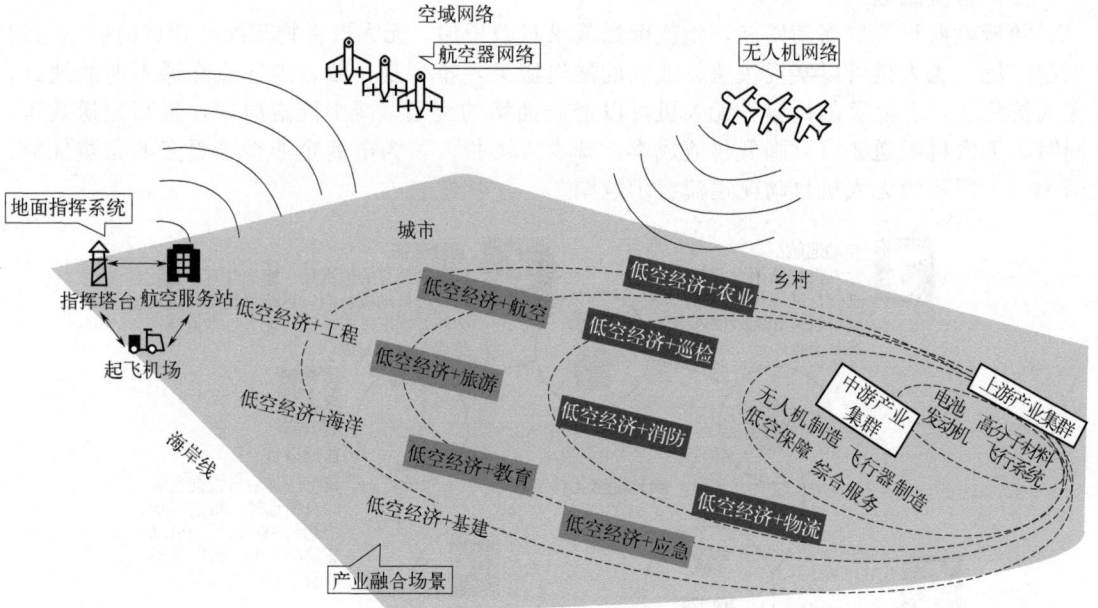

图 10.33　低空经济组成

（6）无人机群表演

无人机群表演的原理主要包括飞行控制系统、GPS 定位与导航、编队控制算法、灯光控制原理、通信与同步以及三维建模技术。其路径规划 RRT 算法如图 10.34 所示。

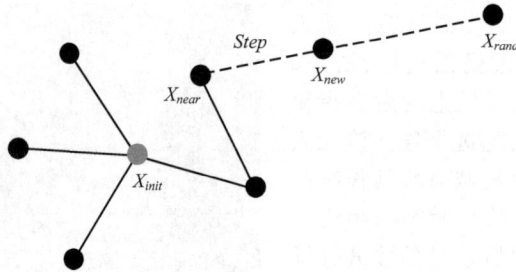

图 10.34　无人机路径规划算法 RRT 算法

① 飞行控制系统：这一系统通过传感器收集无人机的速度、姿态、位置等数据，并通过算法实时调整无人机的飞行状态，确保编队飞行的稳定性和精确性。

② GPS 定位与导航：通过接收卫星信号，无人机能够确定自己的精确位置，这对于保持编队飞行的队形至关重要。

③ 编队控制算法：负责规划无人机的飞行路径、速度和灯光变化，确保整个编队能够按照预定的方案进行表演。

④ 灯光控制原理：每架无人机都装有可编程的 LED 灯，能够显示不同的颜色和亮度，从而创造出丰富多彩的视觉效果。通过无线通信技术，控制中心能够向所有无人机发送统一的灯光控制指令，实现灯光的协调变化。

⑤ 通信与同步：控制中心与无人机之间通过无线电波进行实时交换飞行数据和灯光控制指令，同时通过高精度的时间同步技术，确保所有无人机能够在同一时刻执行相同的动作，从而实现完美的编队表演。

⑥ 三维建模技术：在表演前，需要通过三维建模技术对无人机的飞行轨迹和灯光变化进行编程和设计，以确保无人机能够在空中呈现出预期的造型和效果。

这些原理和技术共同作用，使得无人机群能够完成复杂的编队表演，呈现出令人震撼的视觉效果，如图 10.35 所示。

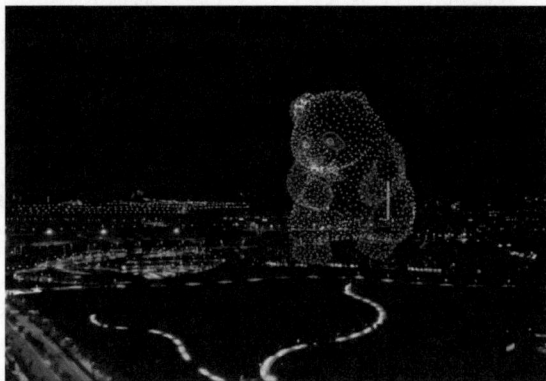

图 10.35　无人机群表演

习题

一、选择题

1. 世界上第一辆真正意义上的自动驾驶汽车是在哪个项目中诞生的？（　　）

A. DARPA 挑战赛

B. 卡内基梅隆大学的 NavLab 项目

C. Google 的 Waymo 项目

D. 特斯拉的 Autopilot 项目

2. 哪一年，谷歌的自动驾驶汽车项目独立为 Waymo 公司？（　　）

A. 2004 年　　　　　B. 2009 年　　　　　C. 2012 年　　　　　D. 2016 年

3. 根据国际自动机工程师学会（SAE International）的定义，L3 级别的自动驾驶系统意味着什么？（　　）

A. 无自动化：所有驾驶任务均由人类驾驶员完成。

B. 部分自动化：系统可以辅助驾驶员完成某些驾驶任务，但驾驶员需要随时准备接管。

C. 条件自动化：系统可以完成大部分驾驶任务，但在特定情况下需要驾驶员接管。

D. 完全自动化：系统可以完成所有驾驶任务，无须人类驾驶员介入。

4. 根据 SAE International 的定义，L5 级别的自动驾驶系统具备哪些特征？（　　）

A. 仅在特定条件下自动驾驶，驾驶员需要随时准备接管。

B. 在特定地理区域内自动驾驶，无须驾驶员介入。

C. 在任何条件下自动驾驶，无须驾驶员介入。

D. 提供部分驾驶辅助功能，驾驶员需要随时准备接管。

5. 下列哪种应用场景最有可能首先实现大规模商用的无人驾驶技术？（　　）

A. 城市公共交通

B. 高速公路货运

C. 农业耕作

D. 个人日常通勤

6. 无人驾驶系统大致可以分为哪三个层次？（　　）

A. 感知层、决策层、执行层

B. 数据层、算法层、应用层

C. 硬件层、软件层、网络层

D. 传感器层、计算层、控制层

7. 以下哪项不是无人驾驶汽车环境感知系统中使用的传感器？（　　）

A. 激光雷达（LiDAR）　　　　　　　　B. 毫米波雷达

C. 超声波传感器　　　　　　　　　　　D. 红外传感器

8. 无人驾驶中的决策与规划技术不包括以下哪一项？（　　）

A. 全局路径规划　　　B. 行为决策层　　　C. 交通流预测　　　D. 车辆维护管理

9. 在无人驾驶的控制与执行技术中，以下哪项不是车辆控制技术的关键环节？（　　）

A. 轨迹规划　　　　　B. 控制执行　　　　C. 车辆维护　　　　D. 车辆状态估计

10. 无人驾驶技术中，车辆状态估计不依赖于以下哪项技术？（　　）

A. GPS　　　　　　　B. IMU　　　　　　C. 车轮编码器　　　D. 车载音响系统

11. 无人机遥感（UAVRS）技术相较于卫星遥感与有人机航空遥感，其显著优势不包括以下哪一项？（　　）

A. 续航时间长　　　　　　　　　　　　B. 影像实时传输

C. 覆盖范围广泛　　　　　　　　　　　D. 成本低且机动灵活

12. 无人机实现精确飞行控制主要依赖于哪些技术和数据的结合？（　　）

A. 卫星信号接收与惯性传感器数据　　　B. 视觉识别与雷达探测

C. 地面控制站指令与无人机内置程序　　D. 无线通信与天气数据

13. 多无人机系统的关键属性中，哪一项主要体现了系统通过整合各无人机及其能力实现自我配置的特性？（　　）

A. 耐用性　　　　　　B. 适应性　　　　　C. 可扩展性　　　　D. 自配置性

14. 深圳市低空起降服务体系主要支持哪些特征的低空飞行活动及新兴业态的发展？（　　）

A. "同构、低密度、低频次、低复杂性"　　B. "异构、高密度、高频次、高复杂性"

C. "单一、中密度、中频次、中等复杂性"　　D. "混合、低密度、高频次、低复杂性"

15. 无人机群表演能够精准呈现复杂图案和动态效果的关键技术组合不包括以下哪一项？（　　）

A. 飞行控制系统　　　B. 视觉避障技术　　C. 编队控制算法　　D. 通信与同步

二、问答题

1. 无人驾驶技术的核心系统是什么？简述其作用。

2. 简述无人机在飞行中如何依靠自动避障系统避让障碍物。

3. 无人驾驶汽车如何实现自主导航和避障？

4. 无人机在电力巡检中有哪些优势？

5. 无人驾驶技术的未来发展趋势是什么？

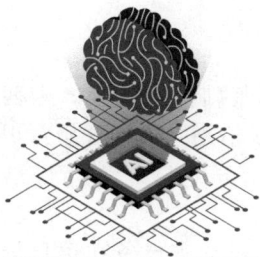

第 11 章

智能穿戴

本章导读

随着科技的飞速发展，智能穿戴设备已经逐渐融入我们的日常生活，成为现代科技的重要组成部分，是人民生活水平提升的重要体现。从最初的概念提出到如今的广泛应用，智能穿戴设备经历了漫长而充满挑战的发展历程。智能穿戴设备，顾名思义，是指那些可以穿戴在身体上，通过智能化技术实现各种功能的设备。它们形态各异，种类繁多，如智能手表、智能手环、智能眼镜等，为我们的生活带来了极大的便利和乐趣。

在功能设计上，智能穿戴设备不仅具备健康监测、运动助手等基本功能，还融入了通信便捷、生活小秘书等多元化服务。这些功能不仅满足了人们对于健康和运动的需求，更在通信和生活辅助方面提供了前所未有的便捷体验。当然，智能穿戴设备的发展离不开关键技术的支撑。心跳感知技术、皮肤生理特性分析以及运动感知技术等核心技术的不断突破，为智能穿戴设备的智能化和精准化提供了有力保障。国内华为、小米等领军企业在智能穿戴领域的技术创新不断突破，在智能手表中引入了心率监测、血氧检测、睡眠分析等健康功能，技术水平与国际品牌比肩。

本章将学习以下内容：
- 智能穿戴设备概述
- 智能穿戴设备功能设计
- 智能穿戴设备关键技术
- 智能穿戴设备应用

11.1 智能穿戴设备概述

11.1.1 智能穿戴设备的发展历程

（1）萌芽与初步探索阶段（20 世纪 50—80 年代）

20 世纪 50 年代出现了可穿戴设备的最初形态，即一个可用于提高轮盘赌博致胜率的可穿戴电脑设备，由克劳德·香农和爱德华·索普共同研发，这个设备是智能穿戴设备概念的雏形。1975 年，世界上第一款手腕计算机 Pulsar Calculator 正式发布，这种腕戴式设备不仅可以显示时间，还能进行基本的算术计算，为技术和时尚的融合奠定了基础。1979 年，索尼推出 Walkman 卡带随身听，虽然它并非严格意义上的智能穿戴设备，但它的出现改变了人们听音乐的方式，为后来的智能音频穿戴设备提供了灵感和市场基础。1984 年，卡西欧发布第一款能够存储信息的数字手表，为更复杂的可穿戴设备铺平了道路，人们开始意识到日常佩戴的手表除了看时间外，还可以具备更多智能化的功能。

（2）缓慢发展阶段（20 世纪 90 年代—21 世纪初）

1998 年，出现了可以用于记录生活的可穿戴无线摄像头，拓展了可穿戴设备在信息记录和分享方面的应用场景。21 世纪初，蓝牙耳机开始兴起，使得人们在接听电话、欣赏音乐等方面更加便捷，同时也推动了可穿戴设备与无线通信技术的结合。

（3）快速兴起阶段（2012—2015 年）

2012 年被称作"智能可穿戴设备元年"，谷歌眼镜的亮相引起了全球关注，它集成了多种功能，如微型投影仪、摄像头、传感器等，可以将信息以智能手机的格式实时展现在用户眼前，为增强现实（AR）可穿戴设备奠定了基础。2013 年，各路企业纷纷进军智能可穿戴设备研发。Fitbit 和 Jawbone 等品牌的健康追踪器开始流行，主要功能包括步数追踪、睡眠监测和卡路里计算等，引发了人们对专注于健康的可穿戴设备的兴趣。2014 年，苹果公司发布了第一款智能手表 Apple Watch，主打心率监测、运动追踪与移动支付三大功能，标志着智能穿戴设备开始正式走入大众生活。此后，华为、OPPO、三星等厂商均迅速推出各自的智能穿戴设备，智能手表市场逐渐形成竞争格局。

（4）功能拓展与深化阶段（2016—2019 年）

2016 年，可穿戴设备开始更好地与智能手机和其他智能家居设备集成，从而提供更无缝的用户体验。例如 Apple Watch Series 4 可控制 HomeKit 兼容的设备，如灯光、恒温器等，实现了设备之间的互联互通。2018 年，Apple Watch Series 4 引入了更先进的心率监测功能，包括不规则心率通知和心电图（ECG）记录，进一步提升了智能手表在健康监测方面的专业性和实用性。2019 年，可穿戴设备向更高级的健康监测和个人化服务发展，出现了可穿戴的血压、心率、心电图监测仪等，测量数据会上传到手机应用程序中，进行人工智能大数据分析，得出检测报告并与医生共享，使可穿戴设备在医疗健康领域的应用更加深入。

（5）多元化与技术突破阶段（2020 年至今）

2020 年，智能穿戴设备全球出货量达到 14.8 亿件，同比增长 11.4%，产品形态和功能更加多元化，涵盖了健康监测、运动健身、信息娱乐、智能家居控制等多个领域。2021 年，脑机接口（BCI）成为可穿戴技术领域的突破性发展，在医疗健康领域开启新纪元，为瘫痪患者等特殊人群带来了新的希望和可能。2023 年，可穿戴设备市场继续保持增长态势，根据中研网发布的相关讯息，2024 年全球可穿戴设备出货量有望达到 5.379 亿台，同比增长 6.1%。同时，智能穿戴设备与生命健康、移动互联网技术进一步融合，产品不断更新换代，如具备更精准健康监测功能的智能手表、更轻便舒适的智能衣物等逐渐涌现。

11.1.2　智能穿戴设备定义

智能穿戴设备是运用穿戴式技术对日常穿戴进行智能化设计、开发出可以穿戴的设备的总称，如图 11.1 所示。

智能穿戴设备，作为科技与时尚的完美融合，其特性丰富多彩，令人瞩目。以下是智能穿戴设备的几大显著特性：

① 便携性与舒适性：智能穿戴设备设计精巧，轻便易携，无论是智能手表、智能手环还是智能眼镜，都能轻松佩戴于身上，不会给用户带来负担。同时，它们注重人体工学设计，确保长时间佩戴也能保持舒适感。

图 11.1　智能穿戴设备

② 智能化与互动性：借助先进的传感器、处理器和人工智能技术，智能穿戴设备能够实时收集并分析用户的数据，如心率、步数、睡眠质量等，为用户提供个性化的健康建议。此外，它们还能与智能手机、智能家居等设备实现无缝连接，实现信息的即时同步与互动，让生活更加便捷。

③ 多功能性：智能穿戴设备功能多样，涵盖了健康监测、运动追踪、支付功能、通知提醒、音乐播放等多个方面。它们不仅能够记录用户的运动数据，还能监测用户的健康状况，甚至在某些场合下还能作为身份认证或支付工具使用。

④ 个性化与定制化：随着用户需求的日益多样化，智能穿戴设备也呈现出个性化与定制化的趋势。用户可以根据自己的喜好和需求，选择不同的颜色、材质、表盘主题等，使设备更加符合自己的个性。同时，一些设备还支持用户自定义提醒、设置运动目标等功能，让设备更加贴合用户的生活习惯。

⑤ 持续更新与升级：智能穿戴设备通常支持软件更新和升级，这意味着它们能够不断引入新功能、优化性能，以适应不断变化的用户需求。这种持续更新与升级的特性，使得智能穿戴设备能够保持长久的竞争力。

⑥ 数据安全与隐私保护：随着智能穿戴设备收集的数据越来越多，数据安全与隐私保护也成为用户关注的焦点。许多智能穿戴设备都采用了先进的加密技术和隐私保护措施，以确保用户数据的安全性和隐私性。

智能穿戴设备以其便携性、智能化、多功能性、个性化、持续更新以及数据安全等特性，正逐步改变着我们的生活方式，成为日常生活中不可或缺的一部分。

11.1.3　智能穿戴设备的类型与形态

智能穿戴设备是一个广泛的概念，涵盖了多种类型与形态，其主要分类及具体形态有智能手表、智能手环、智能眼镜、智能耳机、智能服装与配饰等。

（1）智能手表

智能手表是当前最流行的智能穿戴设备之一，集合了手机、计步器、心率监测器、GPS等功能，能够实时显示时间、监测健康数据、记录运动轨迹、接收通知等，功能比较齐全实用。Apple 的 Apple Watch 系列（见图 11.2）、Samsung 的 Galaxy Watch 系列等，均推出了各自的智能手表，满足不同用户的需求。其形态通常具有圆形或方形的表盘，配备触摸屏或物理按键，表带材质多样，如硅胶、皮革、金属等。

（2）智能手环

智能手环与智能手表功能相似，但更轻便，主要用于记录运动数据（如步数、距离、卡路里消耗），监测睡眠质量、心率等健康指标，部分产品还支持支付、音乐播放等功能。小米手环（见图 11.3）、Fitbit 手环等产品在市场上占据了重要地位。其形态轻便小巧，佩戴在手腕上，通常采用硅胶或 TPU 等柔软材质制作表带。

图 11.2　Apple Watch 智能手表　　　　图 11.3　小米智能手环

（3）智能眼镜

智能眼镜（见图 11.4）包括 VR 眼镜和 AR 眼镜，能够提供虚拟或增强的视觉体验，用于游戏、观影、导航等。例如，Google Glass 和 Snap Spectacles 等智能眼镜，通过增强现实技术，为用户提供了全新的视觉体验。而 Oculus 和 Microsoft 的 HoloLens 等设备，则广泛应用于游戏、教育和训练等领域。其形态类似于传统眼镜，但内置显示屏、摄像头、传感器等组件，部分产品还支持语音控制。

（4）智能耳机

智能耳机（见图 11.5）可以通过蓝牙连接手机，从而不仅可以提供音频播放功能，还能集成健康监测（如心率监测）、语音助手等功能。Apple 的 AirPods 系列、Sony 的 WF-1000XM 系列等，都是市场上备受欢迎的智能耳机产品。其形态包括入耳式、耳挂式、头戴式等多种，部分产品还支持降噪功能。

图 11.4　智能眼镜

图 11.5　智能耳机

（5）智能服装与配饰

智能服装与配饰集成传感器、电池、导线等技术，能够监测用户的体温、心率、呼吸等数据，实现智能调理温度、健康提示等功能。其形态包括智能衣服、智能鞋子、智能袜子等，通常采用特殊材料制作，以确保舒适性和耐用性。例如，一些智能 T 恤内置了鼓点控制器，用户通过敲击不同的位置可以发出不同的鼓点声音。智能鞋鞋底内置传感器，可以实时计步、监测运动状态，甚至提供健康追踪管理。其他智能穿戴设备如智能戒指（见图 11.6）、智能项链（见图 11.7）、智能腰带等，虽然形态各异，但都具备智能穿戴设备的基本特征，如健康监测、通知提醒等。

图 11.6　智能戒指

图 11.7　智能项链

（6）其他特殊形态的智能穿戴设备

智能手环表：结合了手环和手表的特点，既轻便又具备多种功能。

脑电波传感器：如 BrainLink 等头戴式设备，可以通过蓝牙无线连接手机、平板电脑等终端设备，实现意念力互动操控。

具有社交功能的牛仔裤：如 Replay 推出的支持蓝牙功能的牛仔裤，可以将牛仔裤跟智能手机进行连接，方便用户更新社交媒体信息。

智能穿戴设备的种类与形态多种多样，涵盖了从手腕到头部、从脚部到全身的各个部位。这些设备不仅具有多种功能，还能够为用户提供更加便捷、智能的生活体验。随着技术的不断进步和市场的不断发展，未来智能穿戴设备将会呈现更加多样化、智能化的趋势。

11.2　智能穿戴设备功能设计

智能穿戴设备的功能设计是其核心竞争力的重要组成部分，旨在为用户提供更加便捷、智能的生活体验。

11.2.1　健康监测

随着科技的不断进步，智能穿戴设备在健康监测（见图 11.8）领域的应用日益广泛，为人们的健康管理带来了前所未有的便利。因此，智能穿戴设备在健康监测方面的功能设计是其最为核心和吸引人的特性之一。

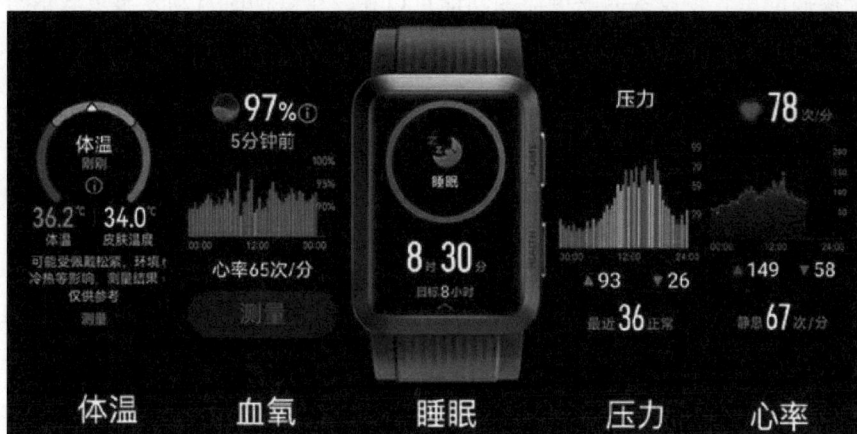

图 11.8　健康监测

（1）心血管健康监测

智能穿戴设备在心血管健康监测方面发挥着重要作用。其中，心率监测是最基本的功能之一。通过内置的光学传感器或电极，这些设备能够持续、准确地测量心率。无论是在安静状态下还是运动过程中，用户都可以实时了解自己的心率变化。对于患有心律失常、冠心病等心血管疾病的患者，这种实时监测有助于及时发现异常心率，如心动过速或心动过缓，以便采取相应的措施。

血压监测也是智能穿戴设备在心血管领域的关键应用。虽然传统的血压测量方法需要使用血压计，但新型的可穿戴设备利用了先进的传感器技术，能够通过测量脉搏波传导速度、血管壁压力等间接推算血压值。这使得高血压患者可以更频繁地监测自己的血压情况，而无需频繁使用传统血压计，同时也为医生提供了更丰富的血压数据，有利于调整治疗方案。

（2）睡眠监测

睡眠对人体健康至关重要，而智能穿戴设备能够深入洞察睡眠质量。它们可以监测睡眠的各个阶段，包括浅睡眠、深睡眠和快速眼动睡眠的时长和比例。通过分析这些数据，设备可以评估用户的睡眠质量，并发现潜在的睡眠问题，如睡眠呼吸暂停综合征。当检测到呼吸暂停事件时，设备可以记录相关信息，提示用户就医检查。此外，还能监测夜间的体动情况，过度的体动可能与睡眠不安稳有关。基于这些睡眠数据，设备可以为用户提供个性化的睡眠改善建议，如调整睡眠时间、改善睡眠环境等。

（3）运动健康监测

对于运动爱好者和专业运动员来说，智能穿戴设备是理想的运动伴侣。它们可以精确记录运动量，如步数、运动距离和消耗的卡路里。在跑步、骑行等运动中，还能监测运动速度、步频、踏频等参数。这些数据不仅可以帮助用户了解自己的运动表现，还能用于制定更合理的训练计划。例如，根据心率和运动强度的关系，调整运动强度以达到最佳的锻炼效果。同时，在高强度运动过程中，如果心率、血压等生理指标超过安全范围，设备会及时发出警报，避免过度运动导致的运动损伤。

（4）慢性疾病管理

在慢性疾病管理方面，智能穿戴设备展现出巨大潜力。对于糖尿病患者，一些设备可以与血糖仪连接，记录血糖值，并分析血糖波动情况。医护人员可以根据这些数据远程调整胰岛素剂量或治疗方案。对于呼吸系统疾病患者，如慢性阻塞性肺疾病（COPD）患者，穿戴设备可以监测呼吸频率、血氧饱和度等，及时发现病情恶化的迹象。此外，对于老年人或患有神经系统疾病的患者，设备的跌倒监测功能可以在发生跌倒时自动发出求救信号，减少因跌倒导致的伤害。

（5）压力与情绪监测

智能穿戴设备还能通过监测心率变异性、皮肤电反应等生理指标来评估用户的压力和情绪状态。当压力水平过高时，设备可以提醒用户进行放松练习，如深呼吸、冥想等。这种对心理状态的监测有助于用户更好地管理自己的情绪，预防因长期压力导致的心理和生理健康问题。

总之，智能穿戴设备在健康监测领域的应用已经涵盖了心血管健康、睡眠、运动、慢性疾病管理以及心理状态等多个方面，为人们提供了全面、便捷的健康监测手段，推动了健康管理模式从传统的医院诊疗向日常自我监测和预防的转变，也满足用户在不同场景下的健康需求。

11.2.2　运动助手

智能穿戴设备作为运动助手（见图 11.9）的功能设计，旨在为用户提供全面、精准、个性化的运动数据记录与分析，以及科学、有效的运动指导和建议，为运动爱好者和专业运动员带来了前所未有的便利和精准的运动监测体验，其应用广泛且深入。

图 11.9　运动助手

（1）运动数据记录与分析

智能穿戴设备的一项基本应用是精准记录运动数据，像步数统计、跑步距离测量、卡路里消耗计算等都能达到很高的精确度。以步数统计为例，设备中的加速度传感器能敏锐地捕捉人体行走或跑步动作变化，并转化为步数信息。对于跑步者，设备可依据全球定位系统（GPS）或者通过步幅和步数计算的算法确定跑步距离，再结合运动者体重、运动强度等因素，精确计算卡路里消耗。这些数据不仅能满足用户直观了解自身运动成果的需求，长期积累后还能形成运动数据库，通过分析不同时段的数据变化，助力用户了解自己的运动习惯和体能发展趋向。

（2）运动表现监测

在运动中，智能穿戴设备可实时监测多种运动表现指标。对于跑步爱好者，它能测量跑步速度、步频和步幅。速度信息能帮助使用者合理调整跑步节奏，防止过快或过慢影响训练效果。步频和步幅数据对优化跑步姿势极为关键，过高或过低的步频、步幅可能增加受伤风险、降低跑步效率。在骑行运动中，设备能监测骑行速度、踏频等，为骑行者提供骑行状态反馈，提升骑行表现。此外，部分智能穿戴设备还能检测如垂直振幅、触地时间等更专业的跑步动力学参数，为追求高运动成绩的专业运动员深入分析。

（3）心率监测与运动强度指导

心率是体现运动强度的关键指标，智能穿戴设备在这方面表现优秀。利用光电容积描记技术（PPG）或心电监测（ECG）功能，设备可实时、连续地测量心率。运动中，不同运动强度对应不同心率区间。将当前心率与预设的心率区间（如热身区间、有氧训练区间、无氧训练区间等）对比，智能穿戴设备能为用户提供运动强度指导。心率过高时，提示用户降低运动强度，防止过度疲劳或运动损伤；心率过低时，提醒用户适当增加强度，保证运动效果。这种实时心率监测和指导功能让用户科学地运动训练，对日常健身和马拉松等赛事准备都很有帮助。

（4）运动安全保障

智能穿戴设备在保障运动安全方面意义重大。在马拉松长跑、山地骑行等高强度运动场景中，若用户身体出现异常，设备能及时报警。例如，当心率突然异常升高、血压波动或者身体姿态显示有跌倒风险时，设备会通过振动、声音等方式提醒用户。同时，部分设备有紧急救援功能，当用户遇到严重问题无法行动时，可通过设备向预设的紧急联系人发送求救信号和位置信息，争取救援时间。

（5）运动恢复建议

除了监测运动过程，智能穿戴设备还能为运动后的恢复提建议。通过分析运动数据和身体生理反应，设备可评估用户疲劳程度。例如，依据心率变异性、睡眠质量等数据，为用户推荐合适的休息时间、恢复性运动（如瑜伽、拉伸）和营养补充建议，帮助用户更快从运动疲劳中恢复，减少肌肉酸痛和受伤可能，为下次运动做准备。

总之，智能穿戴设备作为运动小助手，在运动数据记录与分析、运动表现监测、心率指导、安全保障和运动恢复等方面有强大的应用价值，极大地丰富和优化了人们的运动体验，推动了运动健康领域的发展。

11.2.3 通信便捷

智能穿戴设备在通信便捷性方面（见图 11.10）的功能设计，能够极大地提升用户的沟通效率和体验。在当今快节奏的社会中，智能穿戴设备在通信便捷方面的应用也正深刻地改变着人们的沟通方式。

（1）语音通话功能

智能手表是智能穿戴设备在通信便捷应用方面的典型代表。许多智能手表都配备了麦克风和扬声器，支持直接通过手表进行语音通话。这种设计使得用户在双手忙碌或者不方便拿出手机的情况下，依然能够轻松地与他人沟通。例如，当人们在驾车、运动或者手上拿着重物时，只需简单地操作手表，就可以拨打或接听电话。而且，部分智能手表还支持蓝牙连接耳机，进一步提升了通话的音质和隐私性。通过与手机的无缝连接，智能手表利用其内置的通信模块，实现了和手机通讯录的同步，方便用户快速找到联系人并发起通话。这种便捷的语音通话功能，让沟通不再受限于手机的握持和操作，极大地提高了通信效率。

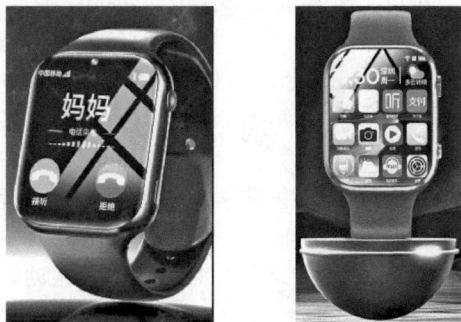

图 11.10　通信便捷

（2）消息通知与回复

智能穿戴设备能够实时接收来自手机的各种消息通知，包括短信、即时通信软件消息、电子邮件等。当有新消息时，设备会通过振动、声音或者屏幕闪烁等方式提醒用户。用户只需瞥一眼手腕上的智能手表或其他穿戴设备的屏幕，就能快速获取消息的关键信息，如发件人、消息摘要等。更为便捷的是，部分智能穿戴设备还支持简单的消息回复功能。用户可以使用预设的回复模板，或者通过语音输入、手写输入（对于有手写功能的设备）等方式快速回复消息。这种即时的消息处理能力，让用户不会错过重要信息，并且能够在不掏出手机的情况下保持与外界的沟通，特别适用于会议、社交场合等不适合频繁使用手机的场景。

（3）社交网络互动

在社交网络方面，智能穿戴设备为用户提供了新的互动途径。一些设备可以与社交应用程序深度整合，实现诸如点赞、评论、分享等功能。例如，用户在运动过程中，通过智能手环或手表就能够轻松地为朋友在社交平台上发布的内容点赞或发表简短评论。这种便捷的社交互动方式，使用户可以随时参与到社交活动中，增强了社交的即时性和趣味性。而且，通过设备上的社交应用，用户可以查看好友动态、添加新朋友、拓展自己的社交圈子，使社交网络的使用更加自然和便捷，融入到人们的日常生活和运动场景中。

（4）紧急通信与位置共享

智能穿戴设备在紧急情况下是一种非常可靠的通信工具。许多设备都配备了紧急呼叫按钮，用户在遇到危险或突发紧急状况时，只需按下按钮，就能快速拨打预设的紧急联系人电话，如家人、朋友或急救中心。同时，这些设备通常具备定位功能，可以通过GPS、北斗等卫星定位系统或者基于基站的定位技术，准确获取用户的位置信息，并将其发送给紧急联系人。这种紧急通信和位置共享功能在保障用户人身安全方面发挥着重要作用，尤其是对于老人、儿童、户外爱好者等群体，为他们在紧急时刻与外界建立联系提供了便捷通道。

（5）团队协作与工作沟通

在工作场景中，智能穿戴设备也为团队协作带来了便利。对于一些需要频繁沟通的团队成员，如医护人员、物流配送人员、安保人员等，穿戴式通信设备可以实现群组通话、一键呼叫等功能。通过建立工作群组，成员之间可以快速交流工作信息、协调任务，提高工作效率。而且，这种穿戴式通信设备可以解放双手，使工作人员在执行任务的同时能够保持沟通，更好地应对复杂多变的工作环境。

综上所述，智能穿戴设备在通信便捷方面的应用涵盖了语音通话、消息处理、社交互动、紧急通信和团队协作等多个领域，为人们的生活和工作带来了极大的便利，使通信更加自然、即时和高效，成为现代通信领域不可或缺的一部分。

11.2.4　生活小秘书

在现代快节奏的生活中，智能穿戴设备宛如一位无所不能的生活小秘书（见图11.11），为我们的日常生活带来了极大的便利，从日程管理到健康提醒，从环境感知到便捷支付，全方位地为我们提供着服务。

（1）日程管理与提醒

智能穿戴设备是出色的日程管理助手，它可以与手机日历或其他日程管理应用程序同步，将用户的工作会议、社交活动、健身课程等安排导入其中。无论是智能手表还是智能手环，都能在预设的时间点通过振动、声音或屏幕闪烁等方式提醒用户即将到来的日程。例如，当用户忙碌于工作时，手腕上的智能手表会轻轻振动，并在

图11.11　生活小秘书

屏幕上显示下一个会议的时间和主题，让用户不会错过任何重要安

排。这种提醒功能在多任务并行的日常场景中尤为关键，它帮助我们合理规划时间，有条不紊地完成各项任务。

（2）健康与生活方式提醒

智能穿戴设备时刻关注着我们的健康和生活习惯。对于那些想要保持健康生活方式的人来说，它可以设置喝水提醒。根据用户设定的喝水计划，设备会定时提醒用户补充水分，这对于维持身体正常代谢功能至关重要。在久坐提醒方面，当设备检测到用户长时间保持坐姿，会提醒用户起身活动，避免长时间久坐对身体造成的不良影响，如肌肉僵硬、血液循环不畅等。此外，智能穿戴设备还能用于服药提醒，对于需要按时服药的患者，它可以确保不会遗漏任何一次剂量，从而保障治疗效果。

（3）环境感知与信息提示

一些先进的智能穿戴设备配备了环境传感器，能为用户提供环境信息。例如，通过内置的温度传感器和湿度传感器，设备可以告知用户当前环境的温度和湿度情况，帮助用户决定穿着和出行准备。在空气质量监测方面，当用户身处污染较严重的环境时，设备能及时提醒，让用户采取相应的防护措施，如佩戴口罩。此外，紫外线传感器可以检测紫外线强度，提醒用户涂抹防晒霜，避免皮肤受到紫外线伤害，特别是在户外活动频繁的季节，这一功能非常实用。

（4）便捷支付功能

智能穿戴设备让"支付"变得更加便捷。例如，具备支付功能的智能手表或手环，就像一个随身携带的电子钱包。用户只需将支付卡信息与设备绑定，在购物付款时，无须拿出手机或钱包，通过近场通信技术（Near Field Communication，NFC）或其他支付协议，轻轻一挥手腕即可完成支付。无论是在超市购物、乘坐公共交通工具还是在咖啡店消费，这种便捷的支付方式都节省了时间，提高了支付效率，使日常购物体验更加流畅。

（5）社交与娱乐辅助

在社交和娱乐领域，智能穿戴设备也发挥着小秘书的作用。它可以接收和显示社交应用的消息通知，让用户随时了解朋友的动态和信息。在音乐播放方面，用户可以通过穿戴设备控制手机上的音乐播放器，切换歌曲、调节音量、暂停或播放音乐等操作都可以在手腕上轻松完成。如果用户在运动过程中，就无须拿出手机，即可享受音乐带来的愉悦，同时保持运动的连贯性。

智能穿戴设备作为生活小秘书，以其丰富多样的应用功能，深入到我们生活的方方面面。它不仅可以帮助我们更好地管理时间、保持健康、应对环境变化，还为我们的社交娱乐和日常支付带来了前所未有的便捷，真正成为生活中不可或缺的好帮手，提升了人们生活的品质和效率。

11.3　智能穿戴设备关键技术

在当今健康意识逐渐增强的社会，智能手表和运动腕带等智能穿戴设备已成为许多人日常锻炼的必备"伴侣"。这些可穿戴设备不仅可以实时监测运动数据，还可以帮助用户更科学地规划训练。然而，这些可穿戴设备究竟是如何准确识别我们的每一步、心跳和运动模式的呢？

11.3.1　心跳感知技术

心率，即心跳的频率，是反映人体健康水平的重要指标之一。心率监测不仅可以减少心血管疾病引起的事故，而且对运动者具有很好的利用价值。近年来，由于运动者心跳过速，心脏骤停和死亡事件频发。监测心率可以帮助运动者了解自己的身体状况，能够对当前的运动状态做出大致判断，及时控制运动强度，降低了由于心率过快而导致危险的可能性。目前，测量心率的方法有以下几种：

（1）通过压力传感器测到的波动计算心率

压力传感器（见图 11.12）是一种能够感受压力信号，并且按照一定规律将压力信号转换成可用的输出电信号的器件或装置。

图 11.12　各种智能穿戴设备中的压力传感器

在心率测量中，压力传感器主要被放置在身体的表面，如手腕或胸部，以感应心脏跳动时血液对传感器施加的压力。当心脏收缩时，它会向体内血液施加压力，这种压力可以被压力传感器捕捉到。传感器内部的敏感元件会随着压力的变化而发生形变，进而将这种机械形变转换为电信号输出。这个电信号与心脏跳动的频率和幅度相关，因此可以被用来计算心率。换言之，当心脏跳动时，血液会挤压放置在身体表面的压力传感器，导致传感器内部的电阻值或电容值发生变化。这种变化会被转换为电信号，并通过信号处理器进行放大、滤波和数字化处理，最终得到心率数据。

（2）从心电图中解析心率波形

从心电图中解析出心率的波形是一种精确且专业的手段，如图 11.13 所示。其基本原理在于，利用电极贴片记录心脏的电生理活动。当心脏肌肉进行收缩时，会释放出微弱的电信号，这些信号被电极捕获并转换成心电图波形。心电图传感器在运作时，必须与皮肤保持紧密的贴合，以确保信号的精确捕捉。

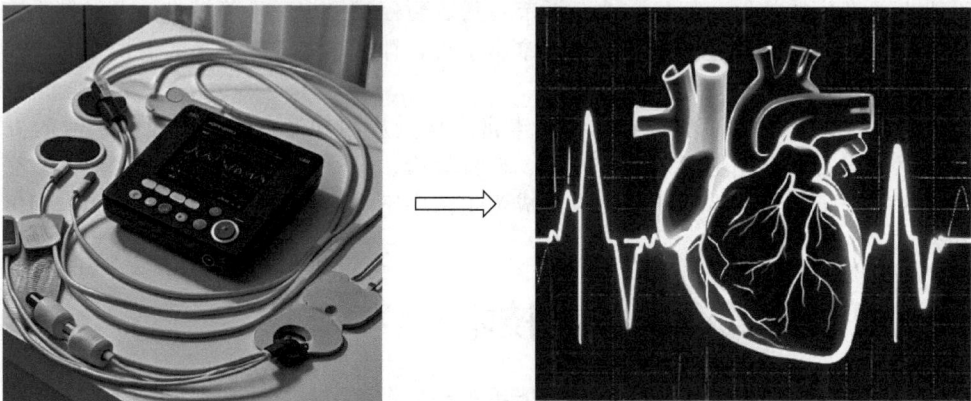

图 11.13　心电图解析心率

从心电图中解析出心率波形的技术在医疗领域有着广泛的应用，主要用于测量生理电信号，从而实现对心率及心脏活动的监测。在采集心电图信号的过程中，通常需要在身体的多个部位连接传感器电极，特别是在胸部和四肢之间，最多可以连接至 10 个电极。尽管心电图信号具有高度的精确性和丰富的信息量，但鉴于穿戴设备对于便携性和功能简洁性的要求，该技术并未在穿戴设备领域得到广泛采纳。

（3）毫米波雷达技术监测心率变化

毫米波雷达可以发射毫米波段的电磁波并接收反射信号。通过分析和处理这些反射信号，能够监测到人体的呼吸和心跳。这种监测方法的原理是基于毫米波对人体的穿透能力以及微弱呼吸运动对毫米波信号的调制效应，如图 11.14 所示。

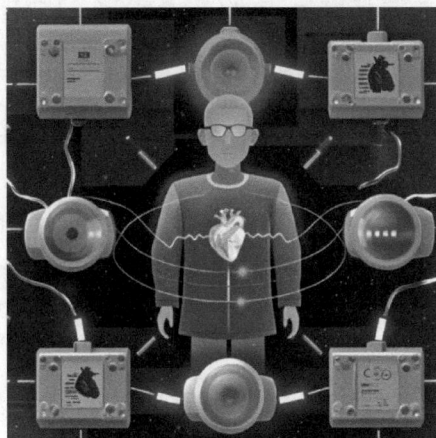

图 11.14　毫米波雷达技术监测心率

当人体呼吸时，胸部和腹部的运动会导致反射的毫米波信号的相位和振幅发生微小变化。通过分析和处理这些微小的变化，能够准确地监测到人体的呼吸频率和振幅。心脏的跳动也会导致胸部和腹部的微小位移，进而影响反射的毫米波信号。因此，通过分析和处理这些信号，可以监测人体的心跳。

毫米波雷达技术在呼吸与心跳监测方面展现出了诸多优势，包括非接触式测量、无创性、高精度、小型化设计以及支持全天候连续监控，这些特性使其在智能健康监护、智能安全防护、智能家居系统以及智能养老服务等多个领域大放异彩。然而，该技术在实际应用中亦面临一些挑战与局限性。例如，在人体处于动态活动状态时，监测的准确性可能会受到影响，导致数据波动或误差增大。此外，由于个体差异，如体型、体脂率及身体姿态的不同，也会对监测结果的准确性和一致性造成一定影响。因此，在推广和应用毫米波雷达监测技术时，需要综合考虑这些因素，不断优化算法，提升技术适应性，以确保更广泛、更可靠的健康监测服务。

（4）采用光电容积脉搏波技术来监测心率波动

光电容积脉搏波技术的运作机制在于发射光线，并依据血液中血红蛋白吸收光线的变化来监测心跳。随着心脏的跳动，血液里的血红蛋白浓度会有所变动，进而影响光线的吸收程度。最初，大部分可穿戴设备采用的是红光作为光源，但经过更深入的研究和对比，绿光作为光源能提供更佳的信号质量，同时拥有更优的信噪比，因此，现今多数可穿戴设备都倾向于使用绿光（见图 11.15）。然而，为了应对不同的皮肤状况（如肤色深浅、是否出汗），一些高端设备会根据实际情况自动切换使用绿光、红光以及红外光等多种光源。这些设备一般会利用 LED 灯发射光线，并通过光电二极管来测量反射光强度的变化，从而计算出心率。

当前智能穿戴技术中测量心率普遍使用的技术是光电容积脉搏波描记法（简称光电法）。采用特定波长的发光二极管（LED）发射绿光作为光源，将光源和光电接收器放置在贴近皮肤的位置，如手指、手腕、耳垂等部位。这些部位的皮肤较薄，血管相对较浅，便于光的穿透和信号的采集。

当光源发出的光照射到皮肤组织时，一部分光被血液和组织吸收，另一部分光则被反射

图 11.15　光电容积脉搏波技术监测心率（绿光）

或透射回来，被光电接收器接收，光电接收器将接收到的光信号转换为电信号。随着心脏的跳动，血管内的血液容积不断变化，导致对光的吸收和散射程度也不断变化，从而使光电接收器输出的电信号呈现出周期性的波动，这种电信号包含了与心跳和呼吸相关的信息。

由于原始的光电信号比较微弱，所以需要经过放大电路进行放大，以提高信号的强度和信噪比。并且，还需要对信号进行滤波等调理操作，去除高频噪声、工频干扰等不需要的信号成分，使信号更加清晰和稳定。将经过放大和调理后的模拟电信号通过模数转换器（ADC）转换为数字信号，以便后续的数字信号处理。

同时，呼吸运动也会对血管内的血液容积产生影响，导致 PPG 信号中包含与呼吸相关的信息。通过对 PPG 信号进行分析，可以提取出呼吸信号。例如，呼吸时胸腔的扩张和收缩会影响外周血管的压力和血液流动，从而在 PPG 信号中表现出相应的变化。一般呼吸频率较低，对应的信号变化频率也较低，可以通过低通滤波等方法将呼吸信号从 PPG 信号中分离出来。

对于心跳信号的分析，主要是检测 PPG 信号的周期性变化。心脏的收缩和舒张会使血液容积周期性地增加和减少，从而在 PPG 信号中形成周期性的波峰和波谷。通过对这些波峰和波谷的检测和分析，可以计算出心跳的频率、节律等参数。

光电容积脉搏波描记法在呼吸与心跳监测方面所使用的算法主要包括信号预处理算法、特征提取算法、心率和呼吸率计算算法以及误差修正算法等。

在信号与处理算法中主要采用的是滤波算法和去趋势算法。滤波算法：如中值滤波、均值滤波、巴特沃斯滤波等，用于去除信号中的噪声和干扰。中值滤波可以有效去除信号中的椒盐噪声，即突然出现的极大值或极小值；均值滤波则是对信号进行平滑处理，减少随机噪声的影响；巴特沃斯滤波是一种常用的模拟滤波器，具有较好的频率响应特性，能够根据需要选择合适的截止频率，去除高频或低频干扰。去趋势算法：PPG 信号可能存在由于传感器与皮肤接触不稳定、人体运动等因素引起的基线漂移现象，即信号的整体趋势发生缓慢变化。去趋势算法可以去除这种基线漂移，使信号更加稳定。常见的去趋势算法有多项式拟合去趋势、高通滤波去趋势等。

在特征提取算法中主要采用的是波峰波谷检测算法和形态学特征提取算法。波峰波谷检测算法：用于检测 PPG 信号中的波峰和波谷，以确定心跳的周期和呼吸的周期。常用的方法有阈值法、差分法等。阈值法是设定一个阈值，当信号的幅值超过该阈值时，认为是波峰或波谷；差分法是对信号进行差分运算，找到信号的极值点，即波峰和波谷。形态学特征提取算法：分析 PPG 信号的形态特征，如波峰的高度、宽度、上升时间、下降时间等，以及呼吸信号的幅度、频率、持续时间等特征，这些形态学特征可以反映心脏和呼吸的功能状态。

在心率和呼吸率计算算法中主要采用的是平均时间法和滑动窗口法。平均时间法：根据检测到的心跳或呼吸的周期，计算出平均时间，进而得到心率或呼吸率。例如，在一段时间内检测到的心跳周期的平均值，通过倒数运算即可得到平均心率。滑动窗口法：将信号分成若干个小的窗口，在每个窗口内计算心率或呼吸率，然后随着时间的推移不断滑动窗口，更新计算结果。这种方法可以实时跟踪心率和呼吸率的变化，适用于动态监测。

对于误差修正算法，主要考虑到 PPG 监测过程中可能受到的各种因素的影响，如皮肤颜色、温度、运动等，需要使用误差修正算法来提高监测结果的准确性。例如，根据温度传感器获取的环境温度信息，对由于温度变化引起的信号误差进行修正；或者通过运动传感器检测人体的运动状态，对运动引起的信号干扰进行补偿。

光电容积脉搏波描记法技术具有无创、实时、连续监测等优点，被广泛应用于各种可穿戴设备中，如智能手表、智能手环、智能戒指等。这些设备可以实时监测用户的心率数据，并提供健康提醒、运动建议等功能。此外，该技术还可以与其他健康监测技术相结合，为用户提供更全面的健康管理服务。

11.3.2　皮肤生理特性分析

智能穿戴设备具备的皮肤生理特性分析功能，为用户在健康层面提供了多维度的深入洞察。人体的情绪变化、生理反应等会引起出汗量的改变，而出汗会影响皮肤的电导率。智能穿戴设备中的皮肤电导传感器可以监测皮肤电导率的变化，据此分析用户的压力级别与情绪波动。在人体处于紧张或兴奋状态时，皮肤的电导率会呈现出相应的变化。同时，这些设备还能监控皮肤的温度变化，这一指标能够反映出用户的运动剧烈程度、疲劳状态以及潜在的健康问题——例如，运动后的皮肤温度会上升，而在休息状态下则会相对较低。

通过集成的光学传感器，智能穿戴设备能够监测出血液中的血氧饱和度。这种传感器会向皮肤发射光线，然后测量光线被血液吸收的程度。血液中氧气含量的不同会影响光线的吸收情况，从而可以根据测量结果计算出血氧饱和度。一般来说，健康人的血氧饱和度在一定范围内波动，当血氧饱和度低于正常水平时，可能意味着身体存在缺氧的情况。这对于评估个体的整体健康状况至关重要，特别是对于患有呼吸或心血管系统疾病的人群来说，这一功能具有非凡的意义。

此外，部分智能穿戴设备还具备了一项先进功能，即利用特定的传感器技术来评估皮肤的水分含量。这些传感器通过精密测量皮肤的电阻抗变化或电容特性等物理参数，能够间接推断出皮肤当前的水分状态。皮肤水分水平的变化可能受环境湿度、个人饮水习惯以及皮肤本身的健康状况等多重因素影响。基于对皮肤水分含量的深入分析，智能穿戴设备能够向用户提供个性化的皮肤保养建议，例如适时提醒用户补充水分、选用适宜的护肤产品等。在特定情境下，如运动员的训练期间，监测皮肤水分含量还能帮助运动员及时了解自身的脱水状况，从而采取恰当的补水与电解质补充措施。

这些智能穿戴设备还搭载了压力传感器或能够敏锐捕捉皮肤形态变化的传感器。当设备紧密贴合于用户皮肤时，传感器能够实时感知皮肤的弹性波动以及所承受的压力变化。例如，在用户执行某些动作（诸如握拳、手臂弯曲等）的过程中，皮肤会产生相应的形变与压力反应，而这些细微变化都能被传感器精准捕捉。这一监测机制对于评估用户的肌肉活跃度、关节活动范围等具有极高的价值。在康复训练或专业运动训练中，智能穿戴设备能够依据对皮肤弹性和压力变化的监测结果，为用户提供量身定制的训练指导，并有效评估训练成效。

尤其值得强调的是，部分智能穿戴设备还搭载了摄像头，通过摄像头可以拍摄皮肤的图像，然后利用图像处理算法对图像进行分析。首先，使用大量的皮肤生理数据对机器学习模型或深度学习模型进行训练，让模型学习到不同皮肤生理特性与各种信号、图像特征之间的对应关系。例如，训练神经网络模型来识别皮肤疾病的图像特征，或者预测皮肤的水分含量、油脂分泌等生理指标。经过训练的模型可以对新输入的皮肤数据进行模式识别和分析，判断皮肤的生理状况是否正常，或者对皮肤的类型（如干性、油性、中性等）进行分类。然后，从经过处理的摄像头拍摄的照片信号中提取关键特征（如信号的幅值、频率、相位等）。最后，将这些特征作为后续分析和判断的依据，分析皮肤的颜色、纹理、斑点、皱纹等特征，以评估皮肤的健康状况、老化程度等。

11.3.3 运动感知技术

在常见的智能穿戴设备中，有一个重要功能就是对当前用户的运动进行记录，如每天行走的步数、在跑步过程中的配速等。这些功能的实现离不开智能穿戴设备在运动感知方面的技术支持，该技术主要通过以下途径实现：

（1）传感器数据的收集

加速度传感器：作为智能穿戴设备的基本运动传感器，加速度传感器能够测量物体在三个主要轴（X、Y、Z 轴）上的加速度变化。当用户活动时，传感器能捕捉到跑步时的速度变化、步行时的步伐节奏等身体加速度信号。通过分析这些加速度数据，可以确定用户的运动状态，如行走、跑步或静止，并计算出步数、运动距离等信息。

陀螺仪：陀螺仪用于测量物体的角速度，即物体围绕某个轴旋转的速度。在智能穿戴设备中，它能监测用户身体的旋转动作，如手腕转动、身体扭转等。与加速度传感器相结合，陀螺仪能更精确地识别出用户的运动姿势和动作，例如区分正常行走和特殊动作（如跳舞中的旋转）。

磁力计：磁力计是通过监测周围磁场的变化来确定设备的方向。与加速度传感器和陀螺仪结合使用时，它能够提供更精确的方向信息，帮助设备确定用户的运动方向和位置，如跑步方向、骑行路线等。

心率传感器：虽然主要用于监测心率，但在运动感知中也扮演重要角色。在运动时，心率会发生相应的变化，心率传感器监测到的数据能够辅助判断当前运动的强度。例如，心率快速上升并保持高水平可能表示用户正在进行高强度的运动（如快跑），而心率上升较慢且稳定可能表示用户当前正在进行的运动是低强度的（如散步）。

气压传感器：气压传感器主要是用来测量大气压力的变化。在运动中，用户可能改变海拔高度，气压传感器能监测到这种变化，帮助用户了解爬升或下降的高度。在登山、爬楼梯等运动中，气压传感器能准确测量高度变化，进而计算卡路里消耗等数据。

（2）数据的处理与分析

滤波处理：传感器中采集到的数据由于各种原因可能会受到噪声的干扰，因而需要通过滤波来处理去除噪声，提高数据的准确性。常见滤波方法包括低通滤波、高通滤波以及均值滤波等。例如，高通滤波可以去除低频噪声，保留高频运动信号，使数据更平滑。

特征提取：从原始传感器采集的数据中提取出反映运动特征的参数，如加速度的峰值、均值和方差，陀螺仪的角速度变化范围等。这些特征参数是后续运动状态识别的依据。

模式识别：利用机器学习或深度学习算法对提取到的特征参数进行模式识别，判断用户当前的运动状态。通过大量的训练数据，算法可以学习到不同运动状态下的特征模式，然后分析新采集到的数据，判断用户当前运动状态（如跑步、步行、游泳等）。

（3）算法优化与数据融合

传感器融合：融合多个传感器的数据，综合不同传感器的优势，提高运动感知的准确性和可靠性。例如，加速度传感器和陀螺仪的数据融合能更准确地判断用户运动姿势和动作；心率传感器和加速度传感器的数据融合能更全面地评估运动强度。

算法优化：可以通过运用一些高效的算法结构，对算法参数进行优化调整，进而优化运动感知算法。这样一来，在提高算法的运行效率和实时性的同时，也可以降低计算资源的消耗，同时保证了智能穿戴设备在有限的硬件条件下，能够迅速且精准地实现运动感知功能。

11.4　智能穿戴设备应用

11.4.1　健康管理：从预防到康复的全方位支持

智能穿戴设备在健康管理领域的应用，已经实现了从预防到康复的全方位支持，如图 11.16 所示。这些设备通过集成各种传感器和健康监测功能，能够实时监测用户的生理数据，提供个性化的健康建议，帮助用户更好地管理自己的健康状况。

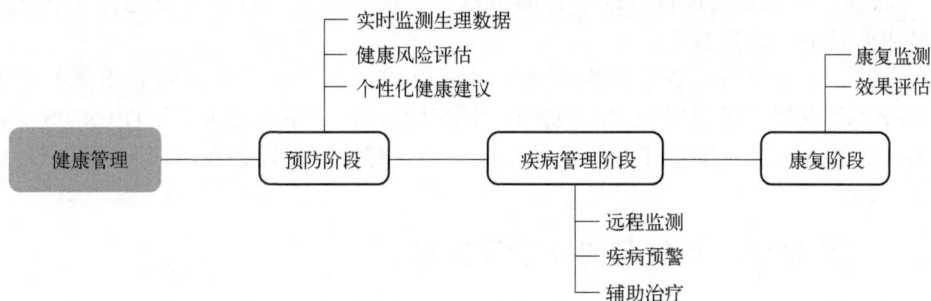

图 11.16　健康管理

（1）预防阶段

在预防阶段，智能穿戴设备主要起到健康监测和预警的作用。

① 实时监测生理数据。智能穿戴设备可以实时监测用户的心率、血压、血氧饱和度、睡眠质量等生理数据。这些数据对于评估用户的健康状况至关重要，可以帮助用户及时发现潜在的健康问题。

② 健康风险评估。基于实时监测的生理数据，智能穿戴设备可以进行健康风险评估，预测用户未来可能面临的健康风险。例如，通过监测心率变异性等指标，设备可以评估用户的心血管健康风险。

③ 个性化健康建议。根据用户的生理数据和健康风险评估结果，智能穿戴设备可以提供个性化的健康建议，如调整饮食、增加运动等，帮助用户预防疾病的发生。

（2）疾病管理阶段

在疾病管理阶段，智能穿戴设备主要起到辅助诊断和治疗的作用。

① 远程监测。对于已经患有慢性疾病的患者，智能穿戴设备可以进行远程监测，实时记录患者的生理数据，并传输给医生或医疗机构。这有助于医生及时了解患者的病情变化，调整治疗方案。

② 疾病预警。智能穿戴设备可以通过分析生理数据，及时发现患者可能出现的健康问题，并发出预警。例如，对于高血压患者，设备可以监测血压变化，并在血压异常时发出提

醒，帮助患者及时采取措施。

③ 辅助治疗。一些智能穿戴设备还具备辅助治疗的功能，如通过振动提醒患者按时服药、进行康复训练等。这些功能有助于患者更好地遵循医嘱，提高治疗效果。

（3）康复阶段

在康复阶段，智能穿戴设备主要起到康复监测和效果评估的作用。

① 康复监测。对于正在接受康复治疗的患者，智能穿戴设备可以实时监测患者的康复进展，如肌肉活动、关节活动等。这些数据有助于医生评估康复效果，调整康复计划。

② 效果评估。基于康复监测的数据，智能穿戴设备可以进行效果评估，帮助患者了解自己的康复进展和需要改进的地方。这有助于患者更加积极地参与康复治疗，提高康复效果。

（4）智能穿戴设备在健康管理方面的优势

① 便捷性。智能穿戴设备小巧轻便，易于携带和佩戴，用户可以随时随地监测自己的健康状况。

② 实时性。智能穿戴设备能够实时监测用户的生理数据，提供及时的健康预警和建议。

③ 个性化。智能穿戴设备可以根据用户的生理数据和健康状况，提供个性化的健康建议和治疗方案。

④ 互联性。智能穿戴设备可以与智能手机、云端服务等设备和服务进行互联互通，实现全面健康管理的无缝连接。

综上所述，智能穿戴设备在健康管理领域的应用已经实现了从预防到康复的全方位支持。这些设备不仅提高了健康管理的便捷性和实时性，还为用户提供了个性化的健康建议和治疗方案。随着技术的不断进步和市场的不断发展，智能穿戴设备在健康管理领域的应用前景将更加广阔。

11.4.2　时尚搭配：科技与美学的完美结合

智能穿戴设备，作为科技与时尚的交汇点，正以其独特的魅力改变着人们的生活方式。它们不仅具备强大的健康监测、信息提醒等实用功能，更在外观设计上融入了时尚元素，成为用户在日常穿搭中的点睛之笔。本节将探讨智能穿戴设备在时尚搭配中的应用，以及它们如何实现科技与美学的完美结合，如图 11.17 所示。

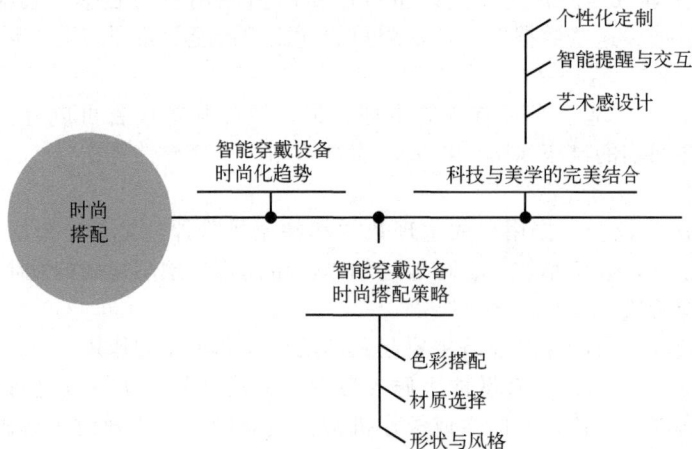

图 11.17　时尚搭配

（1）智能穿戴设备的时尚化趋势

近年来，智能穿戴设备市场呈现出明显的时尚化趋势。各大品牌纷纷推出设计新颖、色彩丰富的智能穿戴产品，以满足用户对美观与实用性的双重需求。这些产品不仅拥有精准的监测功能，更在材质、颜色、形状等方面进行了大胆创新，力求与用户的时尚穿搭相得益彰。

（2）智能穿戴设备的时尚搭配策略

① 色彩搭配。智能穿戴设备在色彩上紧跟时尚潮流，推出了多种颜色选择。用户可以根据自己的喜好和穿搭风格，选择与之匹配的智能穿戴设备。例如，在夏季，一款色彩鲜艳的智能手环或智能手表可以为整体穿搭增添一抹亮色。

② 材质选择。智能穿戴设备的材质也是时尚搭配的重要因素。从不锈钢、铝合金到皮革、硅胶等多种材质，用户可以根据自己的喜好和场合选择适合的材质。例如，在正式场合，一款金属质感的智能手表更能彰显用户的品位与身份。

③ 形状与风格。智能穿戴设备的形状和风格也是多种多样的，有简约大气的方形表盘，也有圆润可爱的圆形表盘；有运动风格的表带，也有商务风格的皮质表带。用户可以根据自己的穿搭风格选择适合的智能穿戴设备。

（3）科技与美学的完美结合

智能穿戴设备不仅在外观设计上追求时尚与美观，更在功能上实现了科技与美学的完美结合。

① 个性化定制。许多智能穿戴设备支持个性化定制功能，用户可以根据自己的喜好设置表盘样式、主题颜色等。这种个性化的定制不仅满足了用户的审美需求，更体现了科技与美学的融合。

② 智能提醒与交互。智能穿戴设备通过精准的传感器和算法，能够实时监测用户的健康状况、运动数据等信息，并通过振动、屏幕显示等方式提醒用户。这种智能提醒与交互方式不仅提高了用户的使用体验，更在无形中融入了美学元素。

③ 艺术感设计。一些高端智能穿戴设备在外观设计上融入了艺术元素，如精致的雕刻、独特的造型等。这些设计不仅提升了产品的档次和品质感，更让用户在佩戴过程中感受到艺术与科技的完美结合。

（4）智能穿戴设备在时尚搭配方面的优势

智能穿戴设备的时尚影响力不容忽视。它们不仅成为用户日常穿搭的重要组成部分，更在一定程度上引领了时尚潮流。许多明星、时尚博主等公众人物都纷纷佩戴智能穿戴设备，展示自己的时尚品位与科技感。这种影响力也促使更多品牌投入智能穿戴设备的时尚化设计中，推动整个行业的快速发展。

综上所述，智能穿戴设备在时尚搭配中的应用已经取得显著的成果。它们不仅满足了用户对实用性的需求，更在外观设计上融入了时尚元素，成为科技与美学的完美结合体。随着技术的不断进步和市场的不断发展，智能穿戴设备在时尚搭配领域的应用前景将更加广阔。

11.4.3　特殊领域：工业、军事与医疗的专属定制

智能穿戴设备在特殊领域如工业、军事与医疗中的应用，体现了科技与行业的深度融合，这些领域对设备的专业性、耐用性和实时数据监测能力有着极高的要求。以下是关于智能穿戴设备在这些特殊领域专属定制应用的详细分析。

（1）工业领域

在工业领域，智能穿戴设备主要用于提高生产效率、保障工人安全和优化作业流程。

生产效率提升：通过实时监测工人的动作、工作时长和效率，智能穿戴设备可以为管理

者提供准确的数据支持，从而优化生产流程，提高整体生产效率。例如，某些设备可以记录工人的操作习惯和效率，帮助管理者发现潜在的效率瓶颈并进行改进。

工人安全保障：智能穿戴设备能够实时监测工人的生理指标（如心率、血压）和环境因素（如温度、湿度、有害气体浓度），及时预警潜在的安全风险。此外，一些设备还具备跌倒检测、紧急呼救等功能，能够在工人遇到危险时迅速响应。

作业流程优化：通过集成传感器和无线通信技术，智能穿戴设备可以实时记录和分析工人的工作流程，帮助管理者发现潜在的流程优化点。同时，这些设备还可以为工人提供实时的操作指导和反馈，提高作业的准确性和效率。

（2）军事领域

在军事领域，智能穿戴设备主要用于提高士兵的作战能力、保障其生命安全和优化作战流程。

作战能力提升：智能穿戴设备可以为士兵提供实时的战场信息、导航和通信支持，帮助他们更好地了解战场态势，做出准确的决策。例如，一些设备可以实时监测士兵的生理指标和位置信息，为指挥员提供准确的战场态势感知。

生命安全保障：通过集成传感器和生物识别技术，智能穿戴设备可以实时监测士兵的生命体征和健康状况，及时预警潜在的健康风险。此外，一些设备还具备防弹、防刺等功能，能够在战场上为士兵提供有效的防护。

作战流程优化：智能穿戴设备可以实时记录和分析士兵的作战流程和行动轨迹，帮助指挥员优化作战计划，提高作战效率。同时，这些设备还可以为士兵提供实时的作战指导和反馈，帮助他们更好地完成任务。

（3）医疗领域

在医疗领域，智能穿戴设备主要用于患者的健康监测、疾病治疗和康复管理。

健康监测：智能穿戴设备可以实时监测患者的心率、血压、血糖等生理指标，及时预警潜在的健康风险。这些设备还可以记录患者的运动数据、睡眠质量等，为医生提供全面的健康评估依据，如图 11.18 所示。

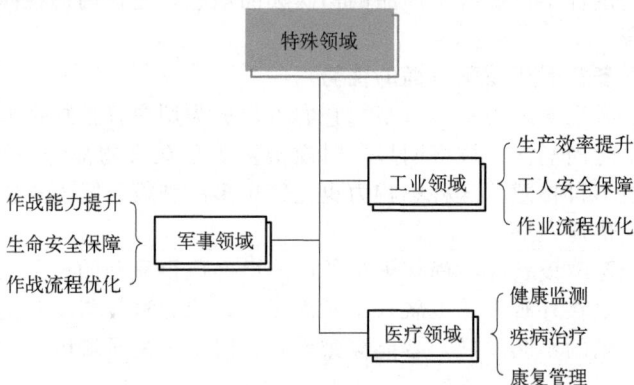

图 11.18 医疗领域

疾病治疗：一些智能穿戴设备具备远程医疗、电子病历管理等功能，可以与医疗机构实现无缝对接，为患者提供便捷的医疗服务。例如，一些设备可以实时监测患者的血糖水平，并根据需要调整胰岛素给药量，实现糖尿病的精准治疗。

康复管理：智能穿戴设备可以为患者提供个性化的康复计划和指导，帮助他们更好地恢复健康。例如，一些设备可以实时监测患者的运动数据和肌肉活动情况，根据康复进度调整训练计划，提高康复效果。

　　由此可见，智能穿戴设备在工业、军事和医疗等特殊领域的应用具有广泛的前景和深远的意义。这些设备不仅能够提高生产效率、保障工人和士兵的生命安全、优化作战和作业流程，还能够为患者提供全面的健康监测、疾病治疗和康复管理服务。随着技术的不断进步和应用的不断拓展，智能穿戴设备将在这些特殊领域中发挥更加重要的作用。

习题

一、选择题

1. 当前智能设备监测心率的主要技术是哪一种？（　　）

A. 通过压力传感器测到的波动计算心率

B. 从心电图中解析心率波形

C. 毫米波雷达技术监测心率变化

D. 采用光电容积脉搏波技术来监测心率波动

2. 智能穿戴设备中，用于实现便捷支付功能的技术主要是（　　）。

A. GPS　　　　　　　　　　　　B. NFC（近场通信）

C. Wi-Fi　　　　　　　　　　　 D. 蓝牙

3. 下列哪项不是智能穿戴设备在运动监测方面可测量的参数？（　　）

A. 脑电波　　　　　　B. 步频　　　　　　C. 运动距离　　　　　　D. 消耗的卡路里

4. 智能手表通过（　　）与手机通讯录同步来实现便捷的语音通话功能。

A. 红外　　　　　　　　　　　　B. 蓝牙或蜂窝网络

C. 数据线　　　　　　　　　　　D. 声波

5. （多选题）智能穿戴设备在运动安全保障方面可以（　　）。

A. 当心率异常升高时发出警报

B. 检测到可能跌倒风险时提醒用户

C. 监测血压波动情况

D. 在用户遇到严重问题时向紧急联系人发送求救信号和位置信息

二、问答题

1. 智能穿戴设备在健康管理领域的应用中有哪些阶段？分别有什么作用？

2. 智能穿戴设备对人们生活方式的影响主要体现在哪些方面？请举例说明。

3. 你认为智能穿戴设备在设计时尚性上有哪些成功案例？它们是如何做到时尚与功能相结合的？

4. 智能穿戴设备在健康监测准确性方面面临哪些挑战？应如何改进？

5. 智能穿戴设备的发展对传统时尚行业有什么冲击和机遇？

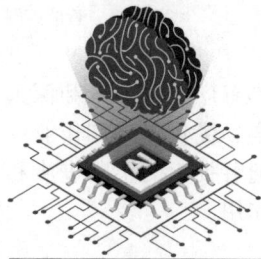

## 第12章

人工智能安全与伦理

随着科技的飞速发展，人工智能已逐步融入我们生活的方方面面，其安全与伦理问题也日益凸显，成为不容忽视的重大课题。近年来，我国高度重视科技伦理治理工作，积极推动"科技向善"，为全球人工智能治理提供了中国经验，充分展现了大国的担当。本章将深入探讨人工智能安全与伦理的定义、范畴及其潜在风险，同时阐述与之相关的伦理原则，以及人工智能在承担社会责任方面所扮演的角色，帮助读者增强科技素养，关注人工智能带来的伦理、法律和社会影响等问题。

安全与伦理是人工智能健康发展的双翼，它们的重要性不言而喻。我们将详细解析人工智能安全的防护措施，并剖析各种伦理挑战产生的根源及其对社会、经济、文化等方面的深远影响。在此基础上，读者将学会如何运用所学安全防护措施和伦理原则，分析并解决实际案例中的人工智能安全与伦理问题，提出切实可行的解决方案。确保技术发展服务于人类福祉。

本章将学习以下内容：

■ 人工智能安全的定义与范畴

■ 人工智能与社会责任

■ 人工智能安全与伦理的发展趋势

12.1 安全与伦理的重要性

人工智能作为一项快速发展的技术，具有巨大的潜力和优势。它可以提高生产效率、改善医疗保健、增强交通安全性等。从自动驾驶汽车到智能医疗诊断，从个性化教育到精准农业，AI 的应用正逐渐渗透到社会生活的各个角落。然而，它也带来了一些潜在的风险和挑战，还有一系列复杂的伦理问题，尤其是关于 AI 自主性与人类责任的辩论。

AI 的自主性指的是机器在没有人类直接干预的情况下，能够做出决策的能力。这种能力源自于复杂的算法和庞大的数据集，使得 AI 能够在特定领域内模仿甚至超越人类的决策过程。例如，AlphaGo 的胜利不仅展示了 AI 在围棋领域的卓越能力，也标志着 AI 在理解复杂策略和模式方面的巨大进步。然而，随着 AI 自主性的提升，人类对其行为的控制权也在减弱。这就产生了一个根本性的问题：当 AI 系统出现错误或造成损害时，责任应该由谁来承担。在传统模式下，机器被视为工具，其行为结果归咎于操作者或设计者。但在 AI 高度自主的情况下，这一逻辑开始受到挑战。

　　在人工智能的发展过程中，安全与伦理问题至关重要。安全问题涉及人工智能系统的可靠性、稳定性和安全性，以确保其不会对人类和社会造成伤害。其中，可靠性要求人工智能系统在各种复杂环境和条件下稳定运行并准确执行任务；稳定性意味着系统应能持续稳定工作，不因小干扰或数据波动而崩溃或出现异常行为；安全性则要防止系统被恶意攻击或滥用。

　　伦理问题涉及人工智能的道德和社会影响，需确保其符合人类价值观和道德标准。一方面，要符合道德价值观，即人工智能的决策和行为应符合公平、正义、善良等普遍认可的道德原则；另一方面，要考虑社会影响的合理性，关注其对社会结构、人际关系的影响，同时要关注其在信息传播中的作用，防止传播虚假信息或有害思想影响社会和谐进步。

　　如图 12.1 所示，人工智能（AI）在模拟人类能力方面的四个主要领域：思考、运动、看懂和沟通。人工智能的伦理考量要求我们在开发和应用 AI 技术时，确保其行为和决策过程符合人类的道德标准和价值观。在"像人一样思考"的领域，机器学习、自动推理和人工意识的发展需要确保 AI 的决策过程透明、可解释，并且能够避免偏见和歧视。在"像人一样运动"的领域，运动控制和自动驾驶技术必须遵守交通规则和安全标准，确保不会对人类社会造成危害。在"像人一样看懂"的领域，计算机视觉和机器视觉的应用需要尊重隐私权，避免滥用个人数据。最后，在"像人一样沟通"的领域，自然语言处理和语音识别技术应当促进积极的社会互动，避免误导和虚假信息的传播。通过在这些领域内建立和遵循伦理准则，确保人工智能的发展既创新又负责任。

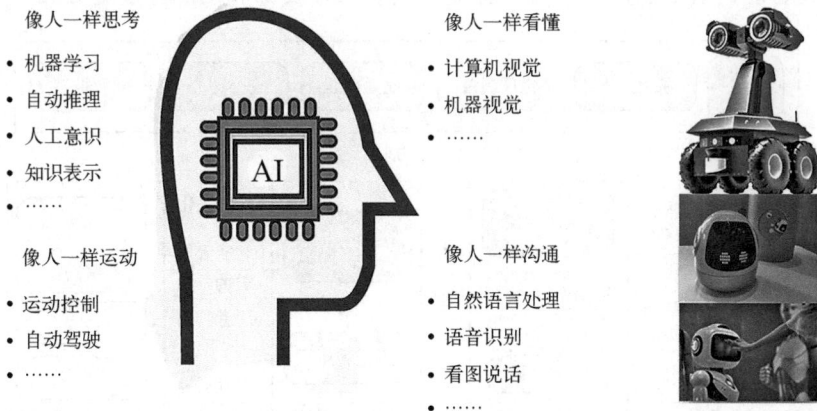

图 12.1　人工智能（AI）模拟人类能力

12.2　人工智能安全

　　自 1956 年首次提出概念，人工智能技术的发展历经多次起落。近年来，随着大数据、云计算、互联网、物联网等新兴技术的融合发展，人工智能又迎来了蓬勃发展期，在新一轮科技革命和产业革命加速演进的浪潮下，图像分类、语音识别、问答系统、人机交互、无人驾驶等人工智能技术正成为推动传统产业升级换代的决定性力量和全球经济发展的新引擎，世界各国纷纷把发展人工智能作为提升国家竞争力、维护国家安全的重要抓手。然而，一枚硬币分两面，技术的狂飙突进也伴随着风险的陡然上升。著名物理学家霍金就曾表示，强大人工智能的崛起，对人类来说，可能是最好的事情，也可能是最糟糕的事情。人们惊呼"未来已来"的同时也在担心"未来是否安全"，人工智能安全问题越来越受到重视。

12.2.1 人工智能安全的定义与范畴

人工智能安全（AI Security）是一个多维度的概念，它涉及保护人工智能系统免受攻击、侵入、干扰和非法使用，确保其稳定可靠运行，并遵循以人为本、权责一致等原则。下面介绍人工智能安全的定义与范畴。

全国信息安全标准化技术委员会发布的《人工智能安全标准化白皮书（2019版）》指出，人工智能安全是指通过采取必要措施，防范对人工智能系统的攻击、侵入、干扰、破坏和非法使用以及意外事故，使人工智能系统处于稳定可靠运行的状态，以及遵循人工智能以人为本、权责一致等安全原则，保障人工智能算法模型、数据、系统和产品应用的完整性、保密性、可用性、鲁棒性、透明性、公平性和隐私的能力。

如图12.2所示，人工智能安全大致可以划分为内生安全、衍生安全和助力安全三个部分。

① 内生安全是由人工智能自身的脆弱性导致的安全问题，通常存在于数据、算法/模型、平台和业务等环节。

② 衍生安全是指人工智能技术在应用于其他领域的过程中，因其脆弱性和不确定性，或者因受到恶意攻击而导致的安全问题，通常包括因恶意攻击、深度伪造和行为操控所导致的应用风险。

③ 助力安全是指影响和决定人工智能所处的技术生态能否健康发展的安全问题，通常包括基础研究、应用研究、产业环境、体制机制、人才资源和国际环境等方面。

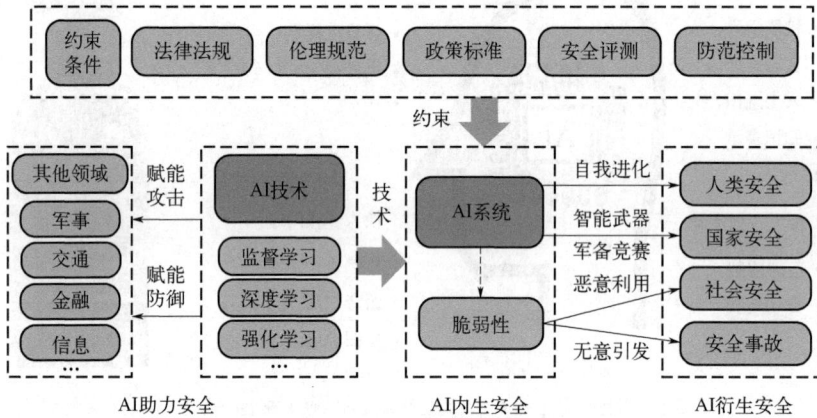

图12.2　人工智能安全体系架构

12.2.2 人工智能应用的安全风险

（1）数据安全与隐私泄露

人工智能的判断决策离不开基于海量数据的学习训练，人工智能在对数据收集和使用的过程中不可避免地面临诸多安全风险。

一是人工智能在进行数据采集时经常会强制读取、收集外部用户的隐私数据，导致隐私泄露。这些隐私数据可能包括用户的身份信息、兴趣爱好、行为习惯、地理位置、联系方式等，甚至可能在用户不知晓的情况下偷偷收集与所提供服务不相关的其他数据，而这些被收集的数据最终作何使用也不得而知。人脸信息通常暴露在公共环境中，很容易实现无感知采集，用户无法知道企业是否存在识别人脸的行径。与传统的数字密码相比，人脸信息一旦丢失，意味着用户没有"重新设定"的机会，因此，该类信息的泄露对用户隐私造成的危害性也就更大。例如，美国著名人脸识别公司在未经用户同意的情况下，从公开网络及社交媒体平台上收集了超过 200 亿张人脸图像和相关数据，并用于创建其面部识别的全球在线数据库。

二是模型窃取攻击（Model Extraction Attack），是一类窃取模型信息的恶意行为，攻击者通过向黑盒模型进行查询获取相应结果，获取相近的功能，或者模拟目标模型决策边界。被窃取的模型往往是拥有者花费大量的金钱、时间构建而成的，对拥有者来说具有巨大的商业价值，一旦模型的信息遭到泄露，攻击者就能逃避付费或者开辟第三方服务从中获取商业利益，使模型拥有者的权益受到损害。如图 12.3 所示，模型窃取可以在与受害者模型交互的过程中完成，在此交互过程中，攻击者可以通过模仿学习得到一个与受害者模型相似的窃取模型，或者直接窃取受害者模型的参数和超参数等信息。

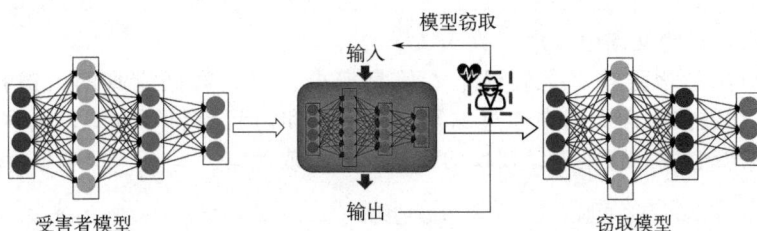

图 12.3　模型窃取攻击示意图

（2）算法偏见与歧视

算法偏见与歧视是人工智能领域中的重要议题，算法偏见通常指的是在算法设计、训练或应用过程中，由于数据、设计选择、历史偏见或其他因素导致的系统性偏差。这种偏见可能导致算法对某些群体或个体产生不公平的对待或预测。算法偏见可能源于多种原因，包括训练数据的偏见、算法设计者的主观偏见、算法训练过程中的过度优化等。算法歧视则更多地强调由于算法偏见导致的对特定群体或个体的不公平或有害影响。当算法偏见导致某些群体在获得服务、机会或资源方面受到不公平的待遇时，就构成了算法歧视。

（3）自动化武器与军事应用

在当前的现代战争时代，人工智能已成为国防领域的变革力量，极大地增强了各个领域的作战能力。从精密飞机的预测性维护到无人机的自主操作和先进的网络防御机制，再到如图 12.4 所示的机器狗进入军队，人工智能的整合正在重塑军事战略和战术。这项技术提高了人脸识别和威胁检测等系统的效率和精确度，也彻底改变了后勤管理、模拟训练和作战支持。此外，人工智能的作用还扩展到改善语言翻译，以便在执行国际任务时更好地进行沟通。

随着军事人工智能的重要性与日俱增，其利用也日益广泛。与此同时，人们对其使用可能带来的潜在风险和不良后果也感到担忧。一个充满人工智能的决策世界和随之而来的压缩时间表，再加上智能自动化甚至完全自主的武器，在带来军事优势的同时也带来了危险。

（4）系统失控与自主决策

系统失控与自主决策是人工智能领域中的两个核心问题，它们涉及人工智能系统的安全性、可靠性和道德责任。系统失控是指人工智能系统在运行过程中，由于

图 12.4　机器狗应用于军事领域

各种原因（如算法错误、数据偏差、黑客攻击等）导致系统无法按照预定的目标和程序执行任务，可能会产生不可预料的后果。这种失控的风险在自主武器系统中尤为突出，因为它们可以在没有人类直接控制的情况下做出决策和采取行动。自主决策系统是指那些能够在没有人类直接干预的情况下做出决策的系统。这些系统的出现带来了伦理道德和法律方面的挑战。

12.2.3　安全防护措施

人工智能技术变革正在切实地改变我们的生活，但任何技术都是一把"双刃剑"。通过建立全面的人工智能安全防护措施，持续追踪新的安全与合规需求，才能应对人工智能技术带来的风险，助力抓住当前和未来机遇。

（1）数据保护与隐私增强技术

数据保护与隐私增强技术是确保个人信息安全、防止数据泄露的关键技术手段。如图12.5所示，在数据生命周期中通过加密、匿名化和访问控制等方式，确保数据在传输、处理和存储中的安全性，防止未经授权的访问、篡改或泄露。

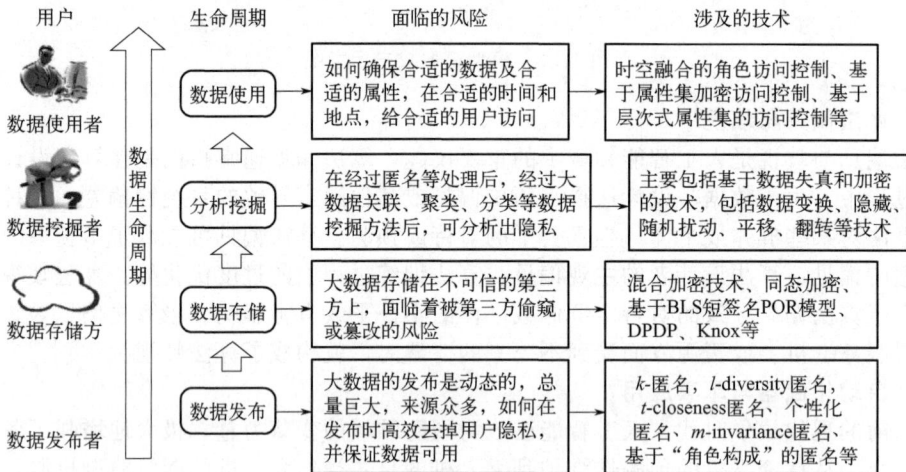

图12.5　数据保护与隐私增强

下面介绍其中的几种数据保护与隐私增强技术：

① 同态加密。同态加密能够对加密数据进行计算操作。任何分析结果都保持加密状态，只有数据所有者才能解密和查看。这种加密方法使企业能够分析云存储中的加密数据，或与第三方共享敏感数据。谷歌已发布开源库和工具，对加密数据集执行同态加密的操作。

② 差分隐私。差分隐私是针对数据库的隐私泄露问题提出的一种新的隐私定义，是为了解决差分攻击而引入的一种解决隐私保护模型。其原理是在原始的查询结果中添加干扰数据，再将结果返回。差分隐私可以在最大化实现数据查询准确性的前提下，最大限度地减少识别其记录的机会，即在保留统计学特征的前提下，去除个体特征以保护用户隐私。可以通过对目标函数、梯度和输出结果添加噪声，实现差分隐私和机器学习的结合。加入干扰后，用户便无法通过查询结果反推出准确的信息，从而达到保护隐私的目的。

③ 联邦学习。联邦学习是由谷歌提出的一种分布式机器学习技术，其目的是保证数据隐私安全。联邦学习作为一种新兴技术，已经在解决"数据孤岛问题"和加强隐私保护方面显示出其独特优势。它允许多个参与方在不共享原始数据的情况下，共同训练一个全局的机器学习模型。这种去中心化的训练方法不仅保证了数据的本地性，降低了数据泄露的风险，

而且在一定程度上提高了模型训练的效率和效果。在联邦学习中，数据保留在本地，只有模型参数或梯度更新在服务器和参与方之间进行传递。谷歌首先将联邦学习运用在 Gboard（Google 键盘）上，联合用户终端设备，利用用户的本地数据训练本地模型，再将训练过程中的模型参数聚合与分发，最终实现精准预测下一词的目标。

④ 安全多方计算（SMPC）。安全多方计算（Secure MultiParty Computation，SMPC）是同态加密的一个子领域，将计算分布到诸多系统和多个加密数据源上。这项技术确保任何一方都看不到整个数据集，并限制了任何一方可以获得的信息。OpenMind 在其 PyGrid 对等平台中使用 SMPC，用于私密数据科学和联合学习。

⑤ 合成数据生成（SDG）。合成数据生成（Synthetic Data Generation，SDG）是从具有相同统计特征的原始数据集中人工创建的数据。由于 SDG 数据集可能远大于原始数据集，除了用于人工智能和机器学习外，这项技术还用于测试环境，以减少数据共享和所需的实际数据量。

如图 12.6 所示构建了全面的数据安全战略层级结构，来全方位保障数据的安全。这张图片展示了数据安全战略的三个主要层次：数据安全战略，包括数据安全规划和机构人员管理，为整个组织的数据安全设定方向和政策。数据全生命周期安全，涵盖数据从采集到销毁的各个阶段，确保数据在每个环节的安全，如传输、存储、使用、共享和销毁。基础安全作为最底层，提供数据安全的基础支持，包括数据分类、合规管理、合作方管理、监控审计、访问控制、风险分析和安全事件应急等。数据安全需要全面考虑，从战略到执行的每个层面都要确保安全。

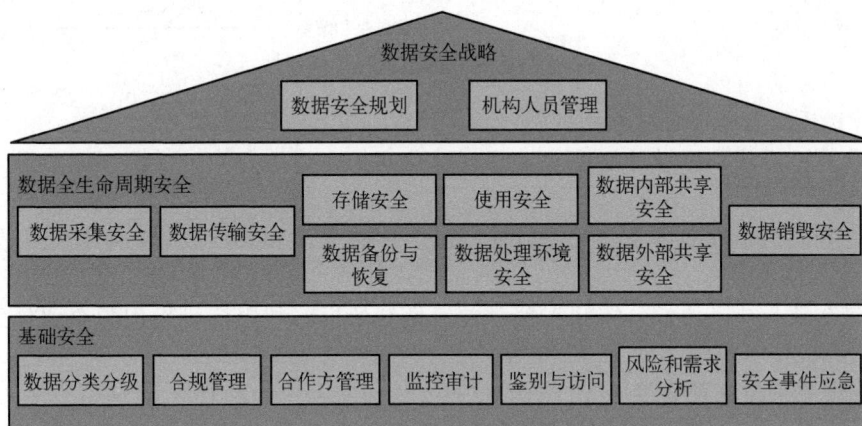

图 12.6　数据安全战略

（2）算法透明度与可解释性

算法本身具有专业性、复杂性、保密性等特征，如果算法使用者故意隐瞒或利用支配地位，算法黑箱就会形成。算法黑箱一旦产生，极易发生算法使用者侵犯各方利益的行为。当前社会与算法有关的一系列问题，如算法歧视、诱导用户沉迷、流量造假、大数据杀熟、算法共谋、信息茧房等，均与算法黑箱有密切的关系。而算法透明作为算法黑箱治理的重要手段，已经受到各方广泛关注。算法透明度和可解释性是人工智能领域中的关键概念，对于建立用户信任、确保算法公平性和提高决策质量至关重要。

算法透明度是指算法的内部运作、决策过程和结果对相关利益相关者清晰可见和可理解。它公开算法如何收集、处理和使用数据，使利益相关者能够评估算法的公平性、准确性和可解释性，是解决算法伦理问题的关键，尽管完全透明难以实现，但应追求适宜的透明度。设计者和操作者应以用户体验为中心，根据用户需求提供可理解的透明度。企业管理者需了解用户，适度收集数据，并采用渐进式披露提升用户体验。

对于可解释性，学界从不同的角度来认识，国外学者以及部分国内学者认为"可解释性"是可以提供细节和决策的依据，能够被用户简单清晰地认识和理解。从法律法规角度来看，欧盟《通用数据保护条例》（简称"GDPR"）规定在自动化决策中用户有权获得决策解释，处理者应告知数据处理的逻辑、重要性，特别是影响后果。如图 12.7 所示，可解释 AI 增强了高模型透明度和用户信任度，通过提供清晰的解释，可解释 AI 有助于用户理解模型的决策逻辑，从而在需要时进行适当的调整和优化。

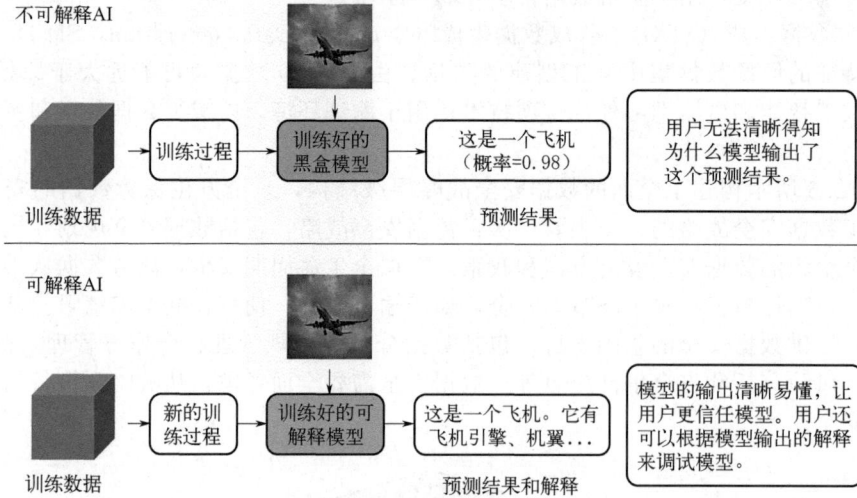

图 12.7　AI 算法透明度与可解释性

实现算法透明度和可解释性需做到：

① 细化算法透明顶层设计，推动治理规范化，扩大算法备案，借鉴国际经验，进行算法影响评估。

② 建立算法透明标准体系，关注行业标准、影响评估和共性技术，明确公开要求，引导实施。

③ 促进行业自律，通过公约和规范，营造良好环境，利用科研机构和企业优势，共建研究机构，解决技术难题。

（3）治理原则与监管框架

保障人工智能安全需要秉持共同、综合、合作、可持续的安全观，坚持发展和安全并重，以促进人工智能创新发展为第一要务，以有效防范化解人工智能安全风险为出发点和落脚点，如图 12.8 所构造的安全治理框架为基础，构建各方共同参与、技管结合、分工协作的治理机制，压实相关主体安全责任，打造全过程全要素治理链条，培育安全、可靠、公平、透明的人工智能技术研发和应用生态，推动人工智能健康发展和规范应用，切实维护国家主权、安全和发展利益，保障公民、法人和其他组织的合法权益，确保人工智能技术造福于人类。治理原则具体来说分为以下四点：

① 包容审慎、确保安全。鼓励发展创新，对人工智能研发及应用采取包容态度。严守安全底线，对危害国家安全、社会公共利益、公众合法权益的风险及时采取措施。

② 风险导向、敏捷治理。密切跟踪人工智能研发及应用趋势，从人工智能技术自身、人工智能应用两方面分析梳理安全风险，提出针对性防范应对措施。

③ 技管结合、协同应对。面向人工智能研发应用全过程，综合运用技术、管理相结合的安全治理措施，防范应对不同类型安全风险。

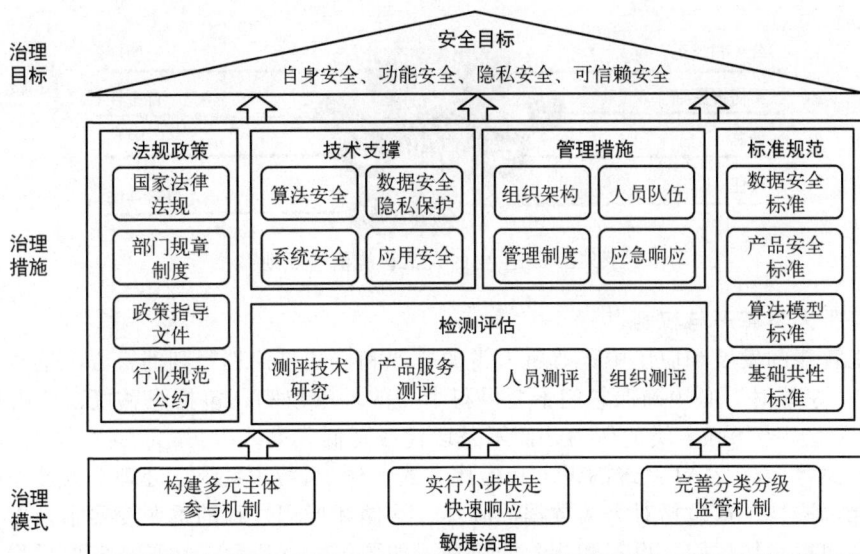

图 12.8 人工智能安全治理框架

④ 开放合作、共治共享。在全球范围推动人工智能安全治理国际合作，共享最佳实践，提倡建立开放性平台，通过跨学科、跨领域、跨地区、跨国界的对话和合作，推动形成具有广泛共识的全球人工智能治理体系。

基于风险管理理念，对不同类型的人工智能安全风险，从技术、管理两方面提出防范应对措施。同时，目前人工智能研发应用仍在快速发展，安全风险的表现形式、影响程度、认识感知亦随之变化，防范应对措施也将相应动态调整更新，需要各方共同对治理框架持续优化完善。

12.3 人工智能伦理

人工智能伦理是探讨 AI 带来的伦理问题及风险、研究解决 AI 伦理问题、促进 AI 向善、引领人工智能健康发展的一个多学科研究领域。人工智能伦理领域所涉及的内容非常丰富，是一个哲学、计算机科学、法律、经济等学科交汇碰撞的领域。人工智能伦理领域所涉及的内容和概念非常广泛，且很多问题和议题被广泛讨论但尚未达成共识，解决 AI 伦理问题的手段方法大多还处于探索性研究阶段。

12.3.1 人工智能伦理原则

直面人工智能的快速发展和对世界的变革，以及所产生的新的伦理问题和挑战，社会各界对此都极其关注。不少组织机构提出了人工智能发展的伦理原则和道德规范。例如，微软公司将"公平、包容、透明、负责、可靠与安全、隐私与保密"作为人工智能的六个基本道德准则；腾讯研究院从"技术信任""个体幸福""社会可持续"三个层面提出若干道德原则；欧盟将"人的能动性和监督能力、安全性、隐私数据管理、透明度、包容性、社会福祉、问责机制"作为"可信赖人工智能"的七个关键性条件。还有不少国内外学者从不同的理论视域提出和论证了"透明""责任""问责"等人工智能的伦理原则，要求智能系统具有一颗"良芯"的呼声此起彼伏。如图 12.9 所示是主要的人工智能伦理原则，研究表明，全球各国已经在技术透明度、公平公正、不伤害、隐私等方面形成了初步共识。

以下是一些关键的人工智能伦理原则。

图 12.9　主要的人工智能伦理原则

（1）尊重人类尊严与权利

在人工智能的发展和应用中，尊重人类的尊严和权利是伦理原则的核心。这意味着在设计和部署 AI 系统时，必须确保它们不会侵犯个人的基本权利，包括隐私权、自由意志和平等权。AI 系统应当增强人类的能力，而不是取代或贬低人类。

尊重人类尊严涉及 AI 系统的设计和运作方式。例如，AI 系统在处理个人数据时，必须遵循数据保护法规。这包括对个人数据的收集、存储和处理过程的透明度要求，以及个人对其数据的控制权，如访问、更正和删除的权利。如图 12.10 所示，在科技发展过程中，需要不断地进行伦理反思、治理、评估和协同合作，以确保科技的发展方向是积极的，并且符合社会、自然和人类的长远利益。

图 12.10　人、自然、社会与科技伦理

（2）公平性与非歧视

人工智能系统应当公平地对待所有用户，不因种族、性别、年龄或其他个人特征而产生歧视。这要求开发者在训练数据和算法设计中消除偏见，确保 AI 决策的公正性。公平性和非歧视是 AI 伦理中的另一个关键领域。AI 系统可能会在不知不觉中复制或放大训练数据中的偏见，导致不公平的决策结果。例如，面部识别技术可能会对某些种族的识别准确率较低，或者招聘算法可能会偏向于某些性别的候选人。为了解决这些问题，开发者需要采取主动措施，如使用多样化的训练数据、进行偏见检测和调整算法，以及实施持续的监测和评估。

（3）责任与透明度

AI 的决策过程应该是透明的，用户和监管机构能够理解 AI 系统的工作原理和决策依据。同时，应当明确谁对 AI 系统的行为负责，以便在出现问题时能够追究责任。

责任和透明度是确保 AI 系统可信赖和可问责的关键。透明度要求 AI 系统的决策过程可以被外部审查和理解，这可能涉及算法的解释能力，即能够向用户解释为什么做出了特定的决策。此外，责任归属要求在 AI 系统造成损害时，能够明确责任主体，这可能涉及开发者、部署者或使用者。为了实现这一点，可能需要制定新的法律和政策，以及建立行业标准和最佳实践。

　　如何将伦理原则落实到具体的制度与行动方面，是当下人工智能伦理治理研究必须回答的核心问题。实现人工智能伦理原则"落地"，是目前需要科学家、工程师、伦理学家、政府管理人员与公众多方合作的最重要的现实问题，也是促使人工智能伦理治理研究从"理论"走向"实践"的一个关键性切入点。

12.3.2　伦理挑战与案例分析

（1）自动化与就业

　　自动化技术的发展可能导致大规模失业，特别是在制造业和服务业。AI 伦理要求我们考虑如何通过教育和再培训来减轻这种影响，确保技术进步不会加剧社会不平等。自动化和 AI 技术的发展可能会替代某些工作，但同时也可能创造新的就业机会。如表 12.1 所示，人工智能既会减少某些岗位的需求，也可以创造新的就业机会，并且改变工作的性质和结构。例如，BBC 基于剑桥大学研究者的数据体系，发布了关于未来最有可能被机器人所取代的 365 种职业。在这 365 种职业中，最有可能被淘汰的就是电话推销员，像这样重复的工作更适合机器人来做，机器人并不会感到疲惫、烦躁。其次是打字员、会计、保险业务员等，这些都是以服务为主，像这些行业无需技术，都是只要经过训练就能轻易被掌握的技能。

表 12.1　人工智能对就业岗位的影响

影响效果	主要受影响的就业岗位
替代效应减少工作岗位	简单重复的脑力劳动就业岗位 中等复杂且重复的脑力劳动就业岗位 体力与脑力相结合的就业岗位
填补效应增加工作岗位	脑力劳动强度大的就业岗位 超出人类感官和反应极限的就业岗位 工作环境不适应人类的就业岗位
创造效应增加工作岗位	人工智能研发设计就业岗位 智能设备制造就业岗位 人工智能应用就业岗位
结构效应改变分工结构	低知识水平和低技能水平的就业岗位

　　政府和企业需要合作，投资于教育和培训项目，帮助工人学习新技能，转型到新的职业。此外，社会安全网也需要适应这些变化，提供失业保险、再培训补贴和其他支持措施。

（2）人工智能与法律责任问题

　　随着 AI 技术的应用越来越广泛，现有的法律体系可能无法完全适应新的挑战。例如，自动驾驶汽车事故责任的归属、智能合约的法律效力等问题，都需要法律专家和伦理学家共同探讨。坚持依法治理原则，完善人工智能责任机制。2024 年 5 月，欧盟通过《人工智能法案》，对人工智能进行全面监管。该法案旨在对欧盟人工智能的开发、投放市场、提供服务和使用制定统一的法律框架，促进人工智能应用，保护相关主体的基本权利。我国可在现有规范性文件基础上，进一步凝练人工智能的特性，在全国层面出台"人工智能法"，更好地应对人工智能技术风险。《国务院 2024 年度立法工作计划》将人工智能法草案列为预备提请全国人大常委会审议的项目。从现有学者建议稿看，建议稿设置专章对法律责任问题进行论述，明确了各个责任主体的行政责任、民事责任、刑事责任及合规免责等。下一步，我国立法机关应在不断调研的基础上，出台"人工智能法"，促进人工智能发展，并对其实施有效监管。

（3）人工智能社会层面的挑战

人工智能存在一种不以人的意志为转移的技术规律，这一技术规律具有深刻的社会属性。也就是说，虽然人工智能的研发、操作等各环节都受到人类的影响或控制，但人工智能技术规律是从社会中产生，也必须服从于社会活动的基本要求。人工智能在特定的时期能够实现不同程度的发展和进步，它是由一定的经济、科技等实力决定的，同时人工智能作为现代产业，已经与国家实力紧密联系在一起，因此人工智能的发展情况深受所处社会发展状况的影响，人工智能伦理问题产生的根源也与特定时期的社会存在不可分割的联系。

AI 技术对社会的影响是多方面的，包括但不限于教育、医疗、就业等。我们必须评估这些技术如何改变社会结构，以及如何确保技术进步能够惠及所有人。AI 技术有潜力极大地改善社会服务和提高效率，但同时也可能加剧社会不平等。例如，在医疗领域，AI 可以帮助医生更准确地诊断疾病，但也可能导致资源集中在富裕地区，加剧医疗资源的不平等分配。在教育领域，个性化学习算法可以提高学习效果，但也可能加剧教育不平等，因为富裕家庭可能更容易获得这些技术。因此，需要政策干预和社会创新，确保 AI 技术的发展能够惠及所有人，而不是仅仅服务于少数人。

（4）人工智能技术层面的挑战

人工智能技术在算法和数据的处理上存在伦理问题，这些问题主要体现在算法可能嵌入开发者的偏见，导致输出结果的歧视性，如算法歧视和算法黑箱现象，这不仅加剧了信息茧房效应，也扩大了数字鸿沟。同时，数据的收集和使用可能侵犯个人隐私，数据爬虫技术可能非法获取数据，威胁个人和国家的数据安全。此外，过度依赖虚拟技术可能改变社会交往秩序，减少面对面交流，限制观点多样性，导致人类行为异化。算法设计的不透明性影响了人类的知情权和自主决策权，使人们成为算法决策的被动承受者。数据资源的不均衡分配也可能导致新型数字不平等，扩大了数字弱势群体。智能鸿沟的出现，使得某些群体被排除在数字技术收益之外。这些伦理问题要求我们在开发和应用人工智能技术时，必须综合考虑其对社会的影响，确保技术的公正性、透明度和安全性。

以 ChatGPT 为代表的生成式人工智能能够通过自然语言处理等技术与用户进行"拟人化"互动，这在一定程度上将改变、重塑社会交往秩序，个体、群体和整个社会的结构将经历根本性的变革。例如，人工智能幻觉（AI Hallucinations）是指 AI 系统在没有相应数据支持的情况下生成信息，这些信息可能听起来合理，但实际上是错误的或虚构的。如图 12.11 所示，AI

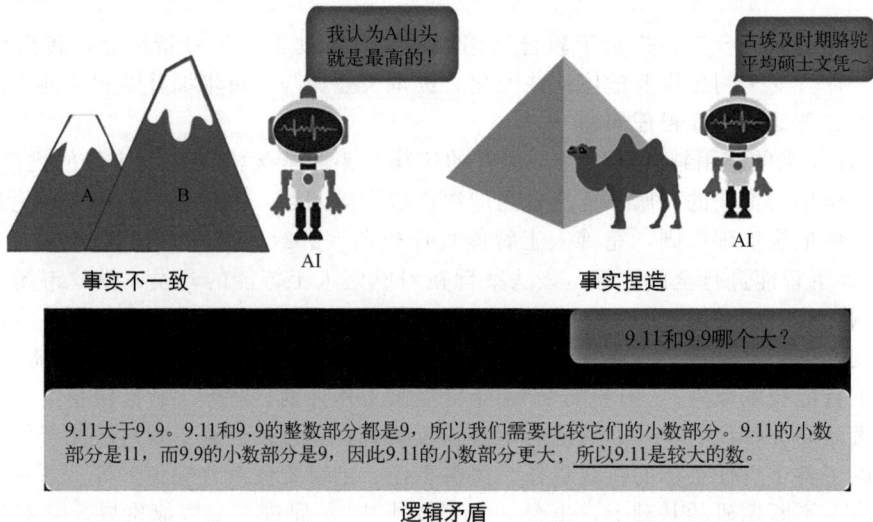

图 12.11　AI 模型产生的幻觉

会产生多种幻觉，AI 幻觉可能导致虚假信息的广泛传播，引起社会混乱。例如，在社交媒体或新闻平台上，错误的信息可能会迅速扩散，影响公众对事实的理解。频繁的幻觉会削弱用户对 AI 系统的信任。这种信任危机不仅影响当前的 AI 应用，还可能阻碍未来 AI 技术的采用和发展。AI 生成的虚假信息可能涉及版权、隐私等问题，引发伦理和法律争议。例如，使用 AI 生成的内容可能侵犯他人的知识产权，或未经同意就使用个人数据。

12.3.3 伦理治理与实践

(1) 伦理审查委员会与标准制定

为了确保 AI 技术的发展符合伦理原则，许多组织和国家正在建立伦理审查委员会，制定 AI 伦理标准和指南。这些标准旨在为 AI 研发提供指导，防止滥用和不当行为。

伦理审查委员会的建立是确保 AI 技术发展符合伦理原则的重要机制。这些委员会通常由跨学科的专家组成，包括技术专家、伦理学家、法律专家和社会学家。它们的职责包括审查 AI 项目是否符合伦理标准，提供伦理咨询，以及制定和更新伦理指南。这些指南通常包括数据保护、透明度、公平性和责任等方面的要求。如表 12.2 所示，在人工智能系统的整个生命周期中，从设计开发到退役下线，都需要考虑伦理风险，并采取相应的措施来保护隐私，确保公平性，提高安全性和可问责性。

表 12.2 人工智能伦理分析

开发环节	伦理风险分析	伦理风险属性
设计开发	数据主体采集授权相关风险	隐私保护
	数据集的规模、均衡性等设计不足	公平性
	模型预处理等环节数据处理流程安全问题	隐私保护、安全
	数据预处理的质量问题,如数据标注准确率不足	公平性
验证测试	模型评估等环节数据处理流程安全问题	隐私保护、安全
	测试数据集规模、均衡性等质量问题	公平性
	测试数据集与训练数据集重复度高	透明及可解释性
部署运行	模型部署环节数据处理流程安全问题	隐私保护、安全
	模型部署时的数据集完整性等质量问题	安全
	模型部署时的数据集均衡性不足等质量问题	公平性
	模型推理环节运行数据处理流程安全问题	隐私保护、安全
	模型推理环节运行数据泄露,缺乏对运行数据的有效可追溯技术	可问责性
维护升级	再训练阶段数据处理流程安全问题	隐私保护、安全
退役下线	数据退役阶段数据泄露、留存数据未删除	隐私保护

(2) 伦理教育与公众参与

提高公众对 AI 伦理问题的认识和理解是至关重要的。通过教育和公众讨论，可以增加社会对 AI 技术的监督，促进更加负责任的技术发展。

伦理教育是提高公众对 AI 伦理问题认识的关键。这包括在学校和大学中开设相关课程，以及通过媒体和公共讲座提高公众意识。公众参与也是确保 AI 技术发展符合社会价值观的重要途径。这可以通过公众咨询、调查和研讨会等形式实现，让公众有机会表达他们对 AI 技术的看法和担忧。通过这种方式，可以确保 AI 技术的发展更加贴近公众的需求和期望，同时也能够及时发现和解决潜在的伦理问题。

　　明确准则内涵外延，形成文理跨学科合力。不断细化伦理准则的内涵外延，广泛邀请多学科、跨学科专家参与讨论，建立领域知识互认、统一术语概念等合作机制，使治理工作在跨领域协作时能统一范畴，形成合力。一方面，让哲学、社会学、法学等学者充分了解目前人工智能技术的发展现状和局限性，避免"空中楼阁"问题，即过分探讨太过遥远的问题，或者担忧不会发生的问题，防止一定程度上阻碍技术发展。另一方面，让工程学、数学、机器人学等学者充分了解社会对人工智能技术的担忧，以及对人类社会的潜在影响，从而将社会性问题的考虑充分融入技术的设计研发过程，而不是单一追求功能或性能的突破。

　　不同于成熟的医学伦理学，从只精通下围棋的任务型 AI-AlphaGo 到能够在多专业领域持续输出知识甚至独立观点的 ChatGPT，人工智能技术加速演进，能够提供的功能不断进化，匹配的准则要求也不断变化，需要动态且敏捷的更新。根据具体功能优化对技术的限制要求，才能适应人工智能技术的频繁换代。同时，强化对人工智能立法的支撑作用，与人工智能立法协作配套，为立法提供理论基础，并在立法要求上持续完善补充，提供法治到公众之间的桥梁。

（3）国际合作与伦理共识

　　人工智能是全球性的技术，需要国际社会的合作来制定共同的伦理规范。通过国际合作，可以促进不同文化和法律体系之间的对话，达成全球伦理共识。国际合作对于制定全球 AI 伦理规范至关重要。不同国家和地区对于 AI 伦理的看法可能存在差异，因此需要通过对话和协商来寻找共同点。国际组织如联合国教科文组织（UNESCO）和经济合作与发展组织（OECD），在推动国际合作和制定全球标准方面发挥着重要作用。这些组织可以提供一个平台，让不同国家和地区分享最佳实践，讨论共同的挑战，并制定全球适用的伦理原则和标准。此外，国际合作还可以促进技术转移和知识共享，帮助发展中国家提高 AI 技术的发展和应用能力。

　　加强国际交流合作，积极达成全球共识。在发扬中国特色的同时兼具国际视野，考虑全球宗教、传统文化、价值观等因素，以及各学派在传统科学、社会科学、哲学等观点的差异性，通过学术会议、国际标准研讨会议等国际会议平台寻求共识，积极争取在国家或区域之间构建人工智能伦理治理准则合作备忘录，求同存异，令准则充分满足不同人群的需求，以人类命运共同体的观念治理人工智能技术带来的伦理风险。研究准则动态更新方式方法，适应技术快速演变。国际社会正在努力推动相关原则和标准的制定与实施，以促进人工智能技术的健康发展。如图 12.12 所示，强调了人工智能管理体系的全面性和多维度，要求从政策制定到资源管理的各个方面，以确保人工智能的负责任和有效管理。

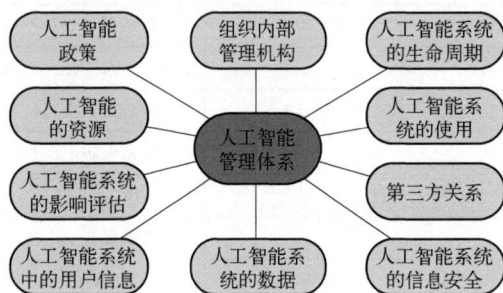

图 12.12　标准体系明细

　　人工智能伦理是确保技术发展符合人类价值观和利益的关键。通过遵循伦理原则、解决伦理挑战、实施伦理治理，我们可以引导 AI 技术朝着有益于全人类的方向发展。未来的工作需要跨学科合作，包括技术专家、伦理学家、法律专家和公众的共同努力，以确保人工智能的未来是安全、公正和负责任的。

　　然而，目前的 AI 写作系统还存在一些局限性，如无法完全模拟人类的创造性思维和情感表达等。因此，在未来的研究中，需要进一步探索如何提高 AI 写作的创造性和表现力，使其更好地服务于人类的写作需求。同时，也需要关注 AI 写作的伦理和社会影响，制定相应的规范和标准，确保其合理使用和道德约束。

12.4　人工智能与社会责任

12.4.1　企业社会责任与人工智能

在人工智能的演进历程中，企业无疑占据着关键地位，肩负着不可或缺的社会责任。如图 12.13 所呈现的企业责任的人工智能实践框架，展示了政府、行业、企业、公众等多方面在人工智能企业活动中的角色和相互关系，强调了企业在人工智能全生命周期活动中应遵循的规范以及各方合作共治的模式，为促进人工智能健康发展提供全面的实践指导。

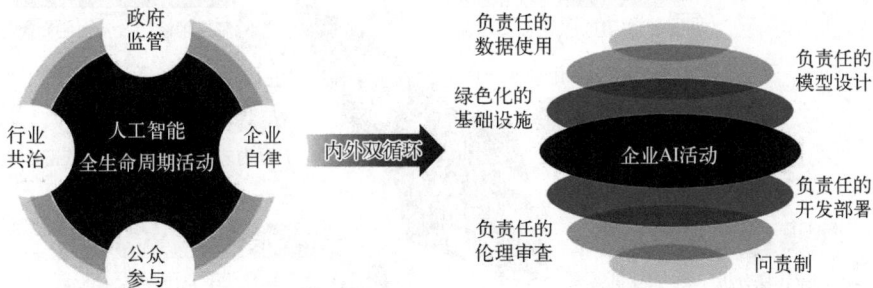

图 12.13　企业责任的人工智能实践框架

企业的道德责任是其在人工智能领域活动的重要准则。在人工智能系统的研发阶段，企业必须确保算法设计的公正性和客观性。例如，在招聘算法中，避免使用可能导致性别、种族等歧视的因素，以保障不同群体的平等就业机会。在应用过程中，要持续监控和评估人工智能系统的决策过程和结果，及时发现和纠正可能存在的道德问题。

保障人工智能系统的安全性是企业的基本义务。企业需要投入足够的技术和资源，建立完善的安全防护体系。这包括采用先进的加密技术保护数据在传输和存储过程中的安全，设置严格的访问权限控制，防止未经授权的访问和数据泄露。同时，要对系统进行定期的安全检测和漏洞修复，防范黑客攻击和恶意软件入侵。企业还应当致力于提高人工智能系统的透明度。当人工智能系统产生决策结果时，必须能够向相关方清晰地解释决策的依据和过程。这种透明度不仅有助于提高决策的准确性和可靠性，还能增强公众对人工智能领域应用的信任度。

12.4.2　人工智能对社会的影响

人工智能对社会的影响呈现出多维度的复杂态势。

（1）积极影响

在经济领域，人工智能展现出了强大的推动作用。它能够显著提高生产效率，同时降低生产成本。企业因此能够在市场竞争中占据更有利的地位，进而促进整个经济的增长。这一积极影响体现了人工智能在经济发展中的关键作用，为产业升级和经济结构优化提供了有力支撑。

在医疗领域，人工智能同样带来了诸多积极改变。它可以作为医生的得力助手，辅助进行疾病诊断。通过对大量病例数据的深度分析，人工智能系统能够挖掘出隐藏在数据中的规律和特征，从而提高诊断的准确性。与此同时，智能医疗设备的应用也为患者提供了更全面的保障。这些设备能够实时监测患者的身体状况，及时察觉潜在的健康问题，使得患者能够在疾病的早期阶段就得到有效的治疗。

交通领域也受益于人工智能的发展。自动驾驶技术的出现，有望大幅减少人为操作失误所导致的交通事故。这种技术通过高精度的传感器和先进的算法，能够对路况进行实时、准确的判断和决策，从而确保行车安全。此外，智能交通系统的应用还可以对交通流量进行优化。它能够根据实时路况信息，合理调整信号灯的时长，引导车辆分流，有效缓解交通拥堵状况，提高交通运输的整体效率。

图 12.14 直观地展示了人工智能在多个行业如医疗、零售、制造业、农业、教育等领域的助力作用，体现了人工智能如何促进各产业实现智能化转型升级，进一步说明了人工智能在推动社会发展方面的积极意义。

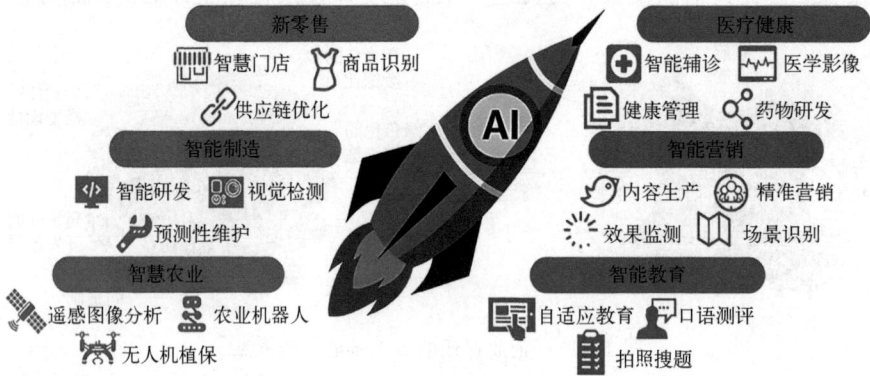

图 12.14　人工智能助力各行业转型升级

（2）消极影响

人工智能的发展也带来了一些不可忽视的消极影响，其中就业结构的改变尤为突出。随着人工智能技术的广泛应用，部分传统工作岗位面临着被取代的风险。例如，那些具有重复性和规律性强特点的工作，如工厂流水线工人、数据录入员等岗位，很可能会被人工智能系统和机器人所替代。这种岗位的流失必然会导致相关行业的失业率上升，给社会就业带来一定的压力。

隐私问题也是人工智能发展过程中引发关注的一个重要方面。由于人工智能系统在学习和训练过程中需要大量的数据，这就使得个人隐私信息面临着潜在的风险。如果数据保护措施不够完善，就很可能会发生隐私泄露的情况。这种隐私侵犯的风险，不仅损害了个人的合法权益，也对社会的信任环境造成了不良影响。

此外，人工智能的发展还可能加剧社会不平等。因为人工智能技术的应用往往需要一定的技术和资金支持，一些贫困地区或弱势群体由于自身条件的限制，可能无法及时享受到人工智能带来的便利和福利。这种差距的存在，会进一步拉大贫富差距和社会不平等。这一问题凸显了在人工智能发展过程中，需要注重社会公平性，确保技术的发展能够惠及更广泛的群体。

人工智能对社会的影响是复杂的，既有积极的一面，也有消极的一面。我们需要充分认识到这些影响，并采取相应的措施来促进其积极影响的发挥，同时尽量减少消极影响带来的危害。

（3）促进人工智能的可持续发展

在当今科技飞速发展的时代，人工智能已成为推动社会进步的关键力量。然而，为了确保其能够实现可持续发展，必须从多个关键方面着手采取一系列措施。如图 12.15 所展示的AI 与可持续发展的人机共生研究框架，涵盖从意识形态、民族、国家到技术创新、隐私分配、人机交互界面等多方面内容，指出在技术研发、安全与伦理保障、社会层面等促进人工智能可持续发展需要关注的方向。

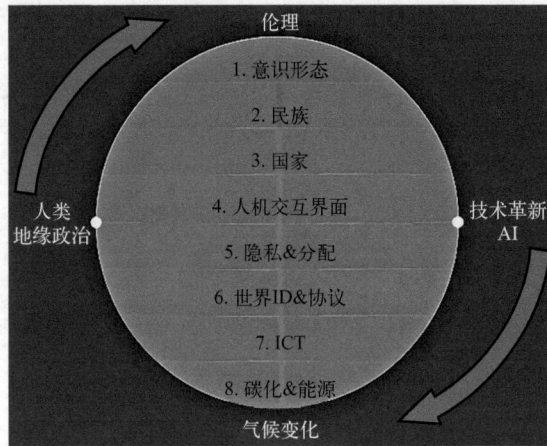

图 12.15　AI 与可持续发展：人机共生研究框架

技术研发是人工智能可持续发展的核心驱动力。我们应当大力加强对人工智能技术的深入研究与开发，旨在全方位提升其技术水平和性能。这涵盖了诸多重要方面，其中算法的优化是关键环节之一。通过持续不断地对算法进行改进和完善，能够显著提高人工智能系统的学习能力以及决策的准确性。同时，注重学科交叉融合对于人工智能的发展具有深远意义。将人工智能技术与其他学科紧密结合，如生物学、神经科学等，能够为其发展开辟新的路径，提供创新的思路和方法。这种跨学科的研究模式有助于打破学科界限，挖掘出人工智能技术更多的潜力，使其能够更好地适应复杂多变的现实环境，为解决各种实际问题提供更强大的技术支持。

安全与伦理保障是人工智能可持续发展的重要基石。我们必须强化对人工智能安全与伦理的研究力度，制定出与之相适应的道德原则和规范体系。首先，要建立一套完善的安全评估机制，对人工智能系统进行定期且全面的安全检查和评估，以此确保系统的运行符合安全标准。在伦理方面，这是一个涉及社会各个层面的复杂议题，需要广泛征求社会各界的意见和建议。只有充分考虑到不同群体的价值观和社会发展的实际需求，才能制定出科学合理、符合人类价值观和社会发展需要的伦理准则。

在社会层面，加强对公众的人工智能教育和培训，提高公众对人工智能技术的理解和认知能力，增强公众对人工智能安全与伦理问题的关注和参与意识。政府、企业和社会组织应共同努力，建立公平、包容的人工智能发展环境，确保技术的发展能够惠及全体社会成员，促进社会的和谐与可持续发展。

12.5　未来展望

12.5.1　人工智能安全与伦理的发展趋势

随着科技的不断进步和人工智能应用的日益广泛，人工智能安全与伦理问题将呈现出一系列复杂且重要的发展趋势。如图 12.16 所示，AI 伦理共识的演变趋势，包括从强调研究设计人员责任到全生命周期风险防范和伦理规制，从关注系统鲁棒性差等问题到建立可信生态系统，从理解伦理道德影响到提高公共性、透明度、可问责性等多方面的转变。

由系统阐释现有规范和价值转向探索准则落地可能

由评判AI系统规范和价值的异同转向启动试行、测试、评估

由高度关注AI系统鲁棒性差、不可控、算法黑箱转向建立可信生态系统

由强调研究设计人员的科学素养及主体责任转向强调全生命周期的风险防范和伦理规制

由理解AI的伦理道德、法律和社会影响转变为通过可信AI设计，提高公共性、透明度、可问责性

由局限于政府技术发展规划转向学术机构、国际组织、行业协会、大型科技公司、政府共同参与

由初步风险判断转向划分具体风险等级，区分监管强度

针对军用、情报、政府推广领域的指引原则和具体标准开始实施

价值判断　实操应用　治理导向　设计阶段　技术安全　技术发展　干预周期　全生命周期　技术可信　风险认知　理解　解决　治理主体　单一　多元　治理领域　宽泛　具体

AI伦理共识演变趋势

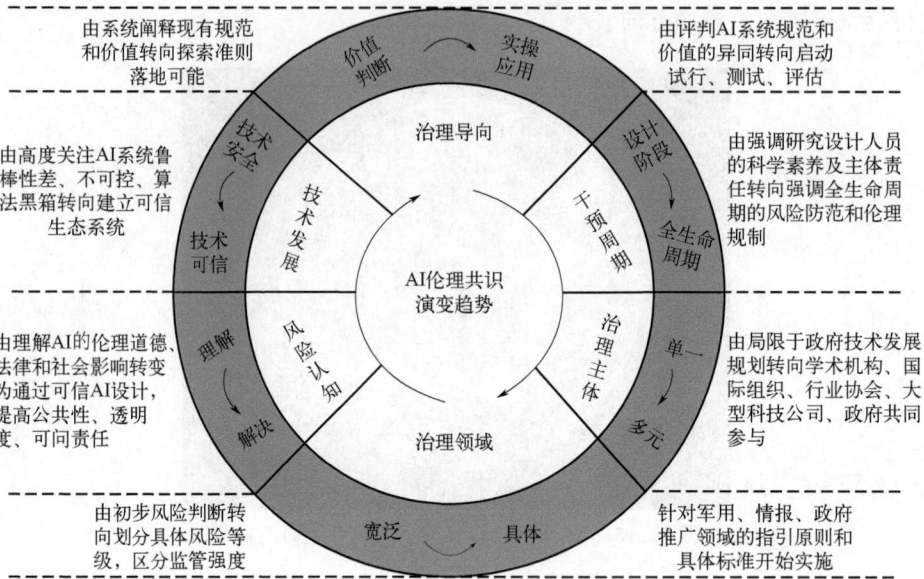

图 12.16　AI伦理共识的演变趋势

（1）系统与数据安全强化趋势

在未来，人工智能系统的可靠性和稳定性将受到更为严格的审视。随着人工智能系统在关键领域如医疗、交通、金融等的深入应用，系统故障可能带来的灾难性后果将促使人们更加注重其安全性。保障系统的持续稳定运行，避免因硬件故障、软件漏洞或算法错误等导致的系统崩溃或异常行为，将成为首要关注的问题。同时，数据作为人工智能的核心要素，其安全性也至关重要。随着数据量的爆炸式增长以及数据来源的日益多样化，数据泄露、篡改等风险也在增加。未来，将加强对数据的全生命周期管理，从数据采集、存储、处理到传输，都将采用更先进的加密技术和访问控制机制，确保数据的保密性、完整性和可用性。

（2）算法公平与公正的凸显趋势

算法在人工智能决策过程中起着关键作用，未来算法公平性和公正性将成为核心关注点。由于人工智能算法可能会受到训练数据偏差、算法设计缺陷等因素影响，从而产生对某些群体的不公平对待。为避免此类情况发生，未来将致力于开发更公平、无偏见的算法。这可能涉及对算法设计原则的重新审视和调整，采用更具代表性和均衡性的训练数据，以及建立算法公平性评估指标和监测机制，确保算法在各种应用场景下都能做出公平公正的决策。

（3）隐私保护的深化趋势

随着公众对个人隐私的关注度不断提高和法律法规的日益完善，人工智能中的隐私保护将进一步深化。未来的隐私保护技术将更加先进，如差分隐私技术能够在不影响数据分析结果准确性的前提下，对个人数据进行模糊化处理，有效保护数据隐私。同时，企业和组织在使用人工智能技术时，将面临更严格的监管要求，需要更加透明地披露数据使用政策和隐私保护措施，确保用户对个人数据的控制权和知情权。例如，互联网公司在使用用户数据进行个性化推荐时，必须明确告知用户数据的使用方式和范围，并获得用户的明确同意。

同时，社会各界更加关注人工智能的合理发展和规范治理。图 12.17 直观地呈现了这一趋势，从图中可以清晰地看到，近年来人工智能治理关注度呈现快速上升态势。无论是欧盟通过首部 AI 监管法律，中国公布《生成式人工智能服务管理暂行办法》，还是美国发布《AI权利法案蓝图》，以及英国举办全球首届 AI 安全峰会等事件，都表明各国在人工智能治理方面积极行动。同时，生成式 AI 投资的增长也反映出该领域的热度。这些都与前文论述

的人工智能发展带来的问题以及未来发展趋势紧密呼应，充分表明人们越来越重视人工智能的合理发展和规范治理。

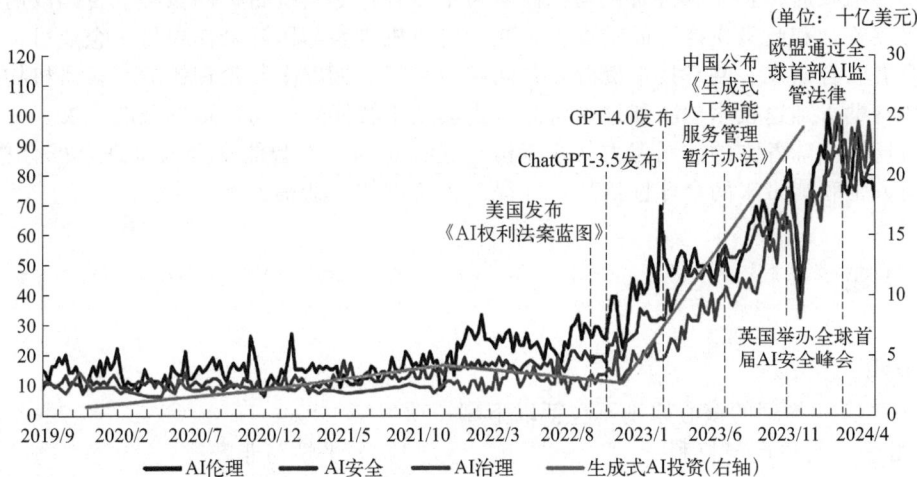

图 12.17　人工智能治理关注度近年来快速上升

12.5.2　人工智能安全与伦理的全球合作

构建人工智能安全与伦理的全球合作是应对人工智能带来的全球性挑战的关键举措。

首先，建立国际组织或联盟是促进全球合作的重要基础。通过汇聚全球范围内的专家、学者、政策制定者和企业代表，形成一个广泛的合作平台。该平台可以促进信息共享、技术交流和经验分享，共同制定人工智能安全与伦理的国际标准和准则。例如，国际组织可以组织全球性的研讨会和研究项目，推动各国在人工智能伦理教育、安全技术研发等方面的合作。制定全球统一的标准和规范是关键环节。在制定过程中，需要充分考虑各国的文化差异、法律制度和技术发展水平，确保标准既具有通用性又具有可操作性。例如，在数据保护标准方面，要兼顾不同国家的数据隐私法规和文化习惯，制定出既能有效保护个人隐私又能促进数据合理流通的标准。在图 12.18 中可以清晰地看出主要经济体和国际 AI 伦理政策纷纷出台

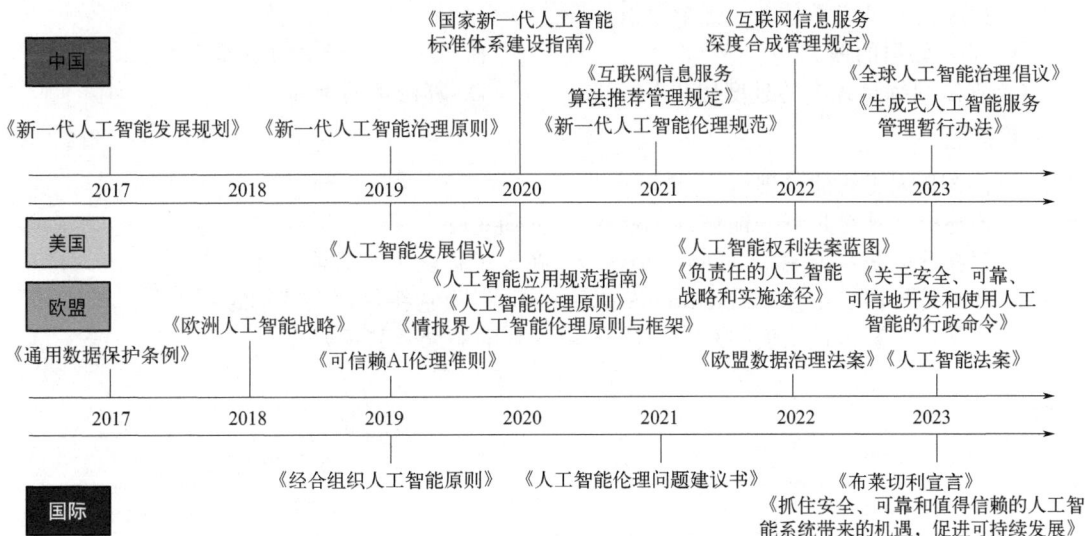

图 12.18　主要经济体和国际 AI 伦理政策纷纷出台

的情况，体现各国和国际组织在人工智能伦理政策方面的积极行动，为全球合作构建人工智能安全与伦理体系提供了政策基础和范例。

鼓励各国政府、企业和科研机构积极参与全球合作是实现目标的核心。各国政府应制定政策，提供资金和政策支持，鼓励本土企业和科研机构参与国际合作项目。企业可以通过跨国合作开展联合研发、共享技术资源，共同应对人工智能安全与伦理挑战。科研机构之间的国际合作有助于加速技术创新和理论研究，推动人工智能安全与伦理领域的发展。

只有通过全球各方的共同努力，才能构建起有效的人工智能安全与伦理全球合作体系，共同应对人工智能带来的全球性挑战，确保人工智能技术造福人类社会。

习题

一、选择题

1. 人工智能伦理的核心原则不包括以下哪一项？（　　）

A. 尊重人类尊严与权利　　　　　　　　B. 公平性与非歧视

C. 责任与透明度　　　　　　　　　　　D. 效率与成本效益

2. 以下关于企业在人工智能领域的道德责任的说法，错误的是（　　）。

A. 在招聘算法中应避免使用可能导致歧视的因素

B. 无须关注人工智能系统在应用过程中的决策结果

C. 要确保算法设计的公正性和客观性

D. 应及时纠正人工智能系统可能存在的道德问题

3. 以下哪种技术属于数据保护与隐私增强技术？（　　）

A. 强化学习　　　　　B. 联邦学习　　　　　C. 监督学习　　　　　D. 深度学习

4. 人工智能伦理中的"责任与透明度"原则要求以下哪项？（　　）

A. AI 系统的决策过程应该是不透明的

B. 用户和监管机构能够理解 AI 系统的工作原理和决策依据

C. 不需要明确谁对 AI 系统的行为负责

D. AI 系统不需要解释其决策

5. 算法偏见可能不是以下哪个原因？（　　）

A. 训练数据的偏见　　　　　　　　　　B. 算法设计者的主观偏见

C. 算法训练过程中的过度优化　　　　　D. 算法透明度高

二、问答题

1. 什么是人工智能伦理（AI Ethics）？

2. 描述一下什么是算法偏见（Algorithmic Bias）。

3. 解释什么是数据隐私（Data Privacy）在人工智能领域的重要性。

4. 什么是机器自主性（Machine Autonomy）以及它在伦理上带来的挑战？

5. 简述人工智能透明度（AI Transparency）的概念及其重要性。

参 考 文 献

[1] Khadivi M, Charter T, Yaghoubi M, et al. Deep reinforcement learning for machine scheduling: Methodology, the state-of-the-art, and future directions [J]. Computers & Industrial Engineering, 2025, 200: 110856.

[2] Liu R, Yin G, Liu Z. Learning to walk with logical embedding for knowledge reasoning [J]. Information Sciences, 2024, 667: 120471.

[3] Xue J, Shen B. A novel swarm intelligence optimization approach: sparrow search algorithm [J]. Systems science & control engineering, 2020, 8 (1): 22-34.

[4] Silver D, Schrittwieser J, Simonyan K, et al. Mastering the game of go without human knowledge [J]. Nature, 2017, 550 (7676): 354-359.

[5] Breiman L. Random forests [J]. Machine learning, 2001, 45: 5-32.

[6] Bengio Y, Courville A, Vincent P. Representation learning: A review and new perspectives [J]. IEEE transactions on pattern analysis and machine intelligence, 2013, 35 (8): 1798-1828.

[7] Schmidhuber J. Deep learning in neural networks: An overview [J]. Neural networks, 2015, 61: 85-117.

[8] Cortes C. Support-Vector Networks [J]. Machine Learning, 1995, 20: 273-297.

[9] Goodfellow I, Pouget-Abadie J, Mirza M, et al. Generative adversarial nets [J]. Advances in neural information processing systems, 2014, 27.

[10] Hochreiter S. Long Short-term Memory [J]. Neural Computation MIT-Press, 1997, 9: 1735-1780.

[11] Ashish V. Attention is all you need [J]. Advances in neural information processing systems, 2017, 30: 1.

[12] Devlin J, Chang M W, Lee K, et al. Bert: Pre-training of deep bidirectional transformers for language understanding [C]//Proceedings of the 2019 Conference of the North American Chapter of the Association for Computational Linguistics: Human Language Technologies. 2019, 1: 4171-4186.

[13] Liu L, Ouyang W, Wang X, et al. Deep learning for generic object detection: A survey [J]. International journal of computer vision, 2020, 128: 261-318.

[14] Terven J, Córdova-Esparza D M, Romero-González J A. A comprehensive review of yolo architectures in computer vision: From yolov1 to yolov8 and yolo-nas [J]. Machine Learning and Knowledge Extraction, 2023, 5 (4): 1680-1716.

[15] Xu T, Zhang P, Huang Q, et al. Attngan: Fine-grained text to image generation with attentional generative adversarial networks [C]//Proceedings of the IEEE conference on computer vision and pattern recognition. 2018: 1316-1324.

[16] Wang S, Zhou W, Jiang C. A survey of word embeddings based on deep learning [J]. Computing, 2020, 102 (3): 717-740.

[17] Bahdanau D. Neural machine translation by jointly learning to align and translate [J]. arXiv preprint arXiv: 1409. 0473, 2014.

[18] Cheng J. Long short-term memory-networks for machine reading [J]. arXiv preprint arXiv: 1601. 06733, 2016.

[19] Hogan A, Blomqvist E, Cochez M, et al. Knowledge graphs [J]. ACM Computing Surveys (Csur), 2021, 54 (4): 1-37.

[20] Guglani J, Mishra A N. DNN based continuous speech recognition system of Punjabi language on Kaldi toolkit [J]. International Journal of Speech Technology, 2021, 24 (1): 41-45.